《中国糖料作物地下害虫》编写委员会

主　编： 龚恒亮　安玉兴

副主编： 管楚雄　杨俊贤　刘晓燕
邢海萍　李金玉　刘　晓

编　委： 林明江　许汉亮　孙东磊
刘玉彩　黄振瑞　黄志武
梁瑞波　彭冬永　周仁强
苗　静　李继虎　陈立君

中国糖料作物地下害虫

UNDERGROUND INSECT PESTS OF SUGAR CROPS IN CHINA

龚恒亮 安玉兴 编著

国家甘蔗产业技术体系专项资金
广东省甘蔗改良与生物炼制重点实验室 资助出版

暨南大學出版社
JINAN UNIVERSITY PRESS
中国·广州

图书在版编目（CIP）数据

中国糖料作物地下害虫／龚恒亮，安玉兴编著．—广州：暨南大学出版社，2010.12
ISBN 978－7－81135－429－4

Ⅰ．①中…　Ⅱ．①龚…②安…　Ⅲ．①糖料作物害虫—地下害虫—研究—中国
Ⅳ．①S435.66

中国版本图书馆 CIP 数据核字（2009）第 216734 号

出版发行：暨南大学出版社

地　址：中国广州暨南大学
电　话：总编室（8620）85221601
营销部（8620）85225284　85228291　85228292（邮购）
传　真：（8620）85221583（办公室）　85223774（营销部）
邮　编：510630
网　址：http：//www.jnupress.com　http：//press.jnu.edu.cn

排　版：暨南大学出版社照排中心
印　刷：河源市天才印务有限公司

开　本：787mm×1092mm　1/16
印　张：21.125
字　数：526 千
版　次：2010 年 12 月第 1 版
印　次：2010 年 12 月第 1 次
印　数：1—2000 册

定　价：66.00 元

作者简介

龚恒亮

硕士，1959 年 5 月出生。1982 年南京农学院植保系大学毕业，1988 年南京农业大学昆虫生理与毒理专业硕士研究生毕业。现任广州甘蔗糖业研究所植保技术研究室高级农艺师，广东省昆虫学会理事。

主要从事甘蔗植保技术的研究、开发和推广工作。在甘蔗地下害虫研究与防治领域有较深的造诣。在农药特别是地下害虫杀虫剂的研发、加工及应用方面取得了一定的成就。先后开发出甘蔗杀虫颗粒剂产品 7 个，杀菌剂 3 个。发表专业论文 30 余篇。

安玉兴

博士，研究员，1970 年 5 月出生于河南省泌阳县。1991 年华南农业大学植物保护系农业昆虫专业本科毕业，2003 年华南农业大学资源环境学院农药学专业博士研究生毕业。现任广州甘蔗糖业研究所副所长、广东省工业技术研究院生物工程研究所副所长、广东省甘蔗改良与生物炼制重点实验室常务副主任、甘蔗有害生物控制与植物营养研究室主任等职。

长期从事甘蔗有害生物（病虫草鼠）防治技术研究工作。在新农药开发与推广、田间药效试验、螟虫性信息素应用、甘蔗害虫综合治理、蔗田杂草化学防治和氯敌鼠钠盐的室内合成、剂型研制与鼠害防治等方面有较高的理论水平和丰富的科研实践积累。先后参与或主持国家、省（部）等各类科研项目 26 项，参与编写 9 项国家、省部规划、技术路线图等，发表学术论文 76 篇，主持开发甘蔗杀虫剂 6 种、除草剂 1 种，主持制（修）订农药产品标准 7 项，取得省部级科研成果 9 项，获省部级科技奖励 9 项，申请发明专利 3 件，取得无公害产品认证 1 项，主编或参编著作 5 部，审定甘蔗新品种 1 个。

序

广州甘蔗糖业研究所龚恒亮高级农艺师和安玉兴博士编著的《中国糖料作物地下害虫》即将付梓时，正值南京农业大学昆虫生理毒理学科为尤子平教授诞生90周年举行纪念活动。龚恒亮是尤子平先生的弟子，也应邀来宁参加学术报告会。会上许多师生分别已有十多年了，相见十分亲切，在嘘寒问暖后自然聊起各自的工作。龚恒亮介绍了甘蔗的害虫及其防治问题，并说他的《中国糖料作物地下害虫》已经脱稿，要我为这本书写几句话，我欣然答应，可事后细细想来，心里实在有点诚惶诚恐。我和魏鸿钧、张治良先生合作编写《中国地下害虫》是20世纪80年代的事，至今整整过去20年了，斗转星移，我国国民经济、农业生产和害虫防治的方方面面都有了很大的变化。况且在糖料作物中，甘蔗生长在南方，甜菜生长在北方，而我恰巧居住在既不长甘蔗，也不产甜菜的南京，关于糖料作物的地下害虫，需要好好学习才有说话的资格。于是我匆匆忙忙把《中国糖料作物地下害虫》阅读了一遍，书中丰富的内容使我受益匪浅，同时感到自己的知识实在浅薄。

糖料作物是我国三大经济作物之一，它的栽培规模和经济价值仅次于棉花和油料作物。无论甘蔗还是甜菜，从形态特征和栽培方式上，都特别适合害虫发生和为害。当一种植物从野生向栽培转化的时候，一些以它为食的昆虫，因为条件不断优化，大肆繁殖起来，改变原有的生物群落，发展成重要害虫或主要害虫，尤其是在现代化农业生产条件下，单一作物的大规模连年种植，使一些偶发性害虫成为常发性害虫。于是，生物的多样性消失了，害虫与天敌之间的平衡关系也破坏了。在化学农药出现以后，大面积连续不断地喷药，又使一些原本处于优势地位的害虫，迫于农药的选择压力，抗药性不断发展，导致种植者和害虫之间陷入使用药剂和发展抗药性的恶性循环之中，使得生态环境和生产成本都远离国民经济的可持续发展轨道。这已经成为有史以来农业发展的普遍规律。我想，在糖料作物生产中，也无法摆脱这个魔鬼一般的怪圈。看来出路在于改变我们的思维方式和生产方式，找出糖料作物害虫的特点，多方面、综合性地来制订方案，全面协调，系统实施，才能使害虫治理奏效。

《中国糖料作物地下害虫》是作者长期研究的总结，同时参考了大量有关文献资料，综合了国内外多家研究机构和生产单位的经验和成果，内容非常丰富，是今后糖料作物地下害虫研究和防治的一本重要参考书，也是栽培糖料作物和防治地下害虫的工具书。如果我们对具体的害虫不作深入细致的研究，就不可能制定系统、综合的防治策略，也无法进行正确合理的治理。因此，这本书的及时问世，一定会受到广大读者的欢迎，也会使种植糖料作物的农民受益。在该书即将面世的时候，书中又增加了许多插图，特别使读者能见图认虫，让很多植保人员，甚至农民能认识害虫，掌握防治技术。作者为这本书呕心沥血、辛苦耕耘几年，我想此书问世后社会效益一定会十分明显。它虽然不是科普读物，但图文并茂，内容结合实际，许多知识必然会在生产中得到推广，许多防治技术也会在生产中得到普及。每当我们吃到甜美的糖果和食品时，总会想到农民和工人的汗水，也无法忘记技术人员的辛劳，这本《中国糖料作物地下害虫》正是充满了他们辛劳的结晶，所有结晶都和白糖一样美丽！

王荫长

2009 年 8 月写于南京农业大学校园

前言

糖料作物主要是指用作制糖工业原料的经济作物。在我国，糖料作物的种类主要有甘蔗和甜菜两种。

甘蔗作物主要分布于我国热带至温带的华南、华中和西南地区，广东、广西、福建、台湾、海南、云南、贵州、四川、江西、浙江、湖南、湖北等省（自治区）是糖料甘蔗的主产区，河南、陕西、安徽和江苏等省亦有少量甘蔗种植，但主要用作果蔗食用。据2007年的统计，我国糖用甘蔗种植面积有130多万公顷，甘蔗总产量为7 800多万吨，产糖量约1 100万吨。

糖料甜菜作物则主要种植于我国北方地区，辽宁、吉林、黑龙江、陕西、甘肃、内蒙古、新疆等省（自治区）是糖料甜菜的主产区，我国糖料甜菜种植面积约28万公顷，产糖量约115万吨。

糖料作物（甘蔗、甜菜）在我国是仅次于棉花、油料作物的大宗经济作物，发展糖业生产对于优化我国农业经济结构，增加农民收入，改善人民的生活，加强农业的基础地位具有重要意义。

糖业是我国国民经济支柱行业之一，涉及近6 000万农民的致富之路。食糖是3 000多种工业品的重要原料，涉及食品、饲料、饮料、化工、能源、纺织等多个行业。在全球经济由“烃经济”向“糖经济”过渡的今天，糖业的发展与我国的生物能源、绿色能源事业息息相关，同时也为糖业的发展注入了新的元素、新的生机。糖业持续、健康发展的关键是糖料的生产，在影响糖料生产的诸多因素中，地下害虫的发生与为害成为阻碍糖料作物高质、高产、稳产的重要因素之一。

地下害虫历来是我国主要的农林害虫，其种类多、分布广、食性杂、为害重。据20世纪90年代初的不完全统计，我国共有地下害虫320余种，隶属于8目、38科，包括蛴螬、蝼蛄、金针虫、地老虎、根蛆、根蝽、根蚜、根象甲、根叶甲、根天牛、根粉蚧、白蚁、拟地甲、蟋蟀等10余个类群。主要种类有金龟甲、地老虎、天牛、金针虫、蝼蛄、根蛆等，其中以金龟甲种类最多，约110种，占总数的1/3，是为害最严重的一大类群，其次为金针虫，约50种。地下害虫发生遍及全国各地，不论平原、丘陵、山地、草原、水田还是旱地，都有不同种类的地下害虫分布。它们为害粮食、棉花、油料、蔬菜、糖料、烟草、麻类、中草药、牧草、花卉、草坪等多种植（作）物，也是固沙植物、果树、林木苗圃的大敌。地下害虫为害时期长，从春季到秋季，从播种至收获，春、夏、秋三季，在南方某些地区甚至是一年四季均能为害，咬食植（作）物的幼苗、根、茎、种子及块根、块茎等。苗期受害，造成缺苗断垄；生长期受害，破坏根系组织，啃食地下块根、块茎；啃食嫩果，使植株矮小变黄，降低产量，影响品质，严重时可造成绝收。

早在3 000多年前，我国甲骨文文字中已经有地蚕（地老虎）和蛴螬之类的记载；《诗经》中也已记述“去其螟螣，及其蟊贼”。蟊者，地下害虫蝼蛄也。又如《沈氏农书》（1603）中描述“种芋岁一易土，则蛴螬不生”。近代则是吴福桢于1926年开始研究地老虎，此后亦相继有零星的研究报道，但真正意义上系统地研究地下害虫还是始于20世纪50年代后。由于我国农业种植业的发展，地下害虫危害程度不断上升，成为制约我国农业发展的重要因素之一，故引起人们的高度重视，地下害虫的研究工作及研究水平得到空前的提升，先后对多种地下害虫的分类、生活史、生活习性、发生规律及防治方法等进行了研究和探索。如今，已形成了从害虫调查、预测预报到有效防治的理论体系和方法，为我国农业的稳步、高效、健康发展打下了坚实的基础。不过由于我国幅员辽阔，地域跨度、海拔高度、土壤类型、气候变化、作物种类等各不相同，不同地区地下害虫复杂多样，生活习性各异，因此我国的地下害虫研究与实际还很不相称，仍有很多地下害虫种类、生活习性、为害规律等不为人知，特别是糖料作物地下害虫的研究更加如此。由于地下害虫是混发为害的，有时同一地域可能有几种甚至十几种害虫如多种蛴螬混发，但由于地下害虫营地下生活，许多幼虫的形态结构均有不同程度的退化现象，再加上其习性较难观察，故幼虫的种间识别比较困难，有些种类甚至可能被忽视。因而，可以肯定地说，实际为害糖料作物的地下害虫远比我们介绍的种类多得多，只是至今我们还未认识而已。因此，加强糖料作物地下害虫种类的普查及相关的研究工作尤为重要。另外，对目前为害糖料作物的大部分已知种类，在其形态特征、生物学特性及与环境条件的关系等方面还研究不多，以至于我们对此还知之甚少。因此，加强这方面的研究，有利于我们有针对性地提出相应的害虫控制理论，这对于避害减灾，保障糖料产业的高效、安全、稳定和可持续发展至关重要。

由于糖料作物分布于我国的20多个省（自治区），地域辽阔，地势地貌迥异，气候复杂多变，土壤贫沃不均，为地下害虫的生长、繁殖提供了复杂多变的气候条件和土壤条件。而糖料作物由于生长期长（甘蔗生长期长达一年有余，甜菜生长期也长达六七个月之久），栽培制度复杂多样，连种、间种、套种作物普遍，为许多主要的地下害虫的生长繁殖提供了充足和丰富的食料来源。所以在糖料作物的整个生长期中，将受到一种或多种地下害虫同时或连续不断的侵袭为害。因而我国糖料作物地下害虫种类几乎涵盖了我国地下害虫各个类群。苗期受害，造成叶损苗枯，严重时缺株断垄，必须补种甚至毁种；生长期受害，地下根系被啮食殆尽，地下茎、块根被啃食后形似蜂窝，致使植株生长受阻，严重的导致整株倒伏、枯死，在导致产量损失的同时，糖分亦严重下降，遭受产量和质量的双重损失。

本书介绍的地下害虫多为幼虫为害糖料作物，但成虫期不一定为害，甚至是喜食其他作物的茎、叶、嫩芽等。还有一些种类，本不一定以为害糖料作物为主，但由于前茬为玉米、花生、大豆、甘薯等旱作物改种，或由荒地、林地开发种植糖料作物，一些为害前茬作物或林业的地下害虫转而为害糖料作物。特别是一些糖料作物的基地与丘陵、山地或坡地接壤，一些果树、林业害虫往往成为严重为害糖料作物的地下害虫。在白蚁以及象甲的一些种类中，这种现象较普遍，或者是由于耕作制度的改变及昆虫的长期协同进化与适应，原本不为害糖料作物的一些地下害虫，改变或适应了生境及取食环境而成为糖料作物的主要害虫，本书谨就目前报道所涉及的相关地下害虫一一罗列。

作　者

2010 年 10 月

目　录

上　卷　甘蔗地下害虫

中　卷　甜菜地下害虫

下　卷　地下害虫防治新技术

上　卷

甘蔗地下害虫

第一章 甘蔗地下害虫种群发生动态

甘蔗地下害虫是甘蔗害虫中种类最多、食性最杂、分布最广、适应性最强、为害最重的一类主要害虫，其危害累累成灾，造成甘蔗产量及质量损失重大。甘蔗地下害虫涉及金龟甲、金针虫、蝼蛄、根天牛、根象甲、草蝉、白蚁、根蚜、根蝽、地老虎等10多个类群的130多个种，其中金龟甲约占40%。

第一节 国外甘蔗地下害虫为害情况

在国外，甘蔗地下害虫也是甘蔗生产的最大隐患。在澳大利亚，自20世纪60年代以来，为害甘蔗的6种主要金龟甲每年造成大面积为害，导致其年均损失甘蔗20 000多吨。目前，随着宿根年限的延长，金龟甲等也有为害逐年加剧的趋势，致使每年经济损失达60万~70万澳元，是各类甘蔗害虫中造成为害损失最严重的一类。在坦桑尼亚北部蔗区，也有6种较主要的金龟甲和金针虫等为害田块，为害严重的田块平均减产50t/hm^2。在波多黎各，每公顷蔗田有*Cemarachis protoricensis* 25 000~50 000头，严重时可减产15~50t/hm^2。在印度马哈拉施拉特邦发生的*Holotrichia serrata* F.和日本冲绳岛上发生的*Anomala albopilosa* Hope，由于近年普遍发生为害而造成甘蔗减产。因此，在这些国家或地区，十分重视地下害虫的防治工作。

第二节 我国甘蔗地下害虫发生与为害情况

在我国，甘蔗地下害虫一直以来都是甘蔗生产的大害。20世纪50年代，黑色蔗龟在广东珠江三角洲地区，台湾南部的台南、高雄的冲积土蔗区造成比较大的为害和损失。到了60年代，在广西百色地区、贵州省等一些不能进行水旱轮作的蔗区，黑色蔗龟肆意为害，给甘蔗造成严重损失，轻则为害率为10%~20%，重则达30%~40%，甚至60%以上。黑色蔗龟成虫苗期为害，造成蔗苗断株缺垄；后期幼虫（蛴螬）为害，引起蔗株枯死。到了七八十年代，在福建、江西等省的丘陵旱地或沙壤土蔗区，齿缘鳃金龟和红脚丽金龟为害严重。据吴鸳鸯（1981）报道，在厦门市蔗区，因受金龟甲为害严重而枯死的甘蔗面积占10%，受害中等而呈半枯萎状态的占20%，全市损失甘蔗达3 000~5 000t。80年代初，广东湛江地区的二点褐鳃金龟为害日益严重，在化州糖厂蔗区，1 500hm^{2}甘蔗中受害面积达70hm^2，减产10%，严重的地方减产达40%~60%（任大方，1980）。80年代末90年代初，广东珠三角地区受黑色蔗龟和齿缘鳃金龟双重为害，损失惨重。根据作者1989—1993年对广东省红旗华侨农场、平沙华侨农场的调查，两个农场约8 000hm^{2}的甘蔗全面受害，苗期枯心平均达20%以上，个别分场高达40%～50%，最高枯心率达到51.2%。后期受蛴螬为害，甘蔗生势下降，减产显著，普遍减产7～15t/hm^2，个别严重的分场蔗区，10月份即出现大面积甘蔗枯死。四会大旺华侨农场约有1 000hm^{2}甘蔗受害严重。位于广西南流江流域的博白、合浦等蔗区，受齿缘鳃金龟为害严重，1992年8月作者在博白糖厂蔗区调查时，已出现大面积甘蔗枯死，受害面积达到1 000hm^2，其中严重受害导致大面积枯蔗而失收的面积达100hm^2，每蔸蔗头有蛴螬3～5头。在云南蔗区，自80年代后期以来，地下害虫如蔗龟、根象甲、甘蔗白蚁、甘蔗刺根蚜为害普遍，每隔三四年即暴发1次，尤以蔗龟、蔗根象甲最为猖獗。跨入21世纪后，地下害虫的为害势头有增无减，特别是2006年，云南蔗区地下害虫发生面积达66 000 hm^2，其中严重受害面积达33 000 hm^{2}以上，受害严重的田块蛴螬的虫口密度高达40头/m^2，蔗根象甲的虫口密度高达93头/m^2。受害甘蔗一般减产30%～50%，甘蔗糖分含量降低3%～5%，严重受害的蔗地失收。受害地区大部分甘蔗只能留宿根1年，直接经济损失上亿元，导致种蔗成本上升20%～40%。2007年，海南临高县千亩甘蔗田发生不同程度的黑色蔗龟为害，并且呈继续扩散和不断加剧趋势。在广西、广东雷州半岛、海南等蔗区，原本只在局部地区发生的蔗根锯天牛肆虐为害。2005年，广西全境蔗根锯天牛发生面积达几十万公顷，对甘蔗的危害率一般为15%～20%，严重的高达40%～50%，部分蔗田几乎每个蔗蔸都有幼虫1～2头，最多达8头。由于蔗头和蔗茎被幼虫蛀食一空，致使甘蔗严重减产，单产仅为1～2 t/667m^2。在柳州，蔗根锯天牛为害遍布区内各县，蔗蔸受害率一般为5%～10%，重者达30%～40%，严重影响了甘蔗的品质和产量。

近年来，广东省湛江农垦蔗区普遍受蔗根锯天牛为害，一些农场及糖厂蔗区受害特别严重，如丰收糖业公司蔗区蔗根锯天牛平均为害率高达47.67%，按此推算，预计造成蔗农经济损失达1 000万元（龚恒亮等，2008）。更令人担忧的是，目前还没有有效的防治方法可以控制蔗根锯天牛的为害。

由此可见，甘蔗地下害虫严重威胁我国甘蔗的安全生产，并有越演越烈之势，应引起广泛注意。

第三节　甘蔗地下害虫种群发展趋势

近年来，随着气候条件发生变迁、我国甘蔗种植区域西移及耕作制度改变等原因，甘蔗地下害虫种群发展呈现六大趋势。

1. 原有种群扩展蔓延

一些原本在某些蔗区为害成灾的地下害虫因种植结构的变化，为害减轻或转移到其他地区为害，如黑色蔗龟（突背犀金龟、光背犀金龟）原本为珠三角水田蔗区、广西百色蔗区、台湾蔗区的主要害虫，但近年来，只要是河流冲积土蔗区或土壤含水分较高的黏土或黏壤土蔗区，均有黑色蔗龟的踪影，并往往导致甘蔗严重受害，成为我国蔗区分布最广、为害性最大的害虫。近几年，该虫在云南蔗区、海南蔗区周期性暴发为害，成为这些蔗区的大患。

2. 新种不断被发现

近年来，随着我国地下害虫研究的深入及研究水平的不断提高，地下害虫新种不断被发现，如鞘翅目象甲科中的斑点象甲、细平象甲、赭色鸟喙象甲、竹直锥大象甲等是近年来发现的一类重要地下害虫，这些害虫目前虽只在云南、四川等少数地区出现，但其来势凶猛，不仅对甘蔗的为害性极大，而且防治难度大，且这些害虫面临不断扩散为害的危险，因而不容忽视。

3. 局部性害虫时有暴发

近年来，一些局部性发生的地下害虫如四川大黑鳃金龟和戴云鳃金龟，给四川的部分蔗区造成严重危害，大霉头鳃金龟在广西南宁等地的为害也给当地的甘蔗生产带来严重威胁。二点褐鳃金龟在湛江雷州半岛蔗区也成周期暴发趋势。

4. 原本为害其他作物的害虫转而为害甘蔗

鞘翅目金龟甲科中的暗黑鳃金龟、铜绿丽金龟、深绿丽金龟、小黄鳃金龟等，原本为其他作物或林木的地下害虫，很少为害甘蔗，不过近年来，这些害虫在云南、湖南、浙江等蔗区局部发生并成灾。特别是暗黑鳃金龟，由于食性杂，分布广、为害性大，一旦在甘蔗作物上定居下来，将对甘蔗生产产生重大影响，应加强对该虫的研究工作。这类害虫主要是因为其生活环境及食物结构改变转而为害甘蔗，成为为害甘蔗的新种。在我国，由于甘蔗多种于山坡地、旱地或由林地、荒地开垦种蔗，白蚁对甘蔗的为害亦呈现上升趋势，并累有白蚁成灾的报道。

5. 原本局部发生的次要害虫上升为主要害虫

一些原本只在局部发生的地下害虫为害性不断上升，成为主要害虫，如蔗根锯天牛原本只是在雷州、广西等地局部发生的害虫，近年来在湛江、广西、海南、云南等蔗区扩散开来，为害加重，成为这些蔗区甘蔗生产的大害；类似于蔗根锯天牛情况的还有甘蔗刺根蚜，在广西、云南有扩展的趋势。

6. 国外危险性生物传入风险加大

由于国际交往越来越频繁，一些危险性地下害虫传入我国境内的危险性加大，特别是毗邻我国的植蔗国家的一些检疫性害虫传入我国的机会更大，如几内亚甘蔗象、西印度蔗根象等。

第四节　引起甘蔗地下害虫暴发为害的因素

引起甘蔗地下害虫暴发为害的因素主要有以下几点：

1. 种植结构和作物布局的改变

（1）种植规模扩大，连片、连作现象普遍。

近年来，甘蔗种植规模不断扩大，特别是广西壮族自治区和云南省，近 10 年来，甘蔗种植面积不断增扩，比 20 世纪八九十年代翻了两三番，一跃成为名列我国第一、第二的甘蔗大产区。由于耕地面积有限，为保证糖厂有足够的原料，蔗区内的大部分蔗地长期连作种植，得不到合理轮作，尤其是因水田面积减少，无法进行水旱轮作，而水旱轮作是遏制地下害虫的最经济、最有效的方法。因而致使地下害虫虫口年年累积，种群数量节节攀升，导致地下害虫为害的暴发。

（2）种植制度多样化。

甘蔗种植制度复杂多样，有新植，宿根及冬、春、秋植等；早、中、晚熟品种搭配种植。植期的多变和品种多元化的结构特点及生长期的不同，为地下害虫取食和繁殖提供了丰富的食料条件和栖息场所。特别是近年来，由于农资价格和劳动力价格不断攀升，生产成本提高，为了省成本，蔗农不得不大面积减少新植蔗而不断扩大宿根蔗面积，一些蔗区宿根年限短则3～4年，长则6～7年。由于得不到及时的深耕犁翻、晒垡，宿根蔗受害重于新植蔗，且宿根蔗年限越长受害越重。

（3）作物布局的改变。

甘蔗地下害虫为杂食性害虫，对食料的选择性不强，它们喜食甘蔗，还喜食花生、玉米、竹子、甘薯、土豆、小麦等作物。在以前，甘蔗地下害虫由于寄主单一，缺乏适宜食料，营养条件有限，故增殖速度慢，虫口密度低。但近年来，随着农业生产的发展，农业产业的优化和结构的战略性调整，甘蔗、玉米、花生、小麦等多种作物竞相种植，复种指数高，有些蔗区甚至将花生、玉米、蔬菜等作物间种于甘蔗行间，增加了甘蔗地下害虫的取食面、选择性和营养条件，且物候期与发生期相吻合，为其大量繁殖创造了良好的物质条件。另外，在有些地区，为了扩种甘蔗而将大片林地、果园地或荒地改种甘蔗，从而使原本为害林木、果树或杂草的地下害虫转而为害甘蔗，成为甘蔗的主要地下害虫。

2. 环境气候条件变迁

（1）地域条件。

我国甘蔗主产区分布于南方的10多个省（自治区），分属于热带、亚热带气候区，地域跨度大，地势高低错落，土壤性质多样，植被条件十分丰富，具有多种害虫繁殖生存的有利条件。因此，蔗区地下害虫种类繁多，几种地下害虫混合发生、发生期不一的现象普遍，因而防治技术要求高，防治难度大，致使甘蔗地下害虫长期以来得不到有效的防控，虫口密度逐年积累，扩展蔓延迅速。

（2）土壤条件。

地下害虫多半时间生活于土中，土壤质地及含水量直接影响地下害虫的生存和繁殖。在甘蔗地下害虫中除黑色蔗龟能在含水量较高、黏质性较大的土壤中生存以外，其他多数种类喜居偏沙质的土壤。而目前甘蔗产区多分布于丘陵、坡地，这些地区的土壤普遍为沙质土壤，保水能力差，特别有利于地下害虫的活动、生存与繁殖。

（3）水源。

甘蔗象甲如细平象甲、斑点象甲等，由于其移动半径小，传播扩散的主要途径是通过流水的作用作近距离的扩散蔓延，所以在有流水的江、河、沟、渠两岸也是象甲发生最严重的地区。

（4）气候条件。

气候条件的变化也是一个不可忽视的因素。近10年来，高温、干旱、少雨天气是南方地区典型的气候特征，而地下害虫栖居于土中，少雨干旱，土壤水分含量低，有利于其生存和繁殖。例如，蔗根锯天牛的大面积暴发为害就与年降雨量负相关，当年降雨量特别是六七月份的降雨量少，则天牛为害重；反之，若六七月份降雨量多，则天牛为害轻。作者2008—2009年对蔗区天牛的观察结果说明了这一点：2007年广西合浦地区雨水稀少，天气干旱，蔗根锯天牛为害严重，进厂甘蔗受天牛为害率为15%左右，最高达25%以上；2008年，广西合浦地区六七月份的雨量是近年来特别多的一年，因而甘蔗受天牛为害率降至不到1%。

3. 地下害虫自身适应性的改变

（1）杂食性特点。

地下害虫多为杂食性害虫，对食物的适应性很广。因而一些原本为害花生、蔬菜、麻类及果树苗木的地下害虫，会随着原有食物结构、条件的改变，而适应新的食物结构。因而在一些丘陵山区或坡地原本种植果树、林木或前茬种植花生、蔬菜等作物的蔗地，前作植物的地下害虫转而为害甘蔗，成为甘蔗的重要害虫。

（2）地下害虫特有的生活习性影响农药药效的发挥。

在甘蔗地下害虫整个生活周期中，害虫大部分时间生活于土中，只有卵期及低龄幼虫期停留在地面或土壤表层活动，进入2龄后，幼虫潜入蔗头附近甚至蛀入蔗茎为害，蔗头、蔗茎成为其庇护所，药剂的药力很难深入其中；有些高龄幼虫，虫体肥大，皮下脂肪发达，对药剂的耐药力强，因此农药防治措施难以奏效。另外，有些种类世代重叠严重，一时间多种虫态同时存在，很难找出害虫的防治适期，这也是农药防治措施不能奏效的原因。虽然目前甘蔗常用杀虫剂对地下害虫具有一定的防治效果，但当田间地下害虫种群数量大或多种害虫同时混发形成为害叠加时，这些药剂未必能有效控制为害。

（3）地下害虫抗药性。

由于甘蔗地下害虫常用药剂品种单一，长期、大面积、单一用药（且多数药剂作用机理相似）的局面在所难免。且这些药剂如呋喃丹、甲基异柳磷、特丁硫磷等持效期长，因而地下害虫在长期的选择压力下易产生抗药性。龚恒亮等（1992）曾报道，在大面积推广呋喃丹和甲基异柳磷不到10年后，甘蔗突背犀金龟对这两种药剂已分别产生了3.0和3.3倍的抗药性。而如今呋喃丹已在甘蔗种植上使用了30多年，甲基异柳磷超过20年，特丁硫磷也已超过10年。抗药性的产生伴随着农药防治效果下降，刺激了农药用量的增加，从而又加速了抗药性的发展，这样的恶性循环导致甘蔗地下害虫防治失控。

4. 农资质量不稳定和蔗农的用药积极性不高

近年来，蔗价不稳定，农资价格不断攀升，使得农民的种蔗成本不断提高，种蔗收益低，致使农民的防治意识不高，用药积极性下降，导致害虫防治不力。况且目前市场上农药质量参差不齐，防治效果无法保证。另外，由于农民对植保知识的缺乏，无法有针对性地对地下害虫实施有效防治，或选择的药剂并非地下害虫特效药，从而导致错失防治的最佳时期。

第二章 金龟甲

金龟甲属鞘翅目 Coleoptera，金龟甲总科 Scarabaeoidea，蛴螬 Scarab 即为该总科幼虫的通称。金龟甲是鞘翅目昆虫中庞大的家族之一，是国内外公认的难防治的土栖性害虫。随着研究的深入及鉴定技术的提高，金龟甲新种层出不穷。根据黄文琴报道，1985年，全世界记载的金龟甲总科共约2万种，我国有记载的为1 072种，到了2007年，全世界已记载的种猛增到3.5万余种，北美大约有1 200种，我国已记录的约1 800种（丁莹等，2007）。不过，金龟甲总科中并非个个都是害虫，亦有许多是粪食性种类，如蜣螂，有的取食腐殖土、朽木如花金龟的幼虫等，这些种类不但不为害植物，还对人类和环境有益。

甘蔗金龟甲是甘蔗地下害虫种类中最大的类群，食性杂、生活隐蔽、适应性强、生活史长短不一，很难防治。同时，也是为害最重、造成损失最大的种类。据调查统计，甘蔗地下部分受害的有80%以上是由此害虫为害造成的。有的金龟甲分布很广，遍及各大蔗区，造成大面积严重危害；而有的分布很窄，仅在局部蔗区造成危害；有的随着环境条件的改变，由过去为害严重的种类逐渐降为次要害虫；而一些原本不构成大害的种类登堂入室，上升为主要害虫。

第一节　国外甘蔗金龟甲的种类及分布

据 Box（1953）报道，为害甘蔗的金龟甲科害虫种类超过185种，其中属于鳃角金龟亚科（Subfamily Melolonthinae）的超过80种，丽金龟亚科（Subfamily Rutelinae）的达40种以上，犀金龟亚科（Subfamily Dynastinae）的也不少于65种。在这众多的种类中有如下数种是主要为害种（见表2-1），分布在世界上一些生产蔗糖的国家，造成较大的危害。

表 2-1 国外产蔗糖国家金龟甲主要种类及分布

种名 Specials	拉丁学名 Technical term	分布 Distribution
鳃金龟科（Melolonthidae）		
Childers canegrub	*Antitrogus parvulus* Britton	澳洲 Childer，Bundaberg
	A. consanguineus Blackburn	澳洲 Bundaberg、Maryborough
Planiceps canegrub	*A. planiceps* Blackburn	澳洲南新威尔士
Nambour canegrub	*A. rugulosus* Blackburn	Moreton 南新威尔士
	Clernora smithi Arrow	毛里求斯
	Cnemarachis protoricensis Smyth	波多黎各
	Coehliotis melolonthoides Gerstaecker	坦桑尼亚
	Cycloceplcala parallela Casey	美国佛罗里达州
	Dasylepida sp.	日本 Miyako Islands，Okinawa
灰背金龟甲（Grayback canegrub）	*Dernolepida albobirtum* Waterhouse	澳洲北部、中部
	Holotrichia consanguinea Blanchard	印度卡纳塔克邦
	H. serrata Fabricius	印度卡纳塔克邦
	Hoplochelus marginalis Fairmaire	毛里求斯
	Hypophlis sommeri Burm	南非
	Lecuopholis lepidophora	印度卡纳塔克邦
Caudata canegrub	*Lepidiota caudata* Blackburn	昆士兰
Bundaberg canegrub	*L. crinita* Brenske	昆士兰、新南威尔士、坦桑尼亚
法兰西金龟甲（Frech's canegrub）	*L. frenchi* Blackburn	澳洲北部和 Mackay
Froggatt's canegrub	*L. froggatti* Macleay	昆士兰
Grata canegrub	*L. grata* Blackburn	昆士兰
Grisea canegrub	*L. grisea* Britton	昆士兰
Nactoria canegrub	*L. negatoria* Blackburn	澳洲北部和 Mackay
	L. noxia Britton	澳洲 Bundaberg 等地区
Picticollis canegrub	*L. picticollis* Lee	Bundaberg
Rotbe's canegrub	*L. rotbei* Blackburn	昆士兰
Sororia canegrub	*L. sororia* Moser	Herbert Valley
Squamulata canegrub	*L. squamulata* Waterhouse	澳洲北部
	Leucopholis irrorata Chevrolat	菲律宾
	Ligyrus subtropicus Blatchley	美国佛罗里达州
Rhopaea canegrub	*Rhopaea magnicornis* Blackburn	Tweed Valley
	Tomarus subtropicus	美国佛罗里达

（续上表）

种名 Specials	拉丁学名 Technical term	分布 Distribution
	T. cuniculus	美国佛罗里达
丽金龟科 Rutelidae		
	Anomala orientalis Waterh	日本冲绳岛
	A. albopilosa Hope	夏威夷
犀金龟科 Dynastidae		
	Alissonotum impressicolle Arrow	印度、缅甸、中国

第二节　我国甘蔗金龟甲种类及分布特点

我国蔗区幅员辽阔，甘蔗主要种植在南方十省区（包括台湾）。由于各地地理条件的迥异，自然条件的变化，温度、雨量、土壤、耕作制度、作物、植被等各不相同，形成了不同的生态环境，因而金龟甲种类多，形成了有些金龟甲种类（如黑色蔗龟）分布广、为害重，而有些种类仅分布在局部地区，即不同的蔗区为害甘蔗的金龟甲种类有相同也有所不同的特点。根据作者的不完全统计，在我国为害甘蔗的金龟甲约 60 种，其中重要金龟甲 20 余种，局部地区发生和次要的种类 30 余种。为害甘蔗的金龟甲主要集中在犀金龟科、丽金龟科和鳃金龟科中。其中，犀金龟科 7 种多，鳃金龟科 37 种多，丽金龟科 21 种。

第三节　影响甘蔗金龟甲分布的因素

1. 土壤的性质和含水量

蔗龟属（Alissonotum）的突背犀金龟和光背犀金龟分布最广，在东起台湾、西至云南的 7 个省（自治区）均有分布。一旦在河流冲积土地区或土壤含水量较高的黏土或黏壤土蔗区发生，极易暴发成灾，使甘蔗生产遭受巨大损失。

相反，鳃角金龟科的几个主要为害种如台湾的蔗鳃角金龟，广东和福建的齿缘鳃金龟及卵圆鳃金龟，广西的大头鳃金龟，广东湛江、海南和广西合浦等地的二点褐金龟等，分布在土壤含水量较低、沙质较重的丘陵旱地或河坝地带。由此可见，土壤质地和含水量是影响金龟甲地理分布的主要因素之一。

2. 温度和寄主植物

温度和寄主植物是造成蔗田金龟甲分布差异的另一个原因。据目前所知，二点褐金龟只分布在广东湛江、海南、广西合浦及福建南部个别地区。又据丘燕高（1956）的研究，二点褐金龟之所以分布于我国北纬 23°以南的沙质土地带，与本区域有成虫喜食的大叶榕、柯木和木菠萝等植物有关。据胡少波等（1957）报道，红脚绿金龟成虫喜食荔枝、龙眼、柑橘、芒果、大叶榕等果树和林木的叶片和花，因而它在福建、广东、广西地区成为这些常见植物的普遍为害种。从现有的资料得知，红脚绿金龟还分布在云南南部的德宏州及纬度较高的四川省蔗区，而纬度较四川省低的贵州、湖南、江西等省则没有该虫分布，主要原因可能与四川盆地蔗区的冬季气温比上述三省的气温稍高有关，如四川盆地蔗区日平均气温10℃开始出现于2月中旬，而贵州、湖南、江西三省的蔗区则出现在2月下旬。由于这样的冬季气温，以及缺少成虫喜食的热带果木，所以不适宜红脚绿金龟的生存。此外，云南省有许多未经鉴定命名的金龟甲，其中除有少数与东南沿海各省的相同外，绝大多数是不相同的种。云贵高原的生物资源极其丰富，某些地区所处的海拔高度变化较大，由此可以推测，甘蔗金龟甲的分布还与海拔高度有关，事实是否如此还有待进一步调查和研究。

第四节　甘蔗金龟甲活动规律及为害虫态

1. *活动规律*

金龟甲的生活习性复杂而多样，根据活动规律，可分为日出型、夜出型和日夜活动型3种类型。

2. *为害虫态*

金龟甲的为害虫态亦因虫而异。有的以幼虫（蛴螬）为害甘蔗，成虫则不为害，多数地下害虫属此类；有的则成虫、幼虫均为害甘蔗，这类害虫属少数；还有的种类，幼虫虽栖息于土中，也啮食植物的地下部分，但为害性显著小于成虫。

（1）成虫为害蔗苗地下部造成枯心苗。

成虫为害蔗苗地下部的金龟甲主要是蔗龟属（Alissonotum）的突背犀金龟、光背犀金龟和大蔗龟。为害时期在每年的4月下旬~6月上旬，此时正值甘蔗苗期，成虫羽化出土后即由蔗苗基部的地下部开始啮食蔗茎，引起蔗苗生长点枯死，形成枯心苗。

（2）成虫为害甘蔗叶片。

成虫为害甘蔗叶片的金龟甲主要是Microtrichia属的蔗鳃角金龟、大头鳃金龟和*Microtrichia formosama* Moser等。为害期在每年的4~5月，成虫在土壤中越冬后，于翌年大量出土，为害甘蔗叶片，造成叶片缺刻，严重的只剩下中脉。

（3）幼虫为害蔗根及蔗茎地下部。

目前所知，所有甘蔗金龟甲幼虫（蛴螬）均为害蔗根及地下茎部。据柳原政之（1936）的调查，为害甘蔗的各种金龟甲幼虫可分为两大类：3龄幼虫头幅3.5mm以上为大型种，可造成蔗茎地下部蛀洞为害；而头幅在3.5mm以下的则是小型种，只为害蔗根，不能蛀洞为害蔗茎。此外，某些大型种如二点褐金龟幼虫也可为害蔗苗，形成枯死苗。

第五节　形态特征、生活习性与发生规律

一、黑色蔗龟

（一）寄主与分布

突背犀金龟 *Alissonotum impressicolle* Arrow 和光背犀金龟 *A. pauper* Burmeister 俗称黑色蔗龟或黑色金龟，在我国蔗区分布最广，为害性最大。突背犀金龟又称突背蔗龟、突

背金龟。光背犀金龟又称光背蔗龟、光背金龟。这两种蔗龟在东起台湾、西至云南的各甘蔗主产省（自治区）均有分布，国外在印度、缅甸、菲律宾、南非等地亦有分布，是我国南方重要糖料作物——甘蔗的主要害虫。在广东、广西、贵州、云南、福建、台湾等省（自治区）发生为害比较普遍，造成的危害很大。

这两种蔗龟多为相伴混合发生，但在田间种群数量上，突背犀金龟占优势，为优势种群。据胡少波等（1963）报道，在广西百色地区，突背犀金龟种群数量在两种金龟甲种群中占75%，光背犀金龟占25%。而作者在广东红旗华侨农场及平沙华侨农场调查时亦发现类似现象，突背犀金龟种群约占80%，光背犀金龟约占20%。不过这两种蔗龟只有在河流冲积土蔗区或含水量较高的黏土或黏壤土蔗区方能构成对甘蔗生产较大的为害。突背犀金龟和光背犀金龟均为寡食性害虫，成虫除为害甘蔗外，还可以为害玉米、高粱、水稻等；幼虫主要为害甘蔗。黑色蔗龟是甘蔗金龟甲中少有的成虫和幼虫（蛴螬）均为害甘蔗，且均能对甘蔗生产构成巨大威胁的害虫。成虫为害期从4月下旬开始至9月下旬，前后长达5个月之久；幼虫为害期从9月至翌年3月，连续6月有余。

黑色蔗龟成虫羽化高峰期正值甘蔗苗期，成虫为害造成蔗苗大量枯心，一般为害枯心率10%～15%，严重为害时，枯心率高达30%～50%，甚至80%以上。成虫为害造成甘蔗缺苗断垄，严重影响甘蔗的齐苗、壮苗和有效茎形成，影响日后的甘蔗单产。当蔗苗长大后，成虫则为害甘蔗的分蘖及蔗芽。而幼虫2～3龄期正处于甘蔗生长后期，当田间虫口密度很高，一般超过15头/m^2时，对后期甘蔗亦会造成严重为害，甘蔗蔗根、蔗头被啮食一空，地下茎被蛀成孔孔洞洞，形似蜂窝。当年10～11月即可出现蔗株枯黄的现象，如遇后期干旱，则会成片枯死；如遇大风，则连片倒伏。受害蔗株整蔸极易连根拔起，严重影响甘蔗的产量和质量。受害的甘蔗地下部蔗芽被啃食后，无法发芽，受害严重的蔗田不能留宿根。

（二）突背犀金龟

1. 形态特征

成虫（图2-1.1～2）　雌虫体长14.0～17.5mm，雄虫体长13.5～16.0mm。体漆黑色，有光泽。头小，近三角形。触角9节，鳃片部由3节组成。唇基两前角处呈疣状上翘，此一对突起较额唇基缝处的一对疣突距离要狭。唇基与额区的刻点不连接，成横皱状。前胸背板刻点较粗而深，近前缘中央有新月形突起。前胸背板前、侧缘具沿，后缘无沿，前角几呈直角，后角呈宽弧状。小盾片呈弧状三角形，光滑。鞘翅每侧具明显的纵线沟8条。臀板密布同等大小的刻点。前足胫节外侧3个大齿后尚有2个小齿；中、后足胫节外面具有2个横向脊，上生有成列的刺。

卵（图2-1.3）　乳白色，带光泽，初产时呈长椭圆形，临孵化前呈圆形。

幼虫（图2-1.4～8）　3龄幼虫体长31～35mm，头宽4.9～5.2mm，头长3.5～3.8mm。头部前顶刚毛各1～2根，后顶刚毛各1根，额中侧毛各1根。头壳表面稍皱，具小而浅的刻点。触角末节背面有感觉器1个，腹面2个。内唇端感区刺与感前片和内唇片愈合呈锤状的骨化突，其上具圆形感觉器。基感区近中央的突斑小，四周光裸。左上唇根后突呈球状，侧突前端明显前弯。肛背片后部围成臀板的细缝（骨化环）末端指向肛门孔缝角的稍上方；在肛腹片后部无刺毛列，只有钩状刚毛群，钩毛比较密集。

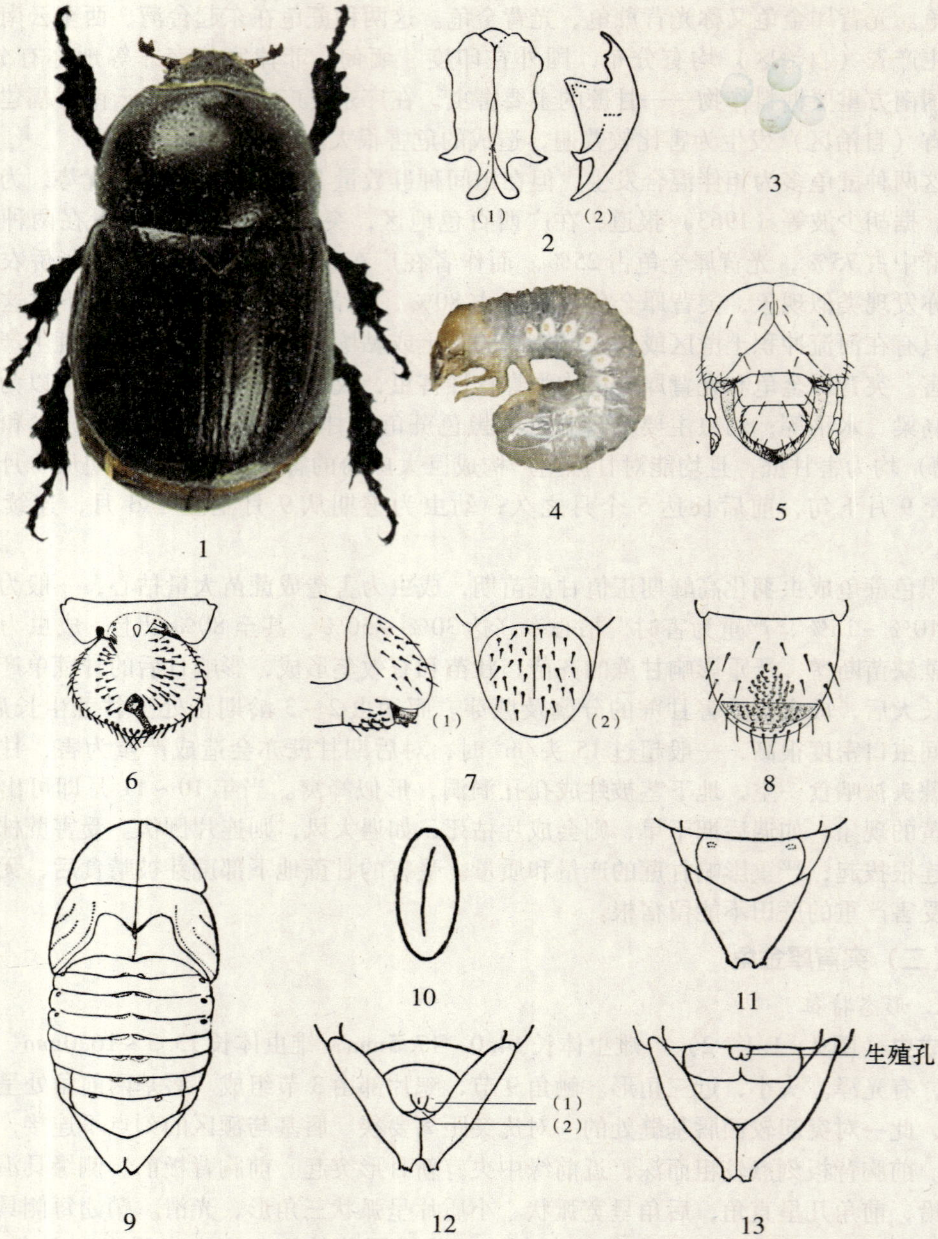

图 2-1 突背犀金龟

1. 成虫；2. 雄性外生殖器：(1) 正面，(2) 左侧面；3. 卵；4. 幼虫；5. 幼虫头部；6. 幼虫内唇；7. 肛背片：(1) 侧面，(2) 背面；8. 肛腹片；9. 裸蛹（背面）；10. 腹部第 1~4 节气门（正面）；11. 雄蛹臀节背面；12. 雄蛹臀节腹面：(1) 阳基侧突，(2) 阳基；13. 雌蛹臀节腹面

(1. 仿 www. insect - fans. com/bbs/viewthread. php? action 图；2. 仿张有为图；5~8. 仿张治良图；9~13. 仿张治良、孙德旭图)

蛹（图 2-1.9~13） 体长 17~20mm，体宽 9~10mm。唇基呈梯形，前缘中部凹陷，后部明显隆起。触角雌雄同形，呈膝状。额区近唇基后缘中部具有一圆形隆起。

下颚须呈圆锥状。前胸背板前角后方有凹陷，腹突近锥形。蛹虫体背面中央从唇基经额、头顶、前胸背板直到腹部第7节背板前缘，纵贯一条凹纵线。腹部第1至第4节气门呈椭圆形，褐色，微隆起；发音器6对，位于腹部背面第1至第7节的节间处，第8节背板每侧基部各具1对横椭圆形凹陷。尾节呈三角形，二尾角呈锐角岔开。雄蛹臀节腹面可见阳基侧突伸达或稍超阳具端部；雌蛹臀节腹面平坦，前缘中间一小瓣状突起，中具生殖孔，两侧各具一横矩形骨片。

2. 生活习性与发生规律

(1) 生活史。

在广东，突背犀金龟1年完成1个世代，以幼虫越冬。3月下旬老熟幼虫开始造蛹室化蛹，蛹期约20d。成虫于4月中下旬开始羽化，活动期一直持续到9月下旬，部分成虫可成活至12月。8月下旬至9月初开始产卵，卵期约15d。9月中下旬卵开始孵化，1龄幼虫随之出现，1龄幼虫历期约45d；10月中旬进入2龄，历期约45d；11月下旬进入3龄，直至翌年3月，历期约150d。在珠江三角洲蔗区，4月中旬至5月成虫羽化出土高峰期正值甘蔗苗期，此时也是成虫为害盛期（高野秀三等，1943；梁庆，1957）。

在广西，突背犀金龟亦为1年发生1代，以3龄幼虫越冬，也可以少部分成虫及卵越冬。成虫发生于4月下旬至11月底，9月中旬开始产卵，至12月中旬最后一批卵孵化，由10月上旬至翌年1月底，均可找到不同孵化期的1龄幼虫。一般以2龄幼虫越年，至翌年1月上旬以后陆续进入3龄。蛹出现期为4月上旬至5月中旬。卵、幼虫及成虫的重叠现象出现于10~11月（胡少波等，1965）。

在云南，突背犀金龟同样为1年发生1代，以幼虫越冬。3月下旬在地下蔗头附近化蛹，蛹期约20d。成虫于4月中下旬开始羽化，遇雨水集中出土，并潜入土壤中咬食蔗苗基部，造成枯心苗。夜间活动，有较强的趋光性。6~8月大多进行越夏。8月下旬开始产卵，卵期15d。9月中旬开始有1龄幼虫。9月中旬至第2年3月为幼虫活动期。

在贵州，突背犀金龟发生世代与其他地区一样为1年1代，以幼虫在蔗根土壤中越冬。翌年4~5月化蛹，幼虫期180d以上，蛹期约20d。成虫发生于4~11月，8月下旬开始产卵，9月中旬孵化，卵期15d左右，成虫寿命约150d。7月温度过高则进入夏蛰，很少取食，8月底开始复苏并交尾、产卵，卵产于蔗头邻近的土壤中。卵于9月中旬孵化并开始出现1龄幼虫，9月中旬至翌年3月为幼虫活动期。初孵幼虫取食已腐烂的有机质，2龄以后啃食蔗根，3龄以后食量大增，取食茎基部及地下蔗芽，将蔗头蛀食成洞穴状（易代勇，2006）。

在台湾，突背犀金龟也为1年发生1个世代，是南部西海岸蔗园的主要地下害虫之一，发生较普遍。成虫在4~5月于傍晚出土；9~11月在10~15cm深处土中产卵；9~10月为1龄幼虫期，11~12月为2龄幼虫期，1~3月为3龄幼虫期。突背犀金龟成虫、幼虫均为害甘蔗，成虫期为每年的4~10月，此时正值台湾南部雨季；幼虫期为每年的10月至翌年的3月，而这时该地区为低温干燥季节（谢希艾，1981）。

各地突背犀金龟生活史及各虫态历期分别见图2-2和表2-2。

地区	1月 上中下	2月 上中下	3月 上中下	4月 上中下	5月 上中下	6月 上中下	7月 上中下	8月 上中下	9月 上中下	10月 上中下	11月 上中下	12月 上中下
广东	CCC	CCC	CCC	C								
			⊕⊕	⊕⊕⊕	⊕							
				++	+++	+++	+++	+++	+++	+++	+++	
								●	●●●	●●●	●●●	
									CC	CCC	CCC	CCC
广西	CCC	CCC	CCC	CC								
				⊕⊕⊕	⊕⊕							
				+	+++	+++	+++	+++	+++	+++	+++	
									●●	●●●	●●●	●●
									CC	CCC	CCC	CCC
云南	CCC	CCC	CCC									
			⊕	⊕⊕⊕	⊕⊕							
				++	+++	+++	+++	+++	+++	+++	+++	
								●	●●●	●●●	●●●	
									CC	CCC	CCC	CCC
贵州	CCC	CCC	CCC									
				⊕⊕⊕	⊕⊕⊕							
				+++	+++	+++	+++	+++	+++	+++	+++	
								●	●●●	●●●	●●●	●
									CC	CCC	CCC	CCC

图 2－2　各地突背犀金龟生活史图示

图例：+ = 成虫；● = 卵；C = 幼虫；⊕ = 蛹。

表 2－2　各地突背犀金龟各虫态历期

观察地点	卵　期	幼虫期	蛹　期	成虫期
广　东	15d （产卵期 8～9 月）	1 龄 45d 2 龄 45d 3 龄 150d （幼虫期 9 月～翌年 3 月）	20d （化蛹期 4～5 月）	4 月下旬～11 月
广　西	13～16d （产卵期 9～12 月）	各龄期 37～75d （幼虫期 4～11 月）	14～18d （化蛹期 4～5 月）	4～11 月
云　南	15d （产卵期 8 月下旬～12 月上旬）	幼虫期 9 月中旬～翌年 3 月	20d （化蛹期 3 月下旬～5 月中旬）	4 月中旬～11 月

（续上表）

观察地点	卵　期	幼虫期	蛹　期	成虫期
贵　州	15d 左右（产卵期 8 月下旬～11 月）	180d（幼虫期 9 月中旬～翌年 3 月）	20d 左右（化蛹期 4～5 月）	4～11 月（成虫寿命 150d）
台　湾	14～19d（产卵期 9～12 月）	1 龄 29～45d 2 龄 26～39d 3 龄 89～96d （幼虫期 9 月～翌年 3 月）	15～19d（化蛹期 4～5 月）	4～11 月（成虫寿命 171～216d）

（2）活动规律。

突背犀金龟成虫羽化后不一定立即出土，是否出土为害，与四五月份的雨量有一定关系。胡少波等于 1960—1964 年连续 4 年对四五月份雨量与突背犀金龟发生程度的相关性进行了观察。1960 年 5 月百色地区雨量充沛（125.7mm），当年蔗龟发生为害严重；1961 年 4 月只有分散小雨，5 月仅降雨 1.1mm，该年蔗龟发生很少；1962 年 4 月雨量充沛，5 月雨量达 197.8mm，成虫在 4 月底至 5 月初便破蛹而出，当年蔗苗受害就很严重；1963 年四五月份均旱，蔗龟为害很少。由于历年四五月份降雨量不尽相同，形成了蔗龟间歇性地猖獗为害。

作者 1990—1993 年在广东红旗华侨农场进行黑色蔗龟防治试验研究时也发现，蔗龟成虫出土为害时间与降雨日关系密切：在 4～5 月间，特别是 4 月中旬至 5 月初这段时间，如遇少雨干旱天气，即使到 4 月底已有 95% 成虫羽化，成虫仍会潜伏在土中等待机会，地面也很少出现成虫为害。而当“五·一”节前后一场大雨过后（该地区多年的气候特点是在“五·一”前后都会有一次降雨过程），成虫就会大量涌出地面，形成暴发为害。据调查，雨后 2d，蔗龟枯心可达 3% 左右；雨后 4d，蔗龟枯心可达到 10%～15%（见表 2－3）。因此，四五月份特别是 4 月下旬至 5 月上旬如雨量充沛，则蔗龟发生严重；反之，则轻。由于黑色蔗龟成虫的这一特性，因而突背犀金龟多发生于雨水充沛、土壤湿润的蔗区。

表 2－3　降雨对黑色金龟出土的影响（广东红旗华侨农场）

年　份	降雨日期	调查日期	枯心（%）	调查日期	枯心（%）
1990	5 月 3 日	5 月 5 日	3.1	5 月 7 日	15.2
1991	4 月 28 日	5 月 1 日	3.8	5 月 3 日	12.0
1992	4 月 30 日	5 月 2 日	2.5	5 月 4 日	9.7
1993	5 月 1 日	5 月 3 日	2.6	5 月 5 日	10.5

成虫羽化后，除取食迁移及水淹外，均在土内活动。一般在土壤含水量达到饱和时，仅以腹部末端外露土面，借腹部与鞘翅之间的空隙透过空气而呼吸。当蔗田被水淹没时，起初在成虫潜伏处的水面会有小气泡间隙冒出，6～10min 后，成虫便爬出土表，浮于水面，故可用水淹法来防治成虫。

成虫迁移原因可能是多方面的，蔗田水淹或干旱，土壤板结，均可引起迁移，但通常与田间微气候及食料的质量有关。在五六月间，日平均土温在30℃以下时，土温越高，成虫的取食活动越烈，因为此时蔗田逐渐封行形成密闭的环境，土温较植被覆盖度小的玉米地、高粱田要低。但同时玉米、高粱的幼苗较嫩，故成虫会迁移至玉米地补充营养。而距甘蔗田较远的玉米地，受害程度较小。

成虫遇到不良环境条件（如水淹、干旱、土温过高等）或受惊动，便作迁移活动。如从土中挖出成虫时，其开始作假死状，不久便能迅速活动。雌虫平均每分钟可爬行0.96m，雄虫可爬1.45m。雌虫体躯较胖，动作迟钝，遇小土粒等障碍物时往往翻倒；雄虫体轻，动作敏捷，能越过障碍物前进。因此，成虫具有一定的扩散迁移习性。

学者们对成虫是否具有飞翔能力及有无趋光性存有疑义。据梁庆（1960）报道，夜晚8时其曾在路灯下发现成虫，说明成虫有弱趋光性和一定的飞翔能力。高野秀三等（1943）在台湾也有报道，5月初成虫出土期及大雨后一周内，温度达28℃以上的上半夜，曾见成虫出土飞翔，并有趋光现象。但胡少波等（1965）在3年的观察试验中，在诱蛾灯或其他灯光下均未发现成虫有趋光现象，田间亦未见其飞翔，并以实验证明成虫不善飞翔：实验是将两种蔗龟成虫分别放在100mL烧杯中（杯底垫硬纸），连同烧杯放在直径14cm、高25cm的玻瓶中（瓶中预先放甘蔗嫩茎，以便成虫飞出后取食），另以同样方法处理但甘蔗放在烧杯中以作对照，观察成虫能否飞行。结果对照组得到食料没有死亡，也没有飞出；但处理组在7~9d后全部饿死而始终没有成虫飞出取食。由此可见，蔗龟成虫不善飞翔迁移。而林明江、管楚雄等（2006）在云南利用黑光灯诱测和诱杀地下害虫的试验中，发现有大量的突背犀金龟扑灯，并呈现明显的高峰值，说明突背犀金龟具有飞翔能力和趋光性。

成虫日间潜伏于蔗株附近的表土中，夜间活动，但极少爬出土面。成虫有假死习性。

成虫潜土深度与土壤温度、湿度有一定关系。当沙质壤土5~10cm深处土温在30℃以下、土壤相对湿度在66.7%（绝对湿度20%）左右时，成虫会在甘蔗种茎以上的表土层3~5cm深处活动；高于或低于上述土壤温度、湿度时，成虫则在种茎以下5~12cm深处潜伏。

1、2龄幼虫均在甘蔗根系范围内活动，但1龄幼虫以取食甘蔗根际周围土壤或蔗头中腐烂的有机质为生，凡富含有机质的土壤或多年宿根蔗，已腐烂有机质含量高，适合初孵幼虫生存，初孵幼虫成活率高，因而虫口密度高。2龄幼虫开始，咬食蔗头和蔗根。3龄以后食量大增，并逐渐分散为害，取食甘蔗根系及埋在土中的蔗茎，将蔗头或地下茎蛀食成洞穴状。

土壤温度越高，土壤湿度越低，幼虫的潜土深度也越深。由于甘蔗根系的吸水作用、土壤毛细管及有机质均能保持一定的温度和湿度，适于幼虫的生活，故一般情况下幼虫的垂直活动幅度都在根系向下延伸至深约5~15cm处，活动范围都在根际内部。

老熟幼虫不取食，随土壤不同湿度而下移至15~30cm深处，营造蛹室准备化蛹，也有个别老熟幼虫在蔗头的蛀孔内化蛹。究其原因有两方面：一方面选择在温度、湿度比较稳定的土层中营造蛹室，有利于蛹的发育；另一方面因深层土壤较坚实，可避免蛹室破坏。幼虫营造蛹室是把土壤扒松，不时从"C"形静止状态发动全身伸直运动，把周围泥土排开及挤压而成，并将排出的粪便凝固为蛹室壁。由营造蛹室至完成化蛹，需

4～7d 不等，视温度而异。

（3）成虫夏蛰。

6 月间，由于气温升高，此时成虫准备进入夏蛰。6 月下旬少数成虫开始夏蛰，到 7 月中旬以后全部进入夏蛰。田间成虫潜土深度为 8～15cm。夏蛰期间，成虫不食不动，六足收缩，若遇水淹，则爬出水面，水退后再入土蛰伏。

表 2－4　突背犀金龟成虫夏蛰与土壤温度的关系（1962 年，百色）（引自胡少波等，1965）

月　份	6			7			8			9			附　注
旬　次	上	中	下	上	中	下	上	中	下	上	中	下	
旬平均土温（℃）	29.5	29.9	30.8	31.3	32.8	33.1	31.1	31.5	30.8	30.2	29.7	29.2	成虫 136 头全部进行夏蛰
夏蛰虫数（%）	0	0	16.2	58.1	100	100	100	100					
复苏虫数（%）								0	24.1	100	100	100	复苏虫 108 头

成虫夏蛰复苏期为 8 月底至 9 月上旬后，这段时期成虫均全部复苏并继续进行营养补充。

夏蛰与土温有很大关系，当 5～10cm 深处平均土温超过 30℃时，便开始有成虫进入夏蛰；当土温达 33℃以上，成虫全部进入夏蛰；当土温降低至 30℃时，成虫全部复苏（见表 2－4）。土壤湿度对成虫夏蛰似无影响（见图 2－3）。

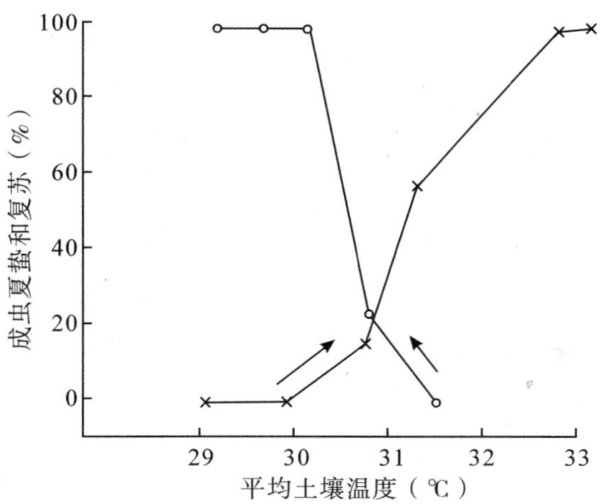

图 2－3　突背犀金龟成虫夏蛰和复苏与土壤温度的关系（仿胡少波等，1965）

×——×夏蛰　　○——○复苏

（4）取食习性。

高野秀三等（1943）和梁庆（1957）报道，突背犀金龟是为害甘蔗的专食性害虫。而胡少波等（1965）研究发现，突背犀金龟除为害甘蔗外，在甘蔗、玉米混种田中也为害玉米，在蔗田毗邻的受旱水田中也为害稻根，还在玉米、甘蔗、高粱、芝麻、甘薯间种地上为害玉米及高粱。在室内饲养条件下，对甘蔗、玉米和高粱的嫩茎均取食，但不取含水充足的水稻及稗草。因此，蔗龟是寡食性害虫，而非专食性害虫。

不过，虽在室内饲养条件下，用玉米或高粱作饲料喂养的突背犀金龟成虫能交配、产卵，但在玉米或高粱田间仅发现成虫为害，并未发现其他虫态为害这两类作物。因此，突背犀金龟能否在高粱、玉米等禾本科作物田内产卵，繁殖后代，完成其生活史，还无可信的证据。考其原因，可能由于甘蔗是一年四季生长的作物，能充分满足蔗龟一生中食料的需要，尤其是冬季和早春幼虫的食料。因此，在甘蔗、玉米、高粱的混种地区，成虫只在蔗田内产卵，幼虫和蛹都生活在蔗田内。但成虫的活动性较大，对其他禾本科作物也有趋性，故在迁移分散途中可到蔗地附近的玉米地、高粱地内为害，待产卵时再返回蔗田产卵繁殖。

成虫取食部位主要是蔗苗的地下茎及蔗芽，而对成株期的地下茎极少为害。

幼虫（蛴螬）取食并对甘蔗造成为害主要是 2 龄之后。1 龄幼虫只取食土中或蔗头中已腐烂的有机质，2 龄之后食量开始增加，啃食甘蔗支根和蔗头，3 龄取食蔗头和蔗茎基部。

突背蔗龟的取食规律无论是在生物学上还是在防治上均有重要意义。如在百色地区常闹春旱，雨水来得晚，宿根蔗及蔗种萌芽较迟，不能满足成虫食料的需要，为适应生存，故往往迁移扩散到邻近玉米、高粱等田内为害。由于当地甘蔗、玉米常是小片混种，同时这些作物的营养成分大致相同，因而为成虫提供了丰富的补充食料。

（5）交配与产卵习性。

成虫夏蛰复苏后，经过一段时间的补充营养过程即开始进行交配、产卵活动。八九月间，成虫一般于傍晚时分（16：00—18：00）在土中进行交配，交配时间持续 1.35h 左右。交配后，7～12d 开始产卵。成虫产卵后即死亡。

富含有机质的多年宿根蔗蔗头处是成虫交配、产卵的最适宜场所。因为初龄幼虫必须取食蔗头腐烂的有机质，且有机质多的土壤比较温暖疏松，易于成虫行动。

卵一般散产于蔗头根际土壤中或腐烂的有机质中，产卵量与土壤温度关系密切。产卵数与土温正相关。产卵最适土温为 25℃～30℃。但在 25℃以上时，产卵数较多而产卵量稳定，不会因温度高低而有大的波动。土壤湿度对产卵量亦有影响，但适宜湿度范围相当宽，只有出现严重干旱及土壤含水量达到饱和时，水才会对产卵起抑制作用。

在通常情况下，雌虫每隔 1～2d 产 1 粒卵，每头雌虫产卵 42～52 粒。卵孵化率在 81% 左右。

卵的孵化与雨水也有一定关系。湿度越高，卵期越短。但卵短期受水淹，能延缓卵的胚胎发育，淹水 5d 后，卵死亡率极高；7d 后，卵全部不能孵化。

（6）为害特点。

突背犀金龟以成虫为害最猖獗。在田间和饲养条件下，成虫不取食蔗叶及老的根、茎，而喜欢啮食埋于土内的蔗芽，或在种茎切口处啮食茎心。当蔗芽萌发成幼苗时，便转而为害蔗苗。故甘蔗受害以苗期最为严重。成虫咬食距地面 3～5cm 的蔗苗基部。幼苗茎基部被咬食，大多成椭圆形的凹陷，长度为茎基部直径的 2～3 倍，宽度与茎基部直径相等，深度为茎基部直径的 1/3～1/2，间或有梭形向上凹陷或带状啮食的受害状，未见有把全株咬断的现象。当受害缺陷超过蔗茎中心时，蔗苗心叶部及在缺陷一边的一两片蔗叶得不到水分及养分，即呈凋萎状，一两天后形成枯心，以后逐渐全株干枯，粗看好似蔗螟为害症状，但螟害枯心苗一般仅心叶枯萎，后仍能再生分蘖。而蔗龟为害则整株枯死，不能再生分蘖。前者用手拔时很难整株拔起，只能拔出心叶，断口大多腐烂；后者较易把全株拔起，断口处有被啮食的半球形伤痕，且留有一丝丝的纤维。这是蔗螟与蔗龟为害的主要区别。

成虫有转株为害的习性，在每 1 株蔗苗上啃食出 1 个孔洞后，即转移至另一健株为害。在暴食期，成虫不分昼夜均可为害（水淹或土壤干旱除外）。据室内测定，突背犀金龟成虫在 24h 内可取食嫩蔗茎 0.65g，超过其平均体重 0.26g 的 2 倍以上。在室外盆栽测定，在为害盛期的 5 月份，平均每头成虫可造成约 13 株蔗苗枯心。但在田间，平均每头成虫可造成 18 株以上枯心。成虫饱食后，一般停食 12～36h，潜伏于蔗茎旁或受害蔗苗的孔洞内，不食不动。心叶枯死时，成虫多已离去。当心叶刚刚开始呈萎蔫状时，仍可从苗的四周土中挖到成虫。成虫转株为害，通常经由土面爬行，如土壤湿度较大，成虫即钻孔入土，土面留有半圆形的孔洞；如土壤呈湿润状态，便以前足及中足挖土，用上唇基片铲土，借助后足向后推动，约半分钟全身即可埋入土中，土面的孔洞被挖出的松土所封闭或半封闭，入土孔道常在离蔗苗基部 3～6cm 处，向土中斜伸至蔗苗基部附近，无横道，弯曲度也不大。其潜土范围在蔗头及其周围 10cm 半径之内（其他虫态也不超越此范围）。

成虫在 6 月间潜土较深，准备进入夏蛰；7 月中旬以后全部进入夏蛰；8 月底至 9 月初可全部复苏，返回至土表层继续为害。到 9 月中旬，成虫一般于傍晚时分（16：00—18：00）在土中进行交配；交配后 7～12d 开始产卵。

1 龄幼虫多在甘蔗根系范围内活动，取食蔗头中腐烂的有机质。2 龄后，幼虫逐渐分散，取食甘蔗根系及埋在土中的茎部。幼虫可将地下茎部蛀一圆形的孔，并栖住其中大肆为害，有时一个蔗蔸中可有几头到十几头幼虫，将整个蔗头蛀成蜂窝状，蔗根被食尽，蔗头附近布满疏松的土粒和虫粪。此时蔗茎枯死，整蔸甘蔗可轻易拔起，如遇大风易倒伏。

玉米苗、高粱苗的受害状大致与蔗苗相同；但仅少数呈枯心，多数首先呈凋萎状，继而枯死，造成缺株。成株的甘蔗、玉米和高粱受害较小。宿根蔗早萌发的蔗苗在 5 月底到 6 月初已成株，成虫仅取食成株的嫩基部及嫩根，危害不大，待蔗秆皮硬化即不为害。玉米、高粱成株后，成虫多取食嫩根及气根，在抽穗扬花前有时引起倒伏或不结苞。

（7）发生与环境条件的关系。

① 土壤质地与含水量。在河流冲积土地区，如珠江三角洲沙围田蔗区或土壤含水量较高的黏土或黏壤土蔗区，黑色蔗龟为害往往较重，并常形成灾害；而在旱地、沙质土壤或缺水、灌溉条件较差的蔗地，黑色蔗龟为害往往很轻。

②降雨。降雨多少，特别是四五月份的降雨对甘蔗苗期的受害程度影响很大。因黑色金龟甲成虫出土需要一定的土壤湿度，如 4 月至 5 月初降雨量较常年偏多，或在 4 月底至 5 月上旬有一次较强的降雨过程，则黑色金龟甲的为害就重；反之，雨水较常年偏少，则为害就相对较轻。

（二）光背犀金龟

1. 形态特征

成虫（图 2－4.1～2）　雌虫体长 13.5～16.5mm，雄虫体长 12.5～15.5mm，呈棕色或黑棕色，后变为漆黑色，有光泽。头小，近三角形。触角 9 节，鳃片部由 3 节组成。唇基两前角呈钝角，在两前角不远的内侧前缘沿上，各具一上翘的瘤突，此一对瘤突较额唇基缝处一对瘤突距离要宽或相等。前胸背板刻点细而浅。近前缘中央无新月突起。前胸背板前、侧缘具沿，后缘无沿；前角呈锐角，后角钝。小盾片呈弧状三角形，光滑。鞘翅每侧具明显的纵肋沟 8 条。前足胫节外侧 3 个大齿后尚有 2 个小齿；中、后足胫节外面具有 2 个斜向横脊，上生有成列的刺。

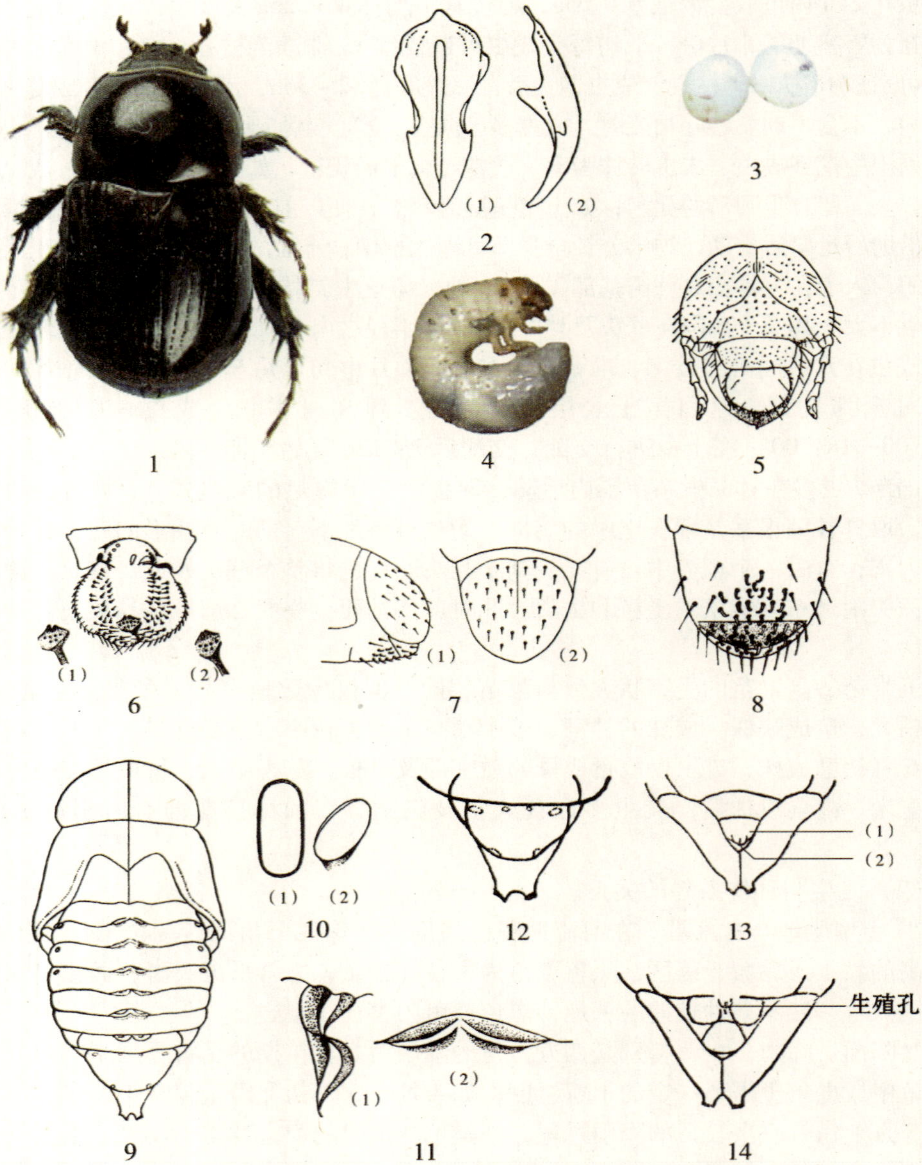

图 2-4　光背犀金龟

1. 成虫；2. 雄性外生殖器：(1) 背面，(2) 左侧面；3. 卵；4. 幼虫；5. 幼虫头部；6. 幼虫内唇：(1)、(2) 内唇端感区；7. 肛背片：(1) 侧面，(2) 背面；8. 肛腹片；9. 蛹背面；10. 蛹腹部第 1～4 节气门：(1) 正面，(2) 侧面；11. 发音器：(1) 侧面，(2) 正面；12. 雄蛹臀板背面；13. 雄蛹臀节腹面：(1) 阳基侧突，(2) 阳基；14. 雌蛹臀板腹面

(1. 仿 www. insect - fans. com/bbs/viewthread. php? action 图；2. 仿张有为图；5～8. 仿张治良图；9～14. 仿张治良、孙德旭图)

卵（图 2－4.3） 乳白色，带光泽，初产时呈长椭圆形，临孵化前呈圆形。

幼虫（图 2－4.4～8） 3 龄幼虫体长 31～35mm，头宽 4.5～4.9mm，头长 3.4～3.7mm。头部表面粗皱，仅额区有少量浅刻点，前顶刚毛每侧 1～2 根，且左右侧各有的个体不等；后侧刚毛各 3 根成一纵列。内唇端感区刺愈合呈双峰状骨化突，圆形感觉器多 6 个，个别有 10 个的，分两行排列。感前片与内唇前片相连，呈托掌状。基感区左上唇根后突呈球状，侧突前端明显前弯。肛背片后部围成臀板的细缝（骨化环），末端正指向肛门孔缝角处，因而从背面看臀板大而敞。在肛腹片后部无刺毛列，只具钩状刚毛群，钩状比较疏散。

蛹（图 2－4.9～14） 体长 17～18mm，体宽 9～11mm。唇基呈梯形。触角膝状。额区近唇基后缘中部具一小圆形隆起。下额须呈圆锥形。前胸背板前角后方无凹陷，腹板似瓶状。蛹体背面中央，从唇基经额、头顶、前胸背板、小盾片直至腹部，纵贯一条凹纵线。腹部第 1 至第 4 节气门呈长椭圆形，褐色微隆起。发音器 6 对，发达，位于腹部背面第 1 至第 7 节节间处。腹部第 8 节背板前缘具两对横椭圆形凹点。雄蛹臀节腹面阳基侧突未达阳基端部；雌蛹臀节腹面平坦，生殖孔近前缘中间。

2. 生活习性及发生规律

据胡少波（1965）报道，在广西光背犀金龟 1 年发生 1 代，以成虫、卵和幼虫越冬。成虫出现期为 5 月上旬至翌年的 3 月下旬。10 月中旬成虫开始产卵，卵终见期为 4 月上旬。成虫每天的产卵量与当时的土壤温度密切相关，当土温上升至 15℃以上时，成虫开始产卵；土温在 24℃左右时，产卵量达到高峰（见图 2－5）。11 月上旬至翌年 5 月下旬为 1 龄幼虫期，12 月中旬至翌年 7 月上旬为 2 龄幼虫期，因成虫产卵期长，卵孵化参差不齐，且又处于冬季，发育快慢不均，故 1、2 龄幼虫历期长达七八个月之久。3 龄幼虫发生于 3 月上旬至 8 月下旬，此时正值早春植蔗期，因而对蔗苗有一定的危害。蛹出现于 3 月下旬，蛹期为 13～16d。蛹羽化成虫开始于 5 月上旬，从而完成了 1 个世代。

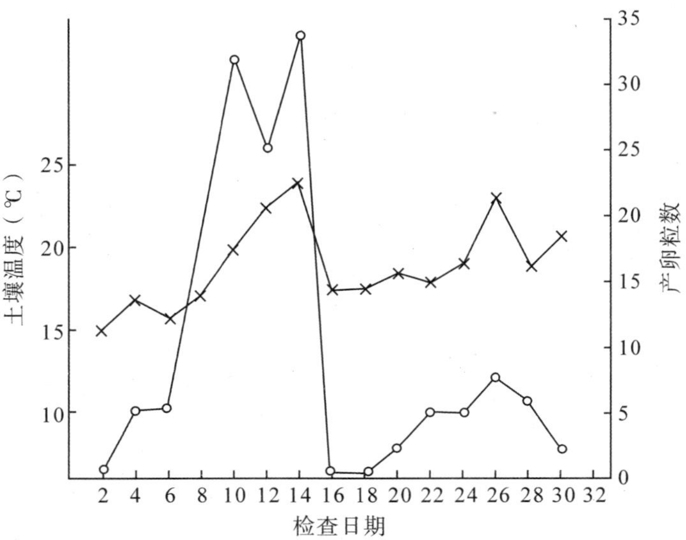

图 2－5 光背犀金龟雌成虫（40 头）产卵数量与土壤温度的关系
（土壤温度为每两天内 10cm 深度的平均土温）（仿胡少波等，1965）
×——×土温 ∘——∘卵数

（三）两种金龟甲的差异性比较

由于突背犀金龟和光背犀金龟多为相伴发生，且各虫态大小、形态特征、生活习性及发生时期等方面均比较相似，因此，在田间很难将这两种金龟甲区分开来。图 2－6 和表 2－5 列举了两种金龟甲的鉴别特征及在生活习性与发生规律方面的差异。

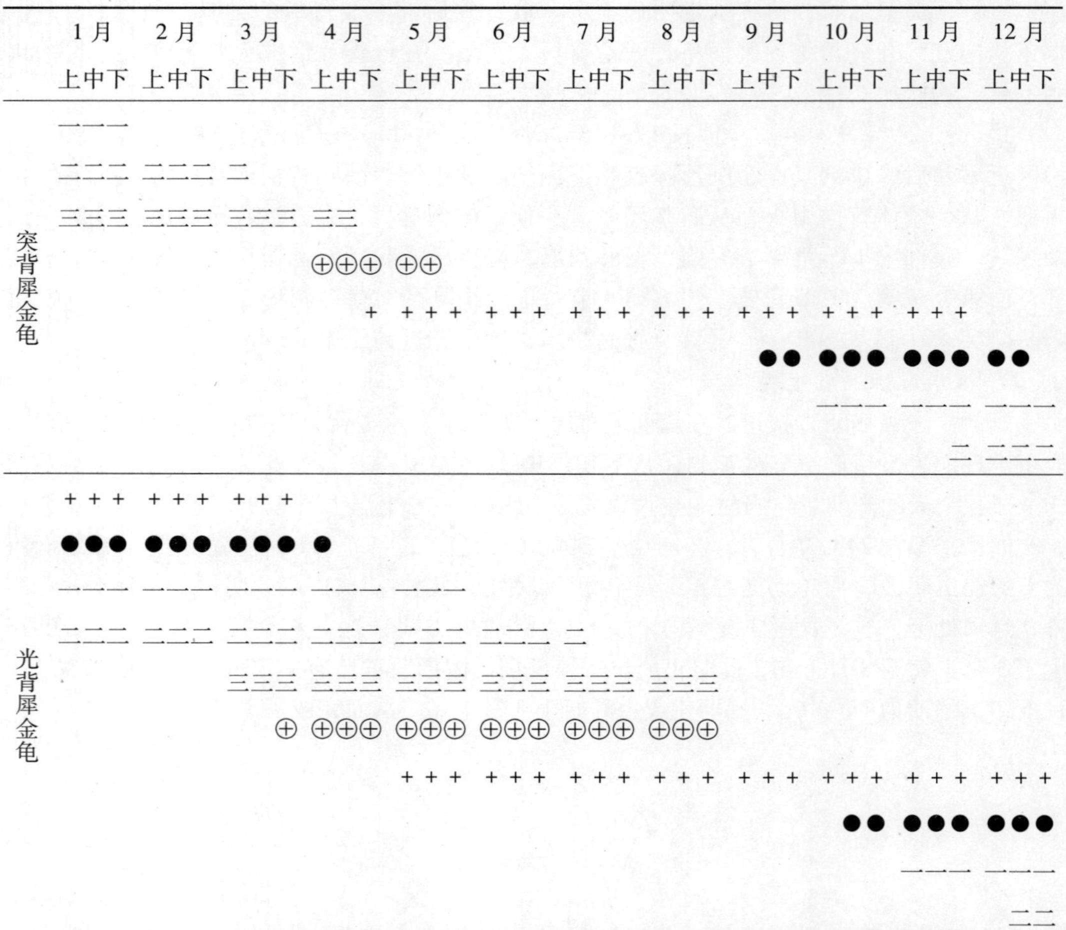

图 2－6 突背犀金龟与光背犀金龟生活史间的差异（百色，1962—1963 年）（仿胡少波图）

图例：+ = 成虫；● = 卵；一 = 1 龄幼虫；二 = 2 龄幼虫；三 = 3 龄幼虫；⊕ = 蛹。

表 2-5　突背犀金龟与光背犀金龟差异性对比

比较项目		突背犀金龟	光背犀金龟
鉴别特征	成虫	头正三角形。唇基上的一对突起距离较头顶的一对小瘤为狭。 前胸背板刻点较粗而深。 近前缘中央有新月形突起。 肛上板密布等大的刻点。	头扁三角形。唇基上的一对突起距离较头顶一对小瘤为宽。 前胸背板刻点较细而浅。 近前缘中央无新月形突起。 肛上板基部刻点较端部刻点为粗。
	幼虫	第 7、8 腹节气门环较前方为大。尾节钩毛 27 ~ 41 条，平均 35 条。	第 8 腹节气门环较前方为小。尾节钩毛 26 ~ 32 条，平均 29 条。
	蛹	气门开口及腹部眼状突起较小。	气门开口及腹部眼状突起较大。
生活习性及发生规律	为害性	5 ~ 6 月，成虫数量比光背犀金龟多约 2/3；9 月以后，比光背犀金龟少 2/3，苗期为害重。	5 ~ 6 月，成虫数量比突背犀金龟少约 2/3；9 月以后，比突背犀金龟多 2/3，苗期为害轻。
	性成熟	性成熟早，9 月中旬开始交配，下旬开始产卵。	性成熟迟，10 月上旬开始交配，中旬开始产卵，产卵期 5 个月。
	卵孵化	卵孵化率为 81%。	卵孵化率为 84%。
	越冬虫态	3 龄幼虫。	除 3 龄幼虫外，还有成虫、卵、1 龄幼虫。
	成虫寿命	成虫寿命 2 个月左右。	成虫寿命 5 个月。

二、齿缘鳃金龟

（一）寄主与分布

齿缘鳃金龟 *Exolontha serrulata* Gyllenhall 又称黄褐色蔗龟、大等鳃金龟，属于鞘翅目，鳃金龟科，等鳃金龟属。该虫主要分布于广东、福建，是广东蔗区的主要金龟甲种类之一。但近年来，齿缘鳃金龟的分布有扩展蔓延趋势，在广西蔗区（王助引等，1994）、云南蔗区（黄应昆等，1996）及江西的奉新、南昌、宜丰、石城、兴国、上犹、定南、赣县、宁都等县（陈凤英，1997）均已发现齿缘鳃金龟的为害。齿缘鳃金龟幼虫食性甚杂，除为害甘蔗外，还为害花生、豆类、甘薯、木薯、马铃薯、蕉类及草本植物的根等 10 余科 30 多种植物。

齿缘鳃金龟在广东多发生于丘陵旱地蔗区和河流两岸的沙坝地，在珠江三角洲沙质较重的基水地和围田区的蔗田也时有发生。在福建和江西多发生于丘陵旱地蔗区，在云南多发生于肥沃的沙壤土地带。

齿缘鳃金龟以幼虫为害甘蔗蔗根和蔗头，初孵幼虫以取食土壤中有机质为主；2 龄幼虫开始啮食蔗根、蔗头；3 龄幼虫食量骤增，咬食蔗头，地下茎被咬食截断或蛀茎成孔。虫口密度高的蔗田，在 7 月下旬由于蔗根被咬食，植株叶片表现为淡黄色，生势衰弱，9 月叶片枯黄，11 月植株叶片干枯。一般为害每亩甘蔗减产 1t 左右，为害严重的蔗田减产 2 ~ 3t，受齿缘鳃金龟为害蔗茎与正常生长蔗茎的比较见表 2-6。齿缘鳃金龟的为害除了产量损失外，亦影响甘蔗品质，导致含糖量下降，其不同为害程度对甘蔗品质的影响见表 2－7。影响宿根蔗发株以至不能留宿根。

表 2－6　齿缘鳃金龟为害茎与正常蔗茎的比较（引自邝乐生等，1987）

项　目	调查茎数（条）	茎长（cm）		茎径（cm）		单茎重（kg）		总重（kg）		
		茎长	对比	茎径	对比	单径重	对比	总重	对比	减少(%)
正常蔗茎	60	240.9		3.80		2.69		161.5		
为害茎	60	146.9	－94.0	3.16	－0.64	0.95	－1.74	57.0	104.5	64.7

表 2－7　齿缘鳃金龟幼虫不同为害程度对甘蔗品质的影响（春植蔗）（引自邝乐生等，1987）

品　种	叶片全青（正常生长）		3～5 片青叶		1～3 片青叶		叶片干（心叶青）		叶片全干	
	蔗糖分	重力纯度	蔗糖分	重力纯度	蔗糖分	重力纯度	蔗糖分	重力纯度	蔗糖分	重力纯度
桂糖 57/423	15.73	93.2	15.70	88.50	14.62	88.50	14.35	85.6	12.41	80.3
赣蔗 14 号	17.22	94.5	17.13	92.30	16.28	91.10	16.57	89.3	16.23	89.3

（二）形态特征

成虫（图 2－7.1～2）　体型中等偏大，体长 25.5～32.0mm，体宽 10.0～12.5mm。体呈黄褐色，全身披较长淡黄色绒毛。触角鳃叶状，10 节，其中鳃叶部 7 节。头部密生刻点。唇基偏长方形，密生刻点。复眼发达，褐色。从唇基延伸到复眼有一短带状的长绒毛。前胸背板侧缘外向呈钝角状，上密生小刻点；前缘有一个凸线状边框。小盾片呈半弧形，光滑，中线明显。每个鞘翅上有 4 条隆起带，其中靠内侧的两条集中到鞘翅近末端的瘤突状，肩瘤明显。鞘翅覆盖不到尾节。前胫节外侧有 3 齿，内侧有一长刺；中、后胫端生两端距（位于胫端一侧）。前、中、后跗节端部生一对爪，爪中部生锐齿。腹部腹板分节纹明显，雌、雄易鉴别。雌虫体型偏大，臀板外缘呈稍尖的弧形，端部中央微隆似鼻；雄虫体型略少，臀板端缘中央有“∧”凹缺。

卵（图 2－7.3）　初产为乳白色，长椭圆形，长径 3.2mm，宽径 2.0mm。将孵化时粉红色，浑圆形，长 3.4～3.9mm，宽 2.8～3.1mm。

幼虫（图 2－7.4～8）　中等偏大，头部呈黄褐色，幼虫各龄期头宽与体长见表 2－8。前顶侧毛每侧 2～3 根，后顶毛每侧 1 根，额中侧毛左右各 2 根，额前缘毛及上唇基部毛均缺，上颚腹面光滑，触角第 2 节最长，第 4 节最短，第 1 节具毛 3～4 根，第 2 节具毛 1～3 根。前、中足爪近于等长，后足爪较短小，各足爪具刺毛 2 根。足呈淡黄褐色。第 1 对气门前两侧各有一显著黄色斑点。第 2～7 对气门大小近于相等，第 8 对气门略小而大于第 9 对气门。复毛区的刺毛两列，由尖端微弯的短锥状刺毛组成，每列 10～17 根，两列间近乎平行，仅前后两端刺毛略向中央靠拢。两列刺毛尖端一般不接触（或交叉）。肛门孔横裂。

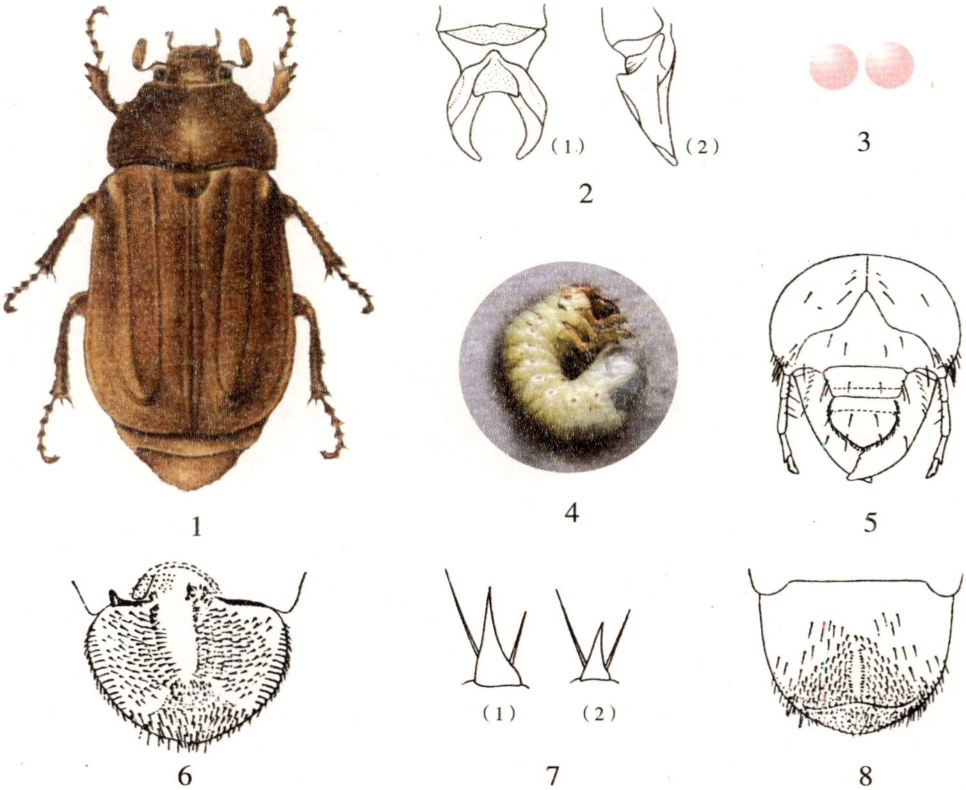

图 2－7　齿缘鳃金龟

1. 成虫；2. 雄性外生殖器：（1）背面，（2）侧面；3. 卵；4. 幼虫；5. 幼虫头部；6. 内唇；7. 爪：（1）前足爪，（2）后足爪；8. 臀节腹面

（1. 仿《甘蔗病虫鼠草防治彩色图志》图；2. 仿章有为图；5～8. 仿张芝利图）

表 2－8　齿缘鳃金龟幼虫各龄期头宽及体长（引自邝乐生等，1987）

龄期	头幅宽（mm）		体长（mm）	
	初期	末期	初期	末期
1 龄	2.4	2.4	10.5	16.4
2 龄	3.6	3.9	18.0	29.5
3 龄	6.6	6.6	37.2	49.0

蛹　初蛹为淡黄褐色，将羽化时为黄褐色，体长 35～36mm，体宽 13～14.5mm。第 2～4 对气门明显。腹背部有 2 对发音器。尾节左右两腹板明显延长呈交叉状。雌、雄蛹易区别：雄蛹尾节腹面有两瘤状突起，雌蛹则平坦。

（三）生活习性与发生规律

1. 生活史

齿缘鳃金龟发生世代，各地报道有所不同，有 2 年 1 代和 1 年 1 代之分。

齿缘鳃金龟过去在广东曾被认为是 2 年发生 1 代（轻工业部甘蔗糖业科学研究所，

1985)，直到1986年，邝乐生等采用室内饲养、田间饲养及定期田间调查相结合的方法对齿缘鳃色金的生活习性与发生规律进行了详细观察后，证实齿缘鳃金龟在广东珠江三角洲地区为1年发生1代，以3龄幼虫越冬。3月下旬至6月下旬老熟幼虫开始化蛹，蛹历期为17～20d。成虫于5月上旬开始羽化出土，5月中下旬为盛发期，7月为终见期，雌虫寿命为27～32d，雄虫为22～25d。成虫出土后当晚即行交配，交配后3～7d（平均4.8d）产卵，卵期10～12d，平均10.2d。6月中旬至8月中旬为1龄幼虫期，历期42～52d，平均48d；7月上旬至9月中旬为2龄幼虫期，历期34～42d，平均38d；8月中旬至翌年5月中旬为3龄幼虫期，历期225～250d，平均240d。蛹期为3月下旬至6月下旬。各虫态历期见表2-9。

表2-9　齿缘鳃金龟各虫态历期（引自邝乐生等，1987）

虫态		观察虫数（头）	历期（d）		
			最长	最短	一般
卵		150	13	10	11～12
幼虫期	1龄室内	55	65	30	42～52
	1龄田间	3	46	30	41
	2龄室内	53	70	30	33～42
	2龄田间	7	46	34	34～42
	3龄室内	40	261	193	223～242
	3龄田间	33	270	218	242～250
	幼虫期室内	4	315	332	322
蛹期	室内	144	23	13	16～19
	田间	43	31	13	17～20
成虫期	交尾—产卵	49	7	3	4～6
	产卵—死亡	40	9	1	3～5
	已交尾♂寿命	38	22	2	3～8
	未交尾♀寿命	10	36	14	27～32
	未交尾♂寿命	21	60	10	22～25

在广西，齿缘鳃金龟为1年发生1代，以幼虫越冬。4月间，在土中做蛹室化蛹，蛹期18～23d。成虫5～6月出现。幼虫期长达300余天。以幼虫为害甘蔗，吃尽蔗根，咬断地下蔗茎，严重影响产量（王助引等，1994）。

在福建，沿海地区如晋江等地为2年发生1代（黄成裕，1984)，以第1年和第2年的幼虫越冬。于第3年5月上旬至6月中旬化蛹，成虫于5月中旬至7月下旬出土活动，5月下旬至6月下旬为成虫产卵盛期，6月中旬至第3年6月上旬为幼虫发生期。为害遍及各类旱作作物，其中甘蔗地下部分受害较严重。1978—1981年在晋江用20W黑光灯诱测结果，齿缘鳃金龟的发生数量仅次于红脚丽金龟、铜绿异丽金龟，占各种金龟甲年诱集总量的6.63%，是晋江地区为害甘蔗及旱作作物的主要地下害虫之一。而闽南地区的漳州为1年发生1代（黄盈，1986）。

在云南，齿缘鳃金龟亦为1年发生1代，以老熟幼虫越冬。成虫于4月开始羽化，4月中旬至6月下旬为成虫发生期。5月下旬至6月下旬为产卵期，卵期一般为10～15d。6月上旬至11月中旬为幼虫活动期。11月上中旬以后，老熟幼虫潜入20～30cm的土壤中作土室越冬，翌年3月上中旬化蛹，蛹期12～15d。

在江西，成虫于4月中旬左右始见，5月盛发；5月上旬开始为害甘蔗和花生，6～7月上旬为害最重；8月上旬甘蔗和花生出现受害症状。

广东珠三角地区和云南地区齿缘金龟生活史见图2－8。

地区	1月	2月	3月	4月	5月	6月	7月	8月	9月	10月	11月	12月
	上中下	上中下	上中下	上中下	上中下	上中下	上中下	上中下	上中下	上中下	上中下	上中下
珠三角地区					＋＋＋	＋＋＋	＋＋＋					
					●●	●●●	●●●	●				
						一一	一一一	一一				
							二二二	二二二	二二			
								三三	三三三	三三三	三三三	三三三
	三三三	三三三	三三三	三三三	三三							
			㊂	㊂㊂㊂	㊂㊂㊂	㊂㊂㊂						
			⊕	⊕⊕⊕	⊕⊕⊕	⊕⊕						
云南地区				＋＋	＋＋＋	＋＋＋						
					●	●●●	●					
						CCC	CCC	CCC	CCC	CCC	CC	
											¤¤	¤¤¤
	¤¤¤	¤¤¤	¤¤									
			⊕⊕⊕	⊕⊕								

图2－8　齿缘鳃金龟生活史［参照邝乐生等（1987）及黄应昆等（2002）整理］

图例：＋＝成虫；●＝卵；一＝1龄幼虫；二＝2龄幼虫；三＝3龄幼虫；C＝幼虫；¤＝越冬幼虫；㊂＝老熟幼虫；⊕＝蛹。

2. 成虫期

（1）羽化：成虫羽化较一致，出土集中。初羽化时，膜翅和腹部除尾节外为乳白色，其余部分为浅褐色。5～6h后，乳白色部分转为浅褐色；5～6d后，鞘翅稍硬。一般经5～12d后破蛹室出土。成虫具夜出性，傍晚19：15开始活动，19：30—19：50为活动高峰期，20：00后渐趋减少。成虫出土孔1.5cm左右，入土孔周围有细松的泥土。

（2）交配：成虫活动盛期也就是交配盛期，成虫出土的当晚即可交配。傍晚，成虫多在蔗田四周的蕉树、苦楝树等周围盘旋，一雌虫伏于叶面上，数只雄虫争相与之交配，一雌一雄交配成功后，仍有一只至数只雄虫伏在已交配的雌虫或雄虫的背上，伸出阳具，作欲交配状，多则有11只雄虫，以2～3只雄虫为多。当首只雄虫交配完毕后，另一只雄虫将阳具插入，对雌虫来说是二次交配，但因首次交配后贮精囊已经充盈，第二次交配后的精液已溢出雌、雄虫的外生殖器。其实施交配时，雌虫伏于叶面上，雄虫倒挂凌空，腹部朝上，交配时间一般为 50～80min，平均时间为 68min，最长达 170min，最短为 23min，雌虫再次交配的平均时间为 47min。雄虫交配后不久即死亡。

（3）产卵：雌虫交配后一般一次产完卵，遗卵没有或仅 1～2 粒。卵孵化率很高，达 98%。单雌抱卵最多 77 粒，最少 19 粒，一般 40～54 粒。产卵深度最深 22cm，最浅 5cm，一般 12～17cm。在宿根蔗田，卵多产于靠蔗头附近的土壤中。宿根蔗和新植蔗产卵密度差异较大，新植蔗 2～2.6 粒/m^2，宿根蔗 12.5～14.5 粒/m^2。雌成虫不取食，无补充营养现象，故寿命也较短，在产完卵后不久便死亡。成虫在不同植期的蔗田产卵情况见表 2－10。

表 2－10　齿缘鳃金龟在宿根与新植蔗地的产卵情况（引自邝乐生等，1987）

田块	植期	调查面积（m^2）	卵量		
			卵堆（个）	卵粒数（粒）	单位卵（粒/ m^2）
第一块蔗田	新植	139	8	361	2.6
	宿根	175	54	2 542	14.5
第二块蔗田	新植	140	8	279	2.0
	宿根	140	51	1 754	12.5

（4）趋光性：成虫趋光性强。灯下雌、雄性比为 0.89∶1。傍晚约 19：10 开始扑灯，以 19：25—19：45 为扑灯高峰时间，与成虫活动高峰时间基本吻合。21：00 后至次日早上止，亦诱到相当数量的成虫，这主要是交配后的雌、雄成虫陆续扑灯的缘故。若以当晚 21：00 作分界线，则 21：00 前诱集的成虫数量较多。齿缘鳃金龟扑灯的始盛至盛末期约 10d（图 2－9）。在一般情况下，当气压变化不大、风速亦不大时，星星多少、月亮盈亏、云量及小雨，均不影响正常的出土及扑灯。但黑光灯的光亮度对诱虫量有一定影响。

（5）食性：根据邝乐生等的饲养观察，用多种植物叶片如甘蔗叶、香蕉叶、苦楝树叶、芋叶、菜叶等进行喂养试验，均未发现成虫取食。由此分析成虫寿命较短之原因，亦可能与成虫不取食任何植物，得不到营养补充有关。

（6）卵期：卵产下 7～8d 后，透过卵壳可见红褐色小“丫”点，为将孵化幼虫的上颚。初孵幼虫头壳为淡黄色，胸腹部为白色，身体较软。数小时后，头壳转为淡黄褐色，并食其卵壳。2～4d 后，分散觅食。

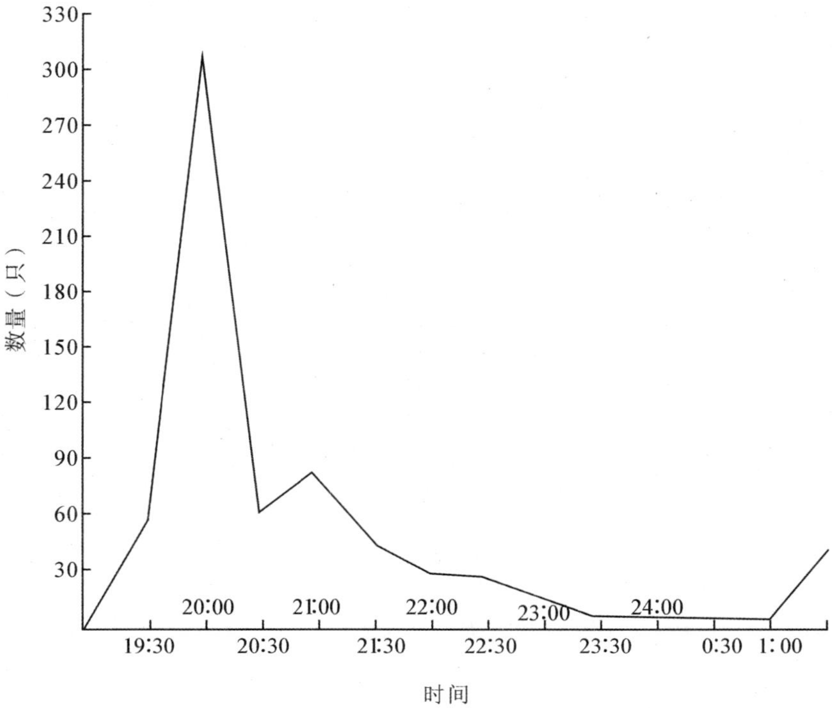

图 2－9　晚间不同时间黑光灯（20W）引诱成虫的消失规律（引自邝乐生等，1987）

3. 幼虫期

（1）1 龄幼虫：以取食甘蔗根际有机质为主，且逐渐向蔗头移动。1 龄幼虫蜕皮前夕，虫体皱缩，刚蜕皮时首先由头部纵裂开，全身乳白色；过数小时后，头部转为黄褐色。

（2）2 龄幼虫：取食量增加，咬食蔗根、蔗头。虫口密度大的田块，受 2 龄幼虫为害的蔗田亦可出现甘蔗植株生长受阻、发黄的现象。

（3）3 龄幼虫：虫体大，食量也大，往往将地下茎蛀得千疮百孔，有时甚至将整株甘蔗的地下部啃断，造成秋后成片甘蔗干枯，严重影响当年甘蔗产量和第二年宿根。当地下蔗根、蔗茎被啮食将尽时，幼虫仅离地面 3.5cm 左右，整株甘蔗可轻而易举地连根拔起；当遇到大风时，甘蔗可出现大片倒伏。其在土层中的垂直活动深度与地温关系密切，而与土壤湿度的关系不大。例如，12 月中旬以前，土层 20cm 处地温不低于 19℃，幼虫大部分是在 1～20cm 耕作层中活动。12 月下旬至翌年 3 月底，地温在 13℃～17℃时，下降至 20～40cm 土层深度活动的幼虫数量超过 40%。9 月至 12 月中旬，土壤湿度在 19%～25%之间，而 12 月下旬至翌年 3 月底，土壤湿度在 21%～30%之间，幼虫活动深度反而下降（图 2－10）。

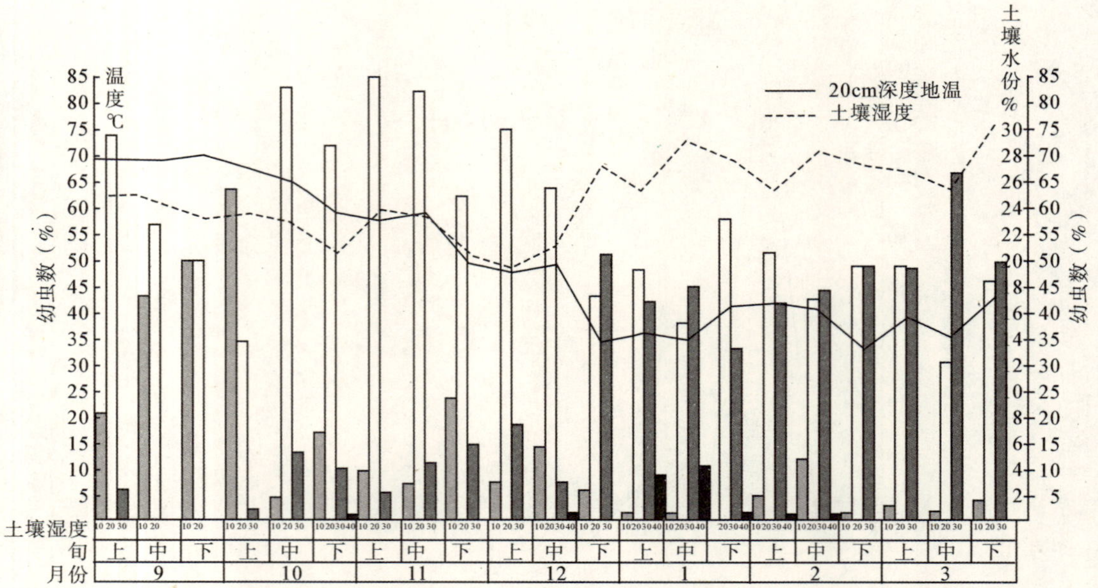

图 2－10　3 龄幼虫垂直活动与地温和土壤湿度的关系（引自邝乐生等，1987）

（4）老熟幼虫：老熟幼虫期一般为 6～20d。3 月中下旬转入老熟幼虫期后，不食不动，自筑一小蛹室，虫体皱缩，吐出黑色汁液，排清腹腔黑色物质，为化蛹作准备。蛹室对于老熟幼虫能否顺利化蛹相当重要，当老熟幼虫期蛹室遭到破坏，则老熟幼虫不能化蛹甚至死亡。

幼虫与食料：在邝乐生进行的食料喂养试验中，3 龄幼虫能取食香蕉根、芭蕉根、白菜根、甘蔗根、牛筋草根、茅根。嗜好番薯、木薯、马铃薯等。

4. 蛹期

老熟幼虫在蛹室内化蛹。蛹室长 6～8cm，宽 2～4cm，长椭圆形。初蛹体软，乳白色，5h 后淡红褐色。6d 后复眼深褐色至黑灰色。13d 后 3 对足基部淡黑色。14d 后头部黑褐色。历时 17～18d 羽化。在蔗田，有约 70% 的幼虫在 10～20cm 土层中化蛹，在 20cm 以下深土层和 10cm 以上浅土层化蛹的各占约 15%（表 2－11）。

表 2－11　齿缘鳃金龟化蛹深度（引自邝乐生等，1987）

土层深度（cm）	1～5	6～10	11～15	16～20	21～25
蛹量（个）	1	9	22	12	7
所占比例（%）	1.96	17.64	43.13	23.53	13.72

（四）发生与环境条件的关系

齿缘鳃金龟多发生于丘陵旱地蔗区和河流两岸的沙坝地，在珠江三角洲沙质较重的基水地和围田区的蔗田也会不时地发生为害。在云南，多发生于肥沃的沙壤土地带的蔗地。

宿根蔗田受害重于新植蔗田，且宿根年限越长，受害越重。连作蔗地或与花生、甘薯等旱作轮作的蔗田受害重，土壤黏滞、水旱轮作的蔗地受害轻。

三、二点褐鳃金龟

（一）寄主与分布

二点褐鳃金龟 *Lipidiota stigma* Fabricius 又称痣鳞鳃金龟，属鞘翅目，鳃金龟科，鳞鳃金龟属。幼虫为害甘蔗、花生、甘薯、橡胶和桉树幼苗、豆科植物等，成虫为害大叶榕、木菠萝、芒果、凤凰木、细叶榕、木麻黄等幼嫩叶片，是广东湛江、广西北海等地主要的地下害虫。

（二）形态特征

成虫（图 2 - 11.1 ~ 2）　体长 34 ~ 48mm，体宽 12 ~ 26mm，头宽 6 ~ 8mm，长椭圆形。体底色虽为黑色，但密被黄褐、灰褐或灰白等柱状鳞毛，因此体呈灰褐至黑褐色或灰白色。头黑褐色，触角、复眼棕褐色。唇基新月形，前缘中间微凹，上卷。额唇基缝中间向后呈角弧状突出。触角 10 节，鳃片部 3 节，雌雄同形。前胸背板前缘弧状内弯，中央有由白鳞毛密集成的中纵线，侧缘弧状外扩，边缘虽不完整锯齿形，后缘外凸。小盾片呈三角形。鞘翅除缝肋明显外，每侧尚隐约可见 3 条窄的纵肋。缘折明显，从肩疣起直达弧状的后缘。位于翅鞘近端处，每侧有 1 个由白色鳞毛组成的椭圆形斑，十分显眼，斑的下方鞘翅下弯。前臀板呈三角形，中间隆起，顶端呈弧状，两侧及顶端边缘卷起。身体腹面多数从中、后胸侧片直至腹部各腹板两侧，均有灰白鳞毛密集成界限不太清晰的白色边缘。前足胫节外缘具 3 外齿，但基部退化不显。内方距位于中、基齿之间凹陷处的对面。

卵（图 2 - 11.3）　椭圆形，乳白色，直径 3.0 ~ 5.6mm。

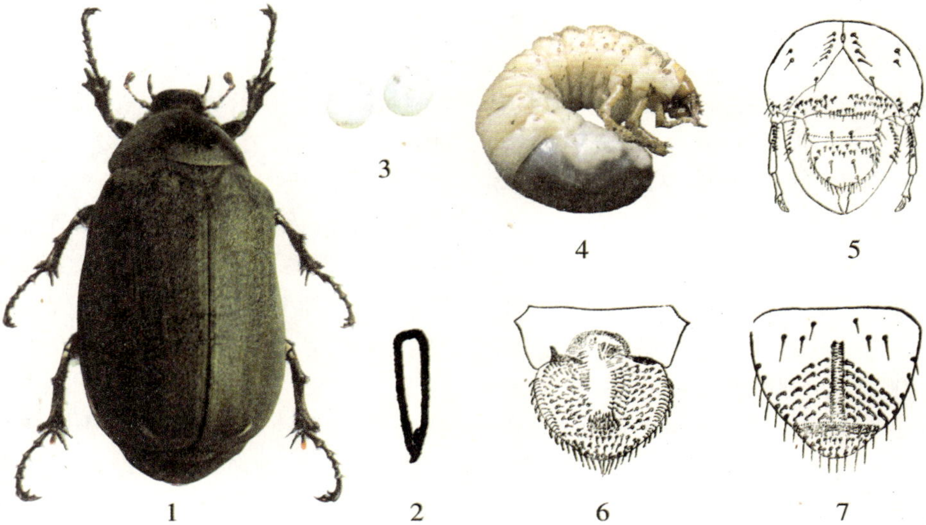

图 2 - 11　二点褐鳃金龟

1. 成虫；2. 体背柱状鳞毛；3. 卵；4. 幼虫；5. 幼虫头部；6. 幼虫内唇；7. 肛腹片
（2. 仿张治良图；5 ~ 7. 仿《中国地下害虫》图）

幼虫（图 2－11.4～7） 3 龄幼虫体长 59～75mm，体宽 14～17mm；头长 7.2～7.4mm，头宽 10.5～13.0mm，乳白色。头部前顶刚毛每侧 5～9 根，呈一纵列；后顶刚毛每侧 2～3 根，额中侧刚毛每侧较多，约 15 根。额前缘刚毛多，25～30 根，略呈一横列。内唇端感区刺多，约 36 根，呈 3～4 排横弧状排列，其前沿有小圆形感觉器22～26 个，其中 6 个较大。感前片、内唇前片和前侧褶区均缺。在肛腹片后部覆毛区中间的刺毛列，由短锥状刺毛组成，每列 22～30 根，两列间相距较近，刺毛尖常接触交叉，两列间近于平行，但排列不整齐，刺毛列前端远超出钩状刚毛区的前缘。肛门孔横裂呈波浪形，有明显的纵裂痕迹。幼虫各龄期体长与体宽见表 2－12。

表 2－12 二点褐鳃金龟幼虫各龄期体长与头宽

龄期	体长（mm）		头宽（mm）	
	范围	平均	范围	平均
1	18～30	24.40	3.8～4.7	4.33
2	45～53	47.13	6.6～8.5	7.50
3	59～75	65.80	10.5～13.0	12.20

注：数据根据魏鸿钧、张治良、王荫长（1989）的文字描述整理而成。

蛹 裸蛹，黄褐色，长约 35～54mm，宽约 15～23mm。

（三）生活习性及发生规律

在广东雷州半岛及广西等地，二点褐鳃金龟为 2 年发生 1 个世代，以幼虫越冬。老熟幼虫 3 月中旬开始化蛹，一直持续至 6 月上旬。成虫于 4 月上旬开始羽化，5 月上中旬为盛期，一直延续到 7 月中旬。卵于 5 月中旬始见，6 月中旬出现 1 龄幼虫，以 2 龄幼虫在第一年冬季越冬，以 3 龄幼虫在第二年冬季越冬。二点褐鳃金龟生活史见图 2－12。

成虫羽化出土后，白天蛰伏于浅土中或树荫蔽处，一般在 6：00—7：00 开始一天中的第一次飞翔，19：00—20：00 作一天中的第二次飞翔，在阳光下主要是交尾活动，往往多只雄虫追逐一只雌虫，其交尾活动一直延续到晚上。交尾方式为背负式或一字式，交尾时间持续约 2h。成虫活动受天气的影响很大，无风闷热的夜晚活动力强，刮风下雨或阴雨天很少活动。22：00 后成虫才取食，有群集取食的习性。成虫取食大叶榕、木菠萝、芒果、凤凰木、细叶榕、木麻黄等幼嫩叶片补充营养，最喜食细叶榕。黎明前飞回浅土中或树荫蔽处潜伏。成虫具假死性，对黑光灯有较强的趋光性。扑灯时间以 19：00—21：00 期间最多，占整夜灯诱虫数的 72.35%，雌雄性比为 1：1.5。成虫羽化出土后，约经 20d 甚至更长时间方开始交配，交配后约 13d 后潜入土中产卵，每头雌虫产卵量为 30～40 粒，卵多产于沙壤土蔗地边缘，深度为 15～30mm，成虫寿命19～39d，平均 27.2d。卵期 15～17d。在土壤较干燥的情况下，卵期缩短而提早孵化。初孵幼虫常群集一起，在土深 10～20cm 处栖息，取食甘蔗的幼根，3 龄后食量大增，活动范围也较广，有时一晚可咬断 2 根蔗苗，1 龄幼虫历期 30～110d，平均 65d；2 龄历期 197～266d，平均 225d；3 龄历期 302～407d，平均 348d。老熟幼虫在地表下 20～30 cm 处做土室化蛹，蛹期 32～43d，平均 38.1d。夏秋季幼虫在土中以土壤水分 15%～20%

为适宜。其在土中的深度与土壤湿度有极密切的关系，而与土壤温度的关系不大。

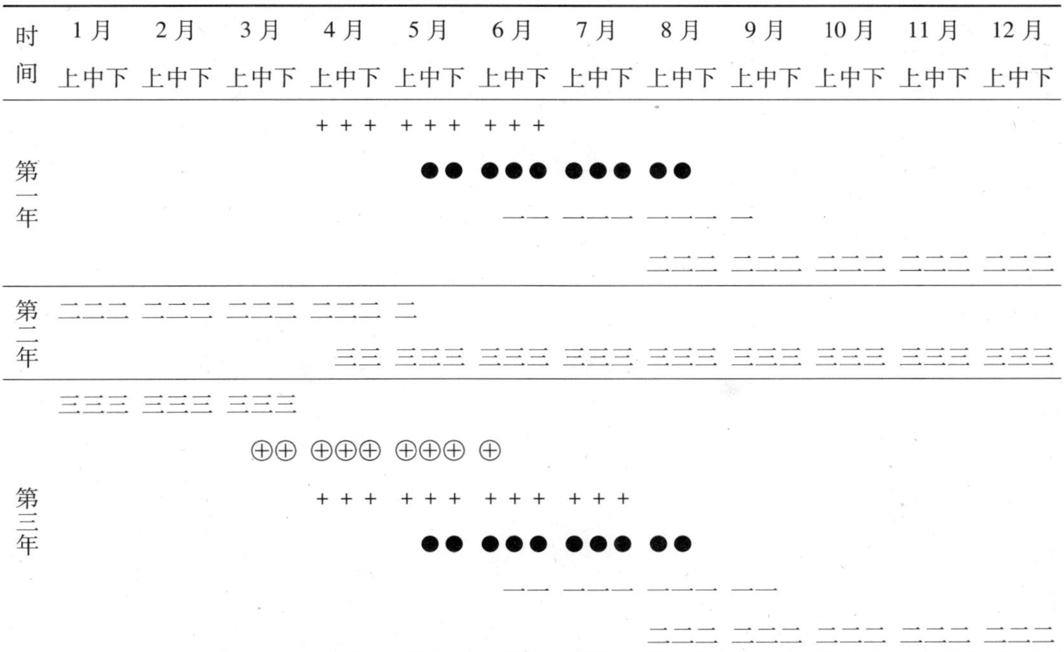

图 2－12　二点褐鳃金龟生活史图示（仿陈爱等，1984）

图例：+ = 成虫；● = 卵；一 = 1 龄幼虫；二 = 2 龄幼虫；三 = 3 龄幼虫；⊕ = 蛹。

（四）发生与环境条件的关系

1. 土壤性质

二点褐鳃金龟喜沙土和沙质壤土，尤其是在近海地带、河滩地带的沙土为害最重。作者 1993—1994 年在广西博白蔗区调查时发现，在位于南流江两岸的近 2 000 亩沙壤蔗地受二点褐鳃金龟为害特别严重，8 月份蔗茎已大面积枯死，挖开蔗头，平均每个蔗头有 2 ~ 3 头蛴螬；而就在旁边不远的水田蔗地，虫口密度很低，甚至挖不到蛴螬。庞统于 1986 年在海南琼海市潭门区调查时发现，在近海地带沙土中蛴螬密度达到 1.7 头/m^2，而红土、黏土的土壤板结，无此虫或虫口密度极低。

2. 耕作制度

宿根蔗比新植蔗受害重，且宿根年限越长，受害越重。连作蔗地比水旱轮作蔗地受害重。同样的土壤类型，其前作是花生地、番薯地、马铃薯的，由于这些植物是成虫的喜食寄主，吸引成虫在此产卵，虫口密度大，甘蔗受害重。历年发生蛴螬为害的蔗区，受害重。水旱轮作受害轻。前作为水稻田、按树林地的，成虫产卵少，受害较轻或不受害。

四、大头霉鳃金龟

（一）寄主与分布

大头霉鳃金龟 *Microtrichia cephalotes* Burmeister 属鞘翅目，鳃金龟科。它是广西南宁等蔗区主要的甘蔗地下害虫，其种群数量占田间各种蔗龟种群总量的90%以上，是甘蔗金龟甲的优势种。

据谭仕东（1992）调查，在广西九曲湾农场，为害甘蔗的金龟甲有6种，其中大头霉鳃金龟的种群数量占各种蔗龟总量的90.3%。严重受害的蔗区虫口密度一般为15～30头/m^2，最多的高达55头/m^2，折合每公顷虫口密度高达12万～22.5万头，植株受害率常达100%，叶片受害率平均为23.8%。大头霉鳃金龟除严重为害甘蔗外，还为害菠萝、荔枝、龙眼等作物。

（二）形态特征

成虫（图2－13.1）　体长17～20 mm，体宽8～10mm，长卵圆形，有发音器，能发出“吱吱”的声音。刚羽化的成虫全体褐色，后体背逐渐变成深褐色、黑褐色或黑色，腹及足呈深褐色至黑褐色。唇基近新月形，前缘折翘，中凹十分明显。额唇基缝微下陷，唇基与头面密布相似的深大刻点，刻点内含灰白色物质。触角10节，棒状部3节。前胸背板宽短，密布灰白物质的刻点，点间连成纵行皱褶，边框明显，侧缘明显扩宽，最宽点在中点之后；前侧角呈直角或略大于直角，后侧角弧形。小盾片呈短宽三角形，布较大的刻点。鞘翅两侧近于平行，肩突明显，4条纵肋清楚，散布较大的刻点，刻点内含灰白色物质。臀板外露，近扁圆形，密布圆形刻点，基部有一霉带层，下半部光亮无霉带层，端部刻点稀少。腹面密布刻点，被一层银白色闪光粉，后胸腹板中部有一菱形滑亮区。各足跗节端部生有1对等长的爪，爪下中位有1个发达垂直的爪齿，前足胫节外缘3齿，第3齿较微小，内缘距1枚，较发达，位于第2、3齿之间的对面。雄虫后足跗节第1节略长于第2节，雌虫第1节明显短于第2节。

卵（图2－13.2）　初产卵长1.8mm，宽1.5mm，圆形，乳白色，后逐渐变为污白色。卵体发育至孵化前膨大至2.6×2.2（mm），能清楚地看到卵壳内的一端有一对略呈三角形的棕色上颚。

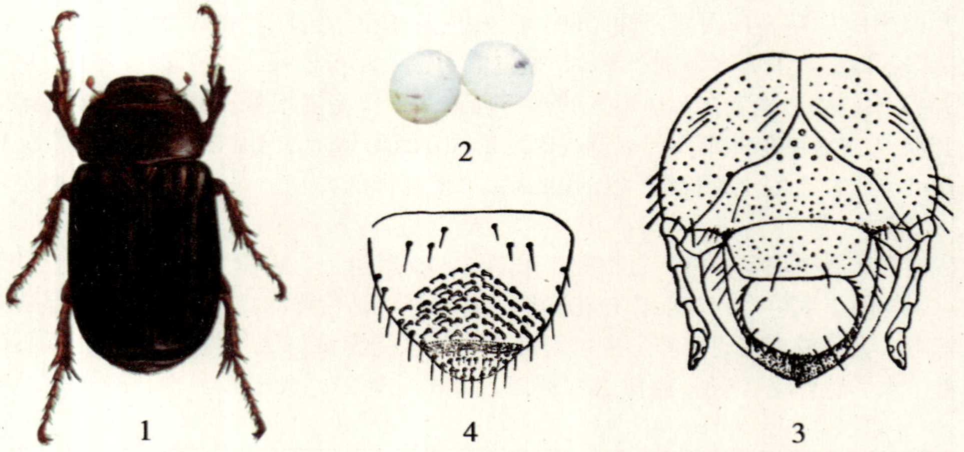

图2－13　大头霉鳃金龟

1. 成虫；2. 卵；3. 幼虫头部；4. 肛腹片

（1. 仿《甘蔗病虫鼠草防治彩色图志》图；3～4. 参照张芝利图修改）

幼虫（图2－13. 3～4） 老熟幼虫体长29～33mm，体宽6. 4～7. 0mm；头宽4. 8～5. 2mm，头长4. 5～5. 0mm，全体圆筒形。头部前顶毛每侧2根，位于冠缝与额缝相交处的水平线上下。腹部第1至第6节背面密生短细刚毛，第7至第9节背面除横生两行较细长针状毛外，短细刚毛极少。前胸及腹部第1至第7节气门板等大，第8节气门板略小。臀节腹面覆毛区缺刺毛列，具钩状刚毛50～70根。

蛹 体长18～21mm，体宽9～10mm。初蛹期头部及前胸背板为淡褐色，腹部白色，后全体逐渐变成褐色。腹部第1至第4节气门板明显膨大突起，呈近圆形，深褐色，第5至第8节气门板则退化不显或仅残存一些色泽淡褐的痕迹。腹部背面具发音器2对，分别位于腹部第4至第5节和第5至第6节交界处背面的中央。尾节（即腹部第9～10节）呈长三角形，微向上翘，端部具一对尾角，呈钝角状向后岔开。雄蛹臀板腹面具明显隆起的外生殖器；雌性臀板腹面平坦，基部中间具生殖孔。

（三）生活习性与发生规律

大头霉鳃金龟在广西南宁1年完成1个世代，以成虫分散在甘蔗根际周围离土表10～25cm的土中越冬。越冬成虫于翌年3月底或4月上旬开始出土活动，4月中下旬为出土活动盛期。成虫期230～270d，其中越冬潜伏期为160～180d，出土活动期为70～90d。成虫出土活动后经30d左右的补充营养期，于5月上中旬开始产卵，5月中旬至6月中旬为产卵盛期，卵期8～10d，5月中下旬至7月上旬为幼虫孵化盛期，幼虫期120～150d；9月下旬幼虫开始化蛹，10月上中旬为化蛹盛期，蛹期11～14d；10月上旬成虫开始羽化，10月中下旬为羽化盛期，成虫羽化后在原处越冬（谭仕东，1992；王助引，1994）。

时间	1月 上中下	2月 上中下	3月 上中下	4月 上中下	5月 上中下	6月 上中下	7月 上中下	8月 上中下	9月 上中下	10月 上中下	11月 上中下	12月 上中下
越冬成虫	(+)(+)(+)	(+)(+)(+)	(+)(+)(+)	(+)								
成虫期			+	+ + +	+ + +	+ + +	+ + +					
卵期					●●●	●●●	●●●	●				
幼虫期					C C	C C C	C C C	C C C	C C C	C		
蛹期									⊕	⊕⊕⊕	⊕	
成虫期										+ + +	+ + +	
越冬成虫											(+)	(+)(+)(+)

图2－14 大头霉鳃金龟生活史图示（仿王助引，1994）

图例：+ = 成虫；(+) = 越冬成虫；● = 卵；C = 幼虫；⊕ = 蛹。

成虫羽化后不再出土活动，一直在羽化处越冬，直至翌年3月底或4月初，日平均温度达20℃以上才出土活动。成虫具夜出昼伏性，白天潜伏在3～10cm深的较疏松的土中，傍晚19：00开始出土活动，20：00为出土活动高峰期，直至黎明前又入土栖息和产卵。交配多在出土活动高峰时进行。

成虫产卵有其特殊性，产卵在白天进行，卵产在湿度适中的疏松土壤中，产卵时首先用臀板端部筑一卵室，然后产卵，每室产 1 卵，并用泥土把卵室口封紧，以免遭受其他生物危害。每雌产卵 110 ~ 140 粒，产卵期 35 ~ 45d，每天产卵 3 ~ 5 粒，最多达 7 粒，后期产卵力较弱，平均每天只产 1 ~ 2 粒，甚至间隔 1 ~ 2d 才继续产卵。雌虫绝卵后即死亡。

成虫食性复杂，喜吃蔗叶，其次是玉米、龙眼和荔枝等作物的叶片。受害叶片被咬成缺刻，严重时仅残留中脉，尤以苗期受害严重，为害盛期为 4 月中下旬至 5 月下旬。

幼虫孵化后取食甘蔗幼根，危害期长达 130d，危害盛期为 6 ~ 9 月间。严重受害的蔗田，植株受害率常达 100%，严重受害的植株根系几乎被啮食殆尽或仅残存土表附近的个别粗老根，蔗茎基部也被咬成缺刻、孔洞，导致植株失水枯萎和早衰。

幼虫在土中的垂直分布与甘蔗根系分布相适应，与土壤质地有一定关系。调查表明，幼虫的活动范围一般在 3 ~ 25cm 深的土层中，分布在 5 ~ 15cm 深土层范围内取食为害的虫口数量占 80% 以上。直至 9 月底，大部分幼虫下移到 15 ~ 25cm 深的土层中化蛹。

（四）发生与环境条件的关系

大头霉鳃金龟的发生为害与气候条件、土壤质地、地理位置及天敌有着密切的关系。

气候条件：气候条件主要影响成虫出土活动及幼虫化蛹。成虫在当年 10 月份羽化，在羽化处越冬到翌年日平均温度达 20℃ 以上才能出土活动。谭仕东 1990 年在室内饲养观察时发现，成虫出土活动期间，如遇到当晚气温低于 20℃，即不出土活动。4 ~ 5 月日平均温度比上年高 1.2℃ ~ 1.3℃，成虫出土活动和产卵就将比上年提前 10 ~ 15d，幼虫化蛹和成虫羽化亦均相应提前 10 ~ 15d。

土壤质地和地理位置：地势较低凹、质地疏松的壤土地段，一般虫口密度较大，受害较严重；铁子土、红泥土及坡地，一般虫口密度较小，受害较轻微。田间调查表明，低凹壤土地段一般平均虫口密度为 21.4 头/m^2，坡地红土及铁子土地段平均虫口密度为 0.8 头/m^2。主要原因是低凹壤土地段质地较疏松，保水力强，土壤湿度较大，有利于成虫产卵、孵化及幼虫活动。一般土壤含水量高于 15% 时，对成虫产卵、卵孵化和幼虫活动都十分有利，这就是地势低凹的壤土地段甘蔗受害较严重的一个重要原因。

天敌：据报道，金龟甲的天敌种类很多。谭仕东在田间调查中发现，有一种茧蜂（*Braconidae* sp.）能寄生于大头霉鳃金龟的幼虫，将被寄生的幼虫体液全部吸干，使其仅残存头壳附于蜂茧外面，寄生率在 5% 左右；其次尚有一种绒螨（*Coleolaelaps* sp.）也能寄生于蛴螬，有时一头蛴螬有 30 ~ 100 头绒螨吸附于体表。这种绒螨虽不能直接致蛴螬立即死亡，但能影响其健康生长、发育，为其他天敌侵袭创造条件。

五、红脚丽金龟

（一）寄主与分布

红脚丽金龟 *Anomala cupripes* Hope 又名红脚绿金龟、红脚异丽金龟、大绿丽金龟，属于鞘翅目，丽金龟科。成虫和幼虫均为杂食性，但仅幼虫为害甘蔗。另外，幼虫也为害花生、豆类、薯类及玉米等多种农作物的幼苗、地下根、茎等。成虫主要为害豆类、玉米、麻、荔枝、龙眼、柑橘、杨桃、橄榄、葡萄、凤凰木、大叶榕、桉树等农作物及经济林木的叶片、嫩梢和花芽。红脚绿金龟主要分布于广东、广西、福建、四川、云南等地，是华南、西南地区的主要地下害虫之一。据黄成裕（1984）调查，在福建同安、南安、东山、晋江、云霄等地，红脚丽金龟在田间的虫口密度占被调查的 18 种金龟甲总量的 16.2% ~26.9% 。

（二）形态特征

成虫（图 2 –15.1 ~3）　椭圆形，体长 18 ~26mm，体宽 9 ~12mm。前胸背板及鞘翅呈青绿色，有光泽；腹面及足呈紫铜色。唇基前、侧缘上卷，前角圆弧。下颚须末节呈长椭圆形，顶端收缢，其上具阔叶状陷痕。触角鳃片状 9 节，鳃片部 3 节。雌虫触角鳃片部长于柄部；雌虫触角鳃片部等于或稍短于柄部。前胸背板横阔，侧缘弧状外扩；两前角前伸斜向，呈直角状；后角钝，弧状。前胸背板中央具中纵凹线，背板密布细小

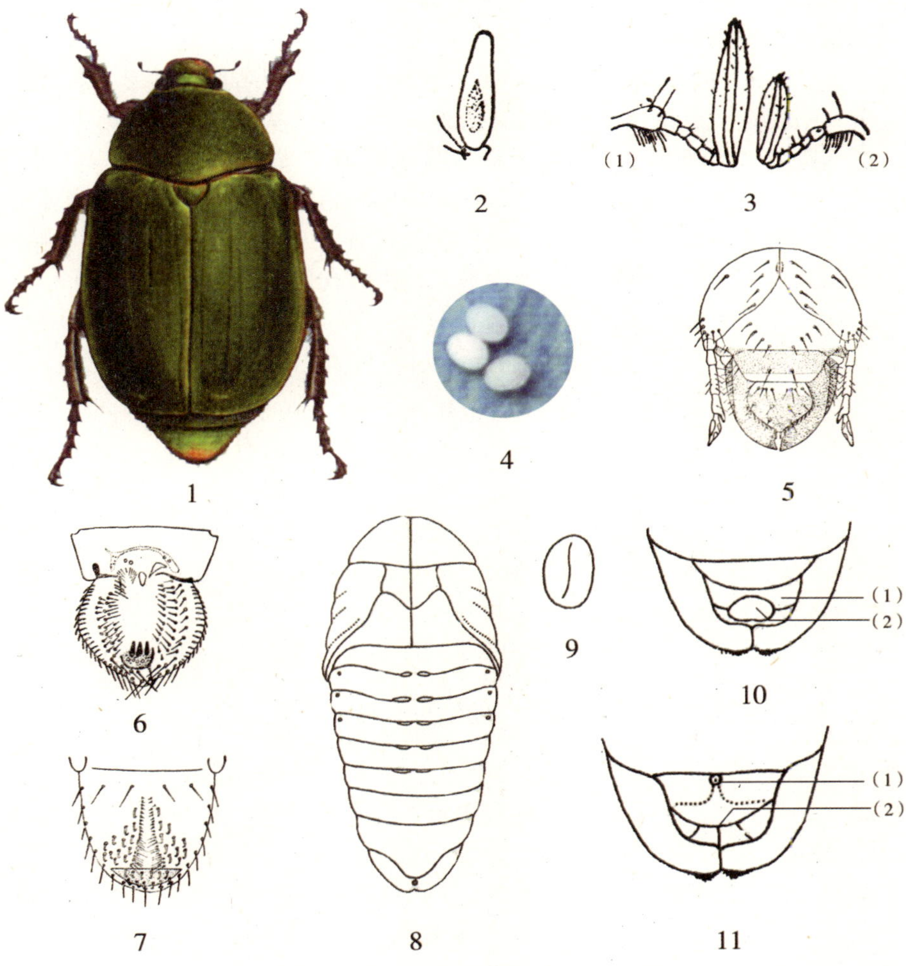

图 2 –15　红脚丽金龟

1. 成虫；2. 下颚须末节；3. 触角：（1）雄虫，（2）雌虫；4. 卵；5. 幼虫头部；6. 内唇；7. 肛腹片；8. 蛹背面；9. 蛹腹部第 1 ~4 节气门（正面）；10. 雄蛹臀节腹面：（1）阳基侧突，（2）阳基；11. 雌蛹臀节腹面：（1）生殖孔，（2）肛门

（1. 仿《甘蔗病虫鼠草防治彩色图志》图；2，3，5 ~7. 仿张治良图；8 ~11. 仿张治良、孙德旭图）

浅刻点，沿侧缘光滑并带紫红色光泽。鞘翅中央处隐约可见小刻点排列所成的纵线4～6条，边缘稍向上卷起，且带紫红色光泽，末端各有一小突起。前足胫节外侧具2齿，跗足末端具爪1对，前足大爪分叉。臀板呈三角形，雌虫臀板稍向前弯曲并隆起，雌虫臀板稍尖并向后斜出。

卵（图2－15.4）　初产时为乳白色，椭圆形，孵化前近圆形。

幼虫（图2－15.5～7）　3龄幼虫体长54～56mm，体宽6.3～6.5mm，头宽3.9～4.1mm。头部前顶刚毛每侧4根，呈一纵列；后顶刚毛每侧1根较长。额中侧毛每侧各3根，呈一斜列。内唇端感区具感区刺3根，圆形感受器10～12个，其中较大的4个。感前片与内唇前片相连。基感区具突斑2个，中横棒可见，上唇根端部呈直角状弯向内唇中区。在肛腹片后部覆毛区中间的刺毛列，由两种不同长度的刺毛组成，每列各为23～25根，其中短锥状刺毛数和长针状刺毛数大体一致，短锥状刺毛列的前部有粗短锥状刺毛混杂于长针状刺毛中，刺毛列的后端逐渐岔开，刺毛列排列较整齐，几无副列。肛门也呈横裂缝状。

蛹（图2－15.8～11）　体长约28mm，宽约12mm。唇基近横方形，前角钝。触角鞭状。前胸背板横宽，前角前伸，侧缘弧状外扩，后缘弧状后弯。腹部第1至第4节气门淡褐，近椭圆形，不隆起，气门腔不显；第5至第8节气门退化，呈与体同色的小点，发音器6对，分别位于第1至第7节背板中央的相邻两节相接处。第6对发音器退化，与体同色。腹部第8节背板后缘中央呈钝舌状后突。雄蛹臀节腹面阳基侧突呈横扁圆形，阳基位其前方中央；雌蛹臀节腹面平坦，生殖孔位于第9节前缘中间。

（三）生活习性与发生规律

红脚丽金龟在福建、广东等地1年发生1代，以幼虫越冬。越冬幼虫翌年三四月开始化蛹，可延续至8月中旬，成虫于5月上旬至11月下旬出土活动，盛期6～7月。成虫产卵前期为1个月，成虫除在中午烈日下静伏外，一般均在活动，无论是白天还是夜晚，相遇即交配，成虫一生交配多为1次，偶有2次的。每头雌虫平均产卵60～80粒，卵散产于土质疏松、富含有机质的蔗田内，产卵深度为距土表10～15cm。成虫除产卵时钻入土中，一般都在地面活动，或隐伏于蔗叶背面或蔗田附近浓密的寄主枝叶丛中。成虫有较强的趋光性；还有假死性，只要稍受震动，即落于土面，但很快便可起飞逃逸。5月中旬至10月上旬为产卵盛期，卵期12～14d。1龄幼虫期31～40d，2龄幼虫期41～60d，3龄幼虫期200～230d，整个幼虫期300～320d。6月上旬至翌年8月中旬为幼虫发生期，以3龄幼虫为害最严重。老熟幼虫在土中或堆肥中化蛹，蛹期13～15d。

在四川红脚丽金龟亦为1年完成1个世代，主要以3龄幼虫越冬。越冬幼虫春季上移为害种蔗、芽及新根。4月下旬，幼虫开始下移至距土表30～35cm处作蛹室化蛹。幼虫、蛹的发育速度差异较大，成虫出土很不整齐，始于6月上旬，终于9月上旬。7月中下旬为成虫出土高峰期。成虫白天栖息于蔗叶背面或蔗田附近的寄主枝叶丛中，傍晚8：00—9：00从潜伏处飞出进行交配、取食和产卵等活动。产卵持续7～12d。卵历期12～19d，平均14.9d。田间1龄幼虫始见于6月中旬，终见于9月中下旬。8月上中旬为2龄幼虫盛期，8月下旬至9月中旬为3龄幼虫盛期。11月上中旬3龄幼虫开始下移至距土表30～40cm处越冬，同时也有少量2龄幼虫越冬。

（四）发生与环境条件的关系

土质疏松、有机质含量高的蔗地受害较重，在坝地沙土、沙壤土等春季土温回升较旱较快的蔗田中，红脚丽金龟的发育较早，甘蔗生长中后期受害较重。在土质黏重、地下水位较高、春季土温回升较慢的蔗田，种蔗出苗慢，甘蔗种、苗期受害较重，生长中后期受害较轻。

六、戴云鳃金龟

（一）寄主与分布

戴云鳃金龟 *Polyphylla davidis* Fairmaire 属鞘翅目，鳃金龟科，云鳃金龟属。属于局部分布型，主要分布于四川岷江流域蔗区和沱江流域的部分地区。除为害甘蔗外，戴云鳃金龟也是四川省多种其他农作物如花生、玉米、豆类和薯类等的主要地下害虫。

（二）形态特征

成虫（图 2－16）　体小到大型，雌虫体长 37～42mm，雄虫体长 36～39mm。卵圆形或长椭圆形，体色多呈棕、褐至黑褐色。头部口器为唇基遮盖，背面不可见。触角 9～10 节，鳃片部 3～8 节。前胸稍狭于或等于翅基之宽，前胸背板两侧边缘有似黄白色眼球状斑点各 1 个，中胸后侧片于背面不可见。后胸背板有密毛群，中央有一横脊。小盾片显著。鞘翅缝肋发达，常有纵肋 4 条，盖达腹端，但臀板外露。鞘翅上密布黄白色云状斑纹，有光泽。后翅多发达，能飞。腹部最后 1 对气门露出鞘翅之外。足短壮或较纤长，前足胫节外缘有 1～3 齿，内缘有距 1 枚，中足、后足胫节各有端距 2 枚，跗节末端有同形的爪 1 对。

图 2－16　戴云鳃金龟成虫

卵　卵初产为白色，长椭圆形，表面光滑。孵化前为淡黄色。卵壳透明。

幼虫　3 龄幼虫 59～65mm，黄色。头顶冠缝处有一深褐色纵向梭形斑点。臀节尖刺毛两侧略平行，尖端稍近，外侧为刺毛群。肛门孔纵裂不明显。幼虫各龄期的体长和头宽见表 2－13。

蛹　体长 48～50mm，淡黄褐色，长椭圆形，头沿下稍弯，尾节为三角形，末端有一尾状突。

（三）生活习性与发生规律

戴云鳃金龟在四川 2 年完成 1 个世代（图 2－17）。以 2 龄和 3 龄幼虫在距土表 25～35cm 深处作土室越冬。越冬的 2、3 龄幼虫的数量比例在不同年份差异较大，因而其为害呈大小年交替现象。当年以 2 龄幼虫为主进行越冬，次年为为害大年；当年以 3 龄幼虫为主进行越冬，则次年为为害小年。3 龄越冬幼虫于 3 月下旬在距土表 30～35cm 处作蛹室化蛹。当平均气温在 18.1℃～23.8℃、土层日平均地温 18.8℃～25.5℃时成虫开始出土，无风、温暖的夜晚或白天降雨、晚上晴朗闷热的天气出土最多。5 月中下旬为成虫羽化出土高峰期。新羽化的成虫暂居于蔗叶上 1～2d，后飞至蔗田附近松、竹、麻柳、青杠、桑树、苦楝树等林木上栖息取食树叶。雄虫出土后当日即可交配，交配时间为 20～30min。雌虫交配后，需大量补充营养，白天取食或潜伏于灌木林叶下。成虫趋光性不强，但雄虫上灯量较多，雌虫上灯量仅为雄虫的 47.5%～61.0%。成虫具假死性。雌虫于21：00左右飞到蔗田内产卵，卵散产。6月中旬为戴云鳃金龟产卵盛期，卵多产于江河沿岸疏松湿润的沙土、沙壤土的蔗地中，土质黏重的山地中产卵极少。产卵深度为距土表5～15cm，尤以10～15cm土层的卵密度较大。产卵期12～26d。成虫产卵量差异较大，一般每次22～86粒，平均54粒。成虫寿命56～63d，平均59.7d。卵历期16～23d，平均18.2d，7月上旬为卵孵化高峰期。

幼虫共3龄，1龄幼虫始见于6月中下旬，终见于8月下旬；2龄幼虫始见于8月中下旬，终见于翌年5月中下旬；3龄幼虫始见于5月上旬，终见于第3年4月中旬，幼虫各龄历期见表2－13。

表2－13 戴云鳃金龟幼虫各龄期的体长和头宽（引自黄森泰等，1990）

虫龄		平均体长（mm）	平均头宽（mm）	龄期（d）		
				最短	最长	平均
1	始期	10.2	2.8	42	48	45.6
	末期	12.1	3.2			
2	始期	33.7	5.6	235	243	239.1
	末期	42.2	6.7			
3	始期	60.0	9.8	327	338	331.2
	末期	65.0	10.5			

当代幼虫孵化后潜入蔗头附近取食甘蔗幼根，当幼虫进入2龄期后，与上代的3龄幼虫一起，从9月上旬到10月上旬大量取食蔗株根系，蛀食蔗头。10月下旬（日平均气温12.2℃～15.9℃时）当代2龄幼虫与上代3龄幼虫开始下迁，11月下旬在25～35cm土层深处越冬。

戴云鳃金龟幼虫在甘蔗整个生长季节可形成三个为害高峰：翌春上代3龄老熟幼虫一般不上移为害，而在离地面25～35cm处作蛹室化蛹。当代2龄幼虫于3月上旬开始上移至耕作层为害种蔗及种苗，至4月上旬，甘蔗形成第一个受害高峰（种蔗及种苗受害），造成早期缺苗断垄；5月中旬，当代2龄幼虫进入3龄，5月下旬至6月上旬是甘蔗第二个受害高峰；因7～8月降雨较多，甘蔗受害不甚明显，至9月上旬到10月上旬，当代3龄幼虫与当年孵化进入2龄的幼虫合并一处，大量取食蔗根、蛀食蔗头，从而形成甘蔗的第三个受害高峰。

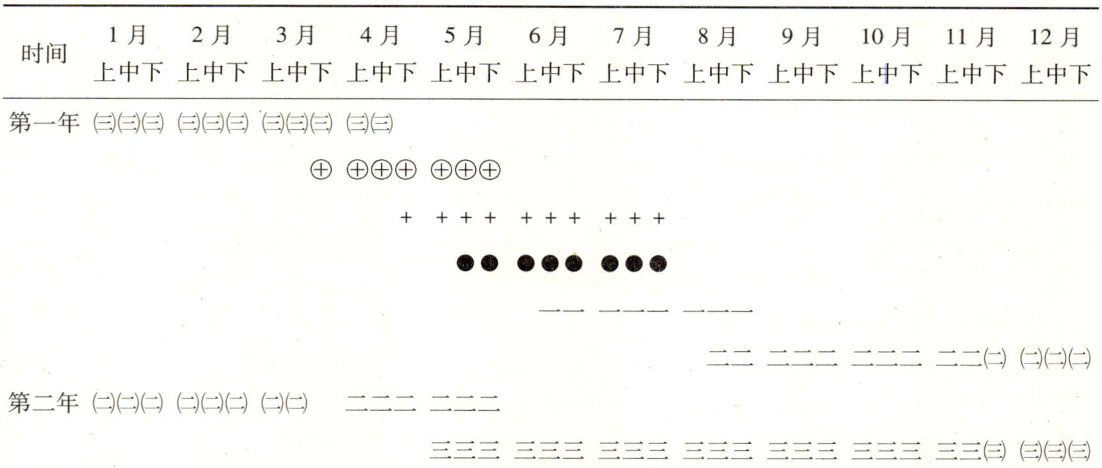

图 2-17　戴云鳃金龟生活史图示（仿吴银明、黄森泰等，1989）

图例：+ = 成虫；● = 卵；一、二、三 =1、2、3 龄幼虫；㈡、㈢ =2、3 龄越冬幼虫；⊕ = 蛹。

在由戴云鳃金龟所造成甘蔗的三个受害高峰中，以第一和第三个高峰期对甘蔗的产量影响最大。甘蔗在种、苗期受害（第一个高峰期），影响植株的分蘖能力和田间基本苗数，从而造成蔗田缺苗断垄，影响有效成茎率。甘蔗生长后期受第三个为害高峰的影响，甘蔗植株晴天午后常出现萎蔫或部分萎蔫症状，易倒伏，植株水分吸收困难，糖分积累明显降低。后期受害较重的蔗田，蔗茎不能榨出蔗汁，完全丧失原料蔗的价值，并且明显降低蔗蔸次年的萌发能力，影响下年留宿根。

（四）发生与环境条件的关系

（1）与土质的关系。戴云鳃金龟在壤土和稻、蔗轮作的蔗田一般很少发生为害，而在沙壤土和沙土中，尤其在沙土蔗区发生多，为害重。连作或多年宿根的蔗地，壤土中也有一定程度的发生。

（2）与气象因素的关系。在成虫产卵期和低龄幼虫期，降雨或土壤湿度的大小对种群数量影响极大。当土壤水分在 5% 以下时，卵期延长，孵化率降低，卵孵化率为 46% ~61%，而幼虫全部死亡；当土壤水分在 10% ~15% 时，卵全部孵化，幼虫的成活率为 100%。所以 6 月中旬至 7 月中旬干旱少雨，蛴螬一般发生较轻。相反，如雨水过多，土壤水分达 20% 以上，则 1 龄幼虫全部死亡，虫口密度下降。

（3）与耕作制度的关系。宿根蔗由于种群累积、药剂防治困难等原因，一般比新植蔗受害重，且宿根年限越长受害越重，受害株率平均为 42.4%，而新植蔗仅为 17.6%。间套种作物种类的不同，对戴云鳃金龟发生轻重亦有很大关系。戴云鳃金龟能为害多种作物，喜食花生、玉米、洋芋、小麦、豆类、蔬菜、烟草等。同一块蔗地如间作花生、玉米、豆类、烟草等则发生为害重，特别是花生与甘蔗轮作。

（4）与周边环境的关系。离灌木林近的蔗地戴云鳃金龟发生为害重。

七、卵圆鳃金龟

（一）寄主与分布

卵圆鳃金龟 *Holotrichia ovata* Chang 又名卵圆齿爪鳃金龟、浅棕鳃金龟，属鞘翅目，鳃金龟科。分布于我国华南各省（自治区），为我国华南地区的主要地下害虫之一。除为害甘蔗外，还为害花生、荔枝、龙眼、草坪等。成虫为害花穗、嫩梢等；低龄幼虫取食腐殖质，高龄幼虫咬食植物细根或地下茎。

（二）形态特征

成虫（图 2－18. 1～2）　体长 17. 2～23. 6mm，体宽 9. 6～11. 7mm。全体呈茶褐色，头、前胸背板、小盾片、足色泽较深，呈褐红色。全体被铅灰色粉状薄层，足颇光亮。体近椭圆形。头狭，唇基略宽于额，前缘近横直，布皱大刻点；头顶较隆起，额头顶部粗糙，额部左右各有一隐约可见的不正规小丘凸。触角 10 节，鳃状部由 3 节组成。触角鳃片部略长于柄节（♂）。下颚须末端甚扁阔，上方外侧有清楚削痕，末端平截。前胸背板暗赤褐色，稀布刻点，前缘边框光亮，侧缘强力扩出，最阔点在中点以后，侧缘前段钝锯齿状，具毛缺刻，前后角皆钝。中胸腹面密生黄褐色长毛。后胸腹板中部多少有毛。小盾片两侧、鞘翅具刻点。鞘翅 9 条纵肋可见，纵肋 1 后方扩阔，不与缝肋相接。胸下密被灰白边绒毛。腹下散布刻点。臀板甚大，散布刻点。雌虫腹末端腹板长而雄虫短，后部明显弧凹。前足 3 齿，端两齿靠近，内缘距与中齿对生，后足末跗节端毛 5 根，后跗第 1 节较第 2 节略长（♂）。爪齿微靠近基部，略短于爪端。雄性生殖器基片基部强度收狭，似柄状。

卵（图 2－18. 3）　卵初产时为乳白色，短圆柱形。

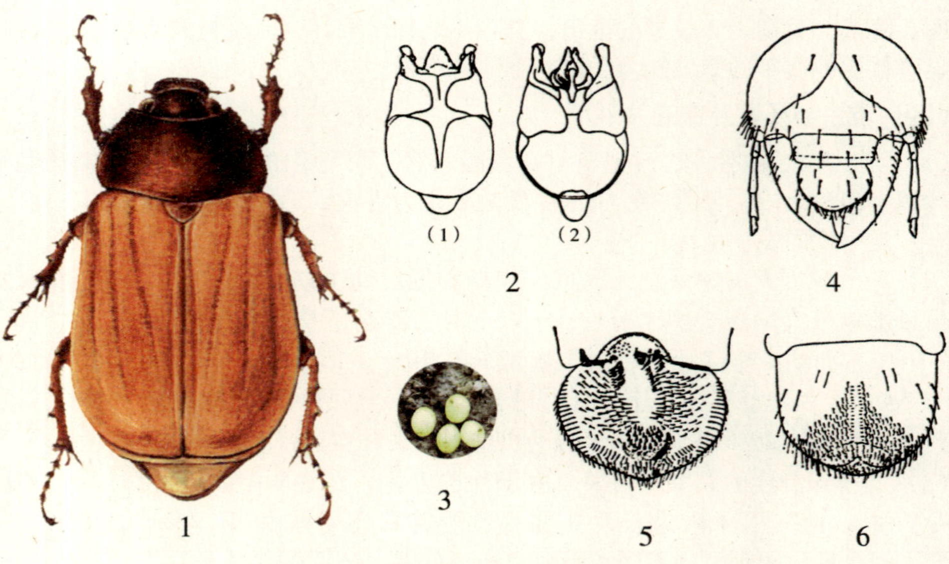

图 2－18　卵圆鳃金龟

1. 成虫；2. 雄性外生殖器：（1）背面，（2）腹面；3. 卵；4. 幼虫头部；5. 内唇；6. 肛腹片

（1. 仿《甘蔗病虫鼠草防治彩色图志》图；2. 仿章有为图；4～6. 仿张治利图）

幼虫（图 2－18. 4～6）　头宽 5. 8～6. 2mm，头长 4. 3～4. 5mm。头部前顶刚毛每侧 2 根，其中冠缝、额缝旁各 1 根，后顶刚毛缺，额中侧毛左右各 1 根，额前缘毛 2 根。触角长 3. 8～4. 0mm，第 2 节长于第 3 节，后者长于第 1 节，第 4 节最短，仅第 1 节具毛 1 根。内唇端感区的感区刺 25～31 根。前缘小圆形感觉器约 12～15 个，其中 6

个较大，缘脊较宽，每侧 16 ~ 18 条。内唇基片常仅有前端一小段不与感前片相连，基感区左侧小圆形感觉器较多，一般约 20 ~ 26 个，其中 2 个较大。前、中足爪近于等长，后足爪较短。腹部第 1 至第 7 节气门板逐渐微微减少，肛腹片第 8 节的气门板显著减少。覆毛区刺毛列两侧的钩状刚毛较多而密，刺毛列由尖端略弯的短锥状的刺毛组成，每列 17 ~ 21 根，刺毛排列较整齐，同列刺毛间排列较疏，两列间相距较近，近于平行。肛门孔呈三裂状，纵列略短于一侧横裂 1/2。

（三）生活习性及发生规律

卵圆鳃金龟在福建沿海 1 年发生 1 代，在闽南，成虫于 10 月中旬至 11 月上旬羽化，当年不出土就地越冬；而在福建莆田则以老熟幼虫越冬。在闽南，成虫于翌年 3 月上旬至 6 月下旬出土活动，4 月中旬至 6 月上旬为产卵盛期，幼虫为害甘蔗地下根、茎，造成较大损失（黄成裕）。

在江西南昌，卵圆鳃金龟 1 年发生 1 代，以幼虫和部分成虫在土内越冬，成虫活动期为 4 月初至 6 月中下旬，4 月底至 6 月上旬产卵，5 月中旬至 6 月中旬为产卵盛期，5 月中旬至 6 月中旬新一代幼虫孵化。

在广西，卵圆齿爪鳃金龟亦为 1 年发生 1 代，以成虫越冬。老熟幼虫 10 ~ 12 月间化蛹，蛹期 24 ~ 31d，成虫 3 月间遇较暖的黄昏始出土活动，在龙眼等果树上取食并交尾，4 ~ 5 月间产卵，卵期 11 ~ 16d。6 ~ 7 月间出现 2 ~ 3 龄幼虫，并开始啮食蔗根，影响甘蔗生长。

成虫傍晚出土活动，白天藏匿于土中，有趋光性和假死性。幼虫分 3 个龄期，1 龄幼虫取食土壤中的有机质，从 2 龄开始啃食甘蔗地下部分。

八、甘蔗青绿金龟

（一）分布与为害

甘蔗青绿金龟 *Anomala expansa* Bates 又称甘蔗翼翅丽金龟、台湾青铜金龟。分布于江西、福建、广东、台湾等地。除为害甘蔗外，还为害多种阔叶树。成虫为害甘蔗叶片，幼虫于 7 ~ 12 月啃食蔗头和蔗芽，致甘蔗生长衰弱，影响萌芽或形成枯心。

（二）形态特征

成虫（图 2 – 19） 体长 25 ~ 30mm，体宽 15 ~ 16mm，宽卵形，体大。与红脚丽金龟酷似，但全体十分光亮，青绿色，有较强的铜绿闪光，尤其前胸背板闪光最为强烈，腹面为墨黑蓝色。翅鞘侧缘后半部呈羽状伸长。唇基短阔呈梯形，前缘直。触角 9 节，棒状部由 3 节组成。前胸背板前缘、后缘中段无边框，侧缘边框显著，内侧陷下呈沟，疏列纤毛 10 根左右。鞘翅缝肋、纵肋不显，缘褶十分凸出粗强，自转弯向后或多或少向外侧扩展呈掠翼状。臀板大，密布短横皱纹，散生纤毛。胸下密被纤弱绒毛，密布粗大刻点。小盾片半椭圆形，鞘翅长。足粗壮。

图 2 – 19　甘蔗青绿金龟成虫

卵　乳白色，初产时呈椭圆形，后变为球形。

幼虫 老熟幼虫淡黄色，头及气门黄褐色，腹板中央有由两种长短刺毛列生而成的二列刺毛群。

蛹 淡黄褐色，呈纺锤形。腹部第2至第6节背面有显著隆起。气门呈椭圆形，向前方突出。

（三）生活习性与发生规律

甘蔗青绿金龟在福建为1年发生1代，以老熟幼虫越冬。老熟幼虫于翌年2~4月间化蛹，成虫发生于4~9月，5~7月为盛发期。成虫在取食的作物上或地面的枯叶下潜伏，夜间才出来活动。成虫羽化后5d才交尾，产卵于土中。每次产卵54~87粒。雌虫产卵后即死亡。卵经13~19d孵化。1龄幼虫历期为19~21d，2龄幼虫历期为26~51d，3龄幼虫历期为130~166d。在8~9月，田间多为3龄幼虫。9~10月甘蔗地下根、茎受害最多。幼虫于11~12月大部分老熟，并在蔗根附近营造蛹室越冬，至翌年2~4月化蛹，蛹期14~19d。

在广西，甘蔗青绿蔗龟1年发生1代，成虫出现时期为4~10月间，以5~7月为最盛。幼虫9~10月为害甘蔗地下部分蔗头和蔗芽，致甘蔗生长衰弱，影响萌芽或形成枯心。11~12月幼虫老熟，在土中作室静止越冬，3~5月化蛹，蛹期11~27d，然后羽化。成虫夜间活动，白天静伏叶间。

九、暗黑鳃金龟

（一）寄主与分布

暗黑鳃金龟 *Holotrichia parallela* Motschulsky 属鞘翅目，鳃金龟科。分布在我国20余个省（自治区）市，在北方及长江中下游地区是花生、豆类、粮食作物的主要地下害虫之一，就分布之广、危害之重而言，在金龟甲类中逐渐上升到首位。在我国南方甘蔗种植省（自治区），暗黑鳃金龟作为甘蔗地下害虫的地位呈上升态势。暗黑鳃金龟成虫、幼虫食性很杂。成虫可取食榆树、加杨树、白杨树、柳树、槐树、桑树、柞树、苹果树、梨树等的树叶，最喜食榆树叶，次为加杨树叶。成虫有暴食特点，在其最喜食的榆树上，一棵树上可落虫数千头，取食时发出"沙沙"声，很快将树叶吃光。幼虫主要取食甘蔗、花生、大豆、薯类、麦类等作物的地下部分。

（二）形态特征

成虫（图2-20.1~6） 体长17~22mm，体宽9.0~11.5mm，呈窄长卵形。体无光泽，被黑色或黑褐色绒毛。前胸背板最宽处在侧缘中部以后，前缘具沿并布有成列的褐色边缘长毛，前角钝，呈弧形；后角直，具尖的顶端，后缘无沿。小盾片呈宽弧状三角形。鞘翅伸长，两侧缘几乎平行，靠后边稍膨大，每侧4条纵肋不显；位于尖疣突处的两侧缘布有相当稀而长的褐色边缘毛。前足胫节具3外齿，中齿显近顶齿。内方距位于中、基齿之间凹陷处的对面，但稍近基齿。后足第1节明显长于第2节。爪齿于爪下方中间分出与爪呈垂直状。腹部腹板具蓝青色丝绒色泽。雄虫外生殖器阳基侧突的下部不分叉，上部相当于上突部分呈尖角状。

卵（图2-20.7） 长2.5~2.7mm，宽1.5~2.2mm，长椭圆形，乳白色；后期圆球形，洁白有光泽。孵化前能明显看到卵壳内的一端有一对略呈三角形的棕色上颚。

幼虫（图2-20.8~11） 老熟幼虫体长35~45mm，头宽5.6~6.1mm，头长

4.2～4.5mm。头部前顶刚毛每侧1根，位于冠缝两侧。绝大多数个体无额前缘刚毛，偶有个体只具1根额前缘刚毛。内唇端感区感区刺多数为12～14根。内唇前侧褶区折面退化，但密而纤细的折面显而可见，每侧折面多为14～17条。在感区刺和感前片间除具6个较大圆形感觉器外，尚有9～11个小圆形感觉器。肛腹片后部钩状刚毛群多为70～80根，平均为75根，分布不均；覆毛区中间无刺毛列，即钩毛群的上端有2个单排或双排的钩毛，呈"V"字形排列，向基部延伸；肛门孔三裂缝状。

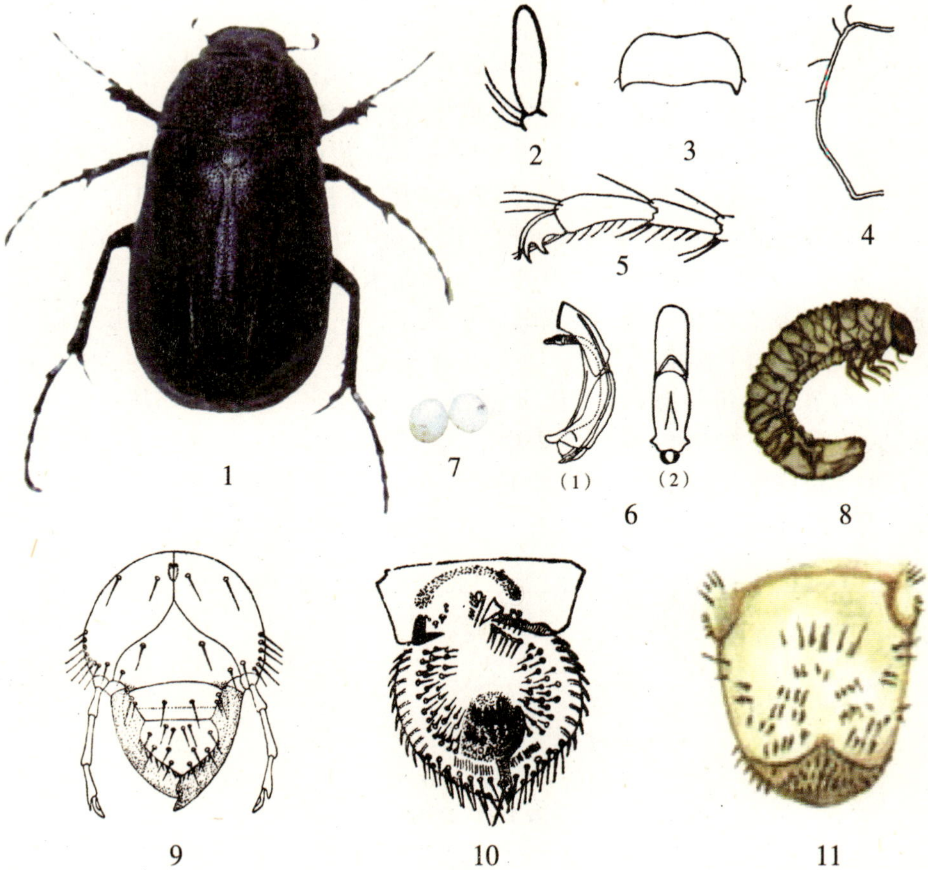

图2－20　暗黑鳃金龟

1. 成虫；2. 下颚须末节；3. 唇基背面；4. 前胸背板；5. 足跗节及爪；6. 雄性外生殖器：（1）左侧，（2）背面；7. 卵；8. 幼虫侧面；9. 幼虫头部；10. 内唇；11. 臀节腹面

（1. 仿 http：//service. photo. sina. com. cn/orignal 图；2，3，4，5，9，10. 仿张治良图；6. 仿章有为图；8，11. 仿《中国农资传媒图》图）

蛹　体长20～25mm，体宽10～12mm。前胸背板最宽处位于侧缘中央。腹部背面具2对发音器，分别位于腹部第4、5节和第5、6节交界处的背面中央。尾节三角形，二尾角呈锐角岔开。雄外生殖器明显隆起，雌外生殖器可见生殖孔及其两侧的骨片。前足胫外齿3个，但较钝。

（三）生活习性与发生规律

在四川，暗黑鳃金龟均为1年发生1代，主要以3龄幼虫在距土表20～30cm处作土室越冬。3月中旬越冬幼虫开始上移活动，为害种蔗、种根和芽，影响蔗株齐苗和分蘖。由于暗黑鳃金龟越冬幼虫的活动、为害时间较短，因此，对蔗种、蔗苗的为害较轻。4月中旬，老熟幼虫再次下移至距土表20～25cm处作蛹室化蛹，蛹期15～18d，平均16.7d。一般年份的5月中旬为化蛹盛期，6月上旬为成虫出土高峰期。成虫趋光性较强，有隔日出土和假死习性。据王振忠（1996）观察，始终在黑暗条件下饲养的成虫，前4d出土表现不规律，但之后的20d里表现为严格的隔日出土活动周期，再往后又不规律；而始终给予光照处理的成虫，其隔日出土的活动规律完全被打乱，前18d只出现一头成虫，此后出现的数量也比完全黑暗时的数量大大减少，且无规律。6月中旬为成虫产卵盛期，卵成团散产于距土表10～15cm的土层内。坝地沙土或沙壤土中卵的密度较大，透气性较差、地下水位较高的泥地中密度较小。卵历期7～11d，平均9.1d。6月下旬为暗黑鳃金龟1龄幼虫出现高峰期，也是幼虫防治的有利时机。当年孵化的幼虫8月中旬进入3龄期，8月下旬至9月下旬为暗黑鳃金龟的为害高峰期。甘蔗受害后，单茎重和糖分积累明显降低。受害较重的蔗田，甘蔗产量损失可达6成以上。11月下旬，3龄幼虫开始下移越冬。

在云南，暗黑鳃金龟亦为1年1代，主要以成虫越冬，5月上中旬越冬成虫开始出土取食活动，6月上中旬开始产卵，6月中下旬出现初龄幼虫，9月上旬老熟幼虫开始化蛹，9月中下旬成虫开始羽化，成虫羽化后不出土，在原地越冬至来年4月。暗黑鳃金龟生活史见图2－21。

	1～2月	3月	4月	5月	6月	7月	8月	9月	10月	11月	12月
	上中下	上中下	上中下	上中下	上中下	上中下	上中下	上中下	上中下	上中下	上中下
四川	㈢㈢㈢	㈢三三	三								
			⊕⊕（中下）	⊕⊕⊕							
				+ + +	+ + +	+ + +					
					●●●	●●●					
					一一（中下）	一一一	一一（上中）				
						二二二	二二二	二二（中下）			
							三三（中下）	三三三	三三三	三三㈢	㈢㈢㈢
云南	㈩㈩㈩	㈩㈩㈩	㈩㈩㈩	+ + +	+ + +	+（上）					
					●●●	●●（上中）					
					CC（中下）	CCC	CCC	C（上）			
								⊕⊕⊕			
								+ +（中下）	+ + +	㈩㈩㈩	㈩㈩㈩

图2－21　暗黑鳃金龟生活史图示

图例：+＝成虫；●＝卵；一＝1龄幼虫；二＝2龄幼虫；㈡＝2龄越冬幼虫；三＝3龄幼虫；㈢＝3龄越冬幼虫；⊕＝蛹；C＝幼虫；㈩＝越冬成虫。

幼虫活动主要受土壤温度和湿度制约。在卵和幼虫的低龄阶段，若土壤中水分含量较大则会淹死卵和幼虫。幼虫活动也受温度制约，幼虫常以上下移动来寻求适合地温。另外，幼虫发育还受营养状况影响，幼虫喜食脂肪和蛋白质丰富的食物，在大豆田及部分花生田，幼虫发育快，而粮田中的幼虫发育慢。有研究表明，取食不同食料的3龄幼虫的体重有明显差异，取食花生、大豆和玉米的3龄幼虫的平均体重分别为0.99g、0.83g和0.63g（福建）。

十、四川大黑鳃金龟

（一）寄主与分布

四川大黑鳃金龟 *H. szechuanensis* Chang 属鞘翅目，金龟甲总科，鳃金龟科。主要分布于四川、甘肃、贵州、湖北、陕西等地。成虫食性很杂，主要取食玉米、大豆、蔬菜、野花生草、千丈树等20多种农作物及林木的嫩芽、花和叶片。幼虫对作物种类选择性不强，除为害甘蔗外，对花生、马铃薯、红苗、豆类、麦类、玉米、瓜类、甜菜及果树幼苗等多种作物的地下根部均能为害，尤其是对花生、大豆、马铃薯等更为喜食。

（二）形态特征

成虫（图2-22.1~2）　体长18~21mm，体色油亮，无灰白粉层或丝状闪光。唇基短阔，前缘中凹浅。末前腹板沿后缘中部深深横直凹陷，腹下中部无凹陷，无纵沟，末腹板无横脊。前胸背板后缘边框上的刻点无短毛。臀板隆凸顶点在下半部近中点，末腹板后缘中点中断。雄虫外生殖器阳基侧突分叉，阳具中叶端片舌状，中突突片1片。

卵　椭圆形，乳白色。

幼虫　体长35~45mm，肛孔三射裂缝状，前方着生一群扁而尖端呈钩状的刚毛，并向前延伸到肛腹片后部1/3处。

蛹　预蛹体表皱缩无光泽。蛹黄白色，椭圆形，尾节具突起1对。

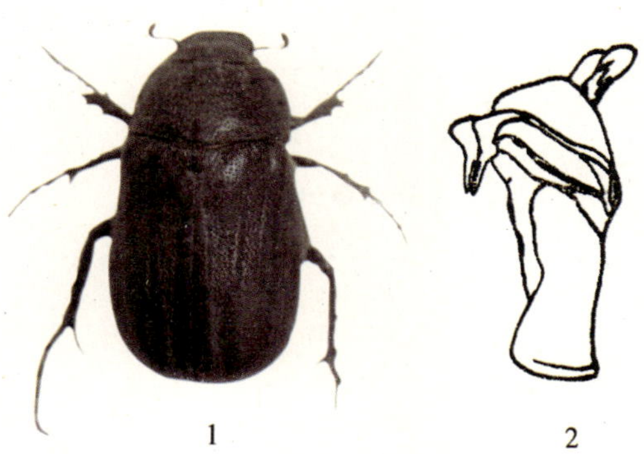

图2-22　四川大黑鳃金龟

1. 成虫；2. 雄性外生殖器（侧面）

（2. 仿章有为图）

（三）生活习性及发生规律

四川大黑鳃金龟在四川地区1年至1年半完成1个世代，每年田间都有2、3龄幼虫及成虫越冬。3龄老熟越冬幼虫于4月中下旬开始化蛹。上年秋季较晚进入3龄期的越冬幼虫春季上移为害，6月上中旬开始化蛹。因此，越冬3龄幼虫的成虫出土期从5月中下旬开始至7月上中旬结束。四川大黑鳃金龟成虫趋光性较强，寿命较长。成虫需补充营养。成虫于每日傍晚7：00左右出土活动，8：00—9：00达到出土高峰。在小雨情况下，取食、交尾都不受干扰。飞翔力不强，出土后先在地面爬行后作短距离飞行寻找食料。成虫特别喜在田埂、路旁杂草间，如野花生草上聚集取食、交尾。后半夜2：00后数量开始减少，直到早晨6：00左右入土潜伏，白天很少发现成虫。成虫出土高峰亦是交尾盛期，在杂草或寄主植物上到处可见交尾。交尾时先呈背负式，接触后上体离开呈90度状，后雄虫头部向下，雌、雄虫呈"一"字形，交尾时雌虫仍然继续取食。交尾时间最短几分钟至十几分钟，多数为1h左右，最长时间可达2h以上。成虫有多次交尾习性。卵分批散产在湿润土壤内8～10cm处。每头雌虫产卵量为28～82粒，平均52粒。由于成虫出土时间差异较大，寿命和产卵期（1～3周）较长，因此田间1龄幼虫出现时间较长，各龄幼虫交错重叠。1龄幼虫始见于6月下旬，终见于9月中旬。较早产卵和孵化的幼虫8月下旬进入3龄期，然后以3龄老熟幼虫越冬，从而1年完成1个世代。较晚产卵和孵化的幼虫9月下旬以后进入2龄期，当年以2龄幼虫越冬。越冬2龄幼虫在第2年6月上中旬开始进入3龄期，8月上中旬开始化蛹，9月上旬成虫开始羽化。除部分较早羽化的成虫出土活动外，其余成虫不再出土，以成虫越冬，次年4月下旬开始出土活动，从而约1年半完成1个世代（图2－23）。以幼虫为主越冬的年份，翌春为害重，夏秋为害轻；以成虫为主越冬的年份，翌春为害轻，夏秋为害重。幼虫3龄、低龄幼虫有互相残杀习性，初孵幼虫取食卵壳，对土壤条件要求严格，成活率较低，食量小，主要取食土壤中的有机质，2、3龄后食量剧增，为害最重。

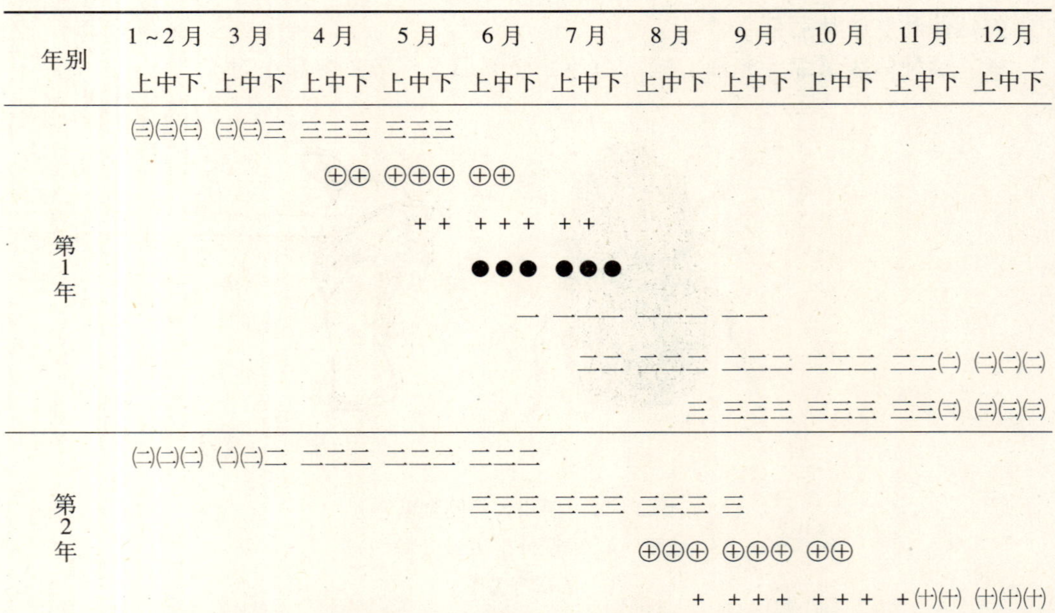

图2－23　四川大黑鳃金龟甲生活史图示（仿吴银明、黄森泰等，1989）

图例：＋＝成虫；㈩＝越冬成虫；● ＝ 卵；一＝1龄幼虫；二 ＝ 2龄幼虫；㈡ ＝2龄越冬幼虫；三＝3龄幼虫；㈢＝3龄越冬幼虫；⊕ ＝ 蛹。

（四）发生与环境的关系

四川大黑鳃金龟喜在保水力较强的壤黏土中生活。凡是壤黏土的荒坪荒坎，田间管理粗放，杂草多，水浇条件差，植被贫乏；常年连作甘蔗或宿根蔗地，与花生等旱作物轮作或由果园地改种甘蔗，均较易受四川大黑鳃金龟为害。

十一、宽齿爪鳃金龟

（一）寄主与分布

宽齿爪鳃金龟 *H. lata* Brenske 属于鞘翅目，鳃金龟科。主要分布于四川、广西、湖北、湖南、贵州等省（自治区）。除为害甘蔗外，还为害梧子树、桐子树、野洋漆树、核桃树、椿树等。成虫食性杂，幼虫为害甘蔗地下部分。

（二）形态特征

成虫（图 2－24.1～3）　体长 22～29mm，体宽 12.5～14mm，头宽 3～4mm，呈长椭圆形，黑褐色。触角鳃叶状 9 节，鳃片部 3 节短小，棕褐色。复眼发达。唇基上密布刻点。前胸宽 9mm，两侧缘和后缘向外突，前缘呈弧形凹陷，背板上有许多刻点。鞘翅长 18～19mm，宽 7.5mm 左右，其上布满刻点，每鞘翅上有 4 条明显的隆起带，前缘靠外侧有一明显肩瘤；第 2、3 条隆起带近后缘间又有一瘤将两带连在一起。胸腹面着生灰色绒毛。前足胫节宽大，外侧生有锋利的齿 3 个，内侧生一棘刺，不与中齿相对。足跗节细长，末端生一对爪，每爪中部着生一锐齿。后足胫节横脊中断，第 1 跗节略长于第 2 节，末节端毛 5 根。腹部腹板浅黑褐色或棕褐色。雄虫体形较小，臀板后端略翘且钝圆。

卵（图 2－24.4）　椭圆形，径长 3.0mm，宽 2.0mm。初产时为青白色透明状，后变为乳白色，近孵化时，卵粒膨大，颜色浅黄而卵壳半透明状。

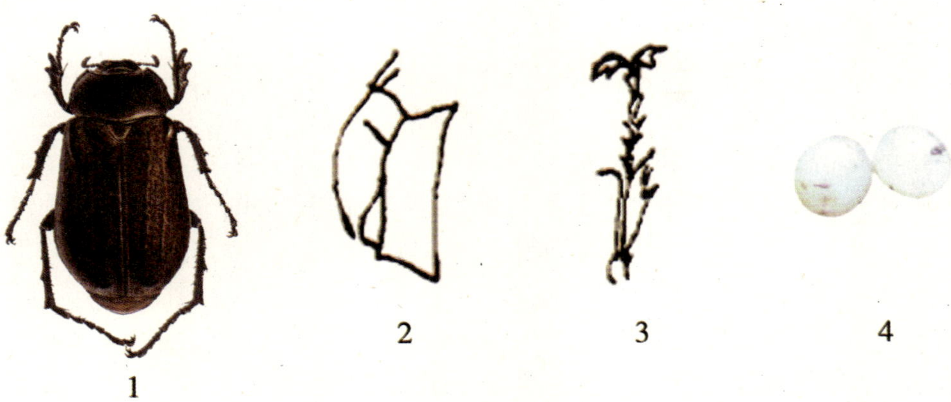

图 2－24　宽齿爪鳃金龟

1. 成虫；2. 成虫腹板（侧面）；3. 前足跗节；4. 卵

（1. 仿《甘蔗病虫鼠草防治彩色图志》图；2，3. 仿杨东图）

幼虫　3 龄幼虫体长 51～53mm，头宽 7mm 左右，头赤褐色，体黄白色。前顶刚毛每侧一根，后爪较前爪小。臀节腹面有 2 列刺毛，每列由 15 根左右短锥刺组成，排列整齐，钩毛较多。

蛹 体长26～27mm，体宽13mm左右，黄白色，羽化前色泽加深，复眼变成黑色。蛹体略向腹面弯曲，前3对气门明显，气门孔呈圆形，围气门片深褐色。尾节端部有1对尾刺。

（三）生活习性与发生规律

1. 生活史

完成1个世代约需2年，以幼虫及成虫在20～50cm深的土壤中越冬。

越冬成虫于4月初开始出土，4月下旬至5月上旬出现为害高峰。成虫取得补充营养后，4月下旬末开始交尾，5月下旬至7月中旬末产卵，6月中下旬为产卵盛期。卵历期18～28d。幼虫于6月中旬至7月下旬孵出，7月上旬为孵化盛期。老熟幼虫于7月中旬至9月中旬化蛹，蛹期约25d。8月上旬至10月上旬羽化，羽化的成虫一般当年不出土，气温下降时向下层移动越冬。成虫寿命320～360d，幼虫期700d左右。

2. 生活习性

4月下旬至5月上旬大量成虫从越冬场所迁出，白天躲藏在浅层土中，黄昏时爬出土面取食。成虫于晚上11：00以后出土活动，至次日早晨5：00以前钻入6～20cm深的土层中潜居。雌、雄成虫取食一段时间即开始交尾，5月上旬为交尾盛期。雄虫交尾多次后死亡，雌虫交尾后21～24d产卵。成虫有假死性和较弱的趋光性。成虫于20：00以后在土中产卵，卵产在潮湿的土壤上，每头雌虫可产30～40粒卵。未翻动的土壤，卵的孵化率可达96%，而翻动的土壤孵化率仅6%～10%。幼虫多单个潜居在10～30cm深的土层中，为害蔗根和蔗头。土质肥沃、食料丰富的土壤虫口密度大。幼虫老熟后，在10～20cm深的土层中作蛹室化蛹，蛹室椭圆形或圆形。蛹体为褐色，近羽化时变为深褐色。

十二、小黄鳃金龟

（一）寄主与分布

小黄鳃金龟 *Metabolus flavescens* Brenske 属于鞘翅目，鳃金龟科。分布于陕西、河南、江苏、浙江、甘肃、云南等地。小黄鳃金龟除为害甘蔗外，也为害玉米、花生、大豆等农作物及苹果树、丁香树、山楂树、梨树、海棠树、核桃树等。小黄鳃金龟主要是幼虫为害甘蔗的根、地下茎及地下蔗芽，成虫是果树的主要害虫，特别喜食丁香树、核桃树叶片，严重影响果树的坐果率及树势。

（二）形态特征

成虫（图2－25.1～2） 体长11.0～13.6mm，宽5.3～7.4mm。全身黄褐色，被匀密短毛。头色泽深，呈栗褐色。复眼黑色。前胸背板呈栗黄色。头大，唇基前缘平直向上卷起，密布大形具毛刻点，前缘中凹。头面密布粗大刻点，额中有明显中沟。触角9节，鳃片部短小，3节组成。下颚须7节，棒状，末节粗长。前胸背板有粗大刻点，侧缘钝角形外扩，侧边锯齿状，并着生有细毛；后缘弧形外扩，中部靠近小盾片外尤为显著。小盾片短阔、三角形，散布具毛刻点。鞘翅侧缘近平行，缝肋明显隆起，靠近缝肋的纵肋I明显可见，刻点密，肩瘤突明显。胸、腹部腹面及足的脚节上具细长的绒毛。臀板圆三角形。前足胫节外缘具2齿，末跗节3爪圆弯。雄性外生殖器背面观，基片短粗，阳基侧突管状，下部外扩；从侧面观，基片短而窄，阳基侧突则较宽大。

卵 圆球形，乳白色，直径约1.0mm。

幼虫（图2－25.3～5） 3龄体长12～17mm，头宽2.9～3.1mm，头长2.1～2.2mm。老熟幼虫头黄褐色，胸、腹部乳白色略带黄色。幼虫体多皱。头部前顶刚毛每侧2根，后顶刚毛每侧1根。内唇端感区刺6～9根，其前沿具圆形感觉器约12个，其中6个较大。内唇前片与右半段感前片相连。肛腹片后部钩状刚毛群中间的刺毛列，两列呈长椭圆形整齐排列，由短针状刺毛组成，每列多为13～15根。胸足细长。肛门孔三射裂缝状。

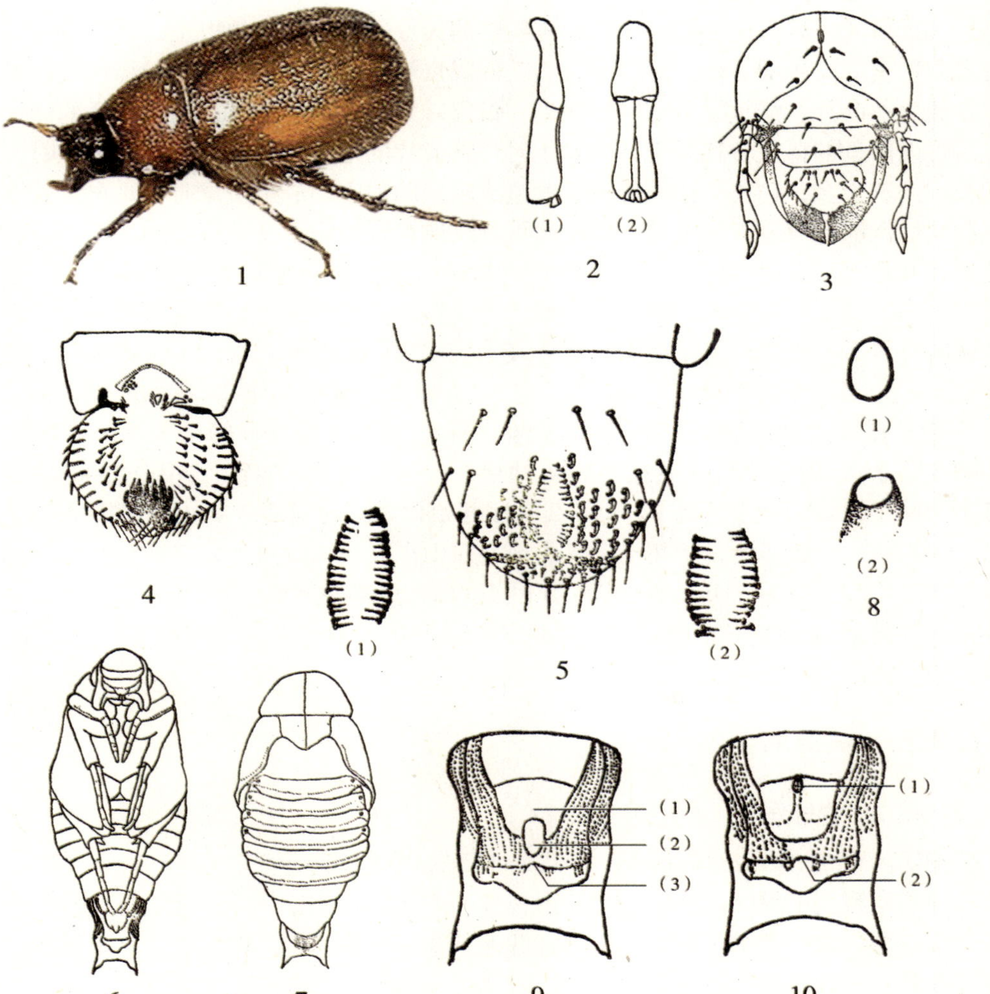

图2－25 小黄鳃金龟

1. 成虫；2. 雄性外生殖器：（1）左侧，（2）背面；3. 幼虫头部；4. 内唇；5. 幼虫肛腹片：（1），（2）刺毛列排列及数目；6. 蛹腹面；7. 蛹背面；8. 腹部第1～4节气门：（1）正面，（2）侧面；9. 雄蛹臀节腹面：（1）阳基侧突，（2）阳基，（3）肛门孔；10. 雌蛹臀节腹面：（1）生殖孔，（2）肛门孔

（1. 仿http \\ tupian. hudong. com图；2. 仿《山西省金龟子图册》图；3～5. 仿张治良图；6～10. 仿张治良、孙德旭图）

蛹（图 2－25.6～10）　体长约 14mm，宽 5.5mm。初期为白色，后渐变为淡褐色，羽化前为赤褐色。唇基近半圆形，触角靴状。前胸背板宽大。腹部第 1～4 节气门近椭圆形，褐色，明显隆起。腹部背面中央节间处无发音器。腹部第 1～6 节背板中央具横脊。尾节近方形，二尾角呈锐角岔开。雄蛹外生殖器阳基侧叶（突）达阳基近中部；雌蛹臀节腹面平坦，生殖孔位于第 9 节腹板前缘中间。

（三）生活习性与发生规律

小黄鳃金龟为 1 年 1 个世代。以幼虫越冬。

在云南，越冬幼虫可于次年 2 月中旬上移活动、取食，老熟幼虫于 3 月下旬迁移至耕作层下硬土中做室化蛹。4 月下旬至 5 月下旬，成虫开始羽化，刚羽化的成虫在土内静伏几天后才开始出土活动。雨前无风闷热的天气，成虫多集中出土，觅食交尾。成虫有群集取食、交尾的习性。可以成百上千的成虫聚集在一株或分布于局部区域的果树上取食成熟的叶片，严重时可将叶片吃光，仅留叶脉和较粗的支脉；当整株树的叶片被食尽后可向附近的树上转移为害，大发生时可将成片的果树叶片食尽。气候适宜时，成虫期长，产卵量多，往往会给周边的甘蔗造成较大的危害。成虫交尾时，雄虫生殖器与雌虫扣紧后倒挂在雌虫下方不动，雌虫则可继续取食或静止不动。成虫趋光性弱。有假死性，在叶片上受击后当即落地，暂时停止活动。成虫白天静伏在树干周围 5cm 深以上的土层中，日落黄昏后出土取食、交配，子夜后基本不再交配，但继续取食为害，直到黎明时分再潜入被害树下土层中隐藏。成虫交尾后，可将卵产于附近土壤疏松、有机质含量高、土壤湿润的蔗地中。雌雄比为 1∶1。雌虫最大抱卵量 22 粒，最少 2 粒，平均 11.3 粒。雌成虫交配后 8～10d 开始产卵。卵产于土表下 3cm 深的土层间，每个卵块 3～8 粒。卵期 20～30d。7 月始见初龄幼虫，9～11 月为害加重，并以幼虫越冬，至 3 月下旬幼虫老熟，幼虫期约 9 个月。3 月底开始化蛹。前蛹期 7～8d，蛹期 30～40d。

在南京，成虫于 5 月下旬至 7 月出现；在山东莱阳，成虫出现期则在 6 月上旬，盛期在 6 月中旬至 7 月上旬。在山西，5 月下旬幼虫向上移动到表面下至 10cm 深的土层中做土室化蛹。土室比较松软，前蛹期 7～8d。初期为乳白色。快羽化时颜色逐渐加深，最后成虫破蛹而出。

十三、铜绿丽金龟

（一）寄主与分布

铜绿丽金龟 *Anomala corpulaenta* Motschulsky 又名铜绿金龟，属鞘翅目，丽金龟科。除新疆、西藏无报道外，分布遍及我国各省（自治区）。铜绿丽金龟主要以幼虫为害甘蔗地下部分，咬食蔗根、蔗头，可将甘蔗地下茎蛀成孔洞状。铜绿丽金龟食性杂，除为害甘蔗外，也为害多种草本如苏丹草、羊草、披碱草、狗尾草、猫尾草、燕麦、早熟禾、黑麦草、羊茅、狗牙根、剪股颖、苜蓿、红豆草、三叶草等。幼虫栖息在土壤中，取食萌发的种子，造成缺苗断垄；咬断根茎、根系，使植株枯死，且伤口易被病菌侵入，造成植物病害。

（二）形态特征

成虫（图 2－26.1～7）　体长 19～21mm，体宽 10～11.3mm。头与前胸背板、小盾片及鞘翅呈铜绿色并闪光，但头、胸背板色较深，呈红褐色；而前胸背板两侧缘、翅

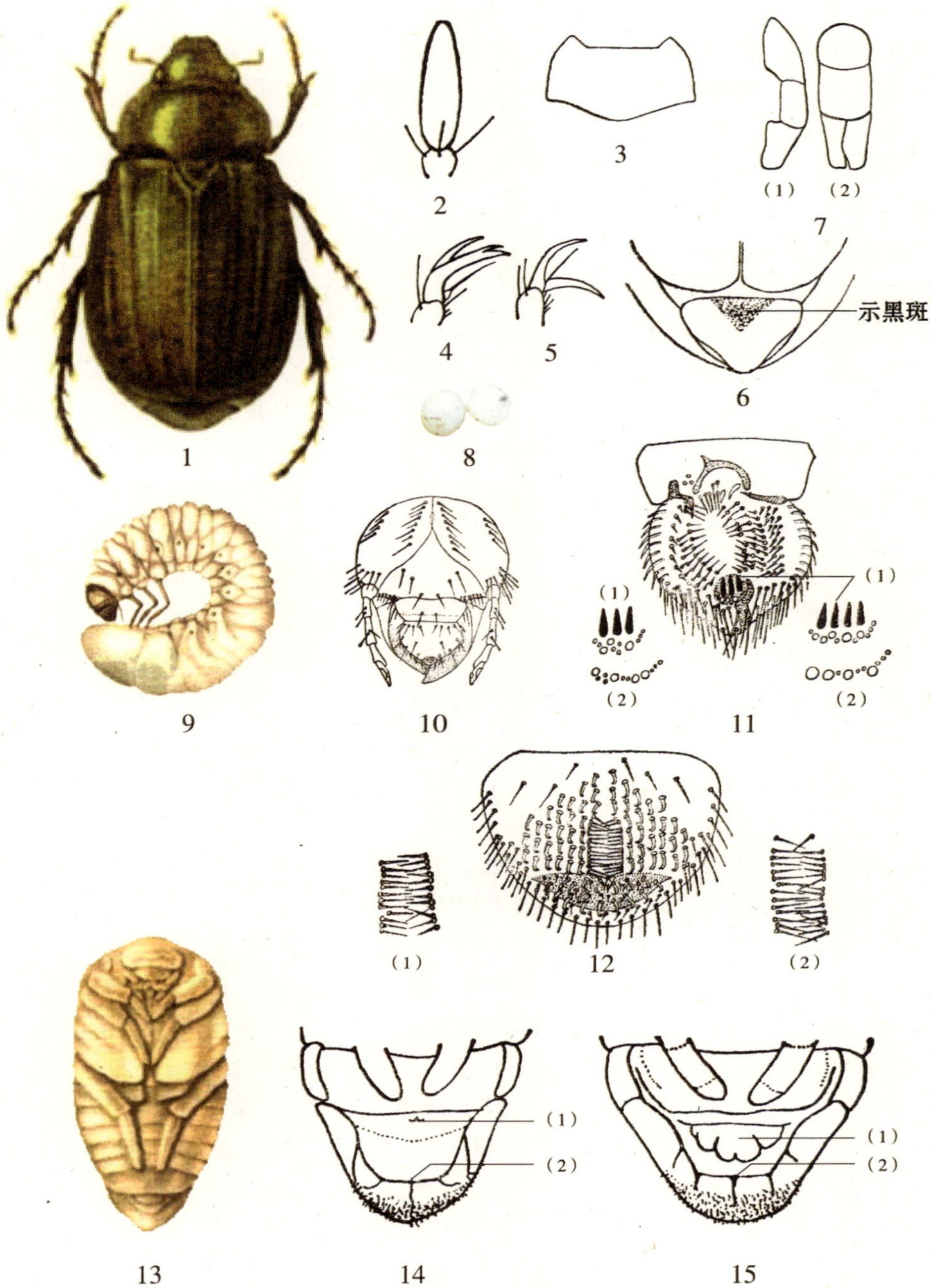

图 2－26　铜绿丽金龟

1. 成虫；2. 下颚须末节；3. 前胸背板；4. 前足爪；5. 后足爪；6. 臀板；7. 雄性外生殖器：（1）侧面，（2）背面；8. 卵；9. 幼虫；10. 幼虫头部；11. 内唇：（1）端感区感区刺，（2）端感区感觉器数目及排列；12. 肛腹片：（1）、（2）刺毛列数目及排列；13. 蛹腹面；14. 雌蛹臀节腹面：（1）生殖孔，（2）肛门；15. 雄蛹臀节腹面：（1）阳基，（2）肛门

（1，9. 仿中国百科网；2，3，6，10，11，12. 仿张治良图；4，5，7. 仿《山西省金龟子图册》图；14，15. 仿张治良、孙德旭图）

鞘的侧缘、胸及腹部腹面和3对足的基、转、腿节色较浅，均为褐色或黄褐色。唇基呈横椭圆形，前缘较直，中间不凹入。前胸背板前缘较直，两前角前伸，呈斜直角状；前胸背板最宽处位于两后角之间。鞘翅每侧具4条纵肋，肩部具疣突。前足胫节具两外齿，较钝。前、中足大爪分叉，后足大爪不分叉。雌性腹部腹板呈黄白色。雄性外生殖器的基片、中片和阳基侧突三部几乎相等，阳基侧突左右不对称。

卵（图2－26.8）　初产为椭圆形，乳白色，长1.65～1.93mm，宽1.30～1.45mm。孵化前几成圆形，长2.37～2.62mm，宽2.06～2.28mm。卵壳表面光滑。

幼虫（图2－26.9～12）　3龄幼虫体长30～33mm；头长3.5～3.8mm，头宽4.9～5.3mm。头部前顶刚毛每侧6～8根，呈一纵列。额中侧刚毛每侧2～4根。内唇端感区的感区刺大多为3根，少数为4根。圆形感觉器9～11个，其中3～5个较大。感前片新月形。内唇前片连接在其下方，左上唇根侧突向下呈近直角弯曲。肛腹片后部覆毛区中间的刺毛列由长针状刺毛组成，每侧多为15～18根，两列刺毛尖大部分彼此相遇和交叉，刺毛列的后端稍微岔开些，刺毛列的前端远没有达到钩状刚毛群的前部边缘。

蛹（图2－26.13～15）　体长18～22mm，体宽9.6～10.3mm，长椭圆形，土黄色。体稍弯曲，腹部背面有6对发音器。臀节腹面，雄蛹有四裂的疣状突起；雌蛹较平坦，无疣状突起。

（三）生活习性与发生规律

根据目前的报道，铜绿丽金龟在我国大部分地区均为1年发生1代，以幼虫越冬。春季气温回升，幼虫上迁为害，6月中下旬化蛹，蛹期7～10d。成虫交尾产卵后约10d即死亡，每次产卵50～60粒，卵期7～10d，7月中下旬孵出幼虫，10月幼虫入土越冬。

成虫羽化后3d方出土，成虫昼伏夜出，日落后开始出土活动，先行交配，然后取食，20：00后很少找到交配的虫体，成虫黎明潜回土中，白天隐蔽的场所多在3～6cm的表土层，且喜在草根下。成虫交配方式为背负式。成虫食性杂，食量大，常将受害寄主叶片吃光。主要为害杨树、柳树、苹果树、梨树、核桃树、丁香树、海棠树、豆类等的叶片。成虫有假死性，趋光性强，灯诱数量多，上灯雌虫多于雄虫，雌虫占72.3%（江苏赣榆）。出土后平均10.8d开始产卵。成虫因食料不同而影响产卵量。每头雌虫产卵一般40粒左右，卵分批产下，多散产，产卵深度多集中在3～10cm的土壤中，以夜晚产卵为主，占总卵量的60.7%。卵的最适宜孵化条件是温度25℃和土壤含水量8%～15%，孵化率最高为96%。

初孵幼虫静伏30～45min后方开始爬行，1d后能做大的迁移。幼虫为害甘蔗地下部分，咬食蔗根、蔗头，可将甘蔗地下茎蛀成孔洞状。

十四、深绿丽金龟

（一）寄主与分布

深绿丽金龟 *Anomala heydeni* Frivaldszky 属鞘翅目，丽金龟科。它分布于我国多个省份，如江苏、浙江、福建、广东、广西等地。深绿丽金龟常与铜绿丽金龟混发，且两者在形态特征上也比较相似。深绿丽金龟成虫取食蔗叶，幼虫为害甘蔗地下部分。该虫还是贝母的重要害虫。

（二）形态特征

成虫（图 2－27.1）　体长 16～22mm，体背深绿色，外观似红脚丽金龟，但腹侧、脚亮绿色，臀板两侧红褐色。鞘翅侧缘从基部 1/4 处以后至翅端有一黄褐色膜状物，体腹面黑褐有铜绿闪光。胸下、腹侧密生灰黄长毛。前胸背板，鞘翅刻点大小相似，呈纵向排列，并具强烈墨绿色的金属光泽。鞘翅纵肋不明显。

幼虫（图 2－27.2～3）　3 龄幼虫体长 30～33mm；头宽 4.9～5.4mm，头长 3.5～3.8mm。头部前顶刚毛每侧 6～8 根，呈一纵列。额中侧毛每侧 2～4 根。内唇端感区的感区刺大多数为 3 根，少数为 4 根。圆形感觉器 9～11 个，其中 3～5 个较大。感前片新月形。内唇前片连接在其下方，左上唇根侧突向下呈近直角弯曲。肛腹片后部覆毛区中间的刺毛列由两种刺毛组成，前端为短锥状刺毛，每列 4～10 根；后端为长针状刺毛，每列 16～26 根，刺毛列的前端超出钩毛区的前缘，约为覆毛区的 2/3 处。

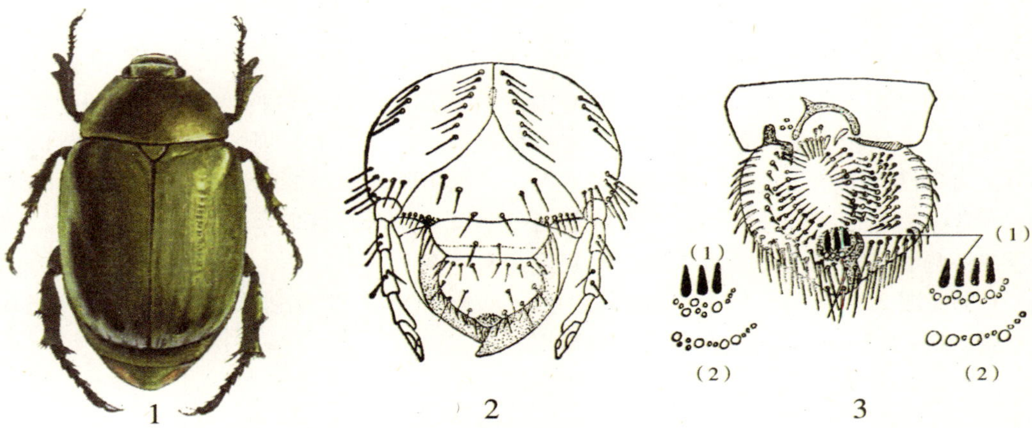

图 2－27　深绿丽金龟

1. 成虫；2. 幼虫头部；3. 内唇：（1）端感区感区刺，（2）端感区感觉器数目及排列

（1. 仿《甘蔗病虫鼠草防治彩色图志》图；2，3. 参照张治良图修改）

深绿丽金龟与铜绿丽金龟在形态上极为相似，幼虫阶段两者仅在肛腹片覆毛区的刺毛列有些差异（见表 2－14）。

表 2－14　深绿丽金龟与铜绿丽金龟幼虫的区别

鉴别特征	深绿丽金龟	铜绿丽金龟
头宽	4.9～5.4mm	4.9～5.3mm
头长	3.5～3.8mm	3.5～3.8mm
刺毛列	由两种刺毛组成，前端为短锥状刺毛，每列 4～10 根；后端为长针状刺毛，每列 16～26 根。刺毛列的前端超出钩毛区的前缘，约为覆毛区的 2/3 处。	刺毛列由长针状刺毛组成，每侧多为 15～18 根，两列刺毛尖大部分彼此相遇和交叉，刺毛列的后端稍微岔开些，刺毛列的前端远没有达到钩状刚毛群的前部边缘。

（三）生活习性与发生规律

深绿丽金龟在南宁为1年发生1代，以幼虫在土中越冬。成虫出现时期为4～10月，以5～7月为最盛。幼虫9～10月为害甘蔗地下部分，11～12月幼虫老熟，在土中作土室静止越冬，3～5月化蛹，蛹期11～27d，然后羽化。成虫夜间活动，白天静伏叶间。

十五、中喙丽金龟

（一）寄主与分布

中喙丽金龟 *Adoretus sinicus* Burmeister 属丽金龟科，喙丽金龟属。它是农业和林业上的一大害虫，除为害甘蔗外，还为害花生、乌桕树、枫香树、麻栋树、白杨树、薄壳山核桃树、桑树、茶树等20余种林木、果树和农作物。

（二）形态特征

成虫（图2－28.1～8）　体长9.0～11.5mm，头宽3～4mm。长椭圆形略扁平，茶褐色，全身被灰色鳞毛。头阔，前缘略内弯，上唇中部向下延伸似喙。触角10节，柄节最长，末端粗大如锤状。头、胸部密布相连刻点，呈许多不规则皱纹。前胸背板宽约为长的2倍，侧缘具边框，鞘翅两侧平行，后侧角圆弧形。鞘翅上有4条不明显的隆起线夹有深褐色纵点，并有不甚明显的灰白色毛斑，端部常有2个较大的灰白毛斑。后足胫节外侧缘有两个齿突。虫体腹面栗褐色，密生鳞毛。

卵（图2－28.9）　初产时为乳白色，近透明。初孵为椭圆形，长径1.5～1.8mm，短径1.0～1.2mm，发育后渐膨大至近球形。

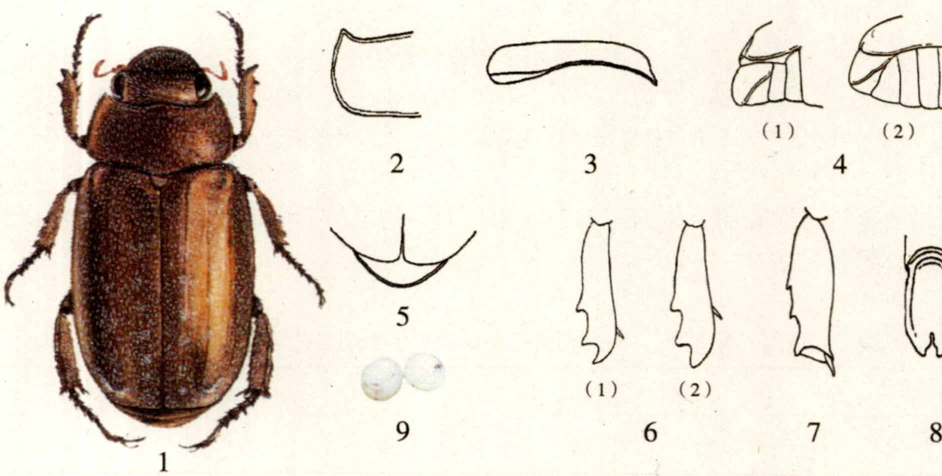

图2－28　中喙丽金龟

1. 成虫；2. 前胸背板侧缘；3. 前翅缘折（雌）；4. 腹板侧面：（1）雄成虫腹板，（2）雌成虫腹板；5. 臀板（雄）；6. 前足胫节：（1）雄成虫前足胫节，（2）雌成虫前足胫节；7. 后足胫节（内平面）（雄）；8. 雄性外生殖器；9. 卵

（1. 仿《甘蔗病虫鼠草防治彩色图志》图；2～8. 仿林平图）

幼虫　体长 16～18mm，头宽 2mm 左右。体淡黄色，头浅褐色，口器深褐色，触之弯曲呈马蹄状。臀节腹板覆毛片上稀疏排列。钩状刚毛 35 根左右，毛的前端超过腹板中点。

蛹　前钝后尖，初为白色，后渐变深呈淡黄色，近羽化时为黄褐色。

（三）生活习性与发生规律

中喙丽金龟在广西每年发生 2 代，以老熟幼虫越冬。老熟幼虫 3 月筑蛹室化蛹，蛹期 5～19d，第 1 代成虫 4～6 月盛发，为主害代；第二代成虫 8～9 月出现，成虫在初羽化时一般要在土中静伏 2～3d 后再出土活动取食，以补充其卵发育所需营养物质，取食 4～5d 即行交配。交配方式为背负式，交配时间 14～36min，晚上 19：30 最盛。成虫边爬动边交配。交配取食通宵可见，并有重复交配现象。雌虫交配后 10d 才产卵。卵散产于土表层 5～10cm 处。该虫产卵量两代相仿，每头雌虫产卵 10～52 粒，平均 30 粒。少数成虫有 2～3 粒遗腹卵。越冬代成虫产卵期较长，可达 45d 左右，寿命两个月以上。第一代成虫寿命 29～25d。卵的发育与温度成正相关。越冬代成虫产卵后如温度逐日回升，则卵的发育速度较快，卵历期 6～13d，大多数为 9d；第一代成虫产卵后如温度逐日下降，则卵历期 8～22d，大多数为 13d。两代卵的孵化率均在 95% 以上。幼虫栖息于土中，共 3 龄。初孵幼虫食腐殖质，后渐取食甘蔗根部。第 1 代幼虫整个龄期 31～52d，大多数为 46d，其中 1 龄 7～13d，多数为 11d；2 龄 11～16d，多数为 13d；3 龄 18～31d，多数为 23d。第 2 代幼虫全龄期可达 7～8 个月（其中越冬占一半以上时间），其中 1 龄 10～20d，多数为 13d；2 龄 15～39d，多数为 16d；10 月中下旬后幼虫陆续越冬至翌年 3 月中下旬开始活动，其活动范围限于表土层。越冬幼虫大多于 3 月开始筑土室，筑好土室 2d 后即化蛹，土室内壁光滑，很易破裂。两代蛹的历期相似，均为 5～11d。两代蛹都分布在表土层 5～15cm 处。

中喙丽金龟在福建 1 年发生 2 代，以幼虫在土中越冬（余金叶，2007）。成虫始见于 5 月上旬，终见于 11 月下旬。5 月中旬越冬代成虫开始羽化为害，6 月下旬为高峰期，其后数量减少，但仍然有出现。在 9 月上旬，出现另一个峰值，这是第一代成虫开始羽化为害，此后数量又显著下降。在 10 月中旬，出现一个下降后的小高峰，直至 11 月中旬后就不再出现。

十六、椰蛀犀金龟

（一）寄主与分布

椰蛀犀金龟 *Oryctes rhinoceros* Linnaeus 属鞘翅目，犀金龟科，蛀犀金龟属。国内分布于海南、台湾、广东、广西、云南；国外分布于越南、老挝、柬埔寨、缅甸、泰国、印度、斯里兰卡、马来西亚、新加坡、印度尼西亚、巴布亚新几内亚、密克罗尼西亚、斐济群岛、夏威夷群岛。椰蛀犀金龟除为害甘蔗外，还为害椰子、蒲葵、桄榔、油棕、土棕、鱼尾葵属、散尾葵属、凤梨、芋属、海芋属、桑科、露兜树科、漆树科及山竹子科等多种植物。

（二）形态特征

成虫（图 2－29.1）　体长达 38.9～50mm，体型粗壮，体表呈亮黑色至棕色，表面被红色细毛，腹部色较淡。雌雄异型，雄成虫头较短小，唇基短，前缘深凹，呈一对前伸齿突，头顶长一发达的角突，前胸背板中央前部2/3凹陷，凹陷后，方垂直升降，顶部有2个结突。雌成虫头顶角突呈短矮的锥状，前胸背板凹陷亦较浅小，隆凸顶端具2个小疵突，触角10节，鳃状部3节，鞘翅由成对点列围成的纵肋清楚。前足胫节外侧具4个齿，后足胫节端缘具2齿。

卵 棕色带白。

幼虫（图2－29.2） 灰黄色，柔软，老熟幼虫头褐色，体污黄色。

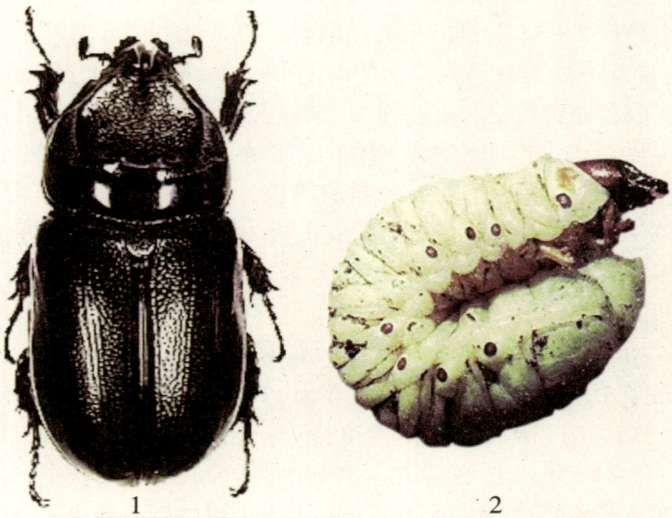

图2－29 椰蛀犀金龟

1. 成虫；2. 幼虫

（仿《甘蔗病虫及防治图谱》图）

（三）生活习性与发生规律

椰蛀犀金龟1年完成1个世代，以老熟幼虫越冬。成虫羽化1周后即可交配产卵，卵单产于粪便或腐烂蔬菜中，经10～12d后孵化为幼虫；幼虫以腐殖质为食，经4～5个月长成老熟幼虫；然后老熟幼虫用土或腐殖质筑一长约7cm的茧，幼虫在茧中经6～7个月的休眠后再化蛹，蛹期为21～28d。4月间化蛹，4～6月为成虫期，1龄幼虫6月出现。椰蛀犀金龟成虫有时为害甘蔗。4～6月成虫羽化活动盛期正处于甘蔗苗期，成虫蛀食蔗苗基部，造成枯心。

十七、橡胶木犀金龟

（一）寄主与分布

橡胶木犀金龟 *Xylotrupes gideon* Linneaus 属鞘翅目，犀金龟科，木犀金龟属。分布于广东、广西、台湾等地。除为害甘蔗外，还为害龙眼、荔枝、芒果、菠萝等植物果实，是这类作物的主要害虫。

（二）形态特征

成虫（图2－30） 体形大小相对较大，体长20～47mm，黑褐色。雄虫全身光滑，雌雄异形，雄虫头部额顶上有一粗长角状突，翘弯向后，端部分叉；前胸有一向前伸的粗角突，末端亦分叉，弱小个体角突仅留痕迹。雌虫体较小，头部和胸部均无角突。唇基前缘有两锐齿，额部前方一对小丘突。两性前胸背板四周均有边框，小盾片短阔，鞘翅密布皱浅刻点，胸板有很多粗糙刻点。臀板外露，胸下密布绒毛，腿粗壮。

幼虫 老熟幼虫体长50～60mm，黄白色，圆筒形，常弯曲。前胸多横皱褶，并密生细毛，后数节光滑无皱纹。气门9对，马蹄形，黑褐色，前胸气门孔上方有一菱形深褐色斑。

蛹 裸蛹。初时为黄白色，将羽化时变为深黄色。

图2－30 橡胶木犀金龟

1. 雄成虫；2. 雌成虫

（仿 www. insect－fans. com 图）

（三）生活习性与发生规律

橡胶木犀金龟在广西南宁1年发生1代，以幼虫在堆肥或蔗田的蔗头附近土中或有机质多的场所越冬。4月中下旬气温达到25℃～28℃时，越冬幼虫开始化蛹，4月下旬为化蛹盛期，5月下旬化蛹完毕。蛹期多数为10～12d，少数的长达20d以上。5月上旬开始羽化，5月中旬为盛期。成虫白天潜伏土中，傍晚或夜间出土到地面活动，雨前闷热天气活动频繁。该虫具趋光性。成虫羽化20d左右后交尾，10d后开始产卵，平均每头雌虫产卵21粒，卵历期8～15d，6月中旬至7月下旬为产卵期，产卵于有机质多的堆肥或疏松土壤中。成虫寿命约80d，卵期8～15d。成虫、幼虫均为害甘蔗，成虫为害蔗叶，幼虫为害甘蔗的地下部根、茎。

十八、筛阿鳃金龟

（一）寄主与分布

筛阿鳃金龟 *Apogonia cribricollis* Burmeister 又名黑筛鳃金龟、黑褐色金龟甲，属鞘翅目，鳃金龟科，阿鳃金龟属。在我国主要分布在浙江、湖北、湖南、江西、福建、广东、广西、台湾等省（自治区），在广西各地普遍发生；在国外主要分布于越南北部。

筛阿鳃金龟成虫食性杂，成虫除取食甘蔗叶片外，还为害龙眼、荔枝的新梢以及梨、木薯、柑橘、梅、无花果、乌桕、油桐、蓖麻等。幼虫为害甘蔗蔗根、蔗头。

（二）形态特征

成虫（图 2－31）　体长 10～11mm，体黑褐色或深棕褐色，光亮，椭圆形。全身密布刻点，头大，唇基短阔，略似新月形。额前中部有一浅纵凹。触角 10 节，鳃片部 3 节短小。前胸背板刻点连成纵条，有筛纹或网纹，前缘边框宽亮无色，侧缘抛物线形，有细框边。鞘翅有 2 条由刻点组成的纵肋。臀板微隆，倒梯形，布大形圆深具毛刻点。后胸腹板具中纵沟，腹侧与鞘翅接合处呈纵脊状，紧挨翅缘。

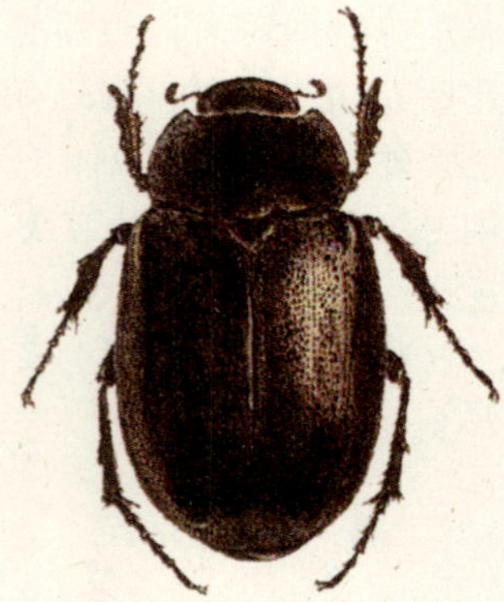

图 2－31　筛阿鳃金龟成虫（仿《甘蔗病虫鼠草防治彩色图志》图）

（三）生活习性与发生规律

筛阿鳃金龟在广西南宁每年发生 1 代，以成虫在土壤中越冬（谭仕东等，1996）。翌年 3 月下旬或 4 月上旬，当气温回升至日均温度 20℃以上时，成虫开始大量出土进行取食为害。一般黄昏时开始出土活动，天黑时为出土活动高峰，直至黎明前入土栖息。成虫多栖息在 2.5～7.5cm 深的疏松沙壤土中。成虫羽化后需要很长时间补充营养才能交配产卵。由于刚羽化出土的成虫卵巢尚未完全发育，卵巢发育所需全部营养物质都依赖成虫期取食供应，其生殖特征属于完全营养型。成虫经过长时间的补充营养后，于 5 月中下旬开始交配产卵，成虫交配为一瞬间，多在出土活动高峰时进行，然后静静取食树叶。5 月下旬至 6 月上旬为产卵盛期，成虫多在白天产卵，产卵期一般为 7～8d，多数雌虫可在 1～2d 把卵全部产完，少数需 5～6d 才能产完，形成隔天产卵习性。每头雌虫一生产卵 15～25 粒，雌虫绝卵后即死亡，雄虫也随之死亡。成虫有群集性、假死性。6 月上中旬为幼虫孵化盛期，幼虫期 80～90d 左右；8 月中下旬幼虫开始化蛹，8 月下旬或 9 月上旬为化蛹盛期，蛹期 8～10d；成虫在 9 月上旬开始羽化，9 月中下旬为羽化盛期，成虫期为 250d 左右，其中越冬潜伏期 110～120d，活动期为 130～140d。成虫羽化后即出土取食为害，直至 11 月中下旬开始入土冬眠。

在广西柳州 1 年发生 1 代，以老熟幼虫在土中越冬（王助引等，1994）。成虫 4 月出现，5 月盛发，7 月中旬以后少见。闷热夜晚成虫为害最烈，白天则潜伏作物间或土缝中。

（四）发生与环境条件的关系

1. 土壤质地与地理位置

据谭仕东等（1996）田间调查表明，质地疏松和地势较平坦的沙壤土地段一般虫口密度大，受害严重。分析原因，主要是疏松沙壤土有利于成虫产卵、孵化及幼虫活动等。

2. 降雨量

降雨量对筛阿鳃金龟的发生数量影响很大。降雨量大，田间湿度大，特别是在较平缓的地段甚至渍水，不利于成虫产卵、孵化及幼虫生存。一般土壤含水量为 18%～20% 时对成虫产卵及幼虫活动十分有利。

3. 温度

温度对该虫发育速度有明显影响。6～8 月日均温达 28.7 ℃时，成虫羽化盛期为 9 月上中旬；6～8 月日均温度在 27.8℃时，成虫羽化盛期则在 9 月下旬或 10 月上旬。由于 6～8 月是幼虫生长发育时期，较高的温度会加快幼虫的发育速度，以致成虫羽化相应提早。

温度对成虫出土活动也有较大影响。据谭仕东等对室内饲养的 143 头成虫的观察，成虫一般在日均温度达 20℃以上时才能大量出土活动；在较低温度时不出土活动或出土数量很少。一旦达到适宜温度，出土数量急剧增加，最终达到完全出土活动程度。在出土活动期间，室内饲养的成虫，如遇当晚气温在 15℃以下时，成虫不出土活动；16℃～19℃时，出土活动数量很少；20℃以上时，出土活动数量很大，尤以闷热天气的晚上出土活动最多。室内饲养观察和田间调查实际发生的情况相吻合。

十九、栗等鳃金龟

（一）寄主与分布

栗等鳃金龟 *Exolontha casfanea* Chang 属鞘翅目，鳃金龟科，等鳃金龟属。分布于海南、广西、越南北方等地。在广西，栗等鳃金龟为百色至德保一带的优势种。

（二）形态特征

成虫（图 2－32.1）　体长 21～25mm，全体深褐色，密被绒毛，头、前胸背板、小盾片及翅基中央杂布长短异色绒毛，长绒毛色与体色一致。唇基长大，略近半圆形，前缘微弧形，侧缘弧形。触角鳃片部较长、大而壮实，雌雄均为 7 节组成。下颚须末节长大，末端圆尖。前胸背板侧缘密列钝锯齿形缺刻，缺刻中无毛。小盾片三角形，末端圆尖，无中纵线。鞘翅纵肋较弱，缝肋疏列长毛，翅缘无膜质边饰。臀板长而大，近梯

1　　　2　　　3

图 2－32　栗等鳃金龟

1. 成虫；2. 幼虫；3. 蛹

（仿《甘蔗病虫鼠草防治彩色图志》图）

形，两侧上方有浅弱圆坑，下部中央凹陷。雄虫端缘中央微凹缺，雌虫端缘无中凹缺。雄虫腹下中央明显凹陷，雌虫平坦。前胫节外缘3齿明显，基齿弱。后足跗节第一节短于第二节；爪发达，前爪齿短小呈三角形，中、后爪齿明显较大，爪基下方呈钝角形。

幼虫（图2－32.2）　老熟幼虫体长40～45mm，头部黄褐色，胸腹部黄白色。

（三）生活习性与发生规律

栗等鳃金龟在我国南方地区1年发生1代，以老熟幼虫越冬。冬天幼虫下潜至20～30cm深的土壤中筑室越冬，不吃不动。翌年3月底至4月中旬化蛹。4月下旬至5月中旬羽化为成虫，幼虫于7月份出现，9～11月为为害盛期，10～12月为害最烈，严重时，蔗头全部被咬食一空。每公顷蔗田幼虫可达百万头。

二十、华南大黑鳃金龟

（一）寄主与分布

华南大黑鳃金龟 *Holotrichia sauteri* Moser 又名东南大黑鳃金龟，属鞘翅目，鳃金龟科。分布于广东、贵州、浙江、江西、福建、台湾等地。成虫为杂食性，为害大豆、花生、金光菊、金英子、醉浆草、野胡萝卜等植物的叶片，尤喜为害荔枝、龙眼的花和大豆叶。幼虫除为害甘蔗外，也为害大豆、花生、甘薯、麦类等多种作物。它是福建旱地作物和果林的常见主要地下害虫之一。

（二）形态特征

成虫（图2－33.1～3）　体长18.5～24mm，体宽9.5～12.1mm，体近卵圆形。全身赤褐色或黑褐色，具油光。头稍狭，唇基略宽于额。触角鳃片部短于其前6节之和（雌虫）。前胸背板侧缘为微小具毛缺刻所断，最阔点略前于中点。第2、3翅鞘纵肋较模糊。臀板较狭小，明显圆隆，隆凸顶点在上部或近中部。后跗第1节短于第2节。爪齿长且大，接近爪端，垂直生。雄性生殖器阳基侧突下突呈鸟嘴状，中突突片3个皆舌状。

卵（图2－33.4）　椭圆形，至近卵孵期前为圆球形。

幼虫（图2－33.5～8）　头宽5.5mm，长4.0mm。头部前顶刚毛每侧3根，其中冠缝毛旁2根，后顶刚毛每侧1根，额中侧毛左右各仅1根较长。上颚腹面光滑，切齿叶锐利。触角长3.5～3.8mm，第2节长于第3节，后者长于第1节，第4节最短。内唇基感区的感区刺10～16根，前沿小圆形感觉器12～14个，其中6个较大。前足爪略长于中足爪，后足爪短小。腹部第1至第7节气门板逐渐略微减少。肛腹片覆毛区缺刺毛列，大多数钩状刚毛长度较接近，仅前沿及两侧较短。排列不规则，但较均匀，钩毛区的前缘略超过覆毛区的1/2处。肛门孔三纵裂，纵裂约等于或略长于一侧横裂的1/4。

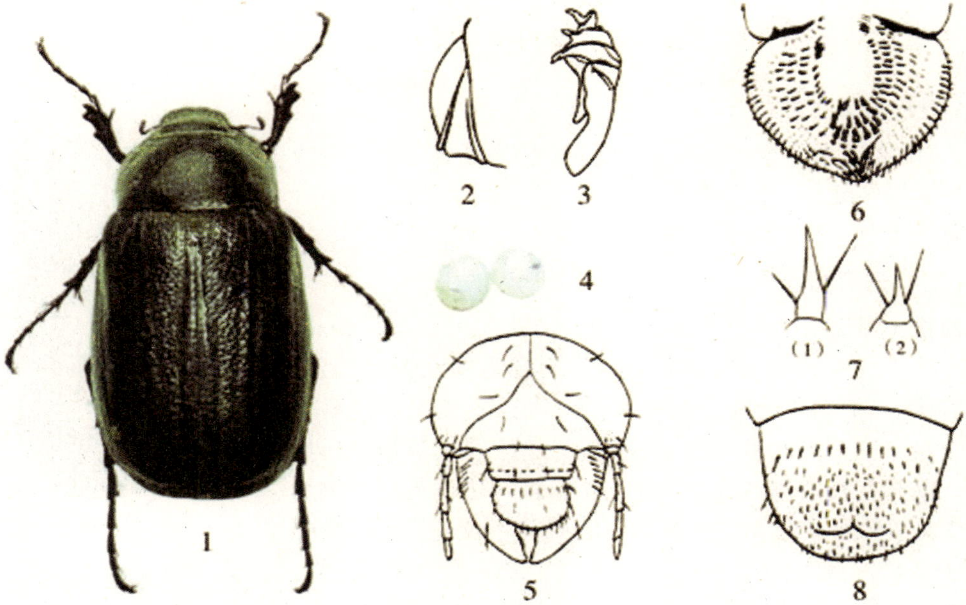

图 2－33　**华南大黑鳃金龟**

1. 成虫；2. 成虫腹部末端（侧面）；3. 雄性外生殖器（右侧）；4. 卵；5. 幼虫头部；6. 内唇；7. 爪：(1) 前足爪，(2) 后足爪；8. 臀节腹面

（1. 仿《甘蔗病虫及防治图谱》图；2，3. 仿章有为图；5～8. 仿张继祖、徐金汉图）

（三）生活习性与发生规律

华南大黑鳃金龟在福建为 1 年发生 1 代，以成虫在土中越冬。成虫于 10 月羽化，当年不出土，至翌年春天才出土活动。越冬成虫于 2 月中旬始见，终见期为 4 月中旬至 6 月中旬，3～4 月出现第 1 次高峰。成虫白天蛰伏土中，于傍晚 18：30 左右开始陆续出土活动，尤以 18：40 左右最盛，并于 3：30 左右大部分入土，至 5：30 即全部离开寄主钻入土中蛰伏。雌虫出土后多栖息于田野的寄主上，随后有肛门外突的行为表现，继而诱来不少雄虫盘旋飞翔，当其中一雄虫与其交尾后，其余雄虫就陆续离开。交尾时刻以 18：45 前后为盛。交尾持续时间为 45～93min，交尾时雄虫不取食而雌虫可见取食，交尾结束分离后仍停留在寄主上取食。雌虫从开始出土活动至产卵历期 7～30d，平均为 46d，每头雌虫产卵力平均为 65.92 粒。成虫寿命长，雄虫为 183～236d，雌虫为 197～259d。卵散产于表土中。

成虫有趋光性，有趋集于糖酒醋草把的习性，其趋集于糖酒醋草把的效应比黑光灯强 13.9 倍。卵孵化需经历 6～8d，直至孵化前 1～2d 在卵面上可见明显的大颚。卵期为 15～31d，卵孵化率为 85.71%～97.36%，平均为 94.72%。幼虫期为 106～156d，老熟幼虫先在土中做一土室，匿居其中，体色由乳白色转为乳黄色，体长缩短，继而蜕皮化蛹。化蛹位置多在表土层中 23～26cm 处，蛹期为 12～35d。

二十一、华脊鳃金龟

（一）寄主与分布

华脊鳃金龟 *H. sinensis* Hope 又名中华褐金龟、中华褐绒金龟甲，属鞘翅目，鳃金龟科。分布于广东、广西、南京等地。除为害甘蔗外，还为害菠萝等。

（二）形态特征

图 2－34　华脊鳃金龟

成虫（图 2－34）　体长 19～23mm，宽 9.8～11.8mm，长椭圆形。成虫初羽化时淡黄褐色，后变为棕红至棕褐色。头较阔大，前缘略上翘，中凹深，头顶有高锐横脊；唇基阔。全身布密刻点。触角棒状 10 节，鳃片部 3 节短小，卵圆形。前胸背板两侧各有一深色小坑，前缘边框光滑，侧缘后 2/3 处强烈外扩呈角状。胸部腹面有黄色较疏长毛。鞘翅背面稍平坦，散生许多小刻点，每个鞘翅 4 条纵肋依稀可辨。腹端外露。足深褐色，有光泽，前足胫节外缘齿 3 个，后足胫节第 1、2 节长约相等。齿爪中径。

卵　乳白色，椭圆形，有光泽，长约 1.91 mm，宽约 1.54 mm。

幼虫　身体乳白色，头及足淡黄褐色，腹部末节腹面肛毛排列较分散。

蛹　裸蛹。体长 17～19 mm，头部细，向下。前胸宽大，前缘较狭，后角较圆，外缘呈弧状。前足和后足末端左右相连，中足离开。胫节和股节短而粗，翅鞘将翅及后足的胫节和股节覆盖，末端与第一对足相平，尾节左右两腹板延长，成叉形。

（三）生活习性与发生规律

华脊鳃金龟在我国南方 1 年发生 1 代，以幼虫越冬。在广西，4 月下旬成虫开始羽化，5 月上旬为羽化盛期，5 月下旬为羽化末期。6 月上旬成虫停止取食并死亡，历期 45d。成虫多在无风闷热的晚间羽化出土。初羽化时，鞘翅很软，需经 3d 才能硬化。成虫出土后一般于 19：00—22：00 交配，活动范围为 50～100m，活动持续时间约 30min。成虫多数一生只交配 1 次，少数交配 2～4 次，交尾后继续取食。雌雄性比为 2.2：1。成虫白天潜伏于土壤中或附近的寄主植物上，晚上出来取食，振动寄主时，落地假死 5～15min 才爬动。黎明前成虫重新潜入 10cm 深的土层中栖居。成虫有较强的趋光性（黄隆军，2004）。

成虫交配时间长达 3～4h，4 月下旬开始产卵，5 月上旬为产卵高峰期，产卵高峰期持续 15d，产卵一直延续到 6 月上旬结束。每头雌虫一般能产 20～40 粒卵，卵散产在疏松、有一定湿度的土壤中，深度 5～15cm，不论是荒地还是种植地均适合其产卵。

1 龄幼虫在 5 月上旬出现，持续至 6 月下旬，历期约 60d；6 月下旬出现 2 龄幼虫，一直持续到 8 月下旬，历期约 65d；8 月下旬开始出现 3 龄幼虫，至翌年 3～4 月下旬停止活动，历期约 230d。1 龄幼虫分布于 15cm 土层内活动，较分散。10cm 土层深处的土壤含水量为 30% 左右，湿度 70%～80% 时，幼虫孵化率高达 80% 以上。如果连续 2d 以上下大雨，1、2 龄幼虫自然死亡率可达 20%～30%，1、2 龄幼虫食量较少，对作物生长影响不大；当转入 3 龄幼虫后，食量大增，爬行能力强。在地下生活时间长，为害严重，一年中 8 ~ 11 月是为害高峰期。

二十二、变棕丽金龟

（一）寄主与分布

变棕丽金龟 *Anomala varicolor* Gylianhal 又名异色丽金龟，属鞘翅目，丽金龟科。分布于华南、台湾、福建、云南、贵州等地。

图 2 – 35　变棕丽金龟

（二）形态特征

成虫（图 2 – 35）　体长 17 ~ 19mm，头、前胸背板中部、小盾片、鞘翅边缘、肩突及后突黑褐色或黑色。腹面色亦较深，其余土黄色或铜黄色，背面有金属光泽。触角 9 节，鳃片部 3 节，雄虫鳃片长大，超过前 5 节之和。前胸背板四周具边，侧缘弧突，鞘翅每边有 15 ~ 16 条由深褐色刻点联成的纵纹。前、中足内爪端部分裂，后足两爪相似。前足胫节外端 3 齿。

（三）生活习性与发生规律

变棕丽金龟在广西 1 年发生 1 代，以 3 龄老熟幼虫在土中越冬。越冬幼虫大多在 3 月开始化蛹，但 2 月下旬至 9 月均见有成虫羽化。此时成虫咬食叶片，幼虫为害甘蔗根部。成虫为害盛期为 6 ~ 9 月，白天躲藏，晚间群集为害。

第六节　预测预报方法

由于地下害虫大部分生命周期甚至整个生命周期均营地下生活，因此，准确掌握其发生时期及发生量，对于把握防治的最佳适期，实施有效防治至关重要。

一、虫情调查

（一）田间害虫种类和密度调查

（1）调查目的：主要查明当地主要地下害虫的种类、虫口密度，以便准确掌握虫情，制订防治计划。如能结合土壤普查、农业区划工作同时进行，则意义更大。

（2）调查时间和方法：可根据各地作物栽培及地下害虫优势种群情况而定。一般来说，甘蔗地下害虫的调查多在斩蔗后至种蔗前。田间调查取样方法与害虫田间分布型有很大的关系。根据宋哲和（1975）的研究，可知黑色蔗龟幼虫的田间分布型趋向于负二项分布型。邝乐生（1979）的研究，突背犀金龟幼虫在宿根蔗地属于核心分布型。作者于 1993 年调查分析，齿缘鳃金龟幼虫的田间分布型亦为负二项分布。因此，可以认为，金龟甲幼虫在蔗田的不同密度下，其分布是不随机的，符合于核心分布或负二项分布。邝乐生（1979）曾以突背犀金龟幼虫为例，比较了常用随机、棋盘式、对角线、平行线等抽样方法，结果表明，这几种抽样方法都可用于金龟甲幼虫的田间抽样，其中以棋盘式最好。若采用随机取样方法，一定要人为地将样本均匀分布于蔗田，然后进行随机取样。样本的大小以连续 5 个蔗蔸为一取样单位，其准确性大于以 1 ~ 3 个蔗蔸为一取样单位。将结果填入表 2－15 中。

表 2－15　地下害虫田间密度调查表

调查日期	调查地点	地势	前茬作物	面积（m^2）		取样面积（m^2）	平均虫数（头/m^2）				备注
				水地	旱地		蛴螬	蝼蛄	天牛	其他	

（3）取样量：样本的数量应视准确度要求而定，在甘蔗金龟甲调查中，若要求准确度达 95%，调查的总蔗蔸数应不少于 40～50 个。调查时，挖土的深度也有讲究，越冬前调查，调查深度在 20～30cm 为好，越冬时期调查以 40～60cm 为宜，在四川、湖南及浙江等地蔗区，调查深度还应略深一些，否则调查的虫量不全，误差就大。如进行大面积普查时，应选择有代表性的田块，分别按不同土质、地势、植期、水田、旱地进行调查。选择 1hm^2 左右的连片蔗田取 9～10 个点，每点取样量及挖土深度同前。将调查结果填入表 2－15 中。

（二）成虫观测

（1）成虫观测的目的：观测记录当地主要地下害虫（如金龟甲、天牛等）的发生消长情况和活动特性，掌握其发生期和发生量，以便预测成虫或幼虫防治适期和估计其土中幼虫虫口密度。

（2）观测时间：根据地下害虫成虫发生规律，观测时间一般自 3 月初开始，至 7 月底结束。

（3）观测方法：

物理观测法：多采用 20W 黑光灯或频谱灯，每日诱测，并记录诱捕量。

引诱剂观测法：在国外有用引诱剂诱测成虫的报道，引诱剂包括性引诱剂和植物引诱剂 2 种。如用香丁醇（geraniol）＋丁香本酚（eugenol）或用丙酸苯乙酯＋丁香酚（7：3）作引诱剂，以诱测日本金龟甲的报道（Mc Govern 等，1970）。近年来，我国在引诱剂诱测方面的研究逐步增多，陈松笔（2000；2001）分别用植物源提取物组成的食诱剂 F2 和苹毛丽金龟性诱剂 S 分别诱捕小青花金龟 *Xycetonia jucunda* 和苹毛丽金龟 *Proagopertha lucidula* 成虫，取得了较好的效果。王惠等（1988）用华北大黑鳃金龟性信息素粗提物中的苯乙酮可作为白星花潜金龟的聚集信息物质；这些研究为人工合成性诱剂和引诱剂用于金龟甲诱测提供了科学依据。将观测结果填入表 2－16 中。

表 2－16　地下害虫成虫发生消长规律调查表

调查日期	调查地点	诱测方法	甘蔗金龟	蝼蛄	金针虫	气象条件			备注
						平均温度（℃）	相对湿度（%）	降雨量（mm）	

（三）金龟甲成虫卵巢发育进度调查方法

为掌握成虫的发育进度，预测防治适期，可以当地优势种群为对象，灯下诱捕（或田间采集）雌虫，通过系统解剖雌虫的方法，观察卵巢发育进度。从开始发现成虫至发生末期止，隔日一次，每次剖查 20～30 头，分级统计，计算指数和各级卵巢所占百分比。宋协松等根据对大黑金龟甲和暗黑金龟甲雌虫不同发育时期卵巢解剖结构，将卵巢的发育进度分为 5 级（见图 2－36 和图 2－37），并将剖查结果填入表 2－17 中，供研究时参考。

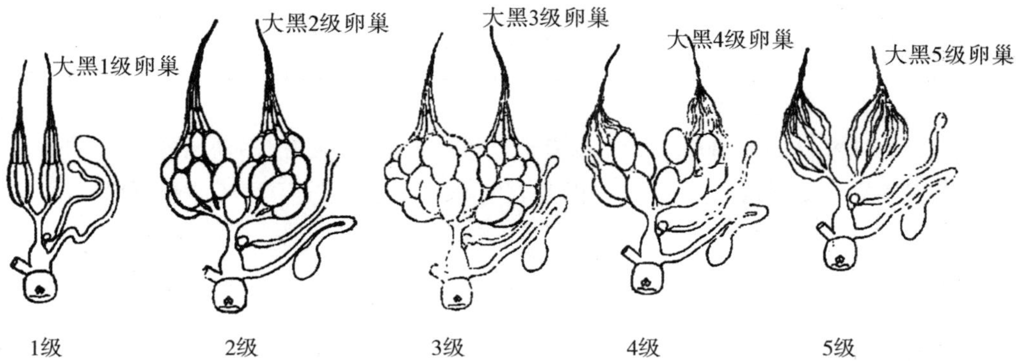

图 2－36　大黑金龟甲雌性生殖系统及卵巢发育分级（仿宋协松、亓树亮图）

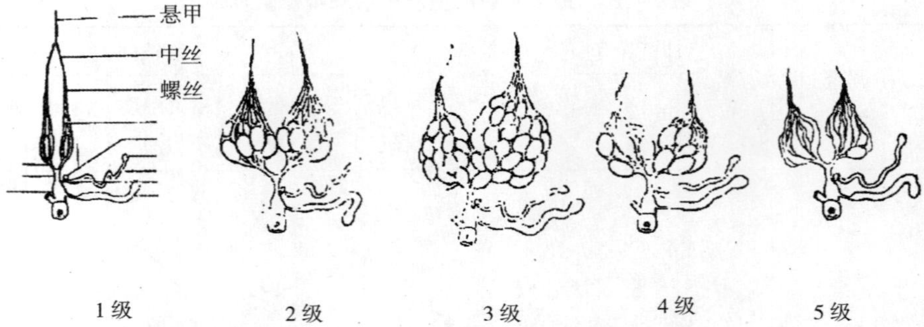

图 2－37　暗黑金龟甲雌性生殖系统发育分级（仿宋协松、亓树亮图）

表 2－17　金龟甲成虫卵巢发育进度调查表

害虫种类：　　　　　　　　　　　年度：　　　　　　　　　　　单位：

检查日期	解剖虫数（头）	各级卵巢所占百分比（%）					发育指数	雌虫占总虫百分比（%）	发生期	备注
		1	2	3	4	5				

卵巢分级标准：根据对金龟甲卵巢发育进度的研究发现，其分级标准大同小异，目前普遍采用的是 5 级标准，并以发育指数表明卵巢的发育进度（江苏宿迁地下害虫工作组，1982）：

1 级：卵巢发育不完全，肉眼见无卵；

2 级：卵巢发育不完全，肉眼可见不成熟卵；

3 级：抱卵量多，成熟待产卵少；

4 级：抱卵量多，成熟待产卵多；

5 级：卵巢萎缩、空腹或仅有极少量成熟卵。

卵巢发育指数可按下列公式计算：

$$卵巢发育指数 = \frac{级值 \times 头数}{最高级值 \times 总头数} \times 100$$

剖查卵巢时应注意四个问题：①要首先做好普查工作，摸清金龟甲发生的具体地点、发生面积及虫口密度；②要选好捕捉金龟甲的地点，捕捉的地点虫口密度要相对较大；③采样方法宜采用5点取样法，捕捉的虫量应不少于20头；④在田间发现已有3级卵巢时，即应采取防治措施。

（四）金龟甲卵的观察

为了做好金龟甲的预测预报以准确掌握蛴螬的防治适期，并指导蛴螬的田间防治工作，有时必须对金龟甲卵历期进行观测。伍椿年等（1985）用暗黑金龟甲的卵100粒，分批进行观察，每3d检查一次发育进度，统计各级历期和卵孵化历期，分级标准如表2－18，可供研究时参考。

表2－18　金龟甲卵的分级标准

分级	形态	发育阶段	历期（d）	距孵化日期（d）
1级	白色，不膨大	合核分裂期	3.65	10.79
2级	乳白色，膨大呈圆球形	配盘期	2.45	7.14
3级	中间透明	胚带分节期	2.55	4.69
4级	可见一对棕色上颚	卵前期	2.14	2.14

（五）为害情况调查

掌握地下害虫为害始期，以便组织补治工作，同时调查作物受害程度，可以作为来年害虫为害趋势分析的依据，以便及早制订防治方案。如甘蔗为害情况调查，应根据不同害虫种类进行调查，黑色蔗龟应在苗期（4月底～6月中旬）调查枯心率，而二点褐鳃金龟亦可在苗期（3月中～6月初）调查死苗率。另外，在一些地下害虫为害较重的蔗区，亦可在8～11月调查甘蔗枯死蔗株数，以准确掌握为害情况，早作应对决策。苗期枯（死）苗调查，应选择不同土壤类型、不同植期、新植、宿根等进行随机取样，每次调查10～20个点，每点连续调查100株蔗苗（行长约5～8m）。分别记录总苗数、枯（死）苗数，计算为害率和发展趋势，结果填入表2－19中。

表2－19　地下害虫为害情况调查

调查时间	地点	地势	土壤	前茬	作物种类	播种期	调查方法	取样量	健苗数（株）	被害苗数（株）					为害率	备注
										蛴螬	蝼蛄	天牛	其他	合计		

二、预测预报

根据地下害虫的活动情况、出土规律和观察结果，结合气象因素和作物苗情等来预报防治适期。现就黑色金龟甲的预测预报方法简要介绍。

（一）成虫发生期预测

1. 幼虫田间化蛹进度调查

每年选择有代表性的田块若干，从3月上旬开始，每5d调查一次，每次调查各种虫态的虫口总数不少于50头，分别记录各种虫态的数量及百分比，并置于室内饲养。以后每隔5d检查一次化蛹进度，以了解各批幼虫化蛹及羽化情况，便于验证下次田间调查结果的准确性。

2. 成虫发生期预测

用田间调查蛹的发育进度加上蛹的平均历期18d来预测田间成虫羽化的始、末期。具体计算公式如下：

成虫始见期 = 始蛹出现日 + 18d

成虫始盛期 = 20%化蛹出现日 + 18d

成虫盛发高峰期 = 50%化蛹出现日 + 18d

成虫盛末期 = 80%化蛹出现日 + 18d

成虫末期 = 末蛹出现日 + 18d

3. 黑色蔗龟成虫出土为害时间及防治适期的预测

虽说黑色蔗龟成虫在地面一出现就会立即为害蔗苗，产生枯心，但由于成虫在土中羽化后，是否马上出土，还取决于4~5月特别是4月中下旬的降雨量及强度，因此成虫盛发期与成虫的防治适期不一定完全吻合，有时甚至相距甚远。每年4月下旬至6月上旬，在适宜的气候条件下，黑色蔗龟成虫（包括突背和光背犀金龟）往往突发性大量出土，为害蔗苗，数天之内，可使枯心率猛增数倍。因此，预测黑色蔗龟成虫出土为害时间以指导施药防治是甘蔗生产上亟待解决的问题，它比其他金龟甲短期预测显得更重要。据胡少波等（1963）在广西百色地区的研究，黑色蔗龟成虫的发生迟早与每年四五月份降雨的迟早、数量、次数、强度和分布，以及雨水渗入土中的深度、土温的高低等都有极密切的关系。如此时期降雨量达100mm以上，其中有一次日雨量在30mm以上或连续两日累积雨量达50mm以上，而土温不高于33℃时，黑色蔗龟成虫便会大量出土为害。作者（1990—1993）在珠三角地区红旗农场的研究也发现，黑色蔗龟成虫出土为害时间与降雨时日关系密切：在4至5月间，特别是4月中旬~5月初这段时间如遇少雨干旱天气，即使成虫羽化率高达95%以上，成虫仍会潜伏于土中等待机会。而当“五·一”节前后一场大雨过后（这是该地区多年形成的气候特点），成虫就会大量涌出土面，形成暴发为害。雨后2d，蔗龟枯心可达3%左右，雨后4d的枯心可达10%~15%。所以在预测黑色蔗龟防治适期时，应充分结合当地气象部门对4月份降雨量的预报来作出预测。如果预报4月份的降雨量是接近常年或超过常年的，则成虫盛发高峰期便是蔗龟大量出土为害期，也就是施药期（指用药液淋施蔗行）；若4月份预报的雨量偏少或4月中下旬久旱无大雨，即使蔗龟成虫100%羽化也不能出土为害，其成虫盛发高峰期就不能作为指导施药适期。在这种情况下，应推迟施药期，即推迟至大雨过后，成虫出土为害之时即刻用药。但如果施用颗粒剂又另当别论，因颗粒剂施到田间后有一个有效成分释放、扩散的过程，这一过程因品种而异，一般要 7～15d，因此，施用颗粒剂时其施药时间相对宽松些，可提前在成虫出土高峰期前 7～15d 施药。

（二）金龟甲初龄幼虫期的预测

由于甘蔗金龟甲幼虫（蛴螬）初孵幼虫主要集中于甘蔗基部 3～10cm 土层中活动，取食腐烂的蔗叶、须根等，再加上虫体幼嫩，此时用药对幼虫的杀伤力强，防治效果好；2 龄以后幼虫即下潜到蔗根处啃食蔗根和地下茎，此时用药除了药力难以深入外，蔗根的庇护作用和虫体增大都增加了药剂防治的难度，因而准确预测金龟甲初孵幼虫期，对于指导金龟甲幼虫期的防治至关重要。

初孵幼虫期的预测，可通过成虫的诱测情况，结合成虫产卵前期、卵历期，结合气候条件进行预测，其具体公式如下：

初孵幼虫期（或卵孵盛末期）= 成虫出土盛末期 + 产卵前期 + 卵期

第七节　综合防治方法

一、农业防治

我国劳动人民早就知晓利用栽培措施防治地下害虫，如《沈氏农书》（1603）中描述“种芋岁一易土，则蛴螬不生”。种芋头，每年轮作一次，则可避免蛴螬的为害。因此，农业防治是劳动人民在长期的劳动实践中发现并总结出来的经验。农业防治的主要作用和目的是利用合理的耕作制度或栽培措施，恶化害虫的生存环境，从而达到控制害虫种群，减少为害损失的目的。农业防治措施有如下六种：

（1）清洁田园。头茬作物收获后，及时捡尽田间杂草，以减少害虫产卵和隐蔽的场所。金龟甲冬季常藏匿于蔗头或近地面的地下蔗茎中越冬，因此甘蔗收获时应低斩，以除去部分越冬虫源；收获后，即时清园，去除田间枯茎杂草。不留宿根的蔗区须及时翻犁，可将蔗头捡拾到田边地头集中烧毁，能起到部分降低越冬虫口的作用。

（2）深耕翻犁。金龟甲幼虫（蛴螬）一般栖息于蔗头附近 10～30cm 深处的土壤中，因此，甘蔗收获后不留宿根的蔗地应及早犁地深耕（最好在 3 月份之前完成）、晒垡，通过机械作用，可致部分幼虫和蛹因受机械损伤而死亡，而且幼虫外露在土表便于人工捡拾、动物捕食和鸟禽啄食，寒冷天气亦可冻死部分幼虫。宿根蔗地也可通过犁垄松蔸，借助机械作用和人工捡拾，降低田间虫口密度。

（3）改善耕作制度，合理布局。改善耕作制度，合理布局茬口，合理轮作倒茬，恶化地下害虫的生活环境。金龟甲幼虫（蛴螬）最喜食禾谷类和块茎、块根类大田作物，对棉花、芝麻、油菜、麻类等直根系作物不喜取食，在水田环境下也无法生存。因此，水田蔗区可实行与水稻轮作，基水地和旱地蔗区可与花生、甘薯等轮作。轮作地可以使蔗龟得不到合适的食物而死亡，这是最经济有效的办法，可减轻当年 80% 以上的为害。但实行旱旱轮作对齿缘鳃金龟效果不大。

（4）灌水驱捕成虫或淹杀幼虫。在黑色蔗龟、齿缘鳃金龟等成虫出土为害高峰期，有条件的地方可采用引水浸田（浸没畦面），成虫便爬出土面，浮在水面上不能飞翔，这时将成虫捕集杀死。搜捕完后，随即放水，经济有效。此法在水田蔗区或水源充足的蔗区可广泛使用，收效甚大。八九月份，天气炎热多雨，也是大多数金龟甲的幼虫期，此时借雨天即时引水入田，并使水面浸过土面 1 ~ 2cm，持续 3 ~ 5d，可有效杀死土壤中的蛴螬。甘蔗收获前、后，引水入田并浸过土面持续保持 7d 左右，则可将土中的蛴螬全部浸死，对甘蔗糖分影响不大。

（5）人工捕杀成虫。突背犀金龟成虫在 5 ~ 6 月间常在晚间爬出土外活动，并重新爬入土中，翌晨在蔗苗基部附近可见到松碎的泥土，挖开松土 3. 5 ~ 7cm 便可捕捉到成虫，将其杀死。但人工捕杀必须在成虫出土高峰期经常进行才能奏效。有些金龟甲成虫如齿缘鳃金龟、二点褐鳃金龟、大头霉鳃金龟、暗黑鳃金龟、红脚丽金龟等在成虫盛发期的傍晚很容易在蔗田、地头及附近的树林上集中活动或取食，可借助成虫的假死习性，振摇树枝，使其跌落地面，实施集中捕捉。

（6）施用腐熟的有机肥，以减轻蛴螬的为害。因低龄蛴螬可以未腐熟的有机质为食料，故金龟甲成虫多喜在未腐熟有机肥上产卵。施用未腐熟有机肥的蔗田，金龟甲为害往往较严重。因此，施用的有机肥应充分堆制、腐熟。

二、物理防治

（1）黑光灯诱杀。金龟甲成虫对黑光灯有强烈的趋向性，根据各地金龟甲实际情况，在可能的条件下，于成虫盛发期的 4 ~ 7 月设置一定密度的黑光灯进行诱杀，效果显著。

（2）频振式杀虫灯诱杀。频振式诱虫灯是先进的诱虫灯，其诱虫效果优于黑光灯，且对天敌的杀伤力较轻。

（3）自动虫情测报灯。此灯诱虫效果好，灯下成虫峰多，峰值高，反映的消长曲线更显著，更能引起测报人员的警觉，从而更准确地指导预测预报。

不过在架设诱虫灯时，应根据不同目的布设灯的密度。如仅用于测报目的，可在有代表性的蔗区架设光源。如若用于防治目的，则应依据各蔗片区的虫口密度、上年度发生情况架设光源，一般每 2 ~ $5hm^2$ 设 1 盏灯，虫口密度高的应密一些，反之则疏一些，但不管疏密，光源都应大面积连片布设，这样才能达到诱杀的目的。

三、生物防治

（1）利用乳状菌防治蛴螬。地下害虫的天敌种类虽然很多，但目前实际可用于生产的是乳状菌和卵孢白僵菌 *Beauveria brongniartii*（Saccardo）Petch。在美国，乳状菌制剂 Doom（即甲型日本金龟甲乳状杆菌 *Bacillus popilliae*）和 Japidemic（即乙型日本金龟甲乳状杆菌 *Bacillus lentimobus*）已作商品出售，在美国乳状菌制剂 Doom 和 Japidemic 已有成品出售，用量是每平方千米 2.25×10^6g 菌粉，这种菌粉每克含有 1×10^9 个活孢子，防治效果一般达 60% ~ 80%。法国将卵孢白僵菌施入土中，施用孢子量为 20 109/m^2，1 年后仍有效果。国内生产的卵孢白僵菌可于甘蔗中耕培土期，每公顷施 150 万亿孢子或 75 万亿孢子加 40% 甲基异柳磷 EC 1. 2kg 制成毒土，施入花生根际附近土壤中。

（2）金龟子绿僵菌 *Mimela anisopliae* 以 2.4×10^8 个孢子/ml 喷洒。

（3）利用金龟甲成虫性信息素诱杀或引诱剂诱杀成虫。

四、化学防治

目前，甘蔗地下害虫综合防治仍以药剂防治为主要防治手段。由于药剂防治方法见效快、效果好、使用技术相对易掌握，且成本也相对较低，故蔗农普遍易接受。药剂防治应根据各种金龟甲生活习性和发生规律，抓住适期，及时用药，方能取得良好的效果。

1. 成虫期用药

（1）用药灌根。黑色蔗龟成虫防治的最佳时期应抓住成虫出土高峰期（4 月下旬至 5 月）。在黑色蔗龟成虫出土为害盛期，可结合小培土（4 月底至 5 月上旬），施用 50% 辛硫磷乳油 7.5 ~ 11.25kg/hm^2、20% 氰戊菊酯乳油 6 ~ 7.5kg/hm^2 或 10% 氯氰菊酯 4.5 ~6kg/hm^2 对水 15 000kg 淋施于蔗苗基部。

（2）施用颗粒剂。在黑色蔗龟成虫出土高峰期前，提前 7 ~15d 施用杀虫颗粒剂进行防治。其方法是将颗粒剂撒于蔗苗基部，后覆薄土或淋泥浆。颗粒剂品种及用量：3% 呋喃丹 60kg/hm^2、3% 甲基异柳磷颗粒剂 75kg/hm^2 或 3% 扑杀威乐颗粒剂 75 ~ 90kg/hm^2。

（3）喷雾防治。齿缘鳃金龟、二点褐鳃金龟、红脚丽金龟、大头霉鳃金龟、暗黑鳃金龟、小黄鳃金龟等种类的金龟甲成虫有聚集于蔗地，或其田边地头及附近喜食的树林上取食和活动的习性，此时用杀虫剂进行喷雾处理，可有效杀灭成虫、减少田间落卵量。使用的药剂有 40% 乐果乳油 1 000 倍液、50% 辛硫磷乳油 1 000 ~ 1 500 倍液，或 20% 氰戊菊酯乳油、10% 氯氰菊酯乳油 1 000 ~2 000 倍液。

2. 幼虫期用药

幼虫期用药可根据当时当地的金龟甲发生情况，择期用药。

（1）下种期用药。

①施用颗粒剂。二点褐鳃金龟、暗黑鳃金龟、戴云鳃金龟、宽齿爪鳃金龟、椰蛀犀金龟等在甘蔗播种期，幼虫活动较猖獗。选择 3% 甲基异柳磷颗粒剂 75kg/hm^2、3% 呋喃丹颗粒剂 60kg/hm^2 或 3% 扑杀威乐颗粒剂 105kg/hm^2 施于甘蔗植沟中，施药后覆土。黑色蔗龟发生特别严重的地区，可在新植蔗下种时，施用 3% 呋喃丹颗粒剂 60kg/hm^2 或 3% 甲基异柳磷颗粒剂 75kg/hm^2 于蔗沟中，然后覆土，但应注意，3 月份后种植的甘蔗用此种施药方法效果不大。在春植蔗收获后，若发现蔗头幼虫较多，但仍可留宿根的蔗田，则应及早开垄松蔸，用上述药剂施于蔗头后覆土，可起到一定的防治作用。

②药剂浸种。由于二点褐鳃金龟、暗黑鳃金龟、戴云鳃金龟、宽齿爪鳃金龟、椰蛀犀金龟等幼虫可为害蔗种，引起甘蔗死苗（二点褐鳃金龟幼虫为害蔗苗的典型症状）或缺苗断垄，在蔗龟为害较重的蔗区，用药剂进行种苗浸种也不失为一种有效的防治方法。甘蔗播种后，当上迁的幼虫取食到带毒的种苗，药剂经口进入虫体内，致幼虫中毒死亡。浸种的具体操作方法如下：选择持效期较长，内吸、渗透性强的杀虫剂如 48% 毒死蜱乳油、20% 好年冬乳油等稀释 300 ~500 倍液，兑好药液后，将蔗种投于药液中浸种 20 ~30min，捞起阴干后即可播种。此法可与杀菌剂浸种同时进行。药液可反复浸种 3 ~4 次，浸种用过的药液可淋入蔗沟中。

（2）小培土时期用药。二点褐鳃金龟、暗黑鳃金龟、戴云鳃金龟、宽齿爪鳃金龟、椰蛀犀金龟等这类金龟甲前期幼虫（蛴螬）为害较重，在有小培土习惯的蔗区，可结合小培土选用上述药剂进行防治。

（3）大培土时期用药。对于大多数金龟甲如齿缘鳃金龟、红脚丽金龟、大霉头鳃金龟、戴云鳃金龟、华南大黑金龟、铜绿丽金龟、卵圆鳃金龟和筛阿鳃金龟等，大培土时期（6～7月间）正处于幼虫低龄期，且幼虫多在蔗地表层土中活动，因而是防治这类金龟甲幼虫（蛴螬）的最佳用药时期。结合甘蔗大培土，选用3%呋喃丹颗粒剂60kg/hm^2、3%甲基异柳磷颗粒剂75kg/hm^2、3%扑杀威乐颗粒剂75～90kg/hm^{2}或3%呋甲颗粒剂75～90kg/hm^2，可拌肥料（非碱性）一起撒施于蔗株基部；或用50%辛硫磷乳油4.5kg/hm^{2}或50%嘧啶氧磷6kg/hm^{2}兑水3 750L淋蔗头，再大培土，对防治1、2龄幼虫效果显著。由于齿缘鳃金龟1、2龄幼虫时多处于土壤表层，大培土时如先施药后培土，则药层太深，毒杀不到上部幼虫，理想方法是大培土时先培2/3的土再施药，然后再培上余下的1/3的土。这样可使药层近土表，既可杀死土表幼虫，又可借雨水下渗毒杀下部幼虫。对二点褐鳃金龟和戴云鳃金龟等，还可以视虫情严重程度，在甘蔗大培土时，对为害严重的蔗田追施上述药剂，施后培土，可毒杀当年孵化的初龄幼虫，减轻为害。宿根蔗地在松蔸后结合施肥用药，用药量应适当增加。

（4）甘蔗中、后期用药。这种施药方法主要是针对黑色蔗龟幼虫的防治。在甘蔗中、后期（9月上中旬），黑色蔗龟处于卵化高峰期，此时初孵幼虫正处于土表层（3～10cm）活动，取食有机质。若结合下雨前用药或下雨后即刻施药，可有效防治后期因黑色蔗龟引起的黄化蔗、枯蔗。选用药剂及用量可参考上文所述。

第三章 金针虫

第一节 主要种类

金针虫为鞘翅目 Colleoptera，多食亚目 Polyphaga，叩甲科 Elateridae 的幼虫。广布于世界各地。目前全世界已知的金针虫有 10 000 余种。我国已记载的有 790 余种。

叩头甲大多数种类是主要的地下害虫，主要以幼虫（金针虫）对寄主造成危害，为害的寄主植物种类繁多，因地域不同，寄主种类也不同。在北方，金针虫主要为害麦类、甜菜、马铃薯、高粱、玉米、棉花等农作物；在南方，则主要为害甘蔗、麦类、豆类、瓜类、花生、棉花等农作物。金针虫也是林木重要的害虫之一。

虽然金针虫大多为主要的地下害虫，但亦有部分种类生活于朽木中，有些为肉食性种类，还有一些为捕食性益虫，如尖鞘叩甲属 Oxympterus 中的一些种类，如斐济岛上的浅足履叩甲 *Moncrepidus pallipes* Esch，是重要的蛴螬天敌，只捕食蛴螬而不为害甘蔗。相反，在太平洋群岛的碍疏履叩甲 *M. exsul* Sharp 虽捕食蔗地蛴螬，但同时也为害甘蔗幼苗。又如西印度群岛著名的荧光叩甲 *Pyrophorus luminosus* Ill.，能捕食多种金龟甲幼虫，并被引种到许多热带国家，用来防治为害作物的蛴螬。另外，据杨集昆（1979 年）报道，生活在朽木里的一些叩甲能捕食为害木材的甲虫幼虫，这些捕食性叩甲在天敌昆虫资源开发利用上具有重要意义。

不过，在我国记载的 790 余种叩甲中，有许多种类的形态、食性及为害情况目前人们仍知之甚少。金针虫是我国目前地下害虫研究方面的薄弱环节，研究呈现明显的地域性和局限性，亟待进一步加强。

在我国内地，为害甘蔗的金针虫种类已知的有 10 多种，其中主要有褐纹金针虫 *Melanotus caudex* Lewis、蔗梳爪叩甲 *M. regalis* Candeze、蔗叩头甲 *M. tamsuyensis* Bates 等，但目前仅有褐纹金针虫对甘蔗构成重大威胁。在台湾，为害甘蔗的金针虫已知的有 20 多种，其中最主要的有三种，即蔗叩头甲、*Lacon musculus* Camdeze 和 *Agonischius obscuripes* Gyllenhal。蔗叩头甲是台湾主要的甘蔗害虫之一。

第二节 形态特征、生活习性与发生规律

一、褐纹金针虫

（一）寄主与分布

褐纹金针虫属翅鞘目，叩甲科。全国各地均有分布。褐纹金针虫食性很杂，除为害甘蔗外，还为害小麦、棉花、玉米、甘薯、辣椒、花生等。

（二）形态特征

成虫（图3－1.1） 体长约9mm，宽约2.7mm，体细长，黑褐色并生有灰色短毛。头部黑色向前凸，密生较粗的刻点。前胸黑色，刻点较头部为小，后缘角向后突出。鞘翅黑褐色，长约为头胸部的2.5倍，有9条纵列的刻点。腹部暗红色。触角暗褐色，第2、3两节略呈球形，第4节较第2、3节稍长。足暗褐色。

图3－1 褐纹金针虫

1. 成虫；2. 卵；3. 幼虫；4. 幼虫尾部；5. 蛹

（1. 仿 http://service.photo.sina.com.cn/orignal 图；3，4. 仿《中国北方农业害虫原色图鉴》图；5. 仿《甘蔗病虫鼠草防治彩色图志》图）

卵（图3－1.2） 初产为乳白色，后变为淡略黄色，椭圆形，长0.6mm，宽0.4mm。孵化前呈长卵圆形，长、宽约3×2（mm）。

幼虫（图3－1.3～4） 老熟幼虫体长约30mm，宽约1.7mm，体细长，呈圆筒形，茶褐色并带有光泽。头扁平呈梯形，上具纵沟，并生有小刻点。第1胸节及第9腹节红褐色。身体背部有细沟及微细刻点，第1胸节长，第2胸节至第8腹节各节前缘两侧均

生有深褐色新月形斑纹。尾节扁平而长，尖端有3个小突起，中间尖锐呈红褐色，尾节前缘有2个半月形斑，靠前部有4条纵线，后半部有皱纹，并密生粗大和较深的刻点。张范强等（1986）将幼虫分成7龄。褐纹金针虫各龄期历期及体长见表3－1。

表3－1　褐纹金针虫各龄期历期及体长

龄别	历期（d）			体长（mm）		
	最短	最长	平均	最短	最长	平均
1	44	—	44	4	5	4.5
2	50	102	79.6	6.5	12	7.3
3	49	241	131.8	11	15	12.6
4	31	286	183.3	15	23	17.5
5	14	273	65.2	19	26	23.3
6	38	390	202.4	23.5	30	26.5
7	268	341	310.3	25	31	28.0

蛹（图3－1.5）　雌蛹体长17mm左右，宽6mm左右；雄蛹体长15mm左右，宽4mm。腹末有对刺状突起，向外弯。

（三）生活习性与发生规律

据谭文中报道，褐纹金针虫在广西天峨为3年完成1个世代，世代重叠。以幼虫或成虫在土壤深处越冬。成虫于11月上旬陆续羽化，当年羽化的成虫不出土，在原羽化处越冬，待到翌年3月底，当土温上升至18℃左右时，成虫大量出土。成虫于4月中旬至11月上旬均有出现，以5～6月为盛发期。成虫历期175～208d，平均186d。成虫有趋光性。白天常栖于甘蔗心叶或开裂的叶鞘狭缝内。成虫在夜间出土交配。交配呈背负式，具多次交配和多雄争一雌的特点。一般交配历时8～18min，有的成虫在晴天上午8：00—9：00仍在蔗叶上交配或活动，上午10：00左右，成虫回到土中。

雌虫交尾后即潜入土中产卵，卵多产于蔗根附近10cm深的土层内，亦有产在已腐烂的地下种茎内，散产。5月底至6月下旬为产卵期，产卵盛期为6月上中旬。成虫寿命最长303d，最短258d，平均为288.1d。

幼虫从第2年5月上旬孵化至第4年的10月上旬化蛹，历期878～885d，平均为881.7d。幼虫长期蛰居土中，为害甘蔗的地下茎节、芽眼、根系等部分，对下季宿根蔗的发株影响很大。蔗苗出土后，幼虫常从蔗苗土下基部啮食成的小洞侵入苗内，致使蔗苗枯死，形成枯心，酷似螟害状。幼虫有转株为害习性，一头幼虫常为害数株蔗苗，幼虫整年可见，尤以4～6月为害最烈。幼虫为害后，多数离开受害苗，返回土中栖息。甘蔗拔节后，幼虫则为害甘蔗芽眼，造成烂芽。7月后幼虫停止为害，转入土层深处越夏。秋季，幼虫又返回到耕作层活动，为害甘蔗地下根茎。冬季，幼虫在土室中或土中腐烂的老蔗蔸内越冬，越冬期为1～2月。3月气温上升，幼虫又返回到耕作层开始取食活动。由于幼虫历期长，龄期多，同一时期可在田间发现为害甘蔗的各龄期幼虫。

第4年的10月上旬至11月上旬，老熟幼虫开始化蛹，蛹历期30d。

（四）发生与环境条件的关系

张范强等报道，土壤性质及气象因素与成虫发生消长关系密切。

土壤性质：湿润、疏松、中性及微碱性（pH7.2～8.2）、有机质含量高（>1%）的土壤有利于褐纹金针虫的发生；土壤结构差、较干燥、有机质含量低（<1%），对该虫的发生有明显的抑制作用。

温度：当10cm地温平均为17℃、气温16.7℃时，成虫开始出土。当气温上升到18℃，10cm地温20℃、相对湿度60%左右时，成虫大量出土活动。成虫活动适宜温度为20℃～27℃。

湿度：在适宜温度20℃～27℃范围内，成虫活动与相对湿度的大小极为密切。当相对湿度为52%时，成虫活动数量增多，且较活跃；当相对湿度达63%～90%时，雄虫飞翔寻偶，活动、交配十分频繁；当相对湿度低于37%时，不利于成虫活动，其活动能力与数量明显减小。此时观察笼内置放清水的棉球，发现成虫群聚在清水棉球上吸水，有的可长达50min，说明成虫喜湿润环境。

降雨：日降水量在4mm以上，或有连日降雨，对成虫发生很有利，特别在干旱情况下若遇降雨，会导致成虫数量突增。由此可知成虫活动对水分是异常敏感的。在成虫发生期适量降雨、较高湿度都有利于其发生，干旱能缩短发生期，并能降低发生量。

二、蔗叩头甲

（一）寄主与分布

蔗叩头甲为台湾主要甘蔗害虫之一，主要为害甘蔗，也为害茅草等。幼虫为害蔗苗的芽、根带，使其不发芽；为害幼蔗基部后形成枯心；为害生长茎的地下部，影响生长，严重时不能留宿根。

（二）形态特征

成虫（图3－2.1）　体长约16mm，全身橙黄色或黑褐色，体表密生黄色绒毛。头、胸及翅鞘背面密布粗大的刻点，前胸背板的中央稍隆起，翅鞘上有9条纵裂的刻点。列间密布许多细小的刻点。触角呈锯齿状。

卵　黄色或淡黄色。近卵圆形。卵壳表面有瘤状突起。卵长0.5～0.7mm。

幼虫（图3－2.2）　幼虫细长，老熟幼虫体长30～35mm。初孵化时淡黄色，后渐变为黄褐色，老熟时为暗赤褐色。头、胸及尾节色泽较深。周身疏生针状毛。各环节密布刻点。各节的前缘有波状隆起线。两侧有新月形暗色斑点。尾节后缘有5个突起，中央一个最大，两侧2个较小。

蛹（图3－2.3）　蛹长16mm。乳白色。足和翅呈鲜黄色，眼黑色。

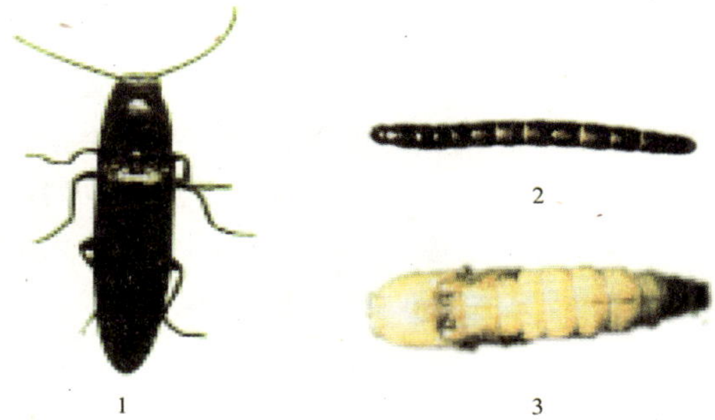

图 3-2　蔗叩头甲

1. 成虫；2. 幼虫；3. 蛹

（仿《台湾农家要览》图）

（三）生活习性与发生规律

在台湾及华南地区，蔗叩头甲完成1代需2～3年。成虫于10月中旬前后开始羽化。羽化后的成虫于11～12月间交尾产卵，黄昏至晚间22：00左右成虫活动最频繁。羽化期一直持续至次年的4月份。成虫产卵盛期则在1～3月间，卵散产于生长茂盛的蔗地或茅草地的土中。每1雌虫产卵200～300粒，卵期12～32d。成虫趋光性甚强。成虫羽化后日间栖息于甘蔗心叶及叶鞘间隙内，日落后即爬出叶面进行交配。黄昏后至晚间22：00左右活动最为频繁。蔗叩头甲的幼虫期极长，为2～3年，在田间一年四季均能见到幼虫。老熟幼虫于9～12月间在土中做一扁平蛹室，并在其中静止2～3星期后化蛹。蛹期18～31d。

幼虫栖息于土中，为害甘蔗幼苗与成长蔗茎，也为害茅草的地下茎。甘蔗下种后，幼虫为害蔗芽及幼苗，形成枯心，严重时引起缺株断垄。侵害幼苗时皆从茎基部蛀入，对分蘖妨碍很大。侵害成长蔗茎，则啮食地下部蔗芽和根点，造成甘蔗不分蘖、不发株、不发根。此虫为台湾重要甘蔗害虫，在福建亦有发生，特别是在砂土和砖红壤土蔗地，其为害常使蔗地多处缺株断垄，严重时甚至要犁翻重耕。

（四）发生与环境条件的关系

蔗叩头甲多在山边、高旱地，或无灌溉条件的沙质土壤的蔗田发生。

幼虫对土壤湿度反应敏感，最适宜活动范围为15%～18%的土壤含水量。一般在微酸性土壤分布较多。

第三节　综合防治方法

一、农业防治

（1）轮作、合理安排茬口。寄主是害虫赖以生存、繁衍的基本要素之一，因此防治金针虫的最有效的方法就是实施耕地的有计划休耕或改种非金针虫食谱作物。破坏寄主植物发育和金针虫生长、发育、为害的协同性，可达到控制金针虫的目的。同时，在水利条件好的蔗区，甘蔗与水稻的轮作是控制金针虫为害的最有效办法。

（2）深犁翻蔸，多犁多耙，人工捡拾成虫、幼虫。翻犁翻蔸能迅速降低金针虫种群密度，在长时间未能翻犁的宿根蔗地尤为明显，多犁多耙则更为有效。深犁翻蔸之所以能减轻金针虫的为害，原因有三个方面：①可借助机械损伤直接杀死金针虫；②可将金针虫或蛹等翻至地表面，使其冻死或脱水死亡；③金针虫或蛹暴露于土表面易被鸟禽啄食，翻犁后，人工捡拾暴露于土表的成虫、幼虫，可部分减少种群密度。

（3）处理老蔗蔸。在老蔗地犁翻整地时，清洁田园，将老蔗蔸及腐烂的老蔗蔸、蔗茎等收集晒干后烧毁。

（4）减少宿根面积、降低宿根年限。金针虫为害程度与宿根蔗及宿根蔗年限密切相关，一般金针虫对宿根蔗的为害重于对新植蔗的为害，宿根年限越长金针虫为害越重。因此，在金针虫为害较重的蔗区，适当调整宿根蔗种植面积，减少宿根年限，可有效抑制金针虫种群累积，降低为害。

（5）加强田间管理。在杂草较多的地块，金针虫种群数量明显大于杂草少的地块，排水不畅、田间土壤湿度大有利于褐纹金针虫的发生，而干旱、灌溉条件差的蔗地有利于蔗叩头虫生存，因此，加强田间栽培管理，及时中耕除草，加强肥水管理，可减轻金针虫的为害。

（6）出现金针虫枯心时，金针虫往往仍藏匿于枯心苗中，割去带虫的死苗，集中烧毁，能有效减少虫口基数。

二、物理防治

灯光诱杀成虫：主要利用金针虫成虫趋光性特点，在成虫羽化出土高峰期的5～6月间，在甘蔗田安放黑光灯或频振式杀虫灯诱杀成虫。杀虫灯可于晚上19：00—22：00亮灯。

三、化学防治

化学防治是当前控制金针虫为害最为有效、最快速和简便易行的方法之一。目前使用的主要药剂多为有机磷制剂如辛硫磷、毒死蜱、甲基异柳磷、甲拌磷及氨基甲酸酯类如呋喃丹等。施药方法则主要采用药剂浸种、沟施农药、地面施药或翻耕施药等。

金针虫生活史长，世代重叠，田间各龄虫混发，且大部分时期藏匿于蔗茎或蔗头中啮食，一般药剂很难到达害虫栖息的部位。因此，要想达到理想的防治效果，必须找出其对药剂较敏感的时期或最易接触药剂的时期，不失时机地施药防治。

依据上述原则，再根据金针虫的生活习性分析，有两个时期为最佳用药时间：

1. 下种期

（1）沟施。因金针虫在春季回温后会重新上迁到耕作层，活动于甘蔗种茎附近，蛀食种茎或蔗芽、嫩苗，造成枯心。利用金针虫的这一取食特点，在甘蔗播种期将药剂沟施于蔗种附近，并覆土，形成保护层。当幼虫取食活动时，使虫体接触农药，致使幼虫中毒死亡。选用的药剂及用量如下：5%蔗来茎颗粒剂60kg/hm^2、3%甲基异柳磷颗粒剂75kg/hm^2、3%呋喃丹颗粒剂60kg/hm^2、3%丰保磷颗粒剂75～90kg/hm^2、5%毒死蜱颗粒剂60～75kg/hm^{2}或3%扑杀威乐颗粒剂90～105kg/hm^2。

（2）药剂浸种。在金针虫为害较重的蔗区，用药剂进行种苗浸种。甘蔗播种后，金针虫会从土层深处转移到蔗种附近取食蔗种，当幼虫取食到带毒的种苗，药剂经口进入虫体内，可致幼虫中毒死亡。浸种的具体操作方法如下：选择持效期较长，内吸、渗透性强的杀虫剂如48%毒死蜱乳油、20%好年冬乳油或5%氟氯氰菊酯等稀释成300～500倍液，兑好药液后，将蔗种投于药液中浸种10min左右。捞起阴干后即可播种。此法可与杀菌剂浸种同时进行。

2. 甘蔗苗期

甘蔗苗期是金针虫为害盛期，也是防治的最有利时期。时值四五月间，金针虫会先在种茎附近（土表10～20cm处）进行取食活动，为害甘蔗的幼芽及蔗苗。结合甘蔗中耕培土，选择上述颗粒剂撒施于蔗苗基部附近，再薄覆土。

宿根蔗的第一次施药应早犁垄松蔸，将药剂撒施于蔗头附近，然后覆土。

第四章 蝼蛄

第一节 主要种类

蝼蛄属于直翅目 Orthoptera 蝼蛄科 Gryllotapidae。全世界约 40 种，在我国有记载的有 6 种（周尧，1958），常见的有华北蝼蛄 *Gryllotalap unispina* Saussure、东方蝼蛄 *G. orientalis* Burmeister、台湾蝼蛄 *G. formesana* Shiraki 和普通蝼蛄 *G. gryllotalpa* Linnaeus。在这 4 种蝼蛄中，以东方蝼蛄分布最广，遍布全国各地。华北蝼蛄多分布于北纬 32°以北地区，台湾蝼蛄只分布在台湾、广东、广西等地，普通蝼蛄在我国仅新疆有分布记载。

第二节 形态特征、生活习性与发生规律

一、东方蝼蛄

（一）寄主与分布

东方蝼蛄分布最广，遍布全国各地。东方蝼蛄食性很杂，为害作物达到 30 余种。在南方为害甘蔗，在福建常在丘陵、洲地和水田新植蔗园发生为害，特别是前茬为甘薯、花生、小麦、蔬菜和有机质丰富的蔗地时发生更重。根据福建省蔗麻研究所（1977）调查，在厦门，一般旱地蔗蔗芽受害率为 5% ~10%，个别严重的蔗地受害率可达 27% ~46.5%。

（二）形态特征

成虫（图 4 –1.1 ~3）　雌虫体长 29 ~35mm，雄虫体长 30 ~32mm，体色呈淡灰褐色，全身密生细毛。头圆锥形，暗黑色，长约 4mm，宽约 3.5mm。触角丝状，黄褐色。复眼红褐色，椭圆形，有单眼 3 个。前胸背板从上面看呈卵形，长约 8mm，宽约 6mm，前缘稍向内方弯曲，后缘钝圆，背面中央的凹陷长约 5mm。前翅短，长 12mm，覆盖腹部达一半；后翅长，卷缩如尾状，超过腹部末端。前足发达，特化为铲状开掘足；后足胫节背侧内缘有棘 3 ~4 个（图 4 –3）。腹部纺锤形，背面黑褐色，腹面暗黄色，末端 2 节背面两侧有弯向内方的刚毛。尾须 2 根，伸向体外两侧。雌虫产卵器不外露。

卵（图 4 –1.4）　椭圆形，初产时长约 2.8mm，宽约 1.5mm；孵化前长约 4mm，宽约 2.3mm。初产时为乳白色，渐变为黄褐色，孵化前为暗紫色。

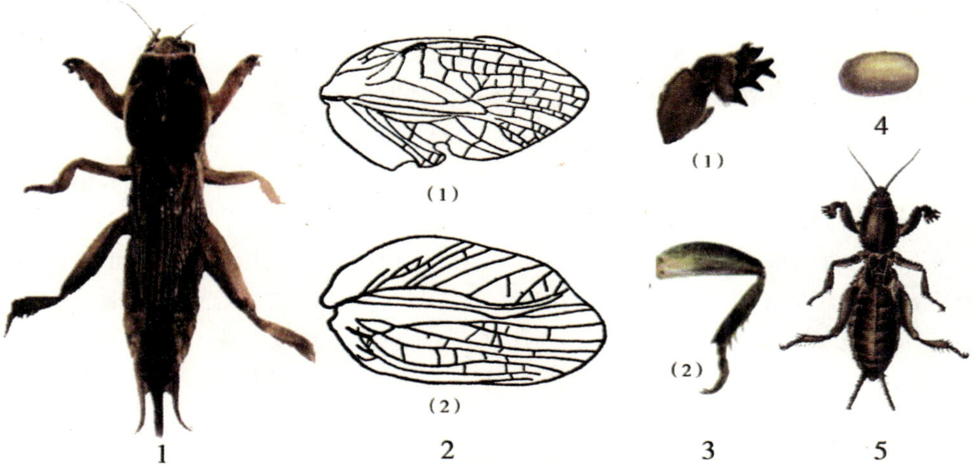

图 4－1　东方蝼蛄

1. 成虫；2. 后翅：（1）雄成虫，（2）雌成虫；3. 成虫足：（1）前足，（2）后足；4. 卵；5. 若虫（1. 仿《甘蔗病虫及防治图谱》图；2. 仿《中国地下害虫》图；3. 仿《中国农资传媒》图；4. 仿《中国北方农业害虫原色图鉴》图）

若虫（图 4－1.5）　形态与成虫相似，亦有一对能挖掘的前足，体长和翅均较成虫短。初孵化时乳白色，复眼淡红色；数小时后，头、胸、足逐渐变为暗褐色，并逐渐加深，腹部淡黄色。初孵若虫体长 4mm，老熟若虫体长 25mm。据江苏省徐州地区农科所观察，若虫龄期 8～9 龄，其各龄形态特征如表 4－1 所示。

表 4－1　东方蝼蛄若虫各龄期形态特征

龄期	1	2	3	4	5	6	7	8	9
体长（mm）	6	8.1	10.3	12.6	14.4	16.3	18.8	22.1	24.8
胸背宽（mm）	—	—	2.3	3.0	3.5	3.6	4.0	4.4	4.9
翅　芽	无	无	初见	长达第 1 腹节	长达第 2 腹节	长达第 3 腹节	长达第 3 腹节	长达第 3、4 腹节	长达第 3、4 腹节

（三）生活习性与发生规律

在江西南昌，东方蝼蛄 1 年发生 1 代，以成虫和中、小若虫越冬。越冬成虫在翌年 3 月开始活动，在 4～5 月间交配产卵，若虫 5～6 月间羽化（章士美、江广，1956）。

在四川成都，东方蝼蛄每年发生 1 个世代，以成虫、若虫越冬。5～6 月为成虫盛发期，若虫以 8 月份密度最大。成虫产卵在 4～5 月间，卵期 21～30d，卵一般产在土下 25～30cm 的卵室内，每室有卵 30～35 粒。4 月间温度达 15.9℃～20.5℃时，为害最烈；9 月以后温度为 22.8℃时，仍然活动（据黄可训研究报道）。

在广西，东方蝼蛄 1 年发生 1 代，以成虫在土穴中越冬。成虫以穴居为生，卵产于特造的卵室中，每室可产 30～40 粒卵，每头雌虫产卵量为 100～300 粒，卵历期 15d。若虫历期 3 个月。成虫寿命 35～160d。

卵一般经 15～20d 即孵化成若虫，孵化后 3～6d 的若虫有群集性，多潜伏在洞内。

成虫、若虫多在夜间活动，善飞翔，有很强的趋光性。若虫有趋向于土粪等有机肥堆肥的习性。4～5月间为东方蝼蛄为害的盛期，通常在土表下钻穿纵横隧道至蔗苗基部，咬食细嫩的蔗芽、幼苗基部，引起蔗苗发育不良甚至枯死，造成缺苗断垄。

东方蝼蛄在土壤中的升降活动与为害跟温度有着密切关系。张治体等（1985）根据东方蝼蛄在土中升降规律将其分为四个时期：越冬休眠期、苏醒为害期、越夏繁殖为害期和秋播作物暴食为害期。

越冬休眠期：从11月上旬（立冬）平均气温与土温（20cm）下降到11.94℃和11.25℃起，至翌年2月20日以后，长达4个月时间里，成虫、若虫停止活动，头部向下，1洞1虫，在土表层40～60cm深处休眠。

苏醒为害期：从2月上旬（立春）土温和气温回升到5℃左右，蝼蛄洞穴由距地表45.3cm上升到36.2cm。3月上旬（惊蛰）洞穴深度又上升到31.8cm，在中午时分气温超过10℃以上时，开始为害。4月上旬（清明）至5月下旬（小满），土温已上升到14.9℃～20.5℃，此时是成虫、若虫为害最严重的时期。

越夏繁殖为害期：6～8月间一般温度平均为23.5℃～29℃，土温达23℃～33.5℃时是东方蝼蛄产卵盛期，占全年产卵量的82.6%，也是卵室与洞穴离地面最近的时期，卵室平均深度为11.6cm，洞穴深15.2cm。对夏植幼苗为害严重，尤以雨后和灌水后2～3d为害最甚。

秋播作物暴食为害期：8月（立秋）以后，气温降低，新羽化的成虫和当年孵化的若虫已达3龄以上，均待取食，以促进其生长发育并积累养分，为抵御寒冷作越冬的准备，故为害秋播作物严重。此时洞穴由20cm向40cm转移，11月上旬（立冬）后停止为害，一般在40～60cm深处越冬，最深可达82cm。

东方蝼蛄的活动与为害跟气温有关，当气温稳定在9℃～10℃时，黑光灯下开始出现东方蝼蛄成虫，一般在3月份开始为害甘蔗幼芽及幼苗，为害盛期在3月下旬至4月上旬，田间为害盛期距成虫扑灯后7～15d。

（四）发生与环境条件的关系

东方蝼蛄喜栖息在低洼潮湿的沿河、近湖、沟渠等低湿蔗地。

东方蝼蛄有趋粪肥等有机肥的习性，因此，播种期施用有机肥过多，特别是施用一些未腐熟的有机肥，蔗苗受害较重。

蝼蛄喜沙壤或疏松壤土，黏重土壤不适于蝼蛄栖息活动，发生数量较少。

对半熟的谷子、炒香的豆饼、麦麸及马粪等有机物质有强烈趋性。

二、台湾蝼蛄

（一）寄主与分布

台湾蝼蛄主要分布在台湾、广东、广西等地；在台湾，该虫主要分布于中、南部平地或低海拔的山地蔗区，性喜潮湿的泥地。

（二）形态特征

成虫（图4－2）　体长25～35mm，头、胸部及触角为淡灰褐色。腹部背面浅灰色。体腹面淡黄色。翅浅灰色，后翅短不及腹部末端，但稍过于复翅。单眼椭圆形，复眼显著分离。两前胸背腹板瘤分离，腹部末节背面两侧各生一对尾状刚毛，刚毛端交叉。前足发达，具一排大钉齿，其跗节适于掘土。后腿节粗大。

（三）生活习性与发生规律

图4－2　台湾蝼蛄
（仿 http \\ i162. photobucket. com 图）

据李风荪（1952）记载，台湾蝼蛄1年发生1代，成虫在三四月间出现，4～7月产卵，卵期12～14d。卵室多在土下30cm，每一卵室平均有卵15粒左右，每头雌虫产卵量平均53粒。初孵若虫先群集在卵室生活5～11d方潜入土中为害。若虫150～300d，也有少数150d即羽化成成虫。若虫共有9～11龄，以10龄居多。成虫寿命平均为77～99.8d。一般在灌水或降雨后，雄虫多移动到土表的隧道中，白天高鸣，鸣声一长两短，连续不断。成虫能飞翔，但很少长距离迁飞，仅能短距离飞翔。台湾蝼蛄多在干燥地区发生，每年的九十月至翌年的四五月为为害盛期，冬季低温或土壤干燥时即潜入土壤深处，为害顿停。在6～8月如发现向下的洞中有虚土或杂草堵塞，往往是蝼蛄的卵室或幼虫的群集地，顺着洞下切取土，可找到蝼蛄的卵块或幼虫，或下挖可找到成虫。成虫有很强的趋光性。

第三节　综合防治方法

一、农业防治

1. 人工捕杀

在早春季节，在隧道内越冬的蝼蛄开始活动而尚未出土前，在地面隆起有指头粗的土堆前，用铲子将表土铲去露出洞口，然后顺洞下挖即可捉到蝼蛄；或是从洞口投下浸过农药的碎玉米轴，再把洞口堵死，使蝼蛄死在里面。

2. 施用腐熟肥料

蔗田堆肥应经高温沤制使其腐熟后再施用，可避免蝼蛄的产卵，减少为害。

二、物理防治

1. 声音诱杀

美国佛罗里达大学研究用蝼蛄的求偶声诱杀蝼蛄，可通过播放求偶声的录音，使蝼蛄跌入诱虫装置中直接杀死。

2. 灯光诱杀

利用蝼蛄趋光特性进行灯光诱杀是直接消灭的重要方法。黑光灯和黑绿单管双光灯的诱杀效果都很好。

三、化学防治

1. 药剂浸种

在甘蔗下种时，用50%毒死蜱乳油或20%丁硫克百威乳油稀释成300～400倍液浸种 3 ~ 5min 后播种，可防治蝼蛄对蔗芽的为害。

2. 毒饵防治

将蝼蛄喜食食料拌上药剂制成毒饵或毒谷进行防治。食料有两类：一是多汁的鲜菜、鲜草及块根和块茎；二是炒香的麦麸、豆饼和煮过的秕谷等。药剂可选用毒死蜱、乐果等，用适量水稀释后拌入炒香的谷子、麦麸、豆饼、米糠、玉米碎粒等饵料中，于傍晚时分将毒饵撒于蔗株四周或虫洞多的蔗地附近诱杀。注意拌药量不宜过大，以免产生异味引起拒食。

3. 下种时施药防治

在甘蔗下种时，用 3% 甲基异柳磷颗粒剂 75kg/hm^2、3% 扑杀威乐颗粒剂 75kg/hm^2 等撒施于蔗沟中薄覆土，可防治蝼蛄为害蔗芽和蔗苗。

第五章
根天牛

第一节　主要种类

根天牛属鞘翅目 Coleoptera，天牛科 Cerambycidae，锯天牛亚科 Priouiuae，土天牛属 Porysthenes。在我国，有记载为害甘蔗根部的天牛有 4 种，即蔗根锯天牛 *Dorysthenes granulosus* Thomson、长牙土天牛 *D.*（*Baladeva*）*walkeri* Waterhouse、曲牙锯天牛 *D. hydropicus* Pascoe 及蔗狭胸天牛 *Philus pallescens* Bates。蔗狭胸天牛分布于广西、福建、台湾等地。

第二节　形态特征、生活习性与发生规律

一、蔗根锯天牛

（一）寄主与分布

蔗根锯天牛又称蔗根土天牛。食性很杂，除为害甘蔗外，还为害龙眼、柑橘、桉树、板栗、松树、木薯、油棕、椰子、槟榔、橡胶树、厚皮树、麻栎等植物。

蔗根锯天牛是我国蔗区的主要地下害虫种类之一。过去，蔗根锯天牛一般只在个别蔗区零星发生，未见大害，但最近几年该虫为害严重，有蔓延的趋势。

（二）形态特征

成虫（图 5－1. 1）　体长 15～63mm，体宽 8～25mm，个体大小差异较大。虫体棕红色，前胸背板色泽较深，头部及触角基部 3 节棕黑色。头部前额中央凹陷，上颚发达，向内弯勾。复眼很大，黑色，几乎占头部的一半。下颚须末节最长，端部宽。触角基瘤宽大，彼此接近。雄虫触角粗大，扁宽，长达鞘翅末端；雌虫触角细小，长达翅鞘中部。前胸背板宽阔，两侧缘各有 3 个锯齿，鞘翅宽于前胸，每翅有两三条纵脊线，靠中缝两条近端处相接。

卵（图 5－1. 2）　长椭圆形，一头较尖，乳白至淡黄色。

幼虫（图 5－1. 3）　体长 57～90mm，圆筒形，前端扁平，后端稍窄。乳白色，老熟幼虫乳黄色。上颚、头和前胸背板黑褐色或黄褐色，体表光亮，有少数细毛。头近方形，头盖中缝闭合，两侧叶后方突出。触角黑褐色，共 2 节。上颚粗壮，呈三角形。前

胸背板宽阔，近前缘有一黄褐色几丁质化的波状横纹。前缘及两侧有长短不同的细毛，两侧近后端各有一条纵凹线。胸足较小，共 3 对。腹部第 1 至第 7 节有步泡突，每一步泡突有两横沟纹，步泡突隆起面光滑。

图 5－1　蔗根锯天牛

1. 成虫；2. 卵；3. 幼虫；4. 蛹（腹面）；5. 蛹室及刚羽化的成虫

（4. 仿《甘蔗病虫鼠草防治彩色图志》图）

蛹（图 5－1. 4）　裸蛹，初时体淡黄色，复眼紫红色。翅芽至第 4 腹节，后足长至第 6 腹节末端。

（三）生活习性与发生规律

孙传芳等（1981）报道，蔗根锯天牛在广西南宁为 2 年完成 1 个世代，以幼虫越冬。

老熟幼虫于 3～5 月化蛹，4 月为化蛹盛期，蛹期 15～31d。4 月上旬成虫开始羽化。成虫羽化后，先在蛹室内静伏 10～39d；待身体硬化后，遇雨天土壤潮湿疏松，便穿破蛹室爬出土面。5 月为成虫羽化出土盛期，6 月为羽化末期。成虫出土后的当天即交配，次日开始产卵，卵产于土中 1～3cm 深处，成虫多在夜晚交配、产卵，产卵期历时 10～16d，平均 10. 8d。每一雌虫产卵最多达 783 粒，平均 251 粒。成虫有趋光性，白天潜伏于隐蔽处，间歇飞行距离在 1 000m 左右。

卵经过 7～9d 后孵化成幼虫，5 月中旬至 6 月中旬为卵孵高峰期。幼虫龄期较多，各龄历期也不整齐，根据前胸背板增长速率推算幼虫龄期约为 15～18 龄。当年孵化的幼虫至年底可达 10 龄。10 龄幼虫前胸背板宽 0. 6～0. 7mm。至第 2 年的 11 月，幼虫进行老熟。老熟幼虫虫体肥大，体长 57～90mm，宽 1. 6～1. 8mm。当年孵化的幼虫至年底可达 10 龄。幼虫老熟后，在蔗兜旁或离蔗兜 10～20cm、距地表 20～30cm 处做土室化蛹。蛹室似鸭蛋形，用粪便、泥土、甘蔗纤维、叶鞘碎屑等黏结筑成（图 5－1. 5）。从第 2 年 11 月开始至第 3 年 3 月间均有老熟幼虫做蛹室，而以第 3 年 3 月份最多，达 92. 1%。在室内饲养环境下，老熟幼虫蛰居的时间短则 1 个月，长则 4 个月。老熟幼虫于 3 月下旬至 5 月下旬化蛹，4 月为化蛹盛期。

初孵幼虫潜入植株附近，咬食甘蔗嫩根，长大后逐渐向茎内蛀食，若蔗种种茎或宿根蔗头蛀空后，甘蔗仍处于苗期或分蘖期，幼虫则蛀食蔗苗基部，侵入中心处，致使叶片呈失水状纵卷，逐渐枯黄，最终造成死苗。若蔗种种茎或宿根蔗头蛀空后，甘蔗开始拔节，则幼虫向茎内蛀食，并由地下沿茎而上，蛀食地上茎节，幼虫向上蛀食可达33～67cm，幼虫将茎内组织蛀空，形成空心蔗。空心蔗遇风易倒折，受害严重的蔗株整株枯死。

二、长牙土天牛

（一）寄主与分布

长牙土天牛在广东湛江地区及海南各地发生普遍，局部蔗田受害严重，多年宿根蔗受害尤重，冬植蔗种茎受害后不能发芽，造成缺苗断垄，生长期蔗茎基部受害使植株枯黄，并导致风折株。长牙土天牛除为害甘蔗外，还为害油棕、椰子、竹类、竹芋，并取食大芒、白茅等禾本科植物。

（二）形态特征

成虫（图5－2.1）　体长37～65mm，体宽14～27mm。体形宽大，黑褐色到黑色，略具金属光泽。头部向前突出，略向下弯曲，头顶具陷沟。口器伸向下方，上颚甚长呈刃状，向下后方交叉弯曲，基半部具微齿。头部后方具颗粒状突起。触角端部黑褐色，雄虫触角长达鞘翅中部，雌虫仅达鞘翅的1/3；第1节及第5节下方具刺状突，第3节内端角及第5至第11节外端角突出呈锯齿状。前胸较宽，外缘具两齿，前齿粗钝，后齿尖锐。前胸腹板基间突呈钩状拱起，端部伸达中胸腹板并具棕色毛。小盾片舌形，端部光滑。鞘翅中部宽大，外角浑圆，内角微尖锐。雄虫中胸及后胸腹面两侧具褐黄色毛，腹部末节中央凹陷，其间具黄褐色毛；雌虫中胸和后胸腹面光滑，腹部末节浑圆不具毛。

卵（图5－2.2）　卵呈乳白色，近椭圆形，一端浑圆，长4.1～4.4mm，宽1.3～1.4mm。卵壳表面具波状略平行纵纹，纹间具横格。

幼虫（图5－2.3～8）　老熟幼虫体长80～110mm，胸部宽15～22mm，圆筒形，粗壮。后端略尖，乳黄色。头部近方形，前方1/4缩小处两侧平行，中部呈弧形膨大，头盖板中裂缝在额区后方愈合，基部分开。口器框呈黑褐色，上颚关节黑色，头盖板淡黄色。额淡黄色，额中沟黄褐色略下陷，额缝不显著，额中沟中部前方两侧各具一浓黄色透明圆斑，额区前方近外侧角具横向弧形的裸后脊。后唇基呈片状突出，口上毛6根。触角孔后方闭式，后下方具颊脊；上颚腹关节后方具下窝突，幕骨桥粗大，后头孔近方形开向头盖板后方，前后头孔近三角形，不具下咽片。口后片前缘略呈弧形突出。不具单眼。触角由2节组成，第1节为基膜所包围，第2节端部外方具一锥形突起，突起的端部具透明的毛刺4根，第2节端部断面内侧具一骨化圈。唇基乳黄色，光滑；上唇横宽，宽为长的2倍，外缘密被细毛。上颚切边倾斜。下颚须共3节，第二三节等长，其长度相当于下唇须末节。唇舌粗大，背方多毛，前中央陷下。前胸背板光滑，前方具细褐色绒毛，中央纵沟不明显，侧纵沟后半段显著，不具后背板褶；近前缘具褐色略呈弧形细纹4个，横列成直线，前背片呈褐色，上具颗粒状斑点横列成带状。主腹片前方分界不明显，上面具稀疏的褐色毛，缘褶呈三角形，明显。足4节，股节及胫跗节背面骨化，腹面多毛，爪长，端部钝。腹部第1至第7节背面步泡突具两横沟及两侧各具一斜向外后方的纵沟，上面光滑，腹面各节步泡突仅具一横沟。中胸气门位于前胸与中胸节间；椭圆形，其长轴略短于上唇宽度；围气门片褐色。第 1 至第 6 节气门下后方具侧盘，呈新月形，长度相当于腹部第 1 节气门长轴。第 7 至第 8 腹节缘折明显地向侧方突出，第 9 腹节和肛节分界不明显，肛节呈锥形，肛门分叶。

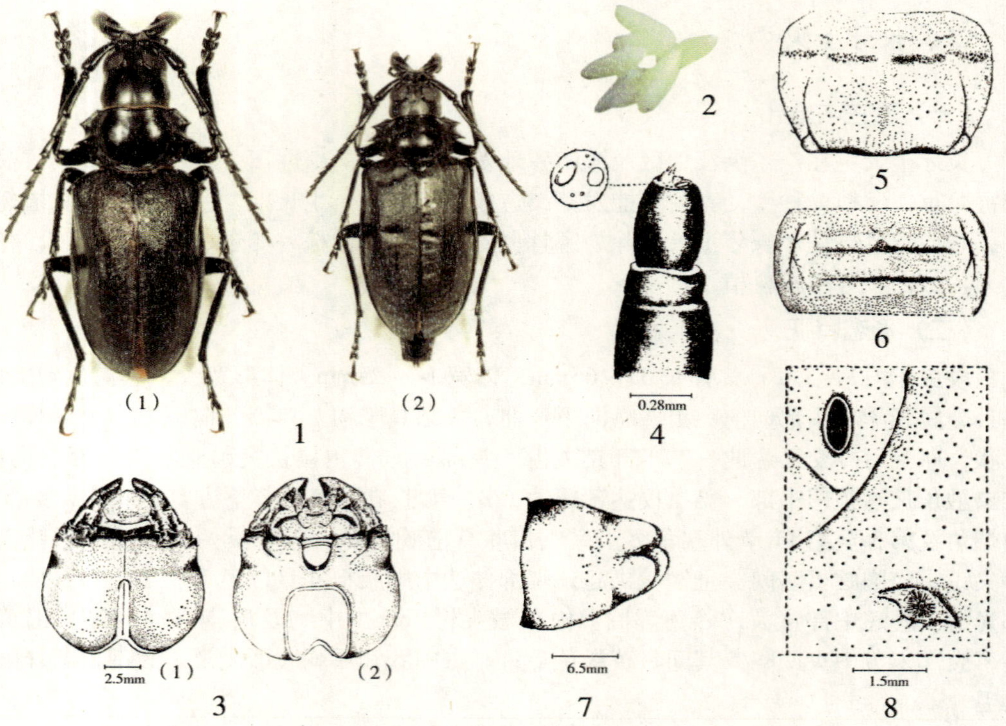

图 5－2 长牙土天牛

1. 成虫：（1）雄虫，（2）雌虫；2. 卵；3. 幼虫头部：（1）背面，（2）腹面；4. 幼虫左触角（背面）；5. 幼虫前胸背板；6. 幼虫第 3 腹节（背面）；7. 幼虫第 9、10 腹节；8. 幼虫第 1 腹节侧盘（右下角）

（1. 仿 www. insect－fans. com 图；3～8. 仿钱庭玉图）

蛹 体长 48mm，宽 24mm，淡黄色，光滑。头部向下后方伸出，眼及触角间具平行的密横纹。上唇三角形，上多横纹；上颚刃形粗大；下颚须和下唇须端节呈筒形，长达上颚端部。触角伸达腹部第 3 节，分节明显，第 5 节以后各节腹外方具锥形突起一对。前胸背板中央拱起。小盾片中央略尖出，小盾沟不显著。中胸及后胸背面具平行的横向密绘纹。翅伸达第 3 腹节的后缘，后足端部伸达第 8 腹节的后缘。前胸腹板基间突呈钩形突出，顶端具陷沟。腹部第 1 至第 6 节气门完整，气门片褐色；第 7 至第 8 节气门萎缩，气门周围具皱纹；腹部第 9 节端部平截，背方略突出，上多环状横纹；第 10 节在第 9 节中央。腹部各节腹板平滑。

（三）生活习性与发生规律

长牙土天牛在海南为 2 年完成 1 个世代，以幼虫在土中越冬。5 月中旬至 9 月中旬均有成虫出现，以 6～7 月为盛发期（钱庭玉，1982）。

在广西，长牙土天牛发生与蔗根锯天牛大致相同，为2年完成1个世代，以幼虫越冬。老熟幼虫于3~5月化蛹，4月为化蛹盛期。4月上旬成虫开始羽化，5月为成虫羽化出土盛期，6月为羽化末期。5月中旬至6月中旬为卵孵化高峰期，至第2年11月间，幼虫进入老熟期。老熟幼虫于3月下旬至5月下旬化蛹，4月为化蛹盛期。

成虫初羽化时，体柔软，黄褐色。在蛹室中停留十多天，体壁坚硬，后呈黑色。此时，一旦遇雨天，便在雨后的傍晚拨开土壤钻出土面活动。成虫出土后即可交配，交配后2~3d雌虫开始产卵，产卵期间仍多次交配，成虫多在夜晚交配、产卵。产卵期4~9d，每头雌虫平均怀卵57.6粒。雌虫前3d内的产卵量为怀卵数的58%以上，雌虫多未产尽卵便死亡。未受精的雌虫也能产少数卵，但很快干瘪而不能孵化。雌虫产卵时以产卵管在土壤缝隙间试探后即插入土中。虫体与地面近垂直，卵散产，每产一粒卵约需1min，卵竖立于距地表1~3mm处。受精卵孵化率在室内仅为32.8%。成虫白天潜伏于蔗田土块及甘蔗的枯茎烂叶堆中，晚上活动，以20：00—22：00活动最为活跃。雄虫善飞翔，雌虫仅作短距离飞翔。爬行均迅速，成虫寿命6~14d。初孵化的幼虫即钻入土壤深处，取食甘蔗或禾本科植物的根。一般从基部向上蛀食，一直钻蛀到地上茎组织，蛀入孔附近堆积着幼虫咬食的粉状蔗屑及虫粪。幼虫向上蛀食蔗茎最长可达30cm，一般多在10cm以内。幼虫钻蛀蔗茎的蛀道呈扁椭圆形，虫体长不超过50mm，前胸宽不超过11mm，取食后仍栖息于蔗茎组织中。下方出口处填塞有甘蔗碎屑及虫粪，受害组织附近常感染赤腐病（*Colletotrichum falcatum* Went.），受害植株上部多黄萎。越冬后幼虫仅为害甘蔗茎地下部分及近地面组织，受害部位中空，易风折。幼虫除蛀食蔗茎外，还在土中钻成扁椭圆形隧道，成熟幼虫栖息的隧道横切面长2.5~3cm，宽1.5~1.8 cm，内壁灰色光滑，内有灰白色粉状的甘蔗残屑及虫粪。隧道长度一般为20~30cm，最长达80cm，离地面一般20~25cm，最深达40cm。隧道平直或呈弧形弯曲，甚少分叉。体长且大的幼虫在隧道近端部栖息与蜕皮。幼虫在蜕皮前后2~3d内停止取食及活动。幼虫对光的反应不敏感，因此取食及活动规律没有昼夜差异。每次取食历时40min到2h，取食时对振动的感应比较敏感，一经干扰即迅速往隧道端部逃逸。

成熟幼虫在隧道近端部或其附近较结实的土中做蛹室。蛹室椭圆形，内径长4~5.5cm，宽3.5~4.5cm，内壁光滑，外面和周围土壤没有明显的分界。蛹前期近一个月，蛹期13~22d。

三、曲牙锯天牛

（一）寄主与分布

曲牙锯天牛又称甘蔗土天牛、曲牙土天牛，主要分布于华南地区。曲牙锯天牛幼虫除为害甘蔗外，还为害花生、棉花等作物及细叶结缕草、狗牙根、野牛草等草坪地下茎，也为害柳树、枫杨、水杉等林木。幼虫在土中咬食寄主地下部根、茎和嫩芽，可造成甘蔗死苗，后期引起甘蔗植株生长不良甚至地上部蔗株枯萎。

（二）形态特征

成虫（图5-3）　体长25~47mm，宽10~16mm，棕栗色至栗黑色，略带金属光泽。触角和足呈棕红色。头部向前突出，微向下弯，中央有一条细纵沟，口器向下，上颚长大呈长刀状，互相交叉，向后弯曲，基部与外侧具紧密刻点，尤以基部为最。雌虫

图 5-3　曲牙锯天牛
（仿 www.tlsfz.com 图）

触角接近鞘翅中部，雄虫触角超过鞘翅中部，触角第 3 至第 10 节的外端角突出，呈宽锯齿状，触角基瘤宽大。两眼间及头顶密被刻点，额前端有凹陷。前胸背板宽大于长，前缘中央凹陷，侧缘具两齿，分离较远，中齿较前齿发达，后角突出略呈齿状。胸部表面密被刻点，其中以两侧较粗，中区两侧微呈瘤状突起。中央有一条浅的细纵沟，中、后胸腹板密生棕色毛。小盾片舌状，基部两侧密被刻点。鞘翅基部宽大，向后端渐窄，缘角钝圆，缝角明显，刻点较前胸背板上的稀少，翅面密被皮革状皱折，每翅微呈 2～3 纵脊。雌虫腹基中央呈三角形。雄虫腹端末节后缘被有棕色细毛，中央微凹。后足第 3 跗节两叶端部呈刺状，两叶分裂至中起。

卵　长椭圆形，乳白色。

幼虫　体粗大呈圆筒形，向后端稍狭，白色。头近方形，向后稍宽，后缘中央浅凹。前胸背板后半部有白色颗粒状突起，排列略呈长方形。老熟幼虫体长可达 75mm。

（三）生活习性与发生规律

曲牙锯天牛为 1 年发生 1 代，以老熟幼虫越冬。在江西永修县，曲牙锯天牛为 2 年 1 代，以第 1 和第 2 年的幼虫越冬，2 年生幼虫于 4 月中旬在土中开始化蛹（张继祖等，1996）。蛹室多在距离地面约 60～100cm 深处。5 月上中旬成虫羽化，羽化后成虫仍留在土室中 10～12d。5～6 月间，遇闷热、雷雨天气后，成虫大批出土，成虫白天活动，晚间交尾产卵。卵散产于土下 12～20cm 深处，卵多产在较潮湿的蔗地、草坪或苗圃中杂草较多的地方。7 月上旬成虫大部分死亡，个别成虫延至 8 月初。幼虫栖于土中咬食蔗根或蛀入地下茎内，一直为害至 11 月间。幼虫期有绿僵菌寄生。曲牙锯天牛各虫态历期为卵期 16d，幼虫期 680～690d，预蛹期 25～27d，蛹期 23～24d。雌性成虫寿命为 6～7d，雄性成虫寿命为 5～6d。

第三节　蔗根天牛为害现状

蔗根天牛虽属于我国甘蔗的主要地下害虫之一，但在 20 世纪，关于蔗根天牛大面积严重为害的报道并不多。孙传芳等（1982）对南宁市郊区蔗根锯天牛为害甘蔗进行了报道，并首次对该虫的形态特征、生物学特性及防治方法进行了研究。同年，钱庭玉首次报道了长牙土天牛在甘蔗上的为害情况。杨彩等（1987—1988）对湛江蔗区前进农场蔗根锯天牛进行了综合防治方法的探讨（甘蔗糖业，1992）。从这些为数不多的报道中可以看出，我国蔗区蔗根天牛危害问题一直存在，但仅限于局布蔗区零星发生，并未造成大面积为害，也未引起人们的注意。但跨入 21 世纪后，蔗根天牛特别是蔗根锯天牛的为害逐渐蔓延开来，近几年，报刊、杂志甚至网络均有不少关于蔗根锯天牛暴发成灾的报道。目前蔗根锯天牛已成为我国甘蔗生产和安全的大害，并有猖獗之势。

第四节　引起蔗根天牛暴发为害的原因

引起蔗根天牛暴发为害的原因有以下六点：

（1）近年来甘蔗种植规模不断扩大，特别是广西、云南其甘蔗种植面积比 20 世纪八九十年代翻了两三番。同时宿根蔗面积也在不断扩大。甘蔗的连片种植，和水田面积减少，水旱轮作机会减少，致使天牛种群数量不断累积，导致暴发为害。另外，由于劳动力价格不断攀升，为了节省成本，蔗农大面积减少新植蔗而不断扩大宿根面积，且宿根蔗年限逐年加长，蔗根锯天牛对宿根蔗的为害重于新植蔗，且宿根年限越长为害越重。

（2）蔗根锯天牛世代重叠，田间各龄期幼虫混发，很难找出其防治适期，给防治工作带来困难；另外，幼虫虫体肥大，皮下脂肪发达，对药剂的耐药性强，药剂防效不理想。且幼虫在土表生活的时间很短，一旦蛀入蔗茎，蔗茎就成为其庇护所，因此农药等防治措施难以奏效。

（3）没有有效的药剂。虽然目前甘蔗常用药剂对蔗根锯天牛幼虫有一定的效果，但当害虫种群数量大，为害严重时，这些药剂就未必能有效控制为害，况且其药剂质量参差不齐，防效无法保证。再加上近年来蔗价下滑，农资价格不断攀升，农民用药积极性下降，对天牛的防治不力。

（4）长期、大面积、单一使用农药也是引发蔗根锯天牛大暴发的原因之一。龚恒亮等（1992）报道，在大面积推广呋喃丹和甲基异柳磷不到 10 年的时间里，甘蔗突背犀金龟对这两种药剂已分别产生了 3.0 和 3.3 倍的抗药性。而如今呋喃丹已在甘蔗上使用了 30 余年，特丁磷也已使用了 10 余年，由于长期大面积单一使用同一类杀虫机制的药剂，且没有其他药剂与之轮换使用，因此蔗根锯天牛在这类药剂长期的选择压力作用下，形成了一定的抗药性。抗药性的产生，导致药剂防效下降，必然导致害虫防治失控。

（5）由于对产量的追求，蔗农普遍喜种那些茎秆粗大，蔗纤维软，含糖分高的品种，如台糖 22 号、25 号和 28 号等，这类品种易感蔗根锯天牛。桉树的大面积种植，也可能是引发蔗根锯天牛为害加重的原因之一。这一点虽无直接证据，但桉树和甘蔗同为蔗根锯天牛的重要寄主，桉树大面积种植丰富了天牛的食物来源，必然引起该虫种群数量的激增。另外，蔗根锯天牛为害加重与桉树的大面积种植在时间上、规模上似乎有着某些方面的耦合。

（6）气候条件的变化也是一个不可忽视的因素。因为最近 10 余年来，高温、干旱、少雨气象是南方地区天气的典型特征，而蔗根锯天牛由于栖居于土壤中，少雨干旱有利于天牛幼虫的生存。

第五节　综合防治方法

一、农业防治

（1）甘蔗收获后，清洁蔗园。不留宿根的蔗地即时犁耙深翻，将翻出的蔗头捡拾集中处理，以消灭蔗头中残留的虫源。同时，捕捉暴露于土表的幼虫和蛹，集中杀灭，以减少下茬的虫源。

（2）在有条件的蔗区，采用深犁深翻方式，用专业机械破碎蔗头，可有效杀死天牛幼虫。杨彩等（1992）报道，在斩蔗后，采用旋转耕作机处理蔗地土壤，破碎蔗头，能直接杀死56.04%的天牛幼虫。如结合土壤表面撒施颗粒剂，用犁将药剂翻入土中，则防治效果更理想。

（3）出现死苗时，天牛幼虫往往仍藏匿于死苗中或死苗的基部，可割去带虫的死苗，集中烧毁，能有效减少虫口基数。

（4）受害蔗园提前收获，受害枯死茎达5%以上的蔗地不留宿根，并在收获后翻犁蔗园，捕捉栖息于土中的幼虫，此项工作最迟应于4月上旬前完成。受害特别严重的蔗园，在八九月已出现大面积死蔗时，应立即斩去甘蔗，犁耙深翻，捕捉土中幼虫，改种秋植蔗或其他作物。

（5）有条件的地区，实施水旱轮作，可有效减轻天牛的为害。

二、物理防治

（1）灯光诱杀成虫。主要利用根天牛成虫趋光性特点，在天牛成虫羽化出土高峰期的5～6月间，在甘蔗田间安放20W黑光灯进行诱杀。黑光灯可于19：00—20：00亮灯。据廖海洪等（2006年）报道，频振式杀虫灯对蔗根锯天牛成虫的诱捕效果非常明显。在成虫羽化高峰期，每盏频振式杀虫灯每日可诱捕到350～500头成虫。

（2）设置陷阱诱捕根天牛成虫。于天牛成虫羽化出土高峰期的5～6月间，在蔗田每隔6～10m^2左右设置一直径为20cm、深30cm的陷阱，或用类似大小的塑胶桶埋入土中，桶口与地面平行。以此来诱集天牛成虫，进而集中灭杀。

三、生物防治

（1）施用病原微生物。曾传芳等（1981）利用自然感染绿僵菌的蔗根锯天牛幼虫磨碎后制成绿僵菌悬浮液，浸蔗种1min，使蔗种带菌后下种或将悬浮液直接喷到土中拌均匀，然后将蔗茎和天牛幼虫置于其中，均表现出很好的致病效果，幼虫死亡率分别达到85.8%和100%，且悬浮液浓度越高效果越好。这说明绿僵菌对天牛幼虫的感染力较强，具有较高的利用价值。

（2）保护和利用天敌昆虫。天牛有许多捕食性和寄生性天敌，对这些天敌加以保护和利用可有效抑制天牛的为害。

四、化学防治

蔗根锯天牛世代重叠，田间各龄幼虫混发，且幼虫大部分时期藏匿于蔗茎或蔗头中啮食，一般药剂很难到达幼虫栖息的部位。同时，大龄幼虫虫体肥大、体表脂肪厚，对药剂耐药力强。所以如何有效防治蔗根锯天牛是一个很大的难题。因此，要想达到理想的防治效果，必须找出天牛幼虫对药剂较敏感的时期或最易接触药剂的时期，不失时机地施药防治。

依据上述原则，再根据天牛的生活习性分析，有两个最佳用药时期：

（1）下种期应该是一个较为有利的用药时期。因为天牛幼虫在春季回温后会重新回到耕作层，活动于蔗种附近，蛀食蔗种。利用幼虫取食蔗种的这一特点，在甘蔗播种时，用药剂沟施于蔗种附近，形成保护层，当幼虫取食时，虫体接触农药，致使幼虫中毒死亡。

在蔗根锯天牛为害较重的蔗区，用药剂进行种苗浸种也不失为一种有效的防治方法。甘蔗播种后，天牛幼虫会从土层深处转移到蔗种附近取食蔗种，当幼虫取食到带毒的种苗时，药剂经口进入虫体内，可致幼虫中毒死亡。浸种的具体操作方法如下：选择持效期较长，内吸、渗透性强的杀虫剂如48%毒死蜱乳油或20%好年冬乳油等稀释成300～500倍液，兑好药液后，将蔗种投于药液中浸种20～30min。捞起阴干后即可播种。此法可与杀菌剂浸种同时进行。药液可反复浸种3～4次。浸种用过的药液可淋入蔗沟中。

（2）蔗根锯天牛幼虫孵化高峰期，时值六七月间，刚孵化的幼虫会先在蔗头根际周围的浅土层（土表下10～30cm）中取食活动一段时间后才开始蛀入蔗茎中，是虫体最易接触农药的时期，且这一时期幼虫虫体小、体表脂肪少，处于对农药最敏感时期，因此，此时用药可起到事半功倍的效果。具体施药方法：结合甘蔗大培土，将农药撒施于蔗苗基部附近并覆土。防治蔗根锯天牛的药剂可选择5%蔗来茎颗粒剂60kg/hm^2、3%丰保磷颗粒剂75～90kg/hm^2、3%甲基异柳磷颗粒剂75～90kg/hm^{2}或3%扑杀威乐颗粒剂90～105kg/hm^2。

宿根蔗的第一次施药应早犁垄松蔸，将药剂撒施于蔗头附近，然后覆土。

第六章 根象甲

第一节 主要种类

根象甲属于鞘翅目 Coleoptera，象甲科 Curculionidae，是指象甲中在土壤中取食植物根部的种类，是主要的地下害虫之一。根象甲在我国记载的种类颇多。而在甘蔗地下害虫方面，有报道为害甘蔗的根象甲有 10 多种，均为局部性发生。如蔗根象甲 *Episomoides albinus* Matsumura、甘蔗根象甲 *Cosmopolites* sp. 等。近年来，随着对甘蔗地下害虫研究的不断深入，相继发现了细平象甲 *Trochorhopalus humeralis* Chevrolat、斑点象甲 *Diocalanard* sp. 、赭色鸟喙象甲 *Otidognathus rubriceps* Chevrolar、竹直锥大象甲 *Cytotrachelus longimanus* Fabricius 等，有些象甲如赭色鸟喙象甲、竹直锥大象甲的幼虫虽不直接咬食蔗根、蔗头，但幼虫在由地上部蔗茎蛀入后，自上而下，一直蛀食至地下茎部，在到达地下茎的最底部后又掉头向上继续蛀食，致使地下茎中形成多个虫道，使整个地下茎被蛀食一空。因此，本书亦将此类象甲列入地下害虫予以描述。

第二节 形态特征、生活习性与发生规律

一、甘蔗根象甲

（一）寄主与分布

甘蔗根象甲 *Cosmopolites* sp. 又名甘蔗根象。分布于广东、福建、广西等地，主要为害甘蔗根部。甘蔗受害后，根部被蛀食成多个虫道并引起根部腐烂；甘蔗地上部叶片干缩卷曲，植株矮小形如干旱缺水状，风吹易倒伏。甘蔗根象甲为害严重的蔗地，可导致甘蔗产量损失达 50% 以上，甚至失收。

（二）形态特征

成虫（图 6 – 1.1 ~ 2）　雌虫体长约 10mm，宽约 2.8mm；雄虫体略小，长约 8.5mm。全体深褐色，无鳞片或毛。头长，表面光滑。喙粗大，长 2.5mm，向下弯曲。触角膝状，着生于喙基部 1/3 处。棒节近圆形，末端平截。复眼弯月形。前胸背板密布粗刻点，背面圆形隆起，两侧近于平行，前端缢缩，后缘向后突出。翅鞘长为宽的 1.7 倍，两侧平行，向后逐渐收缩。翅肩不显，行纹深，有不明显的浅刻点，行间较行纹

宽，翅坡窄，略凹。鞘翅短于腹部，故盖不住腹末。腹板具粗刻点。足具稀疏刻点，胫节长。

卵（图6－1.3） 椭圆形，乳白色。

幼虫（图6－1.4） 体长7～8mm，淡黄白色。头橘黄色，上颚黑色。体肥大，中部向上拱起。头和腹末细，无足，头、胸和腹末具细长毛。

蛹（图6－1.5） 裸蛹。初蛹呈淡黄白色，后为土黄色。头部有粗长毛6根，前胸背板有16根。中、后胸背板和腹部背面均具一列短毛突，腹末具一对刺突。各足腿节末端有粗毛一根。

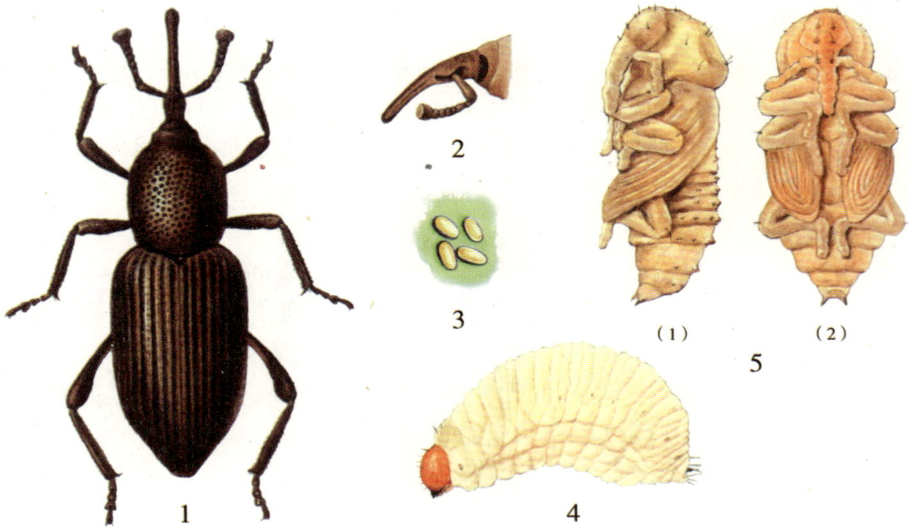

图6－1 甘蔗根象甲

1. 成虫；2. 成虫颚；3. 卵；4. 幼虫；5. 蛹：（1）侧面，（2）腹面

（仿《甘蔗病虫鼠草防治彩色图志》图）

（三）生活习性与发生规律

在广西，甘蔗根象甲为1年发生1个世代，以成虫越冬（周至宏等，1992）。每年3月上旬以后，成虫开始活动，在甘蔗根蔸旁土中交配并产卵。幼虫从蔗茎的地下钻入地下茎内并向上取食，形成纵向弯曲的虫道。严重时，地下茎只剩下外表皮，内部充满土红色的虫粪和糟腐状碎屑。每个蔗头内常聚有20～30头幼虫。幼虫老熟后，在原虫道内化蛹。甘蔗收获后，成虫仍留在宿根蔗内越冬。甘蔗受害后，外观叶片干枯卷曲，植株矮小萎缩，似缺水状。根部腐烂，极易拔起。

甘蔗根象甲主要发生于低洼的沙质壤土蔗地中；宿根蔗受害重于新植蔗，且宿根年限越长，甘蔗根象甲为害越严重。

二、细平象甲

（一）寄主与分布

细平象甲 *Trochorhopalus humeralis* Chevrolat 属于鞘翅目，象甲科。主要分布于云南

景东、景谷、潞西、瑞丽、畹町等地。细平象甲与斑点象甲一般为混合发生，但不同受害蔗区种群结构不同，其中盈江、潞西、瑞丽、梁河、陇川、畹町 6 县（市）以细平象为主，约占 95%；景东、景谷、镇沅则以斑点象甲为主，约占 95%；而在昌宁两种象甲不相上下，细平象甲约占 55%，斑点象甲约占 45%。细平象甲除为害甘蔗外，还为害玉米、割手密、类芦及白茅等植物。

细平象甲成虫、幼虫均可为害甘蔗，每年为害期长达 10 个月之久，可导致每公顷产量损失 7.5 ~45t，严重的甚至造成失收。受害后，甘蔗宿根蔗年限缩短，很少能留两年宿根。受害严重的甘蔗因出苗率和长势极差，不能作种苗。甘蔗地下部分受害，易倒伏；受害蔗头易感染赤腐病，造成腐烂，更易引起倒伏，损失惨重。

（二）形态特征

成虫（图 6 –2.1）　雄虫体长 4.5 ~8.5 mm，宽 2.0 ~3.1 mm；雌虫体长 6.0 ~9.5 mm，宽 2.3 ~ 3.5mm。体黑色，少数黑褐色，略有光泽，长椭圆形。喙呈象鼻状稍弯曲，长为宽的 1.5 倍，基部膨大，触角生于喙后部的 1/3 处，棒膨大呈莲蓬状，端部呈圆形平面。鞘翅长与宽之比为 5∶3，且排列有行纹和刻点。雄虫第 1、2 腹板中部显凹陷，雌虫则略凸出。

卵（图 6 –2.2）　乳白色，长椭圆形，长约 1.0 ~1.2 mm，宽约 0.4 ~0.5 mm。

幼虫（图 6 –2.3）　乳白色，背面略拱起并向腹面弯曲，多皱褶，胸足退化。老熟幼虫体长 7 ~10 mm，宽 3.2 ~9.0 mm。

蛹（图 6 –2.4）　裸蛹。初蛹体乳白色，将羽化时渐变为淡黄色至黄褐色，体长 6.0 ~9.5 mm，宽 2.5 ~4.0 mm。

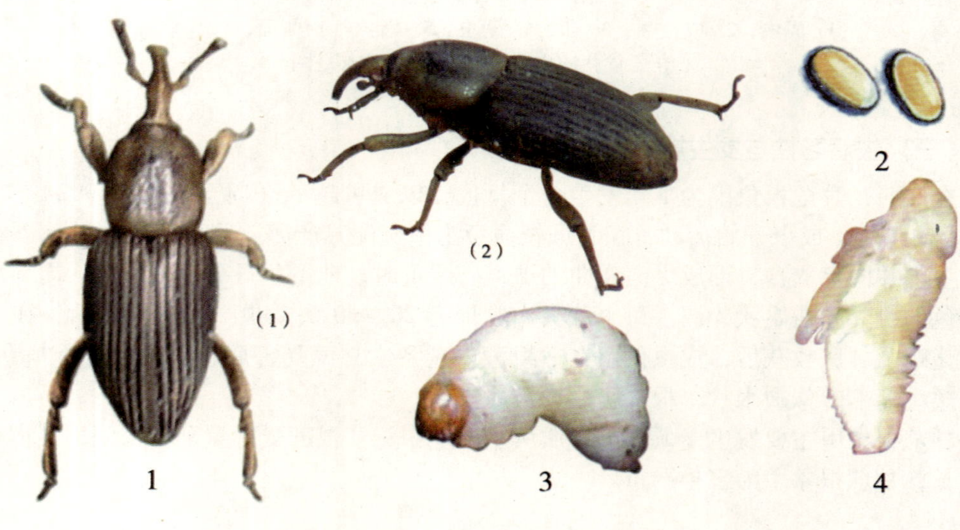

图 6 –2　细平象甲

1. 成虫：（1）背面，（2）侧面；2. 卵；3. 幼虫；4. 蛹

（三）生活史及生活习性

在云南，细平象甲为 1 年发生 1 代，主要以成虫在蔗头虫道内越冬（图 6－3）。成虫于第 2 年 1 月下旬开始从蛀道内钻出，在蔗蔸上或附近的土壤中寻偶交配，交配方式为重叠式。一雄可与多雌交尾，一雌也可多雄交尾。成虫具假死性、负趋光性和喜湿性。虽有后翅，但从未发现飞翔。成虫觅食、寻偶、交尾均在土中进行。成虫寿命一般为 7～8 个月。雌雄性比为 1∶0.8。3 月中旬，成虫开始产卵，卵产于土表下甘蔗幼芽鳞叶、嫩根或根际附近土中，或在幼根上咬一小洞将卵产入。卵分次，散产，每天 1 粒，偶有 3～5 粒，昼夜均可产卵。产卵期达 9 个月。每雌能产卵 1～70 粒，产卵盛期在 4～6 月。卵期 10～15d，多数为 12d。卵于 4 月中旬开始孵化。初孵幼虫可爬行寻找寄主，咬破甘蔗嫩根，钻入髓部，边蛀食边进；幼龄幼虫在蛀道内往上钻蛀移动快，蛀入蔗茎内移动变慢。整个幼虫期都在同一蔗头里活动，一个蔗头内可有多头幼虫，最多的可达 30 头，但各自一虫道。老熟幼虫于 9 月中旬在蔗头里的蛀道内化蛹，化蛹盛期为 10 月下旬。蛹期为 23～28d。10 月中旬至 12 月中旬成虫羽化，盛期为 11 月中旬，成虫通常在早上羽化。成虫羽化后继续在蛀道内取食并越冬。成虫、幼虫、卵均有趋湿性，惧怕干燥。成虫耐饥力强，如果不给食料，保持湿度，存活期可达 1 个月（廖贻昌等，1994；魏文品，1996）。

时间											
1 月	2 月	3 月	4 月	5 月	6 月	7 月	8 月	9 月	10 月	11 月	12 月
上中下	上中下	上中下	上中下	上中下	上中下	上中下	上中下	上中下	上中下	上中下	上中下
+ + +	+ + +	+ + +	+ + +	+ + +	+ + +	+ + +	+ + +	+ + +	+ +		
		●●	●●●	●●●	●●●	●●●	●●●	●●●	●		
			C C	C C C	C C C	C C C	C C C	C C C			
								⊕⊕	⊕⊕⊕	⊕⊕⊕	⊕⊕
									+ +	+ + +	+ + +

图 6－3　细平象甲生活史图示（仿魏文品，1996）

图例：+ = 成虫；● = 卵；C = 幼虫；⊕ = 蛹。

（四）发生与环境条件的关系

（1）甘蔗宿根及年限：宿根蔗受害重于新植蔗，宿根年限越长，虫口累积越多，甘蔗受害越重。据调查，新植蔗受害株率仅为 7%，而 1 年宿根升至 45%，2 年宿根升至 100%。

（2）地势与土壤含水量：坝地虫多，受害严重，受害株率一般为 15%～47%；而山地甘蔗很少受害。这主要取决于土壤含水量的多少，山地含水率相对低，为 12%～15%，坝地含水量高达 20%～23%，因而受害严重。

（3）土壤质地：沙壤土蔗地虫害发生比胶泥土蔗地严重。因沙壤土土壤团粒结构好，耐旱、保湿、保水性能好，对象甲入土产卵和幼虫的孵化有利；而胶泥土早春干旱开裂，保水、保湿性差，土块坚硬，不利于象甲活动。沙壤土蔗地甘蔗受害株率一般为

15% ~45%，而胶泥土蔗地甘蔗受害率仅为0~7%。

（4）沟河流水：流水是象甲传播扩散的重要媒介，因此沟河沿岸两边的蔗地往往受害。

（5）天敌：在田间，已发现细平象甲可被5种天敌寄生或捕食，这5种天敌分别是白僵病 *Beaureria bassiana*（Bals）Vuill、绿僵病 *Metarrizium anisopliae*（Metsch）Sorokin、黄足肥螋 *Euborellia pallipes* Shiraki、青翅蚁形隐翅虫 *Paederus fuseipes* Curtis 及印度长颈步甲 *Phionen irrilion* Thunberg，其中白僵病可侵染幼虫、蛹和成虫，发病率通常为8.0% ~15%，对象甲的为害有一定的抑制作用。

三、斑点象甲

（一）寄主与分布

斑点象甲 *Diocalanard* sp. 属于鞘翅目，象甲科。20世纪90年代开始，该象甲在云南蔗区发展、蔓延，并迅速扩大，成为云南蔗区主要的、严重蛀食甘蔗地下蔗头的新地下害虫。据杨雰等（1996）调查，斑点象甲主要分布在云南省景东、盈江、潞西、瑞丽、梁河、陇川、畹町、昌宁、景谷、镇沅等地。斑点象甲一般伴随细平象甲同时发生，其在四川亦有分布。除为害甘蔗外，还为害玉米、割手密、斑茅等粮食作物及甘蔗属野生近缘植物。

（二）形态特征

成虫（图6-4.1）　雄虫体长4.5~5.0mm，宽1.8~2.2mm；雌虫体长5.0~6.5mm，体宽2.0~2.5mm，体型稍小。体近长椭圆形，黑色，少数褐黑色，偶有棕褐色，全身被灰白色鳞片。喙稍弯曲，背面呈圆筒形，腹面稍扁平。触角着生于喙中部之前1/3处，棒长约等于索节5、6、7节之和，呈纺锤形。前胸背板长大于宽，后缘宽于前缘，前胸背板4个角均各有1个由灰白色鳞片组成的斑。每个鞘翅上各有8个灰白色鳞片组成的斑。臀板略外露，前足基节靠拢，中、后足基节互相分离。腿节呈棒状，胫节直，端部内缘有1个齿。雄虫后胸腹面和第1、2腹板中部显著凹陷呈“C”状，雌虫则略突出或较扁平，后胸腹板中部有一显著纵沟纹。

卵（图6-4.2）　长椭圆形，长0.8~1.0mm，宽0.45~0.5mm。初产时乳白色，近孵化时呈浅黄褐色。

幼虫（图6-4.3）　老熟幼虫体长6.0~10.0mm，宽1.8~3.0mm。乳白色，头部黄褐色。体背着生棕色刚毛，头部具4对较长棕色刚毛，腹末端4对刚毛最长。

蛹（图6-4.4）　体长6.0~7.1mm，宽2.5~3.2mm。初蛹乳白色，刚毛短，颜色浅，肉眼不易看见；后期蛹深黄褐色，刚毛长，颜色加深，肉眼可见。近羽化时，前胸背板、足均变为棕褐色。静止时，多数身体腹面向上，背面向下。头上有2对棕色长刚毛。喙与前足胫节平齐，触角伸达前足腿节基部。腿节端部外侧各有1根棕色刚毛。腹部背面各节有横列突起，其上长有棕色刚毛，以胸部刚毛最多。

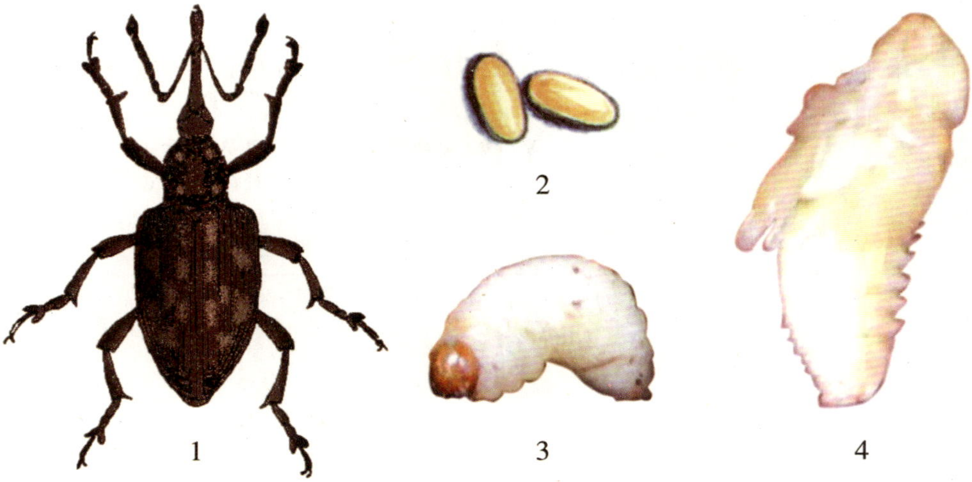

图 6－4　斑点象甲

1. 成虫；2. 卵；3. 幼虫；4. 蛹

（三）生活习性与发生规律

杨雰等（1996）通过田间调查和室内饲养相结合的方法对斑点象甲进行了观察。斑点象甲 1 年发生 1 世代，无越冬现象。4 月中旬至 6 月下旬为成虫羽化期，羽化盛期为 5 月间。成虫多在早上羽化，初羽化的成虫体色浅，斑点不明显，1/3 的后翅裸露于鞘翅外；2～5d 后，体色变深，斑点明显，后翅全部收藏于鞘翅下。羽化后不久，成虫便由蔗头内爬出，在地下蔗蔸上和附近土中活动，觅食寻偶、交配。成虫一生可交配多次，每次持续长达数小时，日夜均可交配，其间常作间歇性爬动。成虫无假死性，活动敏捷，寻偶、交配均在土中进行。成虫有喜湿性、反趋光性和钻土性。潮湿有利于成虫存活。室内饲养羽化或田间采集的成虫，一般都是雌多于雄，雌雄性比为 1∶0.76。成虫寿命一般为 3～4 个月，雌虫寿命较雄虫长约半个月。5 月下旬开始产卵，产卵盛期在 6 月中旬至 7 月底，少数雌虫产卵持续至 10 月。卵通常单粒散产于土表下寄主嫩根上、幼芽、鳞片间或根际附近土中。成虫分次产卵，大多每天产 1 粒，少数 2～4 粒。产卵多在夜间或早上进行，产卵历期 26～91d，每头雌虫产卵 3～19 粒。在饱和湿度条件下，卵期 16～20d，多数为 17d。卵粒对干燥、失水十分敏感，在室内，初产的卵如不及时进行保湿处理，数小时后即干瘪失去活性。6 月中旬出现初孵幼虫，初孵幼虫先取食嫩根和幼芽，后蛀入髓部，边食边进，每 2d 可向上蛀移 1.0～1.2cm，随后便蛀入蔗头内为害。一般 1 头虫 1 条隧道，整个幼虫期均在同一蔗头内为害。幼虫对干燥环境十分敏感，在干燥条件下，初孵幼虫 1～2h，高龄幼虫数小时便失水干瘪而死。幼虫畏光，在光照时，立即隐蔽躲藏。化蛹盛期在 4 月中下旬，蛹期 10～17d，多数为 16d。蛹体置于试管内，需用小棉团浸水轻甩至无水滴后放入试管内保湿，否则就会失水干瘪而死。

地区	1月	2月	3月	4月	5月	6月	7月	8月	9月	10月	11月	12月
	上中下	上中下	上中下	上中下	上中下	上中下	上中下	上中下	上中下	上中下	上中下	上中下
云南				+ +	+ + +	+ + +						
					●	● ● ●	● ● ●	● ● ●	● ● ●	● ●		
						C C	C C C	C C C	C C C	C C C	C C C	C C C
	C C C	C C C	C C C	C C								
				⊕⊕⊕	⊕⊕⊕	⊕⊕						

图 6－5　斑点象甲生活史图示（仿魏文品，1996）

图例：＋ ＝ 成虫；● ＝ 卵；C ＝ 幼虫；⊕ ＝ 蛹。

斑点象甲主要以幼虫从当年 7 月至翌年 2 月间在蔗头内蛀凿小隧道进行为害。一般 1 头虫 1 条隧道，1 个蔗头内有虫 4～6 头，多的达 10～20 头。斑点象甲食量小，一般不会造成整片蔗株枯死而失收，但对甘蔗的生长影响大。受害后，产量损失可达 7.5～45.0t/hm^2，甘蔗田间垂度降低 4%～6%。虫口密度高的蔗地，蔗株根系发育不良，生长势差，产量仅 30～45t/hm^2，一般只能留 1 年宿根，第 2 年宿根产量锐减，蔗农只得翻耕新种，从而增加了种植成本。同时，受害后的蔗头易感染赤腐病，更加速了蔗茎的腐烂，甘蔗易倒伏。

（四）发生与环境条件的关系

（1）宿根蔗和宿根年限与虫害：宿根蔗受害重于新植蔗，宿根年限越长，虫口累积越多，甘蔗受害越重。据景东蔗区调查，新植蔗受害株率 10% 左右，受害株带虫量 0.1～2 头/株；1 年宿根，甘蔗受害率上升为 40%～50%，受害株带虫量 3～4 头/株；2 年宿根，受害株率高达 90%～100%，带虫量 7～10 头/株。甘蔗产量也逐年下降，新植蔗、1 年宿根蔗、2 年宿根蔗的产量分别为 90～105t/hm^2、30～60t/hm^2 和 15～30t/hm^2。

（2）沟河流水与虫害：由于斑点象甲不善飞翔，迁移距离短，流水是其主要的传播途径之一。室内饲养观察显示，其扩散主要靠沟河流水将有虫蔗蔸冲带到无虫的蔗地，因此景东、景谷、镇沅、昌宁等县的江河两岸蔗区均为斑点象甲严重发生地带。越近河边受害越重，远离河边则受害较轻，新植蔗地则主要在入水口处见到斑点象甲。

（3）地势、土壤含水量与虫害：山地甘蔗无虫影，坝地甘蔗象甲多。坝地蔗田受害蔗株带虫量为 6～10 头/株；缓坡蔗地，上坡段干燥，下坡段潮湿，受害株带虫量分别为 1～2 头/株和 6～10 头/株。潮湿有利于斑点象甲生长发育。

（4）土壤质地与虫害：沙壤土较胶泥土斑点象甲发生严重，因沙壤土物理性状好，有利于斑点象甲正常发育；而胶泥土土块坚硬，不利于象甲活动。沙壤土蔗地受害株率高达 85%～100%，受害株带虫量 5～6 头/株，胶泥土蔗地受害株率仅为 0～20%，受害株带虫量 0～3 头/株。

（5）天敌与虫害：白僵菌、绿僵菌是制约斑点象甲的有效天敌，其中白僵菌可侵染幼虫、蛹和成虫，自然发病率在 10% 左右，在室内饲养时，如不进行灭菌、隔离，则易感染，发病率更高。

四、赭色鸟喙象甲

（一）寄主与分布

赭色鸟喙象甲 *Otidognathus rubriceps* Chevrolar 属鞘翅目，象甲科，隐颏象亚科，鸟喙象属。它是云南蔗区近年来甘蔗上一种新的严重蛀食蔗茎和蔗头的害虫，也是我国的内检害虫之一。自 1992 年首次在西双版纳发现以来，连年猖獗为害甘蔗（黄应昆等，1998）。赭色鸟喙象甲主要以成虫和幼虫为害蔗茎，并自上而下蛀食至甘蔗地下茎，致使地下茎被蛀食一空，由于蔗株地上和地下茎部双重部位受害，极易引起蔗株枯死，茎内腐烂，造成减产和糖分损失，甚至失收。

（二）形态特征

成虫（图 6－6.1）　雄虫体长 17.0～19.5mm，宽 8.0～9.1mm；雌虫体长 18.0～21.5mm，宽 8.2～10.0mm。体略呈菱形，黄褐色至赤褐色，头、喙黑色，触角、跗节深黑色。体背光滑无鳞，有黑色斑纹。腹面和足的腹缘有稀疏长毛。头小，半球形；两侧具黑色椭圆形复眼，眼大，头与喙背面相接处有一小窝点。喙细长，密布纵皱纹刻点，端部 2/3 扁宽。雄虫喙稍短、扁直，背面有两行小瘤突。雌虫喙圆柱形，长且弯，表面光滑；触角着生于喙基部；触角沟坑状，柄节长超过索节之和，索节 6 节，棒节愈合，呈靴形。前胸背板盾形，前缘缢缩，中部最宽。后缘中间向后突出；背面较隆，密布圆形刻点；前、后缘黑色，中间有 1 个梭形黑色纵斑纹，胸部腹面黑色、小盾片黑色，为长腰三角形。鞘翅宽于前胸，肩部最宽，每个鞘翅各有黑斑 2 个，肩部及外缘内角黑色。后翅赤褐色。臀板外露，腹面可见 5 节，黑色。腹板有 5 个赤褐色三角形斑。前足基节分离。足与体同色，唯各节相连处黑色，胫节端部有一锐刺。蹄节三宽叶状，爪分离。

图 6－6　赭色鸟喙象甲

1. 成虫；2. 卵；3. 幼虫；4. 蛹；5. 蛹室

（1. 仿《甘蔗病虫鼠草防治彩色图志》图；2～5. 仿康宁等图）

卵（图6－6.2） 长椭圆形，长径3.5～4.0mm，短径1.5～1.8mm。初产时玉白色，渐变成乳白色，表面光滑，无斑纹，孵化前卵的一端半透明。

幼虫（图6－6.3） 初孵幼虫体长3～3.5mm，宽1.4～1.6mm，全体乳白色、柔软，取食后体转乳黄色；头部淡黄褐色。老熟幼虫体长20～26mm，宽8～11mm，深黄色，头部黄褐色，口器黑色。体呈拱形弯曲，多皱褶，可见浅黄褐色背线1条。头部着生棕色刚毛数根。腹末端呈六边形状凹陷，内有气门3对，周边具6对较长棕色刚毛。

蛹（图6－6.4～5） 体长20～22mm，宽9～11 mm，淡黄褐色。头上有6对棕色长刚毛。喙与前足胫节平齐，上有2对棕色长刚毛。触角伸达前足腿节端部。腿节端部外侧各有1根棕色刚毛。腹部背面各节有横列突起，其上长有棕色刚毛，气门共7对，位于各腹节背面两侧。蛹室附有甘蔗残渣纤维与泥土混合，长椭圆形，长径40～60mm，短径20～40mm。

（三）生活习性与发生规律

1. 生活史

根据黄应昆等（2000）田间调查和室内饲养观察，赭色鸟喙象甲在云南1年发生1代，以成虫在土中蛹室内越冬。越冬成虫于翌年5～6月初降雨后土壤比较湿润的情况下，逐渐出土活动、取食并寻偶交尾。7月中下旬为出土盛期，9月下旬为成虫终见期。6月中旬至9月中旬为成虫产卵期，7月中旬至8月上旬为产卵盛期。6月下旬至10月上旬幼虫取食为害，9月上旬至11月上旬，幼虫开始老熟并入土化蛹，化蛹盛期为10月上中旬。9月下旬至11月下旬为成虫羽化期，其羽化盛期在10月下旬至11月上旬，羽化后的成虫在土中蛹室内越冬。赭色鸟喙象甲的生活史见图6－7。

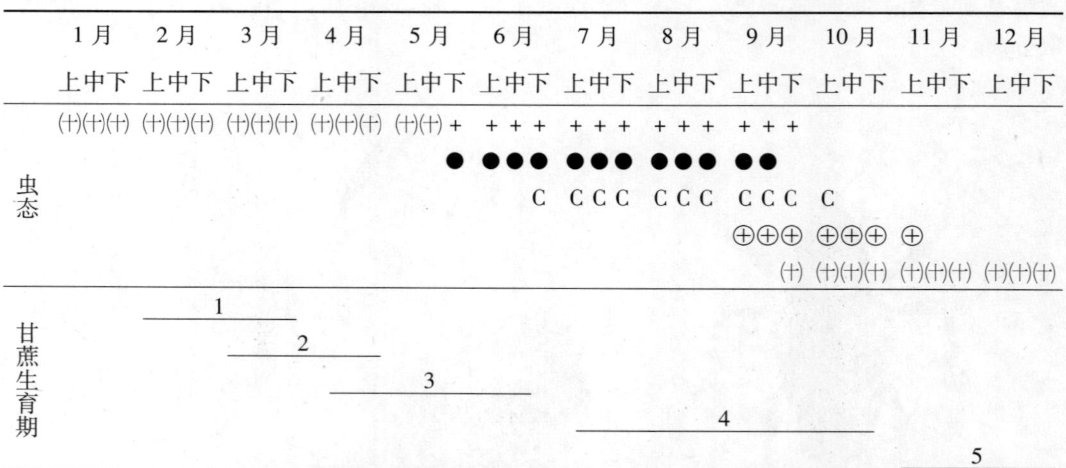

图6－7 赭色鸟喙象甲与甘蔗生育期的关系图示（仿黄应昆、李文凤等，2000）

图例：＋＝成虫；㈩＝越冬成虫；●＝卵；C＝幼虫；⊕＝蛹；1＝播种期；2＝苗期；3＝拔节期；4＝伸长期；5＝成熟期。

2. 生活习性

成虫：成虫于9月下旬开始羽化，但羽化的成虫并不立即出土，仍在土中蛹室内越冬，直到翌年5月底6月初才开始出土和活动。出土成虫于日出露干后方活动，以晴天

8：00—11：00 和 15：00—18：00 活动最多，中午、夜间及雨天多停息于蔗叶背面或地面隐蔽处。成虫飞翔力强，以雄虫飞行为多。飞行时速度缓慢，嗡嗡作响。成虫有假死性，一遇惊扰即坠落地面、草丛，腹部向上，经片刻即翻身爬行飞去；亦有少数在坠落途中即展翅飞去。成虫出土后，即可咬食嫩茎或未展开的心叶补充营养。成虫经补充营养后，即寻偶交尾。交尾时，雌虫多在蔗株上取食，雄虫飞来在雌虫体侧停息、挑逗，再行交尾。间有 2 ~ 3 头雄虫在雌虫体侧争相交尾，寻不到雌虫交尾的雄虫躁动不安，不停地爬行纷飞，常见生殖器伸出腹末端。雌虫边交尾边取食，若遇惊扰，慢慢拔出喙不动，惊扰稍大，即双双飞去或坠落地面躲藏。交尾方式为重叠式。观察 12 对交尾，每次需时 10 ~ 21min，交尾完毕雄虫会用足轻轻擦拭雌虫腹背。一天可交尾多次，昼夜可行交尾，但以每天 8：00—11：00 交尾最多。一雄可与多雌交尾，一雌也可同多雄交尾。成虫交尾后 2 ~ 3d，雌虫开始产卵，产卵前，雌虫先飞行寻觅未产过卵的蔗株，择其嫩茎部位啄 1 个较圆、较光滑的产卵孔，然后产卵 1 粒；并分泌褐色物覆盖孔口，保护卵粒。每株蔗株上只产 1 粒卵，成虫在产卵期间仍继续取食、交尾。根据黄应昆等室内饲养结果，1997 年成虫产卵始期为 6 月 19 日，1998 年为 6 月 26 日。产卵前期为 260d 左右，如 1997 年 10 月 27 日羽化的成虫，直到 1998 年 7 月 14 日才产卵。雌虫分次产卵，大多数为 1 ~ 3 粒/d，少数为 4 ~ 7 粒/d，产卵多在夜间或早晨。在黄应昆等（2000）的系统观察中，30 对成虫的雌虫产卵历期 25 ~ 79d，其中产卵日 19 ~ 47d，一生产卵 28 ~ 86 粒，平均 46. 3 粒。统计 22 对成虫从 6 月下旬至 9 月中旬，共产卵 1 180 粒，其中 92. 71% 的卵量在 8 月中旬以前产出。雌虫产卵大多在 9 月上旬结束，少数到 9 月中旬结束，一般产卵结束 2 ~ 12d 后便死去。经室内饲养羽化或由田间采集的成虫，一般均为雄虫多于雌虫，在统计的 747 头成虫中，雌雄性比为 1：2. 05。根据黄应昆等观察的 30 对成虫中，寿命一般为 10 ~ 11 个月，而雄虫比雌虫寿命长 10 ~ 20d。成虫在土中栖居长达 7 ~ 8 个月，出土活动 3 个月左右。

卵：卵通常单粒散产。初产时玉白色，1d 后两端清澈，中间浓白色；2 ~ 3d 后，卵的一端半透明，另一端出现乳白色丝状物；3 ~ 4d 后，可见褐色上颚及淡黄褐色幼虫头部，此时幼体不时在卵壳内上下蠕动，上颚刺破卵壳，经 4 ~ 6min 头部慢慢伸出并作左右摆动，历时 35 ~ 45min 的间隙性蠕动，幼虫脱壳而出。在饱和湿度条件下，日平均温度 26. 6℃ ~ 27. 8℃ 范围内，卵期 3 ~ 5d，多数为 4d。卵耐湿不耐干，在干燥条件下极易干瘪死亡；但在湿润条件下孵化率很高。据黄应昆等对 22 对成虫室内所产卵粒的观察，卵孵化率达 87. 27% ~ 100%，平均为 93. 87%。前期产的卵孵化率高，后期产的卵孵化率低。

幼虫：初孵幼虫稍待休息即从孵化孔处沿蔗茎中央向下蛀食。起初蛀道细，蛀移较快，每 5d 可蛀移 7 ~ 9cm。随虫体生长发育，食量渐增，蛀道渐宽。蛀入蔗头后，则活动变慢，一直蛀食蔗头直到成熟为止。幼虫昼夜不停地取食，边取食边排泄出纤维状虫粪。蛀道通直，赤红色，有酸腐味。1 头幼虫蛀食 1 株甘蔗，若蔗头蛀空后幼虫仍未老熟，则常转株为害，仍蛀食蔗头。初孵幼虫对干燥十分敏感，在干燥条件下，1 ~ 2h 便失水干瘪而死；但在湿润条件下，24h 不取食仍可存活。老熟幼虫在蔗头下入土化蛹，一般入土 8 ~ 15cm，深者达 25cm 左右。幼虫筑蛹室时，需数次回到入土口拉入一些蔗渣纤维与土做成蛹室。根据黄应昆对室内孵化饲养的 40 头幼虫的观察，此过程历时 56 ~ 98d，多数为 70d 左右。

蛹：幼虫老熟后身体缩短僵直，经 10～14d 的前蛹期后开始化蛹。初蛹体乳白色，后期蛹体浅黄褐色。蛹体平卧蛹室内，多静止不动，室内饲养时，频繁移动不能正常发育。黄应昆等调查了 50 头幼虫的化蛹情况，结果化蛹率为 96%。但蛹期的长短随温度而异。在室内饲养条件下，当日平均温度为 27.1℃时，蛹期为 18～20d；当日平均温度为 24.3℃时，蛹期则为 24～28d。

（四）发生与环境条件的关系

（1）春季降雨的多少直接影响象甲的发生程度。春季降雨早、雨量多，土壤湿润，有利于象甲出土，则发生较早，为害较重；春季降雨迟、雨量少，土壤干旱，不利于成虫出土，则发生偏后，为害较轻。如黄应昆等连续 3 年观察了勐海地区 2～5 月降雨量与象甲发生程度的关系，1996 和 1997 年两年 2～5 月均先后降雨，成虫 5 月底即开始出土，6 月下旬开始出现受害枯死株，其中受害株约 80% 都属主茎，损失较重；而 1998 年 2～5 月未降雨，成虫 6 月中旬才开始出土，7 月中旬开始出现受害枯死株，其中受害株约 50% 都属分蘖，损失较轻。

（2）土壤性质不同，象甲发生轻重差异大。胶泥土蔗地比沙壤土蔗地发生重，如在勐遮黎明农场，胶泥土蔗地受害株率为 25%～48%；沙壤土蔗地受害株率仅为 0～10%。原因就是胶泥土黏性重，冬春土表层温度和湿度适中，有利于象甲入土做茧和繁衍生存；而沙壤土松散，冬春土表层易干旱、温度高，不利于象甲入土做茧和繁衍生存。

（3）宿根年限越长，赭色鸟喙象甲为害越重。宿根蔗一般比新植蔗受害重。宿根年限越长，虫口累积越多，甘蔗受害越重。如在勐海地区，新植蔗受害株率为 10%～20%，1～2 年宿根升为 30%～48%，3～4 年宿根高达 50%～70%。

（4）甘蔗连作或成片种植，象甲的为害重。甘蔗长期连作、成片种植，或与玉米轮作的田块受害重；而甘蔗与水稻轮作或零星种植的田块受害轻，受害株率低于 10%。

（5）甘蔗品种不同，其受害程度亦不同。种植抗虫性品种，则受害率低；反之，则受害严重。台糖 172、元红 76/14、垄垦 80/27 和桂糖 12 等为感虫品种，田间受害株率高；而台糖 160、福引 79/8、桂糖 1 及选蔗 3 号等为抗虫品种，受害株率低。

（6）天敌保护得当的蔗区，天敌可抑制象甲的为害。据黄应昆等调查，赭色鸟喙象甲的天敌有病原真菌和捕食性天敌等，白僵菌和曲霉菌可侵染赭色鸟喙象甲成虫、蛹，发病率为 2%～3%；红蚂蚁 *Tetramorium quineense* Fabricius 则捕食赭色鸟喙象甲幼虫，捕食率为 1.5%。

五、竹直锥大象甲

（一）寄主与分布

竹直锥大象甲 *Cytotrachelus longimanus* Fabricius 又名竹象、竹大象虫、长足弯颈象，分布于我国的浙江、福建、广东、广西、湖南、四川等地。幼虫除为害甘蔗外，还可以为害毛竹、青皮竹、粉单竹、甜竹、绿竹、水竹、茶竹等。幼虫蛀入甘蔗嫩茎内，并沿蔗茎向下蛀食，直至地下茎的最底部，茎内蛀道宽大而充满虫粪，并发红霉烂，导致蔗株枯死。

（二）形态特征

成虫（图6－8.1） 雄成虫体长18～35mm，宽9～15mm；雌成虫体长16～30mm，宽9～12mm。虫体由红褐色到褐色，光滑，无鳞片。前胸背板上有不规则的圆形黑斑。鞘翅外缘不圆，呈截状，臀角位置无突刺。前足腿节、胫节与中足腿节、胫节等长。

卵（图6－8.2） 长椭圆形，长3～4mm，宽1.2～1.4mm。初产时为乳白色，后渐变为乳黄色。卵壳表面无斑纹、光滑。

幼虫（图6－8.3） 初孵时为乳白色，体长4mm左右；老熟时体为淡黄色，体长40～45mm。头黄褐色，前胸背板具有黄色大型斑块，并有一隐约可见的灰色背线。

蛹（图6－8.4） 长30～40mm，初为乳白色，后渐变为土黄色，外有一个由竹笋纤维与泥土混成的长椭圆形茧。

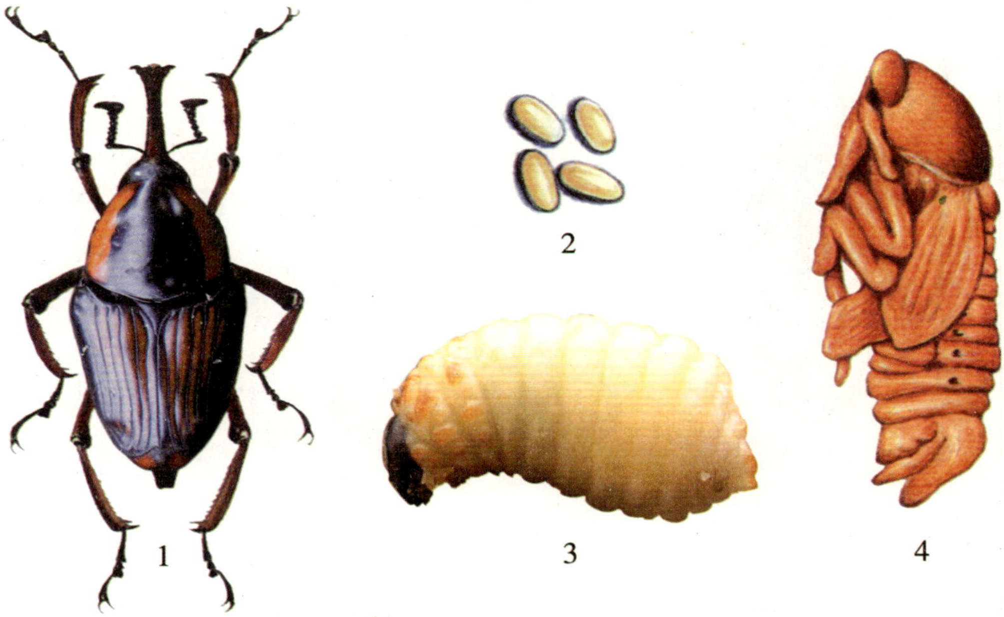

图6－8 竹直锥大象甲

1. 成虫；2. 卵；3. 幼虫；4. 蛹

（1，4. 仿《甘蔗病虫鼠草防治彩色图志》图；2. 仿康宁等图）

（三）生活习性与发生规律

竹直锥大象甲在云南为1年发生1代，以成虫在4～20cm深的土室中越冬。翌年4月下旬越冬成虫开始出土取食、交尾，6月中旬至7月上旬为出土盛期。成虫有假死性，喜栖息于阴凉处，以啃咬竹笋笋箨和甘蔗嫩茎来补充营养。成虫飞翔能力不强，寿命为50～70d。卵产于甘蔗叶鞘的内侧，一般在1株甘蔗上只产1粒卵。卵经一周孵化，幼虫蛀入甘蔗嫩茎内，沿蔗茎向下蛀食至地下茎的最底部并掉头向上蛀食。幼虫老熟后于地下6～28cm处造土室化蛹。成虫羽化后当年不出土，于室内越冬。

六、蔗根象甲

（一）寄主与分布

蔗根象甲又名蔗根象鼻虫、蔗根象。它是华南蔗区的主要地下害虫，主要为害甘蔗的根部。

（二）形态特征

成虫（图6~9.1）　体长约9mm，土黄色。喙短、粗而直。前胸背板具3条褐色纵纹，两侧的带宽于中间的一条带，背板具粗刻点和褶皱。鞘翅沿中脊部3/4褐色，肩胛后亦有一褐色纵带，长超过翅的一半，翅沟明显。足相对较粗，土黄色。

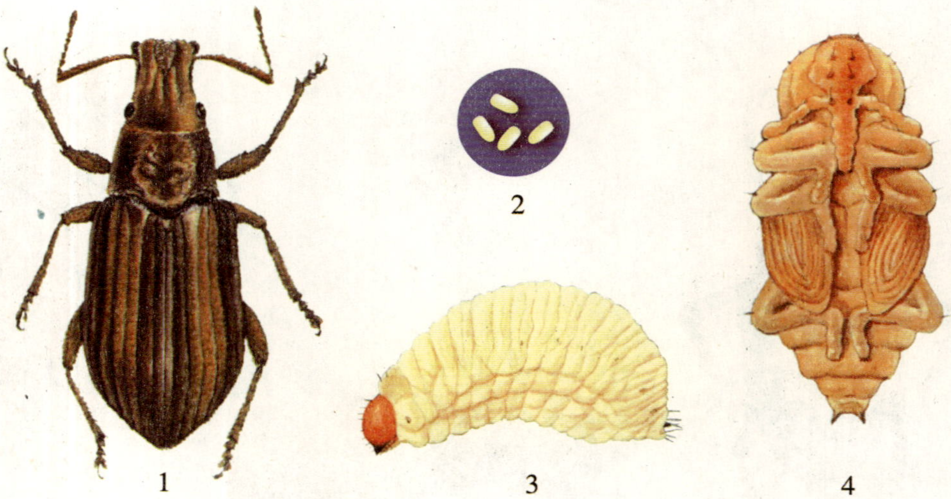

图6－9　蔗根象甲

1. 成虫；2. 卵；3. 幼虫；4. 蛹

（1，3，4. 仿《甘蔗病虫鼠草防治彩色图志》图）

（三）生活习性与发生规律

幼虫营地下生活，主要为害甘蔗的地下茎部，造成地下茎孔洞和虫道。成虫啮食甘蔗的叶片。其他习性及发生规律不详。

第三节　综合防治方法

一、农业防治

（1）实行检疫。蔗根象甲如细平象甲和斑点象甲目前主要集中在云南部分蔗区，仍属局部发生的害虫，且传播的途径主要依靠水流传播，故应严格检疫措施，特别是引种时，应严格控制疫区的种苗外调，或在调种时严格消毒措施，严防虫害扩散。

（2）犁垄翻蔸。据廖贻昌（1994）调查，蔗根内的越冬成虫最多时可达30头/根。

因此，不留宿根的蔗地应及时犁垄深翻，将翻出的蔗头捡拾集中晒干后烧毁，可大量减少越冬虫源和残存虫，减轻来年的为害。

（3）缩短宿根年限。虫害严重的蔗地或蔗区，减少宿根面积，少留或不留两年宿根，减少象甲的种群在田间的积累，降低受害率。

（4）水旱轮作。象甲无法在长期浸水的地里存活，故水旱轮作可有效杀死象甲幼虫，减轻象甲为害。目前主要采取蔗稻轮作，可将象甲为害率控制在10%以下，而连作地甘蔗受害率达50%以上。

（5）清除灌沟渠内的蔗蔸，注意不要将蔗头抛入河沟边或河岸上，发现沟内的蔗蔸应及时捡出，以免流水将有虫的蔗蔸带入附近的蔗地。

（6）清除田边地头上的割手密、类芦、白茅、斑茅等象甲的野生寄主植物。

二、化学防治

农药防治主要在于抓住甘蔗播种期和中耕培土期用药。

（1）播种期施药。于甘蔗播种时，选用5%毒死蜱颗粒剂60～75kg/hm^2，或3%甲基异柳磷颗粒剂75～90kg/hm^2，或5%蔗来茎颗粒剂60～90kg/hm^{2}施入蔗沟中，然后薄覆土。

（2）培土期追施。于甘蔗中耕培土时将药剂追施于蔗茎基部附近，然后再覆土。选用的药剂，根据黄应昆等（1996）的试验，10%杀死虫兰珠18.0kg/hm^2、3%呋喃丹颗粒剂60.0kg/hm^2、3%甲基异柳磷颗粒剂60.0kg/hm^2、10%二嗪农颗粒剂18.0kg/hm^2、50%辛硫磷乳油4.5kg/hm^2、35%甲基硫环磷乳油7.5kg/hm^2、3%呋甲颗粒剂75.0kg/hm^{2}等杀虫剂对象甲均有较理想的防治效果。

三、生物防治

根据廖贻昌等（1994）调查发现，在田间，甘蔗象甲有白僵病 *Beauveria bassiana*（*Bals*）Vuill、绿僵病 *Metarhizium anisopliae*（*Metsch*）Sorokin、黄足肥螋 *Fuborellia palipes* Shiraki、翅蚁形隐翅虫 *Paederus fuseipes* curtis 和印度长颈步虾 *Phionea indica* Thunberg。其中白僵病可侵染象甲幼虫、蛹和成虫，发病率通常为8%～15%，对控制象甲有一定作用。因此，保护和利用好天敌，对象甲种群具有一定的抑制作用。

第七章 白蚁

第一节 主要种类

白蚁（Termite）属等翅目 Isoptera，是世界性五大害虫（须舌蝇、蝉、蚊子、黏虫和白蚁）之一，总数不少于 2 500 种，遍布全世界，特别是在热带、亚热带国家，为害面积约占全球总面积的 50% 。在我国，截至 1992 年，有记载的白蚁种类已达 482 种，除新疆、宁夏、青海、内蒙古、黑龙江、吉林等 6 个省（自治区）外，其余地方均有分布，最高分布纬度为北纬 40°，特别是长江以南地区，蚁患尤为严重。

白蚁为害十分广泛，其为害对象除各种农作物外，房屋建筑、园林绿化苗木、铁道枕木、船舶桥梁、江河堤围、水库土坝、地下电缆、经济林木、仓库物资、文物档案、家具衣服、室内装饰物等也在其列。不仅如此，白蚁对非纤维素物质如塑料、橡胶、沥青、金属等也常常进行蛀蚀为害。在美国，每年因地下白蚁为害造成的损失和维修建筑费用已超过火灾、地震、龙卷风和其他自然灾害损失的总和。

白蚁除了能引起直接的经济损失外，对环境亦有重要影响，特别是在热带、亚热带自然生态系统的能量流和物质流过程中具有重要意义，一方面为害木材，另一方面又能将其他动物难以利用的枯木转化为动物蛋白。最近的研究结果表明，白蚁对全球气候、环境也有重大影响。地球上人均可“分摊”到半吨多白蚁，这些数量巨大的白蚁所产生的甲烷会使地球气温升高，全世界白蚁排出的 CO_2 约占每年地球上 CO_2 释放总量的 20%，其排放的大量蚁酸造成的污染，已超过汽车和工业烟雾等对环境的影响（吴宏和，1999）。

为害甘蔗的白蚁均为土栖白蚁，如黑翅土白蚁 *Odontotermes formosamus* Shiraki、家白蚁 *Coptotermes formosanus* Shiraki、黄翅大白蚁 *Macrotermes barneyi* Light 及海南土白蚁 *O. Hainanensis* Light 等。这类白蚁不但给农业生产造成灾害，也是为害建筑、堤坝，酿成人类大灾大难的罪魁祸首。

第二节 形态特征、生活习性与发生规律

一、黑翅土白蚁

（一）寄主与分布

黑翅土白蚁 *O. fonmosamus* Shiraki 属等翅目，白蚁科，土白蚁属。营土栖生活，属土栖性白蚁。在国内，北以北纬 35°（洛阳）为界，南至北纬 20°（海安）以内的河南、江苏、海南、西藏、安徽、浙江、湖北、湖南、四川、贵州、台湾、福建、广东、广西、云南、山西、山东、陕西、河北等长江以南 21 省（自治区）；在国外，缅甸、越南、泰国、印度、孟加拉国、日本、朝鲜、美国夏威夷等国家和地区均有分布。黑翅土白蚁食性很杂，对食物的选择性不强，为害范围广，其寄主多达 100 种以上。除为害甘蔗外，也为害多种农作物、树木及常绿阔叶林带。同时，还严重为害房屋建筑、森林和水库堤坝。在堤坝上筑巢量大而深，隐患最大。

（二）形态特征

兵蚁（图 7－1.1） 体长 6 mm 左右，乳白色。触角 15～17 节。上颚呈镰刀形，左上颚中点前方有一明显的齿，齿尖斜向前，右上颚内缘的对应部位有一不明显的微齿。前胸背板背面观元宝状，侧缘尖括号状，在角的前方各有一斜向后方的裂沟，前缘及后缘中央有凹刻。

工蚁（图 7－1.2） 体长 4.61～4.90mm。头黄色，胸腹部灰白色。触角 17 节。囟门呈小圆形的凹陷。

图 7－1 黑翅土白蚁

1. 兵蚁；2. 工蚁；3. 有翅成蚁；4. 蚁后；5. 蚁王；6. 卵

（1～3. 仿《甘蔗病虫鼠草防治彩色图志》图）

有翅成蚁（图 7－1.3） 体长 27～29.5mm，翅展 45～50 mm。头胸腹背面黑褐

色，腹面棕黄色。触角19节。前胸背板中央有一淡色的十字纹，纹的两侧前方各有一椭圆形淡色点，纹的后方中央有带分支的淡色点。翅长大，前翅鳞大于后翅鳞。前翅M由Cu分出，共5支，Cu有8~12根明显的分支。后翅M由Rs分出，其余情况同前翅。整个翅面有微毛，翅中部有棒状突起，前后缘有尖头状乳突。

蚁后（图7-1.4）**和蚁王**（图7-1.5）　体长70 ~ 80mm，体宽13~15mm。头胸部和有翅成虫相似，但色较深，体壁较硬。蚁王体略有收缩。

蚁卵（图7-1.6）　乳白色，椭圆形。长径0.6~0.8mm，一边较平直。短径0.4mm。

（三）生活习性及发生规律

黑翅土白蚁的品级较为简单。有翅成蚁经婚飞配对，建巢后成为蚁王蚁后，专司繁殖后代，卵孵化为幼蚁，幼蚁在不同激素作用下分别向工蚁和兵蚁两个方向分化。巢龄达到一定年限后，又出现有翅成蚁的分化。这样周而复始。

蚁王蚁后专司繁殖后代。巢群中一般只有一对，不同时期数量不同，但一般蚁王数目少于蚁后。有翅成蚁是巢群中除蚁王与蚁后外能交配生殖的个体，但在原巢内不能交配产卵，而要经分群移殖、脱翅求偶、兴建新巢后，才能交配繁殖后代。巢群中有翅成蚁的数量与巢群的大小、蚁后数目的多少有关，成年蚁巢有繁殖蚁达3 000~9 000只。

有翅成蚁分7龄，幼蚁从开始出现翅芽到完成最后一次蜕皮，经历约半年以上的时间。在同一巢内，有翅成蚁的龄期极不整齐，甚至同一时期能见到1~7龄的成蚁。刚具翅芽的若虫，5月出现于巢内，6月进入2龄，8月进入3龄，11月进入4龄，12月进入5龄，翌年3月出现有翅成蚁。

兵蚁数量次于工蚁，虽有雌雄之别，但无交配生殖能力，为巢中的保卫者，每遇外敌即以强大的上颚进攻，并能分泌一种黄褐色的液体抵御外敌。从卵孵化至出现兵蚁分化，历期为23.81d。

工蚁数量是全巢最多的一种，群体所包括的个体数可超过200万只。巢内一切主要工作，如筑巢修路、抚育幼蚁、寻找食物等，皆由工蚁承担。从卵孵化至出现工蚁分化，历期为16.67d。

在福建、江西、湖南等省，黑翅土白蚁11月下旬开始转入地下活动，12月份除少数工蚁或兵蚁仍在地下活动外，其余全部集中到主巢，待翌年3月初气候转暖时开始出土为害。这时，刚出巢的白蚁活动力弱，泥被、泥线大多出现在蚁巢附近，连续晴天时才会远距离出征取食。5~6月形成第一个为害高峰期。7~8月间气候炎热，在早、晚和雨后活动频繁。入秋9月后，逐渐形成第二个为害高峰期。11月为贮粮高峰期。

成虫分群婚飞一般在4~6月间。先由工蚁在靠近蚁巢附近筑成形如圆锥状的羽化孔突。孔突数目为15 ~ 20个，形状呈长方形或不规则形。有翅成蚁一般在气温达到20℃，相对湿度80%以上，气压在99.2~100.1 MPa之间，傍晚下雨时出现婚飞。

巢体结构随巢龄不断变化。由最初营建的巢穴，只是一个大的土腔（无菌圃期）到单菌圃期（大小2cm），再到多腔初期，在菌圃旁边和底部修筑“王室”，最后进入层裂期，此时主巢位置基本固定。

蚁王与蚁后在巢中生活的位置亦常随巢群的年龄或蚁后的大小而异。蚁后体较小，巢群较嫩，蚁王、蚁后则在无定形的“土室”居住，只生活于菌圃的下方，由菌圃把它们盖着。蚁群年轻时，多在巢中较大菌圃的边缘突出一个土室生活。蚁后体形大，长达 4 ~ 6cm，巢群已达成年或将达成年时，王与后往往生活在巢中菌圃泥质的“王室”中。蚁后体积因年龄不同而异，大约第 1 年时体积为 0.9cm^3，以后逐渐增大，到第 9 年时则可达 63.9 cm^3。

主巢温度通常处于 25℃ ~28℃，当冬季周围气温降至 9℃ ~19℃时，巢内温度仍不低于 20℃，夏季巢外酷暑，而巢内温度不高于 28℃。巢穴往往深达 2m 以上，有的可深达 5m。

黑翅土白蚁具有畏光性、趋湿性、群栖性、好斗性、护群性。喜湿怕水，喜温怕冷，喜爱整洁。螳螂、山青蛙、蝙蝠、各种蚂蚁、蜘蛛、穿山甲等都是它们的天敌。

甘蔗自播种至收获的整个生长期都可遭受黑翅土白蚁的为害，但以播后的萌芽期受害最重，幼苗期受害较轻。生长期后渐趋严重；生长中后期常出现第二个为害高峰。气候干旱往往加剧其为害；长期高温干旱后突降雨水则为害剧增。新垦荒地植蔗常比熟地蔗发生量大。

黑翅土白蚁中工蚁、兵蚁在地下开掘蚁道至甘蔗种植沟，从蔗种两侧切口侵入，蛀食茎内组织，造成与蔗种平行的多条隧道，严重时只剩下一层极薄的外皮，使大批蔗茎失去生机而死亡。7 ~9 月间，兵蚁从土表下的蔗茎基部蛀入啮食，且随蛀向茎内充填泥土。食害高度可达 20 ~100cm，受害蔗茎表面完整，但叶色较黄，下部枯叶较多。敲击蔗茎则发出空洞声。受害严重的蔗茎，遇风常大量折断，以致全株枯死。

二、家白蚁

（一）寄主与分布

家白蚁 *C. formosamus* Shiraki 又称台湾乳白蚁，属等翅目，鼻白蚁科。为全球性大害虫，广泛分布于世界各地。家白蚁营土木两栖性生活。家白蚁除为害甘蔗外，最大、最严重的为害活动是对木材的蛀蚀和对房屋、建筑物的破坏。

（二）形态特征

有翅成蚁 体长 7.5 ~8mm，翅展 11 ~12mm。体黄褐色，头褐色，翅透明、淡黄色。触角念珠状，20 ~21 节，全身密被灰白细毛。

兵蚁（图 7 –2.1） 体长 5.3 ~5.9mm，头椭圆形，黄色，最宽处在头的前端有明显的额腺，上颚发达如镰刀状，黑褐色。腹部淡黄色。遇敌时即分泌出乳状液体。

工蚁（图 7 –2.2） 头圆形，淡黄褐色。腹部乳白色。

蚁后（图 7 –2.3） 无翅，头、胸、腹部红褐色。腹部发达，筒形。

卵（图 7 –2.4） 卵乳白色，椭圆形。

蚁巢（图 7 –3） 属土木两栖，在室外或野外筑巢，巢居在地上或地下，有主、副巢之分，椭圆形，巢巨形，直径可达 50 ~100cm。

1　　　　2　　　　3　　4

图 7－2　家白蚁

1. 兵蚁；2. 工蚁；3. 蚁后；4. 卵

（3. 仿《甘蔗病虫鼠草防治彩色图志》图）

图 7－3　家白蚁蚁巢

（三）生活习性及发生规律

成虫：配对后的雌雄成虫经追逐一段时间后，便开始挖腔室定居。当晚大多数可在适宜的环境里找到安身之所，随即用培养基质封住洞口，形成腔室。部分未定居下来的成虫进行迁移，有的要迁移几次才定居下来。成虫入穴后，雄虫常用口器吮舐雌虫的腹部，有时雌虫、雄虫彼此相对吮舐，并常追逐。配对后，一般 5～10d 开始产卵，产卵盛期集中在第 6 天和第 7 天。卵多产在较干净处。在广东珠三角地区，家白蚁产卵高峰期在 7～8 月，雌虫产卵历期 7 个月，从 10 月份开始，随着气温下降，产卵量逐渐减少，11 月停止产卵，直到翌年 4 月下旬至 5 月再开始产卵，一次产卵 1 ~6 粒。每头雌虫平均产卵为 46 粒。如果隔一天把成虫产下的卵移走，雌虫则不断产卵，如此产卵量显著提高，平均产卵可达 96 粒，比正常产卵量增加一倍。在工蚁、兵蚁未出现前，成虫自行取食。成虫有护卵及助孵化能力，产卵时，雄虫从雌虫腹部末端将卵移走另外堆放，成虫经常用口舐触和搬动卵粒。卵孵化时，雌虫、雄虫用口器帮助幼虫去掉卵壳。

卵：初卵呈椭圆形，淡黄色；成熟时卵粒变白，稍缩短，变肥大。卵孵化始期一般为卵产下后的第 31 ~35d，高峰期在第 32 天、33 天这两天，极少数在 40d 后孵化。在 31 ~35d 期间，卵孵化数占总数的 87.5%。温度对孵化期有明显的影响，卵孵化的适宜温度为 28℃ ~30℃。

幼蚁：1、2 龄幼蚁不活跃，靠亲蚁或大龄工蚁喂养；3 龄以后幼蚁十分活跃，并能取食；4 龄才出现工蚁和白兵蚁（兵蚁过渡类型）。4 龄是工蚁、兵蚁分化时期，卵孵化后 8 ~10d 开始出现工蚁。幼蚁共有 6 个龄期，工蚁从 1 龄到 6 龄共需 20 ~22d，孵化后 19 ~22d 开始出现黄兵蚁。黄兵蚁出现前，白兵蚁上颚开始先变成浅黄色，从白兵蚁到黄兵蚁大约需要 8 ~9d。

蚁巢：群体初建时的小腔室是由配对后的成虫衔取巢叶粉及沙土、草纸、唾液等组成。初期，腔室筑得较粗糙，巢腔的上方为松散的小颗粒。腔室的形状和大小各有不同，蚁巢组成片叶状。随着群体的不断发展，巢腔慢慢变得光滑结实。80d 后腔室内开始出现巢架。在群体的成长过程中，蚁巢常变动，常选择最适宜的地方定居发展。根据饲养观察，家白蚁的蚁巢常喜欢在木块附近或木块中建立，且靠近水源，不喜欢在净泥沙中建立。

家白蚁在广州及其附近地区完成一个生活周期需经过漫长的 8 年时间。

三、黄翅大白蚁

（一）寄主与分布

黄翅大白蚁 *M. barneyi* Light 属等翅目，白蚁科。分布于安徽、西南、华南、华中、华东的大部分省（自治区）。除为害甘蔗外，也是建筑、堤坝的重要害虫。营土栖性生活。

（二）形态特征

大兵蚁（图 7 -4.1）　体长 10.5 ~11mm，头特别大，呈长方形，宽约 2.7mm。头深黄色，腹部色较淡，上颚黑色。头及胸有少许直立刚毛，腹背刚毛也少，腹面刚毛较多。

小兵蚁（图 7 -4.2）　体型类似于大兵蚁，但身体小得多。

有翅成蚁（图 7 -4.3）　头暗红棕色，宽卵形，体棕褐色，翅淡黄棕色。分群时间从 4 ~6 月的雨天凌晨 1 时开始，4 时左右较多，天亮时分结束。

蚁巢　巢筑于地下，深约 1m，属大型巢。主巢内布满由黏土构成的骨架，骨架间有许多菌圃环绕，王室通常在主巢中央偏下方。

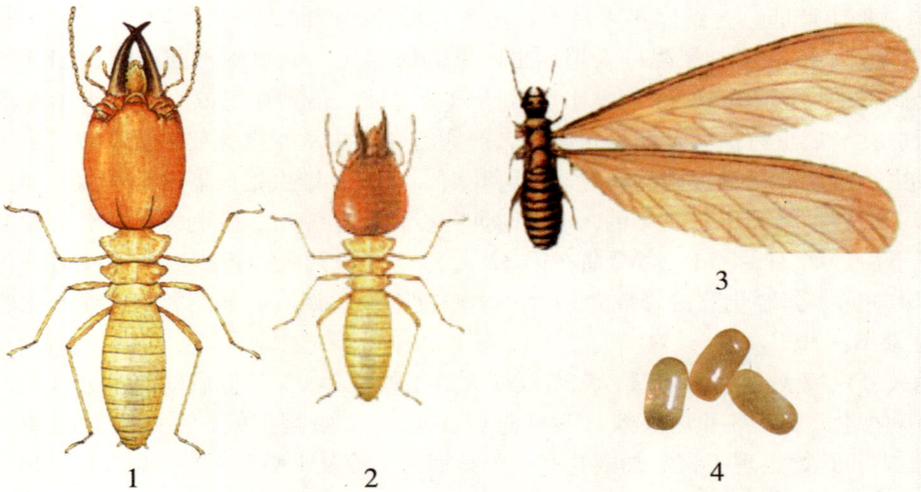

图 7-4 黄翅大白蚁

1. 大兵蚁；2. 小兵蚁；3. 有翅成蚁；4. 卵

（1. 仿《甘蔗病虫鼠草防治彩色图志》图）

（三）生活习性与发生规律

1. 蚁群的组成与分工

黄翅大白蚁分 3 个品级，即工蚁、兵蚁和生殖蚁（蚁王、蚁后）及其前身的有翅成蚁。蚁型较复杂，工蚁、兵蚁两品级中均有大小两型之分，并在形态上和功能上均有区别。

蚁王、蚁后：由脱翅的雌雄成虫发育而成，在蚁巢中仅见到原始型的蚁王、蚁后，它们是蚁群的创造者和维持者。约有半数蚁群为一王一后，另半数的是一王多后和多王多后，较其他白蚁常见多后现象。黄翅大白蚁蚁群不很大，蚁后身体不长，不超过 48mm，体积不大，卵巢管数量适度，蚁后产卵间隔期长。产卵频率低，产卵批量小等是其蚁数不多的原因。

工蚁：蚁群中数量最多的一个品级，它们担负着觅食、修路、建巢、搬运、喂饲、抚育和部分保卫职责。工蚁有大小两型之分。大工蚁为雄性，主要在巢外觅食；小工蚁为雌性，主要在巢内工作，分工十分明确。小工蚁数量最多的蚁群比大工蚁多 1~2 倍。

兵蚁：亦有大小之分，体型大小差异悬殊。兵蚁在工蚁、兵蚁总数中占 4.68%~15.91%，而小兵蚁占兵蚁总数的 96.01%~98%，大兵蚁占兵蚁总数的 2%~3.99%。小兵蚁随大工蚁外出采食，大兵蚁主要在巢内活动，偶尔也在远离蚁巢的蚁路中发现，只有极少数的大兵蚁也能随大工蚁外出采食，大兵蚁的职能是保卫蚁巢安全。新建 1 年左右的蚁群蚁数较少，没有大兵蚁。从幼蚁分化为兵蚁之前有个白兵蚁阶段。

幼蚁：白色，体小柔软，是工蚁、兵蚁和若蚁的前身，它不属于某一特定的品级，蚁群中幼蚁数量较多。

黄翅大白蚁成熟蚁群的白蚁数量大概在 10 万~40 万头之间，50 万头以上的蚁群很少见。其中小工蚁占工蚁总数的 48.1%~60.3%。兵蚁占工蚁、兵蚁总数的 3.1%~12.2%，小兵蚁占兵蚁总数的 83.3%~100%。小工蚁和小兵蚁是蚁群中数量最多的蚁型。

黄翅大白蚁的蚁后可以周年产卵，不受季节限制，但它的卵量较少，孕卵期较长。

2. 蚁巢、菌圃、储料和蚁道

蚁巢：黄翅大白蚁的主巢是一个大型洞穴，横径大的可达1m以上，蚁巢主体是菌圃间。由泥片层或一根根连接起来的泥骨架及组成的泥框架支撑上面的菌圃、菌圃团和泥片层。

“王室”位于菌圃的中上部，构造精细，由两片厚度较为一致的泥片黏合而成，呈圆形或椭圆形，四周、上下均有一些小孔，工蚁、兵蚁可以出入。

黄翅大白蚁的蚁巢均筑在高坡陡坎、老坟高墩或其他较易排水处。

菌圃：黄翅大白蚁蚁巢的主体，它既是粮仓（可培育多种真菌），又是数十万只白蚁居住的高层多孔建筑物和巢内温度、湿度调节器。菌圃为质轻多孔的海绵状组织，巢壁湿度大时能吸收水分，干燥时可释放水分。菌圃呈不规则的长条形，菌圃孔亦呈长形。

蚁道：有地表、地下蚁道之分。在闷热的晚上和即将下雨的闷热天气，大工蚁有露天行走的习性。地表蚁道在地面断断续续筑一段蚁道，又钻入地下，有的地表蚁道可远离蚁巢15m。

3. 成熟蚁群的分群及其分群特点

成熟蚁群的巢龄和产生有翅成虫的周期：产生有翅成蚁群的蚁巢巢龄大概在5年以上，蚁后体长28mm以上，蚁巢大小横径和直径在50×50（cm）以上。

黄翅大白蚁成熟蚁群有翅成蚁的数量一般为1 000～3 000头。蚁群一王多后和多王多后，也正因多后的缘故，有翅成蚁数量大大增加。

4. 有翅成蚁的分飞

分群是社会性昆虫有翅成蚁建立新群的一种特有繁殖形式，也是土栖白蚁蚁群在地面暴露踪迹的时机，防治上也应紧紧抓住这个有利时机。产生有翅成蚁的蚁群事先必须修筑分群孔道，临起飞前要在地表打开分群孔。

分群孔：又称分飞孔、移植孔，是有翅成蚁离开蚁巢爬出地面的通道。分群孔由几个到几十个组为一组，有数组，分散在蚁巢上方地面的周围。离巢一般2～5m。黄翅大白蚁的分群孔有3种形式：①凹形分群孔：为长2.5～3.5cm、宽1cm的半月形凹入地面1～1.5cm深的分群孔，孔口有泥粒组成的薄泥层，在地表明显可见。②分群孔突：为底径5cm、高4 cm圆锥形小土堆，由工蚁衔土堆积而成。大量的凹形分群孔和少量的分群孔突可同时存在。③分群孔堆：为底径20cm、稍稍突出地面的大型分群孔堆。凹形分群孔筑于堆上。

有翅成蚁的分飞：黄翅大白蚁一般在下半夜分飞，有翅成蚁于清晨4：00后分飞。分飞时，有翅成蚁大量涌出，在工蚁、兵蚁形成的保卫圈内缓慢爬行，一旦爬出圈外就急速疾走，有的有翅成蚁在杂草茎、叶上拍动四翅，做试飞准备，以后陆续飞走；4：30后，有翅成蚁停止外出，分飞到此结束。

一个蚁群分群3～5次，分群的次数与有翅成蚁分期羽化的批数、分飞的适宜天气条件有关，分飞期大概为15～30d。

（四）有翅成蚁分飞的气象条件

黄翅大白蚁有翅成蚁的分飞与温度、气压、湿度、降水等气候因子有一定关系。在黄翅大白蚁的分飞季节，熟悉有翅成蚁分飞要求的气候条件，可以用来预测预报和进行灯光诱杀。黄翅大白蚁有翅成蚁分飞时要求有较高的气温，否则会出现中途停飞、封闭分群孔的现象，适宜分飞的温度为21℃以上（下半夜气温）。当晚间20：00—24：00气温均在21℃以上时，工蚁咬开分群孔，工蚁、兵蚁长时间在孔外活动；当气温降至19℃时，工蚁、兵蚁退入，并封闭分群孔，分飞前的准备工作全部终止。

四、海南土白蚁

（一）寄主与分布

海南土白蚁属等翅目，白蚁科。它是海南和广东雷州半岛地区为害甘蔗的重要种类，也是土质堤坝和林业的主要白蚁为害种，其分布密度较大，常见、广布的为害种为黑翅土白蚁和黄翅大白蚁。

（二）形态特征

兵蚁（图7-5）　体长4.44~5.0mm，头部深黄色，腹部浅黄色或近灰白而略微带红色。头部刚毛稀疏，腹部刚毛较浓。头部背面观椭圆形，头的最宽处在中部。上颚较细，曲度不大，仅前端弯向中线。在左上颚内面前部1/3处有一个尖锐的齿，齿尖斜向前。右上颚在相对部位的稍后方有一很小而不显著的颗粒状齿。触角15~16节，第2节长于第3、4节。

工蚁　分大工蚁和小工蚁两种。

大工蚁　体长4.3~4.7mm，头部深黄色，腹部灰白色。头背面观近于方形，侧缘平直，前端为头的最宽处。触角17节。

小工蚁　体长3.9~4.0mm，头部浅黄色，腹部灰白色。

长翅成虫　体长25mm左右，呈黑褐色。雌雄性比为1：1.30。

蚁后　成年群体中的蚁后体长25~55mm，宽4~9mm。蚁后的体长与体宽比平均为6.8：1。

图7-5　海南土白蚁

（仿《甘蔗病虫鼠草防治彩色图志》图）

（三）生活习性与发生规律

有翅成蚁有追逐配对行为，雌在前，雄在后，一对对地紧追不离。一旦雌雄脱离接触，雌蚁立即停止爬动，翘起腹部，频频颤动，以招引雄蚁。雄蚁则急速爬动寻找雌蚁，用头端口器接触雌蚁腹部，即行继续疾走追逐配成对。在追逐过程中，雄蚁先行蜕翅，寻找适宜的筑巢位置。当雌蚁、雄蚁找到合适的筑巢位置时，雌蚁、雄蚁立即同心协力地用口器搬动泥土进行打洞，约15min蚁洞挖筑完毕。从洞内挖出的均匀的泥土颗粒被堵在洞口，约呈3×2（cm）（底径×高）近似圆锥状的小土堆，这即是海南土白蚁的幼龄巢外露特征，一对配婚的蚁王和蚁后栖息在里面。在配对栖居后的2~5d内开始产卵。卵呈椭圆形，浅米黄色，卵内胞质分布均匀。每头雌虫产卵量平均82.50粒，日均产卵量1.94粒。卵孵化期25~28d，平均为27d。卵孵化前，雌蚁、雄蚁将卵从卵堆中搬出来，单独放开。卵的颜色变白，卵壳变薄而透明，卵积明显增大，用眼可见幼蚁的触角和六足的痕迹，卵端侧出现一线痕。刚孵化出的幼蚁身体蜷缩着，侧卧，足和触角还未伸展开，身体雪白透明，雌蚁、雄蚁连续不断地舔梳着幼蚁，使幼蚁渐渐舒展开。从卵孵化到幼蚁开始活动，大约历时15min。幼蚁蜕皮后，海南土白蚁的工蚁和兵蚁的分化历期是在雌蚁、雄蚁或成熟工蚁的帮助下进行的。蜕皮过程历时约 20min。蜕皮的幼蚁体呈白色透明状，触角和六足均未伸展开，经过雌蚁、雄蚁舔梳约 5 ~ 15min 后就可自由行动。海南土白蚁对子代的抚育行为表现得很突出。雌蚁产下卵后，总是雌蚁、雄蚁将卵含在口中舔梳，并搬到腔室较阴暗处堆放起来。如果人为地将卵堆分散开，它们能将分散的卵重新堆置起来。经白蚁舔梳过的卵表面湿润有光泽。雌蚁、雄蚁彼此间也经常互相舔刷身体。若将异群蚁卵或幼蚁放在一起，亦会受到同样的抚育待遇。抚育行为对低龄幼蚁比对高龄幼蚁表现得更加周到和耐心。卵孵化至工蚁的历期是 15 ~ 20d，平均为 18. 20d。

海南土白蚁分群时间，在雷州半岛为 5 月中下旬至 6 月或 7 月中旬，但 5 月中下旬为分群盛期。分群时间为 12：00—15：30，以 14：00—15：00 居多。分群在雷雨中进行，历时约半小时。一群长翅成蚁往往一次分群完毕，少为分两次飞出。海南土白蚁的分群条件以降雨为主，即日均温度 24. 1℃ ~26. 7℃，相对湿度 90% ~95%，大气压 749 ~755mm Hg，降雨量 10 ~46mm，连续几天下毛毛细雨或突然暴下大雷雨，分群开始。长翅成蚁的飞翔高度 5 ~ 30m 不等。飞行距离常在 50 ~ 400m，顺风时远者可超过千米。分群孔仅在分群时才显现于地面，分群孔口很小，孔口长 2 ~ 3cm，宽 1 ~ 1. 5cm，呈扁条形，一般很难发现。分群孔少则 1 ~ 2 个，多则 7 ~ 8 个。由于长翅成虫飞翔能力较弱，飞翔速度缓慢，所以容易受到空中天敌诸如常见的雨燕、蜻蜓、食虫虻等的袭击和捕食，落地后的长翅成虫，也会受到地面捕食性天敌如蜘蛛、青蛙等的捕食。

海南土白蚁蚁道通常有 1 ~ 2 条主蚁道（底径在 2 ~ 3cm 以上）直穿王宫底部，主蚁道较少分叉，大都是沿着主蚁道的方向朝上，分出数条微小的支蚁道，小的支蚁道上连接着一些小菌圃。一般的主蚁道皆是底平上拱的扁半月形，从近地面到王宫和越过王宫的主蚁道，道形的变化甚小。从海南土白蚁的泥被、泥线跟踪追挖主巢难度很大。因为从泥被、泥线通向菌圃及菌圃通向主蚁道的支蚁道都很微小，所以稍不留意或碰到什么障碍物时，极易造成失误。

第三节　综合防治方法

一、白蚁预防

（1）冬耕。冬季深翻改土，挖毁蚁巢，将白蚁消灭在植蔗前。

（2）播种时采用药剂浸种保苗。选用 50% 氯丹乳油 400 倍液浸种 1min，50% 辛硫磷乳油 300 ~ 400 倍液、40% 甲基异柳磷乳油 400 倍液、48% 毒死蜱乳油 300 倍液或 10% 除虫精乳油 400 倍液浸种 1 ~ 2min，保苗期可长达 2 ~ 3 个月，并可兼治其他地下害虫。

二、灯光诱杀

在有翅繁殖蚁分飞季节，架设 20W 黑光灯、诱高压电网黑光灯，或频振式杀虫灯，可诱杀大量有翅成蚁。

三、播种后灭治

（1）播种时施 50% 辛硫磷乳油 6.0～7.5L/hm^2、48% 毒死蜱乳油 4～6kg/hm^2 兑水或水肥 15 000kg 淋浇于蔗沟中，可驱杀已侵害甘蔗的白蚁；7～10 月间如发现蔗茎被害，则可在被害蔗茎基部的土壤上打洞浇灌上述药液。播种和大培土时用 5% 蔗来茎 60～75kg/hm^2、5% 毒死蜱颗粒剂 45.0～60.0kg/hm^2 或 3% 甲基异柳磷颗粒剂 60.0～90.0kg/hm^2 或 SP003 颗粒剂 60～90kg/hm^2 施于植沟中或蔗苗基部，然后覆土。

（2）使用 LD 林地白蚁诱杀包。在白蚁经常出没的场所放置林地白蚁诱杀包 1～2 包，上盖草皮、树叶等杂物，任其取食传导。投诱杀包的数量视蚁群密度而定。通常投放 225～375 包/hm^2，2～3 个月后即可彻底消灭全部巢群，达到根治的目的。

（3）分飞孔直接投药。土栖白蚁筑分飞孔时，其工、兵蚁活动最频繁，并毫无顾忌，此时应抓紧有利时机，将灭蚁灵粉剂或毒死蜱乳油直接喷在蚁体上，如方法得当，亦可达到消灭全巢的目的。

（4）白蚁诱杀。在白蚁滋生地堆放废弃的蔗茎、蔗皮、桉树皮、艾、木薯茎及茅草堆，等白蚁大量聚积到诱杀点后，即可喷施 10% 联苯菊酯（天王星）乳油 1 000 倍液或 48% 毒死蜱乳油 500 倍液，喷完药仍应小心恢复原状，避免惊动白蚁，使其在继续活动中将药剂互相传递而中毒死亡。此法在雨季宜做诱杀堆，旱季宜做诱杀坑。用此法如施药量、蚁量及诱杀点与蚁巢的距离配合恰当，可使整个蚁群全军覆灭。

第八章
蟋蟀与油葫芦

第一节　主要种类

蟋蟀与油葫芦属于直翅目 Orthoptera，蟋蟀科 Gryllidae。我国蟋蟀科中常见的、对农作物进行为害的种类约 24 种，其中油葫芦属 Teleogryllus，已知种有 7 种，2 种分布于台湾，中国内地分布 5 种。

在南方蔗区，常见为害甘蔗的蟋蟀种类有大蟋蟀 *Brachytrupes portentosus* Liestensteim、双斑蟋蟀 *G. bimaculatus* DeGee、油葫芦 *G. testaceus* Walker 和黑脸油葫芦 *Teleogryllus occipitalis* Audinet – Seiville 4 种。

第二节　形态特征、生活习性及发生规律

一、大蟋蟀

（一）寄主与分布

大蟋蟀 *B. porentosus* Liestensteim 又名华南大蟋蟀，分布于华南各省（自治区），国外则主要分布于印度和东南亚各国，为害甘蔗、麦类、瓜类、棉花等。

（二）形态特征

成虫（图 8 – 1.1）　为大型蟋蟀，肥厚粗壮，体长约 40mm，暗褐色或棕褐色。头部较前胸广阔，两复眼间有“Y”形浅沟，触角鞭状，较身体稍长。前胸大，中央具一纵沟，两侧各具一个三角纹。足粗短，后足腿节强大，胫节具两列 4 ~ 5 个刺状突起，尾须长而稍大。雌成虫腹末产卵管较尾须短。雄成虫的两前翅上具有发音器，翅振动时由粗糙的肘脉与后翅的括片相摩擦而发声。

卵（图 8 – 1.2）　长 4.5 ~ 4.8mm，平均 4.6mm，近圆筒形，稍有弯曲，两端钝圆；表面平滑，浅黄色。

若虫（图 8 – 1.3 ~ 4）　外形与成虫相似，体小，仅具翅芽。体色较浅，随年龄增长而体色逐渐转深。若虫共 7 龄，翅芽出现于第 2 龄以后，若虫的体长与翅芽的发育随龄期的增大而增长。若虫的体长、头宽和触角节数随龄期的增加而增加（表 8 – 1）。

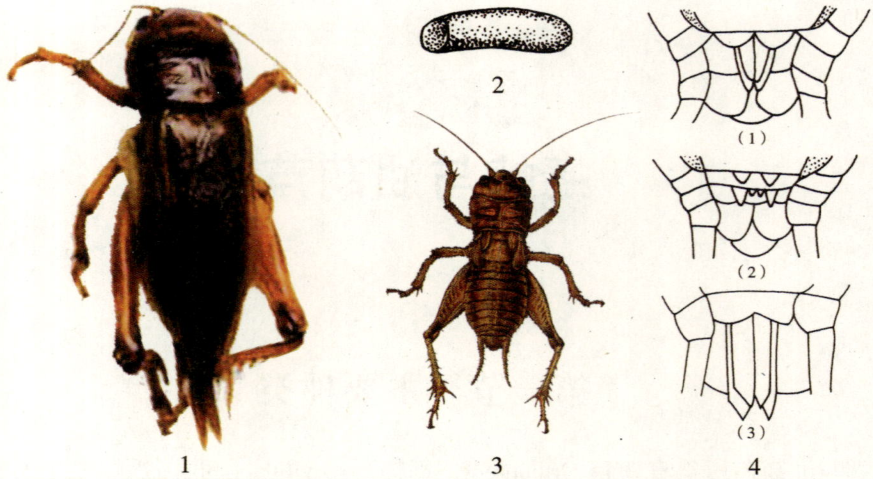

图 8－1　大蟋蟀

1. 成虫；2. 卵；3. 若虫；4. 若虫腹末：(1)、(2)、(3) 示第 3 龄、第 5 龄、第 7 龄若虫产卵器
(1. 仿 www. qgny. net 图；2，4. 仿福建农学院张贞才图)

表 8－1　大蟋蟀各龄若虫体长、头宽和触角节数（引自张贞才，1964）

龄期	体长（mm）		头宽（mm）		触角节数
	范围	平均	范围	平均	
1	5.4～6.1	5.8	1.5～2.0	1.8	52～56
2	6.5～10.1	8.7	2.3～3.5	2.8	62～80
3	11.1～13.5	12.4	3.5～4.0	3.6	84～132
4	12.0～21.2	18.2	4.9～5.8	5.4	135～150
5	17.0～29.0	23.9	5.0～8.1	6.7	152～186
6	28.0～33.0	29.4	8.0～9.1	8.5	184～208
7	35.0～38.5	36.7	9.5～10.0	9.9	218～242

（三）生活习性与发生规律

华南地区大蟋蟀 1 年发生 1 代，以若虫在土穴中越冬，而在福州主要以 3～5 龄若虫越冬（张贞才，1964）。广东和福建南部越冬若虫于 3 月上旬开始大量活动，3～5 月出土为害甘蔗幼苗，甚为严重。5～6 月成虫陆续出现，7 月为成虫羽化盛期，且开始产卵，9 月为产卵盛期，同时若虫开始出现，成虫在 10 月间陆续死亡。10～11 月若虫常出土为害。12 月初若虫开始越冬，但无真正的休眠，近 0℃ 的夜晚，仍有不少若虫可以出土觅食。在江西赣州南部 1 年发生 1 代，以中、大若虫在土室内越冬。翌年 6 月中下旬～7 月中旬羽化，7 月底～9 月下旬产卵，9 月下旬～10 月上旬成虫死亡。新一代若虫于 9 月间孵化，11 月中下旬越冬。大蟋蟀发生历期（生活史）见图 8－2。

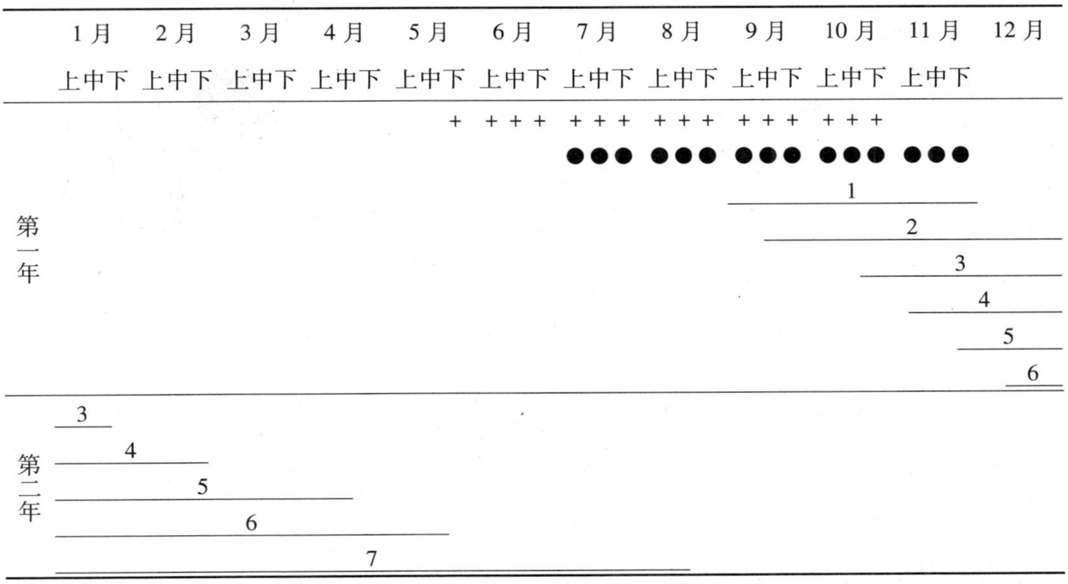

图 8－2　大蟋蟀发生历期（生活史）图示（仿张继祖、徐金汉，1996）

图例：+ = 成虫；● = 卵；1 = 1 龄若虫；2 = 2 龄若虫；3 = 3 龄若虫；4 = 4 龄若虫；5 = 5 龄若虫；6 = 6 龄若虫；7 = 7 龄若虫。

在台湾台南，5 月中旬成虫大量出现，而在台北则在 7 月下旬。

在湖南，6 月成虫羽化，6～8 月为害苗木较为严重。

大蟋蟀喜在疏松的沙质旱地营造土穴而居，是夜出性地下害虫。成虫交配时，雄虫迁入雌虫的洞穴中与之同居。雌虫将卵成堆产于分叉的洞穴底部，常 30～40 粒卵为一堆。每头雌虫约产卵 500 粒以上，卵经 15～30d 羽化。

初孵若虫 20～30 头一起栖息于母穴中，以母虫准备好的食料为食，不久即分散挖造洞穴独居。洞穴深度 16～20cm 至 130～160cm 不等，因时期和虫龄、土壤状况不同而异，一般幼龄若虫洞穴浅，老龄若虫和成虫洞穴深，表土层薄的黏质土壤浅，表土层厚的沙质土壤洞穴深。洞穴左右弯曲，每个洞穴口都堆积一堆松土，这是洞穴内有大蟋蟀生存的标志。每穴仅住 1 头，不群居，性凶猛，会自相残杀。成虫和若虫都喜干燥，每逢雨后或久雨不晴，多移住于近地面的洞穴上段。若虫历期 8～9 个月，经 7 次脱皮变为成虫。

成虫和若虫白天均躲藏在洞穴中，傍晚出来活动，出洞前主要靠上颚把洞穴口的松土拨开，入洞时用后足将洞内泥土弹出塞住穴口，所以洞口有一堆松土的，就表示有虫栖居。

二、双斑蟋蟀

（一）寄主与分布

双斑蟋蟀 *G. bimaculatus* DeGee 又名甘蔗蟋，分布很广泛，也是东南亚各国、地中海沿岸各国及非洲北部的常见种类。双斑蟋蟀食性较杂，除为害甘蔗外，还为害瓜类、玉米、甘薯、水稻、茶、麻类、菠萝、梨、桃、李、柑橘等。

（二）形态特征

图 8－3　双斑蟋蟀
（仿 www. insect8. com 图）

成虫（图 8－3）　体长 23～27mm，前翅长 15～18mm，体粗壮，头胸有光泽。头部饱满，球形。前胸背板呈鼓状凸起，两者均为亮黑色。触角窝上方，除侧单眼外，无浅色斑纹。前翅黑色或略带赤褐色，雄虫前翅基部各具一对圆形黄斑为该种的重要特征，因而得名“双斑蟋蟀”。前翅宽大，超出腹端；后翅发达，翅端折叠时呈须状，超出前翅和尾须。头小，3 个单眼略在一水平线上。前胸背板宽大于长，前后缘均向后凸，呈缓弧形，侧片下角呈直角。雄虫的复翅上有明显的发音器结构，发音镜近椭圆形，长稍大于宽，四角圆，镜内有一弯曲横脉，斜脉 4 根，后翅发达，长过腹端，露出如长尾。三对足均为黑色，后足腿节长 12～15mm。产卵管长 15～17mm。鸣声清脆响亮，强劲有力，节奏匀速，鸣声连续无间断。

（三）生活习性与发生规律

双斑蟋蟀在北京 1 年发生 6 代，台湾 1 年发生 4 代，以卵在土中越冬。常栖息于地表杂草丛和多种农作物的大田中，躲于树皮下、落叶及石头间，取食植物的根、茎和嫩苗，且翅相互摩擦可以发出声音，8～9 月成虫栖息在草丛间、甘蔗地，世代重叠。成虫寿命 40d 左右，雌虫产卵量 630 粒。若虫共 10 龄。雄虫善斗。双斑蟋蟀生长比较多的地方会对当地农作物造成危害。每年大约从 7 月开始发生，8～9 月大量出现。一般喜在夜间活动，雌虫比雄虫有更强的趋光性。

三、油葫芦

（一）寄主与分布

油葫芦 *G. testaceus* Walker 分布于我国东北、华北、华东和西南地区，国外分布于蒙古、朝鲜、日本等国。油葫芦食性很杂，除为害甘蔗外，还为害大豆、绿豆、芝麻、花生等多种农作物，数量大时能造成极大危害，甚至入室咬食衣物和食品。油葫芦以若虫或成虫咬食切断植物的幼茎，引起死苗，造成缺苗。

（二）形态特征

成虫（图 8－4.1）　雄虫体长 18～25mm，雌虫体长 19.5～25.6mm。体黑褐色大型，头顶黑色，复眼四周、面部橙黄色，从头背观两复眼内方的橙黄纹呈“八”字形。前胸背板长 3.3～4.9mm，黑褐色，一对羊角形深褐色斑纹隐约可见，侧片背半部深色，前下角橙黄色。中胸腹板后缘中央具小切口。

前翅黑褐色具油光，长达尾端，发音镜近长方形，前缘脉近直线略弯，镜内一弧形横脉把镜室一分为二，端网区有数条纵脉与小横脉相间成小室，4 条斜脉，前 2 条短小，亚前缘脉具 6 条分支。后翅发达如长尾盖满腹端。雌虫前翅长达腹端，具 10～11 条斜纵脉，由横脉分隔成规则网状。雌后翅发达伸出腹端如长尾。足粗壮，后足胫节背方具 5～6 对长刺，6 个端距，跗节 3 节，基节长于端节和中节，基节末端有长距 1 对，内距长。产卵管长 18～23.5mm，长于后足胫节。

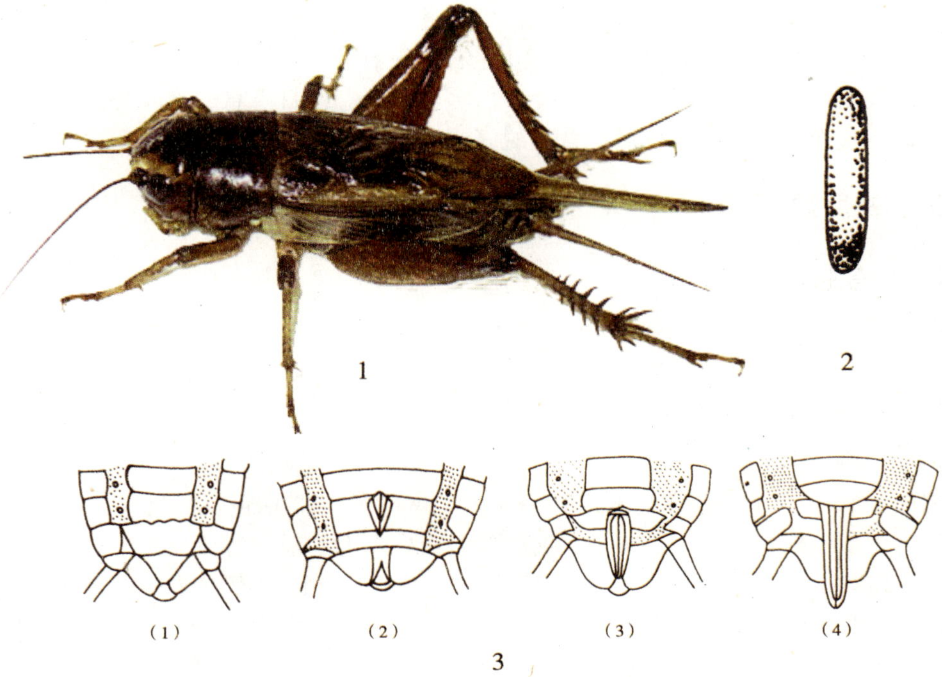

图 8－4　油葫芦

1. 成虫；2. 卵；3. 雌若虫腹末端：(1)、(2)、(3)、(4) 示第 3 龄、第 4 龄、第 5 龄、第 7 龄若虫产卵器

(1. 仿 www. zybkw. cn 图；2，3. 仿朱弘复等图)

卵（图 8－4.2）　卵长 2.4～3.8mm，略呈长筒形，乳白色微黄，两端微尖，表面光滑。

若虫（图 8－4.3）　成长的若虫长 21.4～21.6mm，体背面深褐色，前胸背板月牙纹明显，雌虫、雄虫均具翅芽，雌若虫产卵管长度露出于尾端。

（三）生活习性与发生规律

油葫芦 1 年发生 1～2 代，以卵或若虫在土中越冬。江西 1 年可发生 2 代，以中、小若虫在土块、枯枝落叶下过冬，次年 4 月上旬至 5 月中旬羽化，5 月中下旬产卵，7 月下旬至 9 月上旬又见成虫羽化，9 月上旬至 10 月上旬产卵，此时孵化的若虫取食一段时间后即过冬。

成虫喜隐栖于积草下，阴凉处土质疏松潮湿、薄薄一层积草为其最喜栖身之处。雄虫能筑一土室与雌虫同居，不分昼夜不时发出鸣叫，以示求偶。成虫白天藏匿于植物下或土块下，夜间外出觅食，遇惊动则逃遁。如遇环境适宜，则数十头聚于一处，但因好斗，多虫一起时常相互残杀，故非真正群栖。成虫平时畏光，但遇惊扰而飞翔时，则迎逆光而起飞。雌虫交尾后 2～6d 开始产卵，成虫喜选择杂草较多的向阳田埂及坟地、丘地或草堆的边缘土中产卵，很少在比较光滑的地面或无杂草荫蔽的地方，或太潮湿、太干硬的土壤中产卵。土下产卵的深度约 2cm，每头雌虫产卵 34～114 粒，平均 75.4 粒，产卵后 1～8d（平均 3.7d）死亡，成虫寿命 141～151d，平均 145.3d。卵期很长，自 10 月初产下至翌年孵化，历时 7 个月左右。卵的孵化率一般仅为 19%～66%。卵若产于土表，全无孵化，产在土中的卵，如土壤经翻动亦不能孵化。油葫芦若虫共6龄，若虫期20～25d，各龄分别2～4d，平均3d左右。常数只或十数只分别居在距离不远的杂草间、砖瓦土块下，稍一惊动行动敏捷，但多不跳跃。白日潜息，晚间外出觅食，趋光性不强，不善作穴。若虫蜕皮后即食其蜕壳。

四、黑脸油葫芦

（一）寄主与分布

黑脸油葫芦 *T. occipitalis* Audinet－Seiville 分布于湖南、贵州、四川、西藏、云南、广东、广西、福建、海南等地，国外分布于日本、缅甸、越南、泰国、斯里兰卡、马来西亚、菲律宾、印尼等国家。

（二）形态特征

成虫（图8－5.1）　雄虫体长19.4～24.3mm，全身暗棕色，额具呈“八”字形黄色眉纹，头顶暗棕色至黑色。头顶及前胸背板密生短毛。前胸背板长3.5～4.8mm，可见一对羊角状纹和一中纵线。前翅长13.2～15.5mm，伸达腹部末端，翅面有盘曲的纵横纹，有发音镜，后翅长伸达尾须末端。后足腿节长11.4～14.4mm。雌虫体长16.5～25.9mm，前胸背板长4～4.9mm，前翅长11.5～16.4mm，前翅脉如网状，无发音镜，后足胫节有6对长刺和端距6枚。后足腿节长11.1～16.3mm，产卵管长12.5～20.4mm，约为体长的0.8倍。雄性外生殖器阳茎基背片中突末端两侧缘弧形内凹，与后缘构成锐角，雌虫产卵管明显短于体长。

卵（图8－5.2）　乳白色，略黄；长圆形，表面光滑。

若虫（图8－5.3）　似成虫，但仅有翅芽，后胸背板后缘有一灰白色带。共6龄。

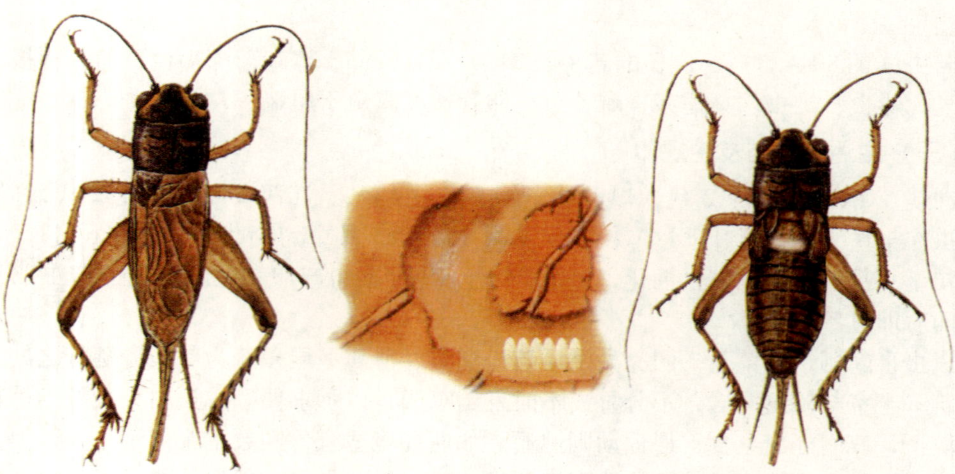

图8－5　黑脸油葫芦

1. 成虫；2. 卵室及卵；3. 若虫

（仿《甘蔗病虫及防治图谱》图）

（三）生活习性与发生规律

黑脸油葫芦1年发生1代，多以卵在土中越冬。成虫、若虫白天潜伏于土壤缝隙中，夜间外出活动。成虫、若虫多喜杂草、低畦的环境。鸣叫声短，呼唤声每一叫声由4～5个脉冲组成，频率范围3.5～5.5kHz。雌虫一生可产卵数10～100粒。成虫寿命长达200多天。

第三节　综合防治方法

一、农业防治

（1）人工捕杀。在早春季节，蟋蟀活动频繁，在蟋蟀出入的洞口，可拨开洞口的松土，向洞内投入少许敌百虫粉、乐果粉或甲基异柳磷颗粒剂，然后将洞口泥土踩实封闭；或用青草少许，蘸上少许敌百虫粉塞入洞内，使晚间蟋蟀出洞时黏附药剂或取食青草中毒死亡。

（2）灌水浸虫。在水源方便的地区，可向洞穴灌水。

二、化学防治

（1）药剂浸种。在甘蔗下种时，用50%毒死蜱乳油或20%丁硫克百威乳油300～400倍液浸种3～5min后播种，可防治蟋蟀对蔗芽的为害。

（2）毒饵防治。将蟋蟀喜食食料拌上药剂制成毒饵或毒谷进行防治。食料有两类：一是多汁的鲜菜、鲜草及块根和块茎；二是炒香的麦麸、豆饼和煮过的秕谷等。药剂可选用毒死蜱、乐果等，用适量水稀释后拌入炒香的谷子、麦麸、豆饼、米糠、玉米碎粒等饵料中，于傍晚时分将毒饵撒于蔗株四周或虫洞多的田地附近诱杀。注意拌药量不宜过大，以免产生异味引起拒食。

（3）下种时施药防治。在甘蔗下种时，用3%甲基异柳磷颗粒剂75kg/hm^2、3%扑杀威乐颗粒剂75kg/hm^{2}等撒施于蔗沟中薄覆土，可防治蟋蟀为害蔗芽和蔗苗。

第九章 刺根蚜

第一节 寄主与分布

甘蔗刺根蚜 *Tetraneura hirsute* Baker 又名甘蔗根蚜，属同翅目，蚜虫科。甘蔗刺根蚜在我国广东、广西、福建及云南均有分布。除为害甘蔗外，还为害野生甘蔗、陆稻、芒及其他禾本科杂草。刺根蚜主要为害甘蔗的根部，以成蚜、若蚜群聚在蔗头附近，刺吸蔗根的汁液，受害蔗根暗褐色，须根萎缩卷曲，地上部蔗株表现为长势衰弱，下部叶片过早枯萎，中上部叶片黄萎，与受旱、缺水和缺肥症状相似。由于甘蔗根部被害，营养及水分吸收受阻，生长受到抑制，导致甘蔗减产。甘蔗刺根蚜终生生活在地下，属于局部地块发生的害虫，严重时亦会扩展至整片蔗地。

第二节 形态特征、生活习性与发生规律

一、形态特征

有翅成蚜（图 9－1.1） 体长约 2.5mm，翅展 7.0～9.0mm，长圆形。头、胸、触角和足均为紫灰色或紫黑色。触角 5 节。腹部膨大，黄色或黄褐色。腹部两侧有淡黄色毛。

图 9－1 刺根蚜

1. 有翅成蚜；2. 无翅胎生♀成蚜；3. 无翅胎生若蚜；4. 有翅若蚜

（仿《甘蔗病虫鼠草防治彩色图志》图）

无翅胎生♀成蚜（图 9－1.2） 体长约 2.0mm，膨大几成球形，淡黄色，或略带

赤色。头胸短小，足及触角甚短，足跗节只有1节。复眼小，紫灰色。腹管退化只留痕迹，腹管两侧有淡黄色粗长的刚毛，体被微量灰白色蜡粉。

无翅胎生若蚜（图9－1.3） 初产下时有翅与无翅两型若蚜，无分别，至老龄时才分化成有翅若蚜和无翅胎生若蚜。有翅胎生若蚜中胸两侧出现翅芽一对，无翅胎生若蚜则缺翅芽，体长约2.0mm，均为淡黄色。

有翅若蚜（图9－1.4） 长圆形。头、胸、腹均为淡橙黄色。背面有少量蜡粉。翅芽明显。复眼暗红色。老龄若虫腹部两侧生有刚毛。

二、生活习性与发生规律

（1）繁殖：一年可繁殖多代，世代重叠严重。有翅、无翅成蚜均能行孤雌生殖，直接产下若蚜，但一般以无翅成蚜行孤雌生殖，且终年可以繁殖。有翅雌蚜比较少见。若蚜虫龄短，若蚜成年后即可行胎生繁殖，故繁殖率强。

（2）扩散：主要以有翅成蚜迁飞扩散、传播。另有一种小蚂蚁可用口衔起小若虫搬到健康蔗苗上以助迁移。因蚜虫能分泌蜜露，为蚂蚁所喜食，故形成蚜虫与蚂蚁互惠共生关系。

（3）为害规律：一年四季均可为害甘蔗。但以夏季5～6月和秋季9～10月发生最多，为害最重。干旱、少雨年份及干旱季节较多雨、潮湿年份和季节为害重，因少雨、干旱有利于蚜虫繁殖，蚜虫的成活率高，因而为害重。疏松沙质土蔗地、高旱地受害重，宿根蔗地及连作蔗地受害最重。低洼地、黏质土壤的蔗地受害较轻。

第三节 综合防治方法

一、农业防治

（1）合理轮作。在有水利条件的蔗区，实行甘蔗与水稻轮作。旱地蔗区可实行甘蔗与花生、甘薯、黄豆等非禾本科作物轮作，尽量避免连作。

（2）避免甘蔗地间种玉米、高粱，或避免甘蔗与玉米、高粱插花种植，避免刺根蚜频繁转换寄主，迁飞蔓延为害。

（3）在刺根蚜为害较重的蔗区，应尽量减少宿根面积或缩短宿根年限，以降低种群累积为害。

（4）深耕深翻，多犁多耙，减少虫口数量。上年受害的蔗地，必须在入冬前翻犁蔗头，并及时将蔗头运出蔗地集中晒干烧毁。入春整地时，要多犁多耙，这样可减少部分虫源。

二、化学防治

甘蔗播种期或4～6月间，结合甘蔗中耕培土，用3%呋喃丹颗粒剂60kg/hm^2、3%甲基异柳磷颗粒剂75kg/hm^{2}或3%扑杀威乐颗粒剂75～90kg/hm^{2}施于植沟中或追施于蔗株基部15cm范围内，可防治甘蔗刺根蚜。

第十章 二纹土潜

第一节 寄主与分布

二纹土潜亦称拟地甲，属鞘翅目，拟步甲科 Tenebrionidea。在我国为害农作物的拟地甲除二纹土潜 *Gonocephalum bilineatus* Walker 外，还有沙潜（网目沙潜）*Opatrum subaratum* Faldermann、蒙古沙潜（蒙古拟地甲）*G. reticulatem* Motschulsky、欧洲沙潜 *O. sabulosum* Linnaeus 等。二纹土潜主要分布于我国南方地区的福建闽东南沿海、广东、四川、云南等地，是我国南方地区旱地作物的重要地下害虫，除为害甘蔗外，也为害大麦、小麦、花生、甘薯等作物。二纹土潜主要以幼虫咬食蔗根、蔗芽，造成蔗株生长受阻。沙潜和蒙古沙潜多发生于我国北方的旱地，主要为害甜菜等作物（详见“甜菜地下害虫”）。在台湾，为害甘蔗的拟地甲有 3 种，即 *O. depresssum* Fabricius、*O. acutangulum* Fairmaire 和 *O.* sp.，均以幼虫为害甘蔗根部。

第二节 形态特征、生活习性与发生规律

一、形态特征

成虫（图 10－1.1） 体长 11～13mm，长椭圆形，体扁，暗黑色，无光泽。头前端内凹，颇似 V 形。眼前端之角明显。前胸背板宽阔，两侧平展，侧缘呈弧形，前缘呈弓形，两前角显突出；后缘呈两凹形波纹。鞘翅纵沟模糊，间室平坦，表面粗糙，具微细刻点。触角、足均为黑色，爪灰色。全身表面密被粒点。

卵（图 10－1.2） 长约 1.2mm，椭圆形，初为乳白色，后变土黄色。

幼虫（图 10－1.3） 老熟幼虫体长 13mm，为伪金针虫，圆筒形；体表坚硬，黄褐色，有光泽。各节后缘有淡褐色横带。尾节淡黄色，略呈圆锥形。

蛹（图 10－1.4） 体长约 9mm，乳黄色。各腹节背面有横纹，两侧着生有尖刺。尾节有两刺，向后平伸。

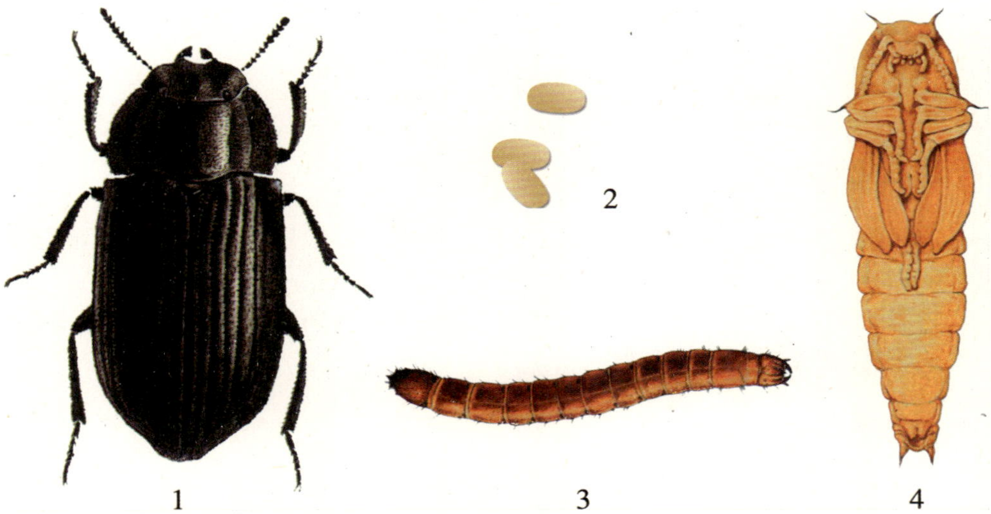

图 10－1　二纹土潜

1. 成虫；2. 卵；3. 幼虫；4. 蛹

（仿《甘蔗病虫及防治图谱》图）

二、生活习性与发生规律

二纹土潜在广西 1 年发生 1 个世代，以幼虫在土中越冬。翌年春 3～4 月间越冬幼虫开始为害，4 月中旬至 5 月中旬，老熟幼虫在 7～10cm 深处的土室中化蛹，蛹历期约 15d。成虫寿命很长，几乎整年可见，以 6～11 月间田间密度最大。气温适宜时，多在土表活动，夏季高温和冬季低温时，多群集在田间枯草堆、落叶中和土块下；高温干旱时，有趋向土壤湿润处的习性。成虫将卵成堆产于土表下，每堆十余粒至数十粒不等。幼虫孵化后，多在 5～10cm 深的表土层活动和取食，11 月迁至较深的土层中越冬。一般沙质土和沙壤土的旱地，前茬为甘薯、玉米或花生的蔗地，受害较重。幼虫咬食甘蔗的蔗根和蔗芽，造成发苗不齐，甘蔗生长不良。

黄成裕等（1965）报道，二纹土潜在福建晋江地区亦为 1 年发生 1 个世代，以成虫、幼虫越冬。但据黄成裕等 1960 年 12 月调查，以幼虫越冬的占大多数，约占 72.7%，而以成虫越冬的仅占 27.3%。幼虫大部分在 10cm 深的土层中，成虫则多在寄主作物的落叶下，少数在根际周围的土缝中。在田间几乎全年可见成虫，但以 4 月下旬至 6 月上旬为当年成虫羽化的盛期。田间幼虫在 7 月上旬以前出现的多为越冬后的幼虫，8 月中旬以后出现的为当年孵化的幼虫。卵散产于 3.3cm 深的土表层中，孵化率很高，平均为 97.9%；幼虫在 3.3cm 深的土表层内的占 84.4%，6.7cm 深的土层内的占 15.3%，而在 10cm 深的土层内的幼虫仅占 0.3%。幼虫老熟后在土内筑土室化蛹，化蛹深度分布在 3.3cm 和 6.7cm 深的土层的比例分别为 85.7% 和 13.7%。

经饲养观察，以 7 月中旬所产的卵为起点，卵期为 4d，幼虫期为 246～250d，蛹期为 15～18d，从卵至成虫出现共 246～267d。雌成虫的寿命为 9～83d，平均 55d；雄成虫为 7～83d，平均 53.9d。

第三节　综合防治方法

一、农业防治

（1）甘蔗收获后的甘蔗地及时深翻晒伐，将越冬虫源翻到地表冻死或部分损伤致死。

（2）清洁蔗园，将甘蔗枯叶及蔗头清出蔗地并集中处理，以消灭部分越冬虫源。

（3）深耕细作，提高播种质量。

二、化学防治

（1）甘蔗浸种。用48%毒死蜱乳油1∶300倍液浸种30min后再播种，对甘蔗种芽起保护作用，也可减轻甘蔗苗期的为害。

（2）土壤施药处理。于甘蔗下种时，施用3%甲基异柳磷颗粒剂75kg/hm^{2}或5%毒死蜱颗粒剂45.0～60.0kg/hm^{2}或3%辛硫磷颗粒剂75.0～90.0kg/hm^2。

第十一章

根土蝽

第一节　寄主与分布

根土蝽 *Stibaropus formosanus* Takado et Yamagihara 属半翅目，土蝽科 Cydnidae。土蝽科种类害虫是半翅目中为害作物根部的一类害虫，广布于世界各地，在热带较多。发生在我国的土蝽约 30 种，大部分生活于土壤中，为害植物根部，少数种类取食动物尸体（章士美等，1985），在台湾发生约有 20 种（三轮勇四郎）。土蝽是值得重视的地下害虫，但国内除对根土蝽的研究较深入外，其他种类则知之甚少。根土蝽又名根蝽象、地熔、地臭虫等，分布于华北、东北、西北等地区。除为害甘蔗外，也为害小麦、玉米、水稻、高粱及禾本科杂草等，根土蝽成、若虫以口针刺吸寄主根部的营养，致使蔗株生长迟滞，发育不良。

第二节　形态特征、生活习性与发生规律

一、形态特征

成虫（图 11－1.1～5）　雌虫体长 4.5～5.5mm，雄虫体长 4～5mm，近似椭圆形。体棕褐色，有光泽。头部黄褐色，向前突出，略向下倾，额部中央呈纵凹沟。头顶深褐色，边缘不整齐，上有一排褐色细刺，一般 18～20 根，便于潜土时能起顶土、铲土作用。头上现疣状突起和刻点。复眼较小，橘红色，单眼 1 对，位于复眼后侧。喙管 4 节，第 1 节较大，喙锋细小尖利。触角 5 节，似念珠状。一般只见 4 节，基部 1 节最小，第 3 节最长而大，上长细毛。前胸发达而宽阔，中部凸起，外缘半圆形，后缘两侧各有 1 个黑褐色斑。后胸腹面两侧有臭腺开口 1 对。小盾片大，三角形。前翅革质部分黄褐色，上布刻点，下半部为膜质，后翅膜质，静止时夹两翅平覆背上。腹部共 7 节，椭圆形，上长细毛。除末节外，各腹节两侧各有 1 对气门，末端有凹凸不平的乳状突起。足黄褐色，为适应在土壤中生活，形态变异很大，前足腿节粗大，胫节较细，稍长于腿节，末端尖锐如爪，旁生有一特化成镰刀状的长刺，端部黑色，表面光滑，其他部分多毛并有刺，跗节退化。中足胫节棒状，腿节不如后足发达，胫节呈长半月形，外侧末端生有很多长刺。后足腿节膨大，胫节呈马蹄形，胫节底部较平坦，其上环生整齐细刺状刚毛，侧边突出褐色的刺。雌虫腹末扁平，雄虫有黑色突起。生殖器及肛门在腹部

末节端开口。

卵（图 11－1.6）　长 1～1.2mm，宽约 1.0mm，椭圆形。初卵为乳白色，后逐渐变深，而略带灰色。

若虫（图 11－1.7）　形似成虫，初孵为乳白色，随虫龄增长体色渐由乳黄色变为棕黄色，背线逐渐加强，翅芽不断增长，腹部白色，腹背中部具 3 条黄线亦即臭腺。若虫 5 龄。若虫各龄期的识别特征见表 11－1。

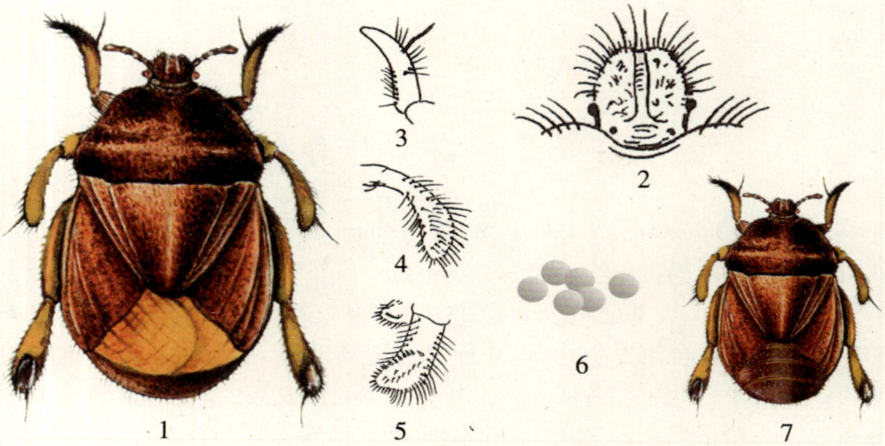

图 11－1　根土蝽

1. 成虫；2. 成虫头部背面；3. 前足胫节；4. 中足胫节；5. 后足胫节；6. 卵；7. 若虫

（1. 仿《甘蔗病虫鼠草防治彩色图志》图；2～5. 仿魏鸿钧、肖采瑜等图）

表 11－1　根土蝽若虫各龄期的识别特征表（引自山东聊城地区农科所，1977）

龄　别	头宽（mm）	体长（mm）	体宽（mm）	翅　芽	腹背臭线
1	0.31	1.63	1.17	目视不见	目视不见
2	0.40	3.47	2.16	稍呈痕迹	初见，色淡
3	0.48	4.08	2.89	色黄，微露	3 条，色黄
4	0.58	4.54	3.18	左右分出	3 条，色黄
5	0.72	5.09	3.48	左右伸开	3 条，色黄

二、生活习性与发生规律

在北方，根土蝽主要为害小麦、玉米、高粱、谷子等禾本科作物，以口器刺入寄主根部吸食汁液，破坏幼根功能。受害后的植株苗黄、植株矮小、生长缓慢或停滞、早熟，严重减产。在陕西、山西、山东等地，根土蝽 2 年完成 1 个世代。部分因环境条件恶化可延长到 2.5～3 年。

根土蝽为害甘蔗，亦以口针刺吸甘蔗根部，导致甘蔗叶片枯黄，植株矮小，生长受阻，严重时导致蔗株枯死。土根蝽成虫和若虫在土中钻行为害甘蔗时不形成隧道。根土蟒在广西约1～2年完成1个世代。根土蝽各虫态均营地下生活。成虫期长达1年左右，成虫将卵散产于地下湿润土层，每头雌虫只产卵数粒。卵历期需15～25d。若虫孵出后亦需1年左右才能羽化为成虫。

根土蝽喜在沙壤土中栖息，一般在地表下20～30cm深的土层接近甘蔗根群处较多，当土壤含水量为15%左右时，最适宜根土蝽的生长发育；含水量过低，则下移活动；土壤含水量过高如遇降雨较多或灌水，部分成虫会钻出土面爬行或振翅短距离飞翔。成虫遇敌时有假死性，并释放出浓烈的臭气液。

第三节　综合防治方法

一、农业防治

（1）合理轮作。在有虫害的蔗田实行水旱轮作或与棉花、芝麻、甘薯等非禾本科作物轮作，可有效遏制其为害。

（2）灌水驱捕成虫。在有条件的地方，可引水浸田（浸没畦面），使成虫钻出土面而浮于水面，将成虫捕集杀死。搜捕完后，随即放水，经济有效。

二、化学防治

（1）沟施药剂。甘蔗播种期，选用3%甲基异柳磷颗粒剂75.0kg/hm^2或3%辛硫磷颗粒剂75.0～90.0kg/hm^2或3%呋喃丹颗粒剂60kg/hm^2撒施于甘蔗植沟中，再覆土。

（2）追施药剂。甘蔗培土时，选用上述任一药剂施于甘蔗根际四周，再培土。

第十二章 甘蔗草蝉

第一节　种类与分布

我国为害甘蔗的草蝉有两种，即 *Mogannia hebes* Walker 和 *M. kashotoensis* Kato，属同翅目，蝉科。但以发生在台湾和广西个别蔗区的甘蔗草蝉 *M. hebes* Walker 最为主要，尤以台湾蔗区发生为害最重。甘蔗草蝉主要以刺吸式口器吸食蔗根的汁液，该虫除为害甘蔗外，也为害其他禾本科植物。

第二节　形态特征、生活习性与发生规律

一、形态特征

成虫（图 12－1.1～6）　体长约 20mm，绿色间淡黄褐色，并被有金黄色绒毛。翅脉绿色，膜质部分透明；头部黄绿色，单眼红色，周围黑色，复眼黑褐色。前胸背板黄褐色，后缘及侧缘黄绿色，正中有黄褐色纵线。中胸背面黄绿色，有两对楔形黑纹，后方有一对黑褐色小点，腹部背面黄褐色。基部 3 节带黑色斑纹，后方各节则呈暗褐色。胸部腹面黄色，腹部腹面黄褐色，若虫老熟时黄褐色。胫节以下黄绿色，跗节末端及爪暗褐色。

卵　白色，长椭圆形，约 1.5mm，产于甘蔗叶面中肋组织内。

若虫　老熟时 16～17mm，黄褐色。前脚大，适于挖掘，腿节腹面有 6 个齿，基部齿较显著，胫节末端尖而锐，具一个短棘。初龄若虫红色，前脚胫节褐色。

二、生活习性与发生规律

若虫期长需 1～2 年，栖居土中生活。每年入夏 5～7 月间雨季开始，天气酷热时，老熟若虫即于夜间爬出土面，至蔗株叶鞘或叶背，黎明前脱皮羽化为成虫，经过 1～2h 后即可活动飞行，成虫多在晴天上午交尾。交尾约 1h 后即开始产卵，以产卵管刺破叶面中脉表皮，将卵产于甘蔗叶片中脉内。卵期平均为 38d。每头雌虫产卵量为 620～640 粒，卵孵化率平均为 86.2%～91.2%。产卵期在 5～8 月间，产卵盛期为 5 月下旬～6 月下旬，7 月下旬开始减少至 8 月上旬停止。成虫寿命为 5～14d。初孵若虫红色，活动善爬，从叶片爬至蔗茎基部，然后由土缝潜入土中为害蔗根。草蝉幼蝉潜伏在土中的深

度随土壤的湿度而异，通常为10~40cm，最深的可达60~70cm。若虫具有大、中、小不同龄期，大龄即老熟若虫于雨季开始后陆续脱皮羽化为成虫，中等与小若虫尚未长大，继续在土中为害，于第2~3年出土羽化。

若虫栖息于土中，以刺吸式口器刺入蔗根组织内吸食汁液，影响甘蔗萌芽及生育，成虫则以产卵管刺破叶面中肋表皮，产卵于中肋组织内，诱发赤腐病。同时，草蝉在取食过程中，若虫分泌出唾液并把它注射入蔗根，这就是受害宿根蔗发株降低的原因。

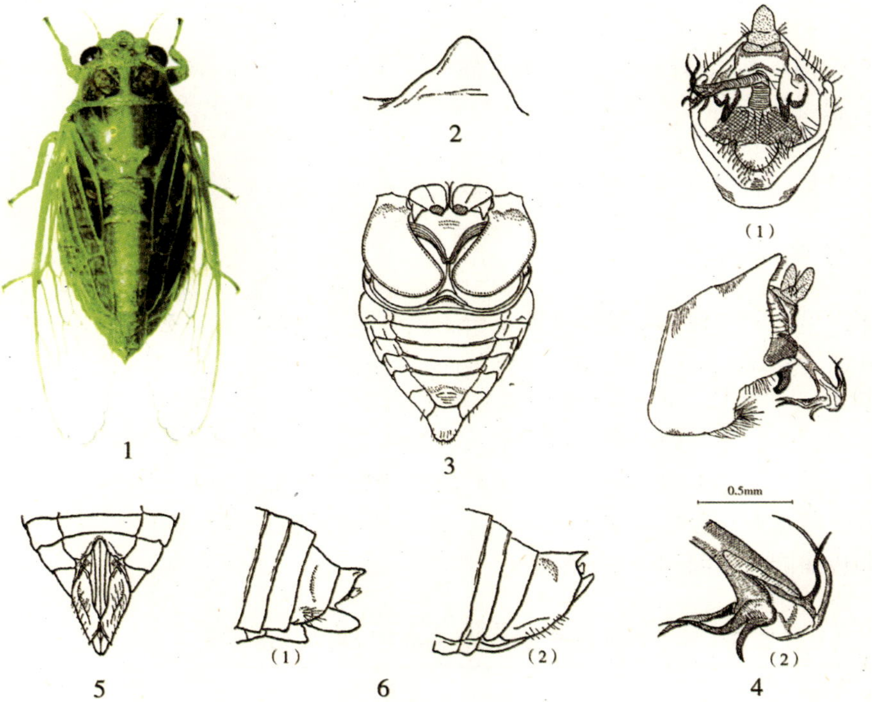

图12-1　甘蔗草蝉

1. 成虫；2. 右鼓室盖；3. 雄虫腹部腹面；4. 雄性生殖器：（1）正面观，（2）侧面观；5. 雌虫尾部腹面；6. 尾部侧面：（1）雌虫，（2）雄虫

（1. 仿http：//shenghuan. shnu. edu. cn/Default. aspx？tabid=5065图；2~6. 仿Masami Hayashi图）

三、发生与环境条件的关系

宿根蔗面积扩大，宿根年限延长可助长甘蔗草蝉的发生。对草蝉若虫为害性质的研究结果表明，蔗根维管束组织是若虫取食的主要部位。田间观察和室内试验发现，每丛蔗头中的若虫数目与甘蔗发株率之间存在着负相关。

第三节　综合防治方法

一、农业防治

（1）甘蔗收获后，不留宿根的蔗地进行深耕深翻，多犁多耙，改善土壤理化性，并使若虫被杀死或暴露于地表，破坏若虫栖息环境，还可利用机械损伤作用，杀死部分虫口。

（2）蔗田水利条件好的蔗地，引水灌淹持续7～14d，可杀死80%～100%的若虫。

（3）提早采收，或与非禾本科类作物实行轮作，使若虫无法取得适宜的食料而饿死。

（4）摘除带卵的蔗叶并集中烧毁，以减少下一代虫口基数。

二、生物防治

施用虫生真菌：根据台湾甘蔗研究所王次男等（1975）的盆栽试验，3种虫生真菌即棒束孢菌 *Isria sinclairil*、绿僵菌 *Metarhizium anisopliae* 和白僵菌 *Beauveria bassiana* 对草蝉的感染如下（表12－1）。1970—1972年在台湾省14间糖厂蔗区进行病原微生物防治草蝉的田间试验，将室内培养的棒束孢菌和绿僵菌的混合物连同培养基一起被施用在宿根蔗田的泥土上。结果表明施菌后由于病菌致病的作用而使施菌田内健康若虫的数目降低并使寄生若虫的百分率增加（表12－1）。关于合理施菌量及蔗田土壤情况对病菌孢子生存和传播能力等问题，还有待进一步的深入研究。

表12－1　3种真菌对草蝉的感病率（引自王次男等，1975）

草蝉种类	感病率（%）		
	棒束孢菌 *Isria sinclairil*	绿僵菌 *Metarrhizium anisopliae*	白僵菌 *Beauveria bassiana*
Mogannia hebes	70.0	80.0	40.0
M. kashotoensis	40.0	50.0	20.0

附表一

其他甘蔗地下害虫主要种类、学名、寄主及其分布

科　别 Families	种　类 Specials	学　名 Technical term	寄　主 Hosts	分　布 Distribution
等翅目 ISOPTERA				
鼻白蚁科 Rhinotermitidae	黑胸散白蚁	*Reticulitermes chinensis* Snyder	甘蔗、各种树林	广东、福建、台湾、江西、江苏、浙江、湖北、湖南、四川等地
	福建散白蚁	*R. zhaoi* Ping et Li	甘蔗	福建
白蚁科 Termitidae	歪白蚁	*Capvitermes nitobei* Shiraki	甘蔗、甘薯、小麦、花生、果树、林木	福建、台湾、广东、广西、江苏、江西、安徽、浙江
	土垄大白蚁	*Macrotermes annandalei* Silvestri	甘蔗等	广东、广西、海南等
	小头蛮白蚁	*M. dimorphs* Tsai et Chen	甘蔗	华南地区
	粗颚土白蚁	*O. gravelyi* Silvestri	甘蔗	广西等地
	印度象白蚁	*Nasutitermes moratus* Silvestri	甘蔗	广西、云南等
	小象白蚁	*N. parvonastus* Shiraki	甘蔗、木斗科、木兰科、樟科等木材	台湾、福建、湖南等省
木白蚁科 Kalotermitidae	恒春新白蚁	*Neotermes koshunensis* Shiraki	甘蔗、木材及木结构的建筑物	台湾、福建、广东、海南、云南等省
半翅目 HEMIPTERA				
土蝽科 Cydnidae	青革土蝽	*Macroscytus subaeneus* Dallas	甘蔗、花生、麦类	福建、广东、台湾、四川、云南、江西、浙江、江苏、安徽、湖北、山东、北京
	甘蔗根蝽	*Neostibaropus formosanus* Esaki	甘蔗	台湾
直翅目 ORTHOPTERA				
蟋蟀科 Gryllidae	蔗头蟋蟀	*Aoheta bimaculatus* De Geer	甘蔗	福建
	华南大蟋蟀	*Brachytrupes portentosus* Lihten	甘蔗、花生、甘薯等多种作物，荔枝、龙眼、柑橘和各种树林幼苗	广东、广西、福建、台湾、四川、江西、浙江、贵州、云南

（续上表）

科 别 Families	种 类 Specials	学 名 Technical term	寄 主 Hosts	分 布 Distribution
	小油葫芦	*G. chinensis* Weber	甘蔗、大豆、水稻、小麦、甘薯、大豆、玉米、棉	广东、台湾、福建、江西、浙江
	油葫芦	*Gryllus testaceus* Walker	甘蔗、水稻、玉米、高粱、甘薯、蔬菜、小麦、小米、大豆、花生、棉、茶、油茶及各种树林幼苗	广东、广西、福建、江西等省及华北、华东等地区
蝼蛄科 Gryllotalpidae	台湾蝼蛄	*G. formosana* Shiraki	甘蔗、甘薯等及各种树林幼苗	台湾、广东、广西
同翅目 HOMOPTERA				
蚜科 Aphididae	蔗根蚜	*Geoica lucifuga* Zehntner	甘蔗等	台湾
	秋四脉棉蚜	*T. ankinire* Sasaki	第一寄主：榆树 第二寄主：甘蔗、高粱、麦类及其他禾本科植物	华北地区黑龙江、辽宁、山东、河南、上海、江苏、浙江、台湾、湖北、云南、新疆等省
	榆四脉棉蚜	*T. ulmi* Linnaeus	高粱、甘蔗、麦类、玉米、芦苇	东北、河北、山东、江苏、贵州、青海、新疆
粉蚧科 Pseudococcidea	蔗根粉蚧	*Mizococcus sacchari* Takahashi	甘蔗	台湾
蚧科 Coccidae	蔗根蜡蚧	*Lecanopsis sacchari* Takahashi	甘蔗	台湾
鞘翅目 COLLEOPTERA				
步甲科 Carabidae	蔗根平额叩甲	*Chiagosnius obscuripes* Gyllenhal	甘蔗	江苏、江西、福建
	暗栗叩头甲	*Colaulon musculus* Candeze	甘蔗、高粱、麦类	江苏、台湾、广东、四川
		Dieronychus formosanus Matsuumura	甘蔗	台湾
叩甲科 Elateridae	枝斑贫脊叩甲	*Aeoloderma brachmana* Candeze	甘蔗、甘薯	四川、福建、台湾
	中华缺脊叩甲	*A. sinensis* Candeze	甘蔗	台湾、广东
	蔗根平顶叩甲	*Agonischius obscuripes* Gyllenhal	甘蔗	台湾、湖北、湖南、江西、四川

（续上表）

科　别 Families	种　类 Specials	学　名 Technical term	寄　主 Hosts	分　布 Distribution
	台湾蔗叩头甲	*Agrypnus formosanus* Bates	甘蔗	台湾
	蔗裂胸叩甲	*Cardiohypnus coomani* Fleutiaux	甘蔗	台湾
	小黑叩头甲	*Cardiopharus* spp.	甘蔗、甘薯、玉米、向日葵	四川
	宽胸异刻叩甲	*Heteroderes albicans* Candeze	甘蔗	华南地区、台湾
		H. ablitus Candeze	甘蔗	江西、台湾
		H. triangularis Eschscholtz	甘蔗	台湾
		Lacon formosanus Bates	甘蔗	台湾
		L. modestus Candeze	甘蔗	台湾
	甘薯黑叩头甲	*L. musculus* Candeze	甘蔗	台湾、福建
		Megapenthes ligatus Candeze	甘蔗	台湾
	蔗梳爪叩甲	*Melanotus regalis* Candeze	甘蔗	广东、台湾、江西、湖北、湖南
	棉苗叩头虫	*Paracardiophorus devastans* Matsumura	甘蔗、棉花、甘薯、麦类	云南、江苏、浙江
		Paralacon taciturnus Candeze	甘蔗	台湾、广东
		Phrocardius yanagiharae Miwa	甘蔗	台湾
		Platynychus formosanus Matsumura	甘蔗	台湾
	沟金针虫	*Pleonomus canaliculatus* Falderamnn	甘蔗、麦	华北、东北地区及陕西、江苏、台湾、山东等省
	黄带根叩甲	*Procraerus ligatus* Candeze	甘蔗	浙江、台湾、福建、广东
		Sephilus formosanus Schwarz	甘蔗	台湾
		Silisis multabilis Bates	甘蔗	台湾

（续上表）

科 别 Families	种 类 Specials	学 名 Technical term	寄 主 Hosts	分 布 Distribution
异步甲科 Tenebriodidae	毛土潜	*Gonocephalum pubens* Marseul	甘蔗、花生、蓖麻	广东、台湾等省及东北地区
犀金龟科 Dynastidae	大蔗犀金龟	*Alissonotum crassum* Arrow	甘蔗	台湾
	宽蔗犀金龟	*A. amloides* Endrodi	甘蔗	台湾
	小蔗犀金龟	*A. parrum* Chang	甘蔗	台湾
丽金龟科 Rutelidae	合喙丽金龟	*Adoretus formosanus* Ohaus	甘蔗、黄麻、蓖麻	台湾
	越喙丽金龟	*A. tanuinensis* Ohaus	甘蔗	广西
	黑丽金龟	*Anomala antiana* Gyll	甘蔗	广东
	紫黑丽金龟	*Anomala antique* Gyllanhal	甘蔗等	广西、福建
	浅棕丽金龟（浅棕异丽金龟）	*A. badia* Ohaus	甘蔗等多种植物地下部	福建、台湾
	栗腹金龟	*A. castaneoventris* Bates	甘蔗	台湾、四川
	铜绿丽金龟（铜绿异丽金龟）	*A. corpulenta* Motschulsky	甘蔗、玉米、花生、小麦、高粱、大豆、贝母、蔬菜、果树、杉、木麻黄、杨、油茶、板栗	辽宁、河南、陕西、江苏、江西、贵州、湖北、湖南、四川、北京、天津、黑龙江、内蒙古、甘肃、青海等省及华北、华东地区
	皱纹丽金龟	*Anomala corrugata* Bates	甘蔗	福建、台湾
		A. crubescens Ohaus	甘蔗	台湾、广东
	茄黑条丽金龟	*A. dorsalis* Fabricius	甘蔗	四川
	深绿丽金龟	*A. inconcina* Bates	甘蔗	华南地区及台湾
	小铜绿丽金龟	*A. gudzenkoi* Jacobson	甘蔗	台湾
	长毛青铜金龟	*A. limbifera* Ohaus	甘蔗	台湾
		A. polyanor Ohaus	甘蔗	台湾

（续上表）

科　别 Families	种　类 Specials	学　名 Technical term	寄　主 Hosts	分　布 Distribution
鳃金龟科 Melolonthidae	黑框黄丽金龟	*A. siamensis* Nomfreid	甘蔗	贵州、云南
		A. streptopyga Ohaus	甘蔗	台湾
	柑青铜金龟	*A. trachypyga* Bates	甘蔗	台湾
	黄闪丽金龟	*Mimela testaceo-viridis* Blanchard	甘蔗等	台湾、福建、江西
	台湾甘蔗金龟	*Apogonia formosana* Moser	甘蔗	台湾
	甘蔗金龟	Apogon sp.	甘蔗	台湾
	蔗小鳃金龟	*Apogonia amida* Lewis	甘蔗	四川
	双条甘蔗金龟	*A. bicarinata sauteri* Moser	甘蔗	台湾
	黑棕金龟	*A. cribricollis* Burmeister	甘蔗等	台湾、福建、广东、广西
	姬红甘蔗金龟	*A. nipponica* Lewis	甘蔗等	台湾
		A. sauteri Moser	甘蔗等	台湾
	隐斑鳃金龟	*Exolontha umbracalata* Burmeister	甘蔗	福建
	蔗叶金龟甲	*Holotrichia castaneoventris* Bates	甘蔗	四川
	拟毛黄鳃金龟（茶根金龟）	*Holotrichia formosana* Moser	甘蔗、花生、茶树等	四川、广西、贵州、江西、浙江、安徽、福建、台湾、江苏、山东、辽宁、河北
		H. geilenkeuseri Reitter	甘蔗	台湾、福建、广东
		A. sauteri Moser	甘蔗	台湾
	甘蔗鳃金龟	*H. horishana Nujima* et Kinoshita	甘蔗、刺竹等	四川、台湾、福建、广东
	刺槐鳃角金龟	*H. lata* Brenske	甘蔗	台湾、江西、福建
	斑鳞鳃金龟	*L. bimaculata* Jounders	甘蔗	福建、广西
	棕玛绢金龟	*Malaclera* sp.	甘蔗	广西

（续上表）

科 别 Families	种 类 Specials	学 名 Technical term	寄 主 Hosts	分 布 Distribution
	姜鳃金龟	*Maladera formosae* Brenske	甘蔗、姜	台湾、江西
	锈褐鳃金龟	*Melolotha rubiginosa* Fabricicus	甘蔗、花生、甘薯	福建、江西
	小头霉鳃金龟	*Microtrichia* spp.	甘蔗	广西
	蔗鳃角金龟	*M. horishana Nijima et* Kinoshita	甘蔗	广东、福建、台湾、四川
	戴云鳃金龟	*Polyphylla davidis* Fairmaire	甘蔗	四川
天牛科 Cerambycidae	大牙锯天牛	*D. paradoxus* Faldermann	甘蔗	海南、广东、广西
	甘蔗狭胸天牛	*Philus pallescens* Bates	甘蔗	广东、广西、海南
象甲科 Curculiocidae	香蕉球茎象甲	*Cosmopolite sordidus* Germ	甘蔗	台湾、贵州
	庶头象虫	Bari Shssp		福建、广西
鳞翅目 LEPIDOPTERA				
小卷蛾科 Tortricidae	黄螟	*Tetramoera schistaceana* Snellen	甘蔗	广东、广西、福建、海南、台湾、云南
螟蛾科 Pyralidae	甘蔗蛀根螟	*Lamprosema* sp.	甘蔗	
夜蛾科 Noctuidae	小地老虎	*Agrotis ypsilon* Rottemberg	甘蔗、甜菜	全国各地
	小剑切根虫	*E. spinitera* Hübner	甘蔗新种	云南、广西

中　卷

甜菜地下害虫

第十三章 甜菜地下害虫种群发生动态

第一节 甜菜地下害虫种类与为害特点

在我国，危害甜菜的地下害虫主要有金龟甲、金针虫、地老虎、蝼蛄、拟地甲、甜菜象甲、甜菜斑蝇等。

金龟甲是为害甜菜的重要害虫类群。金龟甲幼虫和成虫均可为害甜菜，春季为害甜菜幼苗，造成缺苗断垄，甚至毁种；夏秋季啃食甜菜的地下块根，形成孔洞，影响甜菜的产量和质量。为害甜菜的金龟甲有近 20 种。地老虎则是另一类为害甜菜的主要地下害虫。在甜菜产区，目前已发现的为害甜菜的地老虎有 9 种，地老虎多发生在甜菜定苗前后，其幼虫截食甜菜幼苗的茎基部，将幼苗截断，导致幼苗枯死，造成甜菜缺苗断垄，严重时甚至不得不毁种重种。甜菜象甲是近年来发现的为害甜菜的一类重要地下害虫，根据目前的研究，分布于甜菜产区的甜菜象甲有 32 种，不同程度地威胁着甜菜的生产，从而影响甜菜糖业的安全与可持续发展。甜菜象甲是甜菜苗期生产上毁灭性害虫。甜菜象甲以成虫啃食甜菜幼苗，造成田间缺苗、补种甚至毁种。网目砂潜 *Opatrum subaratum* Faldermann、蒙古沙潜也是甜菜产区普遍发生的一类地下害虫，这类害虫在每年 5 月上旬甜菜幼苗出土后，从甜菜地周围杂草地里，或去年、前年种过的甜菜地里向本年甜菜地里迁移，咬食甜菜子叶和幼嫩的真叶，致使幼苗枯死，严重时可造成缺苗缺垄。

第二节 甜菜地下害虫发生趋势

20 世纪 50 年代初，甜菜地下害虫的发生、为害十分严重，这其中金龟甲、地老虎以及沿河流地带发生的蝼蛄等为害十分严重，常造成大面积甜菜苗被害，特别是蝼蛄在地表下穿行及为害，形成大量隧道，造成大片农田缺苗断垄，严重地块不得不补种或翻种。由于有机合成农药特别是“六六六”的引入，对地下害虫的防治起到了关键作用。20 世纪 50 年代到 70 年代，地下害虫一直是甜菜害虫防治的重点。因此，到 20 世纪 70 年代，蝼蛄、金针虫等已基本得到控制，很难形成大面积灾害。20 世纪 80 年代初，由于金针虫及蝼蛄等对“六六六”等有机氯农药产生了抗药性，呈现某些年份危害较重的状况，后经推广甲基硫环磷闷种技术，使其危害得到有效控制。目前，蝼蛄的危害程度明显减轻，一般对甜菜生产不构成威胁。

金龟甲是为害甜菜的主要害虫类群，在地下害虫防治中一直备受重视。20 世纪 70 年代末 80 年代初，由于“六六六”使用时间长，害虫产生抗药性，防治效果下降等原因，金龟甲害虫一度呈回升态势。在黑龙江甜菜产区，东北大黑腮金龟（*Holotrichia oblita*）和华北大黑金龟等的危害较重。1982 年、1983 年，金龟甲在黑龙江省安达、阿城等地暴发。1989 年、1991 年在大青山等地暴发，发生危害面积占甜菜播种面积的 80% 左右。中国农科院甜菜研究所曾对该虫生物学特性及“六六六”毒土防治进行了研究并一度控制了其危害。由于有机氯农药“六六六”产品的禁用，又无高效的新农药新产品，形成市场空缺，又使该虫再度猖獗，成为生产上亟待解决的难题。从 20 世纪 90 年代以来，蛴螬危害甜菜有明显上升的势态，一般被害率为 10% ~15%，严重时被害率达 25% ~30%，个别地块因严重缺苗而毁种。金龟甲为害时期，大致可分为两种类型：一种是春季为害，即甜菜出苗到定苗前后，甜菜地上部和地下部均可受害；第二种为夏秋季为害，幼虫（蛴螬）潜伏于土壤层中危害甜菜的地下部，危害时间长，由于此时正值甜菜生长中后期，防治难度大，现有防治方法均难以有效控制蛴螬危害。

20 世纪 70 年代末、80 年代初，在黑龙江省的安达、肇东及阿城等地，甜菜苗期害虫有甜菜象虫（其中以甜菜象甲 *Bothynoderes punctiventris* Germar、甜菜长柄象甲 *Mesagrocus* sp.、蒙古土象甲 *Xylinophorus mongolicus* Taust 等为优势种）、甜菜跳甲 *Chactonoma discreta* Baly 及沙潜 *Opatrum subaratum* Faldermann 等，这些害虫每年 5 月上旬在甜菜幼苗出土后，从甜菜地周围杂草地里，或上一年、前年种过的甜菜地里向本年甜菜地里迁移，咬食甜菜子叶和幼嫩的真叶，幼苗枯死，其中甜菜象虫为害最为严重。1979 年，安达县有三分之一的甜菜面积因苗期害虫为害而需补种或毁种，所需甜菜种子为 90t 以上。肇东县 1978 年和 1979 年实播甜菜面积分别为 15.5 万亩和 17 万亩，而苗期因害虫为害而补、毁种分别为 7.75 万亩和 9 万亩。

河西走廊是甘肃甜菜种植业的主要基地。随着甜菜种植面积的扩大，多年来一直被视为甘肃甜菜苗期生产上毁灭性害虫的甜菜象甲数量激增，为害严重。特别是沿荒漠戈壁边缘的甜菜地受害尤重，1985—1987 年间，每年由甜菜象虫为害造成缺苗的地块面积占甘肃河西年均甜菜播种面积的 12% ~15%，受害轻的地块缺苗 10% ~12%，严重的缺苗 30% ~50%，甚至毁种。块根减产一般为 15% ~20%，严重的达 50% 以上。对河西的甜菜生产造成严重威胁。

近年来，在各甜菜产区，沙潜、甜菜斑蝇以及甜菜象甲等地下害虫有加重的趋势，而金龟甲、地老虎等则可在局部地区大量暴发，产生危害。

第十四章
金龟甲

第一节　主要种类

甜菜金龟甲为甜菜的主要地下害虫，发生种类多，为害重，对甜菜的产量和质量产生重要影响。金龟甲的发生及数量，与土壤质地、植被分布和地形地貌有密切的关系。一般平川、下湿地，主要以黑绒鳃金龟 *Serica orientalis* Metschulsky、华北大黑鳃金龟 *Holotrochia oblita* Fald、苹毛丽金龟 *Proagopertha lucidula* Faldermann、阔胸犀金龟 *Pentodoa patruelis* Frivakldszky 为主，优势种群为华北大黑鳃金龟，而洼地以阔胸犀金龟为优势种群。坡区靠近林带的菜地则以苹毛丽金龟、黑绒鳃金龟、棕色鳃金龟 *Holotrichia titanns* Reitter、阔胸犀金龟为主，以黑绒鳃金龟、苹毛丽金龟为优势种群。在黑龙江甜菜产区，金龟甲优势种群主要有东北大黑鳃金龟（*Holotrichia oblita*）及华北大黑鳃金龟（*H. diomphalia*）两种，且为害有加重的趋势。

第二节　形态特征、生活习性与发生规律

一、黑绒鳃金龟

（一）寄主与分布

黑绒鳃金龟 *Serica orientalis* Metschulsky 又名东方金龟子、黑绒金龟、天鹅绒金龟子、东方绢金龟，属鞘翅目，鳃金龟科。分布于东北、华北、内蒙古、甘肃、青海、陕西、四川及华东部分地区。黑绒鳃金龟是甜菜苗期主要害虫之一，成虫杂食性，取食甜菜、蔬菜、小麦、玉米、大豆、麻类以及果树、林木等 100 多种植物。成虫群集食害叶片等幼嫩部位，幼虫栖息于土中，食害嫩根，造成缺皮，有时密度较大，对作物根系造成一定破坏，影响植株正常生长发育。

（二）形态特征

成虫（图 14－1.1～6）　体长 6.2～9mm，宽 3.5～5.2mm。体呈卵圆形，体背面为黑色或黑褐色等天鹅绒状绒毛。唇基黑色，光泽强，前角钝圆，边缘上卷，前缘中间凹入较浅，唇基上面密布大的刻点和散生褐色细毛，中间具明显的纵隆起。触角 9 节，鳃片部 3 节，雌、雄异型。前胸背板横宽，两侧中段外扩。前缘显著凹入而中端前伸，

故为波浪形；侧缘列生褐色刺志。前胸背板中部高亢而前方倾斜，密布细刻点。小盾片三角形，顶端变钝。鞘翅较短，长度为前胸背板的 1.5 倍，两侧缘微呈弧形，纵肋明显。鞘翅两侧边缘毛稀而短并密布小刻点和短细毛，呈黑色或黑褐色。前足胫节外齿 2 个，后足胫节端距 2 个。前足跗节下边具刚毛，后足跗节下边无刚毛，面下边外侧具纵沟。爪具齿。臀板三角形，中间高，顶端变钝，其上密布粗大的刻点。雄性外生殖器基片宽大呈长卵形状，阳基侧片弯曲，且左右不对称，中片长而尖。

卵 椭圆形，长 1.2mm，初产时乳白色，表面光滑、有光泽，后变淡黄色，近孵化前褐色。

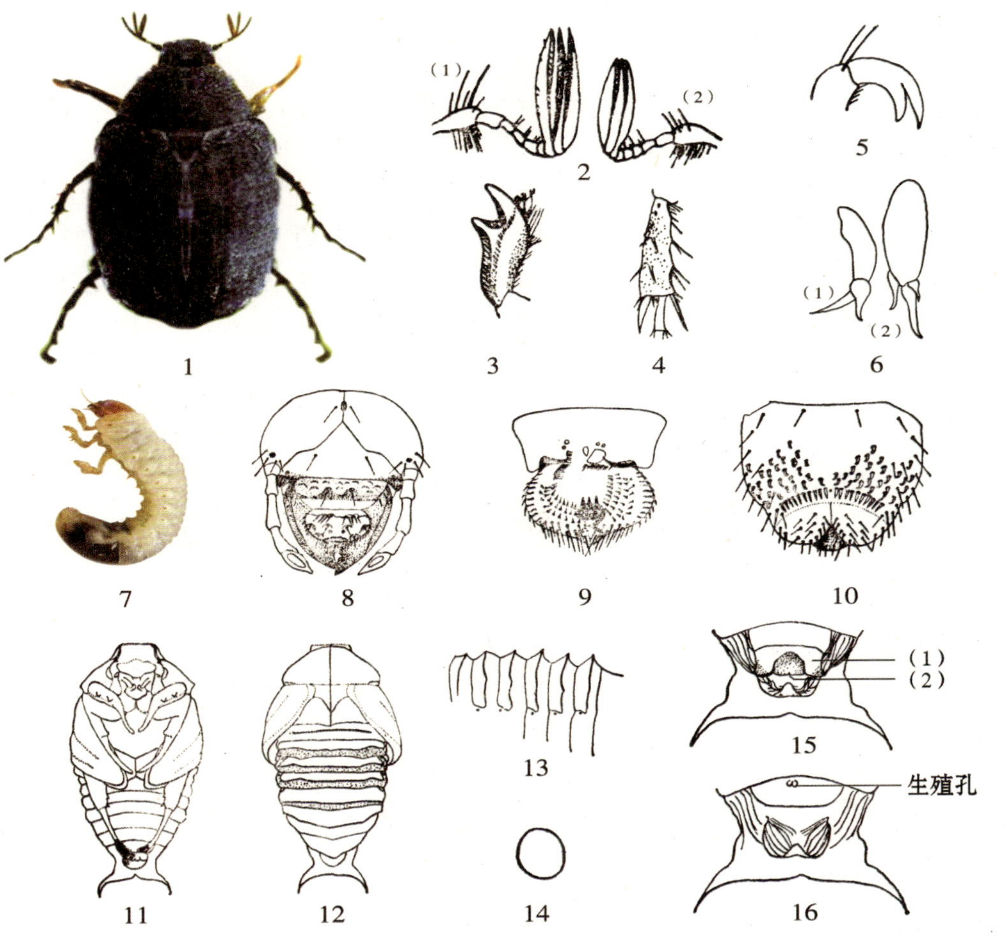

图 14－1　黑绒鳃金龟

1. 成虫；2. 触角：（1）雄虫，（2）雌虫；3. 前足胫节；4. 后足胫节；5. 前爪；6. 雄性外生殖器：（1）左侧，（2）背面；7. 幼虫；8. 幼虫头部；9. 内唇；10. 肛腹片；11. 雄蛹腹面；12. 蛹背面；13. 体节背板中间具横向峰状锐脊；14. 腹部第 1～4 节气门；15. 雄蛹臀板腹面：（1）阳基侧突，（2）阳基；16. 雌蛹臀节腹面

（2～6. 仿《山西省金龟子图册》图；7. 仿《中国农资传媒》图；8～10. 仿张治良图；11～16. 仿张治良、孙德旭图）

幼虫（图 14 - 1.7 ~ 10） 体长 14 ~ 16mm，头宽 2.5 ~ 2.6mm，头长 1.8 ~ 1.9mm。头部前顶刚毛每侧 1 根，额中侧毛每侧 1 根，无额前缘毛。上唇基部刚毛较多，分两组横列。内唇基感区感区刺 3 根，基前缘具圆形感觉器大的 2 个。感前片与内唇前片发达，连接成“人”字形，左上唇根侧突不明显，与唇根成钝角。肛腹片后部覆毛区满布着顶端尖而稍弯的刺状刚毛，刺状刚毛的前缘呈双峰状，终止于肛腹片后部的中间；覆毛区中间的裸露区呈楔状，尖端朝向尾端，将覆毛区分隔为二。刺毛列位于覆毛区的后缘，呈横弧状排列，由 16 ~ 22 根锥状刺组成，中间明显中断。

蛹（图 14 - 1.11 ~ 16） 体长 8 ~ 9mm，宽 3.5 ~ 4.0mm。唇基近半圆形。触角雌、雄同型，呈靴状，触角近基部在前伸突起。中、后足胫节具两端距。腹部第 1、2 节被后足基节遮盖，腹节第 1 ~ 4 节气门近圆形，与体同色，无发音器。腹部第 1 ~ 6 节，每节背板中间具横向峰状锐脊。尾节近方形，后缘中间凹入，两尾角很长。雄性外生殖器的阳基侧突超达阳基端，两者前端至少位于同一直线上，甚或侧突更前伸些；雌蛹臀节腹面平坦，生殖孔位于基缘中部。

（三）生活习性与发生规律

在陕西、甘肃、辽宁、北京、河北等地，黑绒鳃金龟均为 1 年发生 1 个世代，以成虫越冬。成虫始出现期，北京为 4 月上旬至 6 月中旬，盛期为 5 月上中旬；辽宁西部为 4 月上中旬至 6 月间，盛期在 4 月下旬至 5 月下旬；在河北，成虫于 4 月中旬出土活动，4 月末至 6 月上旬为盛期；在甘肃陇东，4 月上旬成虫开始活动，盛期在 4 月下旬至 5 月中旬，终见期在 6 月下旬。成虫交配呈直角状，卵产于 10 ~ 20cm 深的土层内。

成虫食性杂，取食甜菜、小麦、玉米、大豆等多种作物和果树、林木的叶片。幼虫栖息于土中，有时密度较大，会对作物根系造成一定破坏。

幼虫老熟后在土中约 20cm 的深处化蛹，8 月至 10 月上旬为化蛹期，8 月中下旬成虫开始羽化，便在原土室中越冬。

越冬成虫出土为害与 4 月份的温度、降雨有关。温度升高后，必须降雨，成虫才能出土。成虫为害期约 80d，幼虫为害期约 100d，成虫产卵前期 10d，雌虫一般 1 次产卵 2 ~ 23 粒，一生可产卵 9 ~ 78 粒，产卵 1 ~ 4 次。有 10% ~ 15% 的成虫在土中不食不动，并可进行第二次越冬（殷梅生等，1977）。

表 14 - 1 黑绒鳃金龟各虫态历期（引自魏鸿钧、张治良、王荫长，1989）

观察地点	卵期（d）	幼虫期（d）				蛹期（d）	世代（d）
		全幼虫期	1 龄	2 龄	3 龄		
河北沧州	5 ~ 10	80	41	21	18	11	376
辽宁黑山	早期 18.3 后期 5.2 ~ 10	65.2	19.3	15	31.4	14 ~ 16	360
陕西旬邑	8 ~ 14	56 ~ 108	20 ~ 37	15 ~ 20	21 ~ 51	20	360
甘肃泾川	13 ~ 38	70 ~ 80	25 ~ 30	14 ~ 18	30	23	360

二、华北大黑鳃金龟

（一）寄主与分布

华北大黑鳃金龟 *Holotrichia oblita* Faldermann 属鞘翅目，鳃金龟科。分布于东北、华北、西北等省区。成虫取食杨、柳、榆、桑、核桃、苹果、刺槐、栎等多种果树和林木叶片，幼虫为害甜菜、阔叶和针叶树根部及幼苗。与其习性和形态近似种有东北大黑鳃金龟 *H. diomphalia* Bates、华南大黑鳃金龟 *H. gebleri* Faldermann、四川大黑鳃金龟 *H. szechuanensis* Chang 等。

（二）形态特征

成虫（图 14－2.1～4）　长椭圆形，体长 21～23mm，宽 11～12mm，黑色或黑褐色，有光泽。胸、腹部生有黄色长毛，前胸背板宽为长的两倍，前缘钝角、后缘角几乎成直角。每鞘翅具 3 条隆线。前足胫节外侧 3 齿，中后足胫节末端 2 距 。雄虫末节腹面中央凹陷，雌虫隆起。

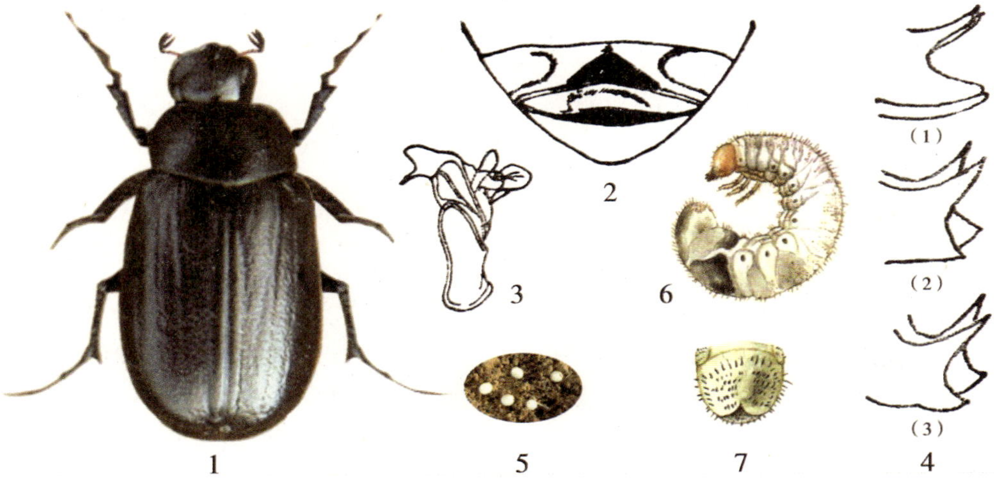

图 14－2　华北大黑鳃金龟

1. 成虫；2. 腹末端腹面；3. 雄性外生殖器（侧面）；4. 雄性外生殖器：（1）、（2）、（3）阳基侧突 3 种变异情况；5. 卵；6. 幼虫；7. 肛腹片

（2，3. 仿章有为图；6，7. 仿《中国农资传媒》图）

卵（图 14－2.5）　椭圆形，乳白色。

幼虫（图 14－2.6～7）　体长 35～45mm，肛孔呈三射裂缝状，前方着生一群扁而尖端成钩状的刚毛，并向前延伸到肛腹片后部 1/3 处。

蛹　预蛹体表皱缩，无光泽。蛹黄白色，椭圆形，尾节具突起一对。

（三）生活习性与发生规律

华北大黑鳃金龟在西北、东北和华东 2 年 1 代，华中及江浙等地 1 年 1 代，以成虫或幼虫隔年越冬。在河北越冬成虫约 4 月中旬出土活动直至 9 月入蛰，前后持续达 5 个月，5 月下旬至 8 月中旬产卵，6 月中旬幼虫陆续孵化，为害至 12 月，以第 2 龄或第 3 龄越冬；第二年 4 月越冬幼虫继续发育为害，6 月初开始化蛹，6 月下旬进入盛期，7 月羽化为成虫后即在土中潜伏并相继越冬，直至第三年春天才出土活动。东北地区的生活史则推迟半月有余。

成虫白天潜伏土中，黄昏活动，20：00—21：00 时为出土高峰，有假死性及趋光性。出土后尤喜在灌木丛或杂草丛生的路旁、地旁群集取食、交尾，并在附近土壤内产卵，故地边苗木受害较重。成虫有多次交尾和陆续产卵习性，产卵次数多达 8 次，雌虫产卵后约 27d 死亡。多喜散产卵于 6 ~ 15cm 深的湿润土中，每头雌虫产卵 32 ~ 193 粒，平均 102 粒，卵期 19 ~ 22d。幼虫 3 龄，均有相互残杀习性，常沿垄向及苗行向前移动为害，在新鲜受害株下很易找到幼虫。幼虫随地温升降而上下移动，春季 10cm 处地温约达 10 ℃ 时幼虫由土壤深处向上移动，地温约 20℃时主要在 5 ~ 10cm 处活动取食，秋季地温降至 10℃以下时又向深处迁移，越冬于 30 ~ 40cm 处。土壤过湿或过干都会造成幼虫大量死亡（尤其是 15cm 以下的幼虫），幼虫的适宜土壤含水量为 10.2% ~ 25.7%，当低于 10% 时初龄幼虫会很快死亡。灌水和降雨对幼虫在土壤中的分布也有影响，如遇降雨或灌水则暂停为害，下移至土壤深处；若遭水浸则在土壤内作一穴室，如浸渍 3d 以上则常窒息而死，故可灌水减轻幼虫的危害。老熟幼虫在土深 20cm 处筑土室化蛹，预蛹期约 22.9d，蛹期 15 ~ 22d。

三、东北大黑鳃金龟

（一）寄主与分布

东北大黑鳃金龟 *H. diomphalia* Bates 又名大黑鳃金龟、朝鲜黑金龟子，属鞘翅目，鳃金龟科。分布北起黑龙江、内蒙古、新疆，南至江苏、安徽、湖北、四川，东起苏联东境，西至甘肃，折入四川，在华北的局部地区为害严重，一般年份为害率达到 30% 以上。东北大黑鳃金龟除为害甜菜外，还为害玉米、大豆、马铃薯等多种作物。幼虫啃食甜菜等蔬菜及果树苗木的幼根，可致死苗，造成缺苗断垄。幼虫为害盛期在 6 月中下旬，取食甜菜幼根，深度大多在 4 ~ 5cm 以下，1 头幼虫可连续食害数株甜菜，造成严重缺苗。成虫仅嚼食树叶及部分作物叶片。

（二）形态特征

成虫（图 14 -3.1 ~4）　体长 16 ~ 21mm，宽 8 ~ 11mm，黑色或黑褐色，具光泽。唇基横长近似半月形，前、侧缘边上卷，前缘中间微凹入。触角 10 节，鳃片部 3 节呈黄褐色或赤褐色。前胸背板其宽度不及其长度的两倍，两侧缘呈弧状外扩。小盾片近半圆形，其长度为前胸背板宽度的 2 倍。鞘翅黑色或黑褐色，具光泽，每侧有 4 条明显的纵肋。肩疣突位于第 2 纵肋（由内向外数）基部的外方，鞘翅汇合处缝肋显著。前足胫节外齿 3 个，内方距 1 根，中、后足胫节末端具端距 2 根，3 对足的爪齿均为双爪，形状相同，位于爪的中部下方有垂直分裂的爪齿，中、后足胫节中段有一完整的具刺横脊。臀节外露，雄性臀板较短，顶端中间凹陷较明显，呈沟股形，前臀节腹板中间具明显的三角形凹坑；雌性臀板较长，顶端中间虽具股沟但不明显，前臀节腹板中间无三角形凹陷，而具一横向的枣红色梭形隆起骨片。雄性外生殖器阳基侧突的上、下两突均呈尖齿状。

卵（图 14－3. 5）　卵初产呈长椭圆形，白色稍带黄绿色光泽，平均长 2. 5mm，宽 1. 5mm。卵发育到后期呈圆球形，洁白而有光泽，平均长 2. 7mm，宽 2. 2mm。孵化前能清楚看到在卵壳内的一端有 1 对略呈三角形的棕色上颚。

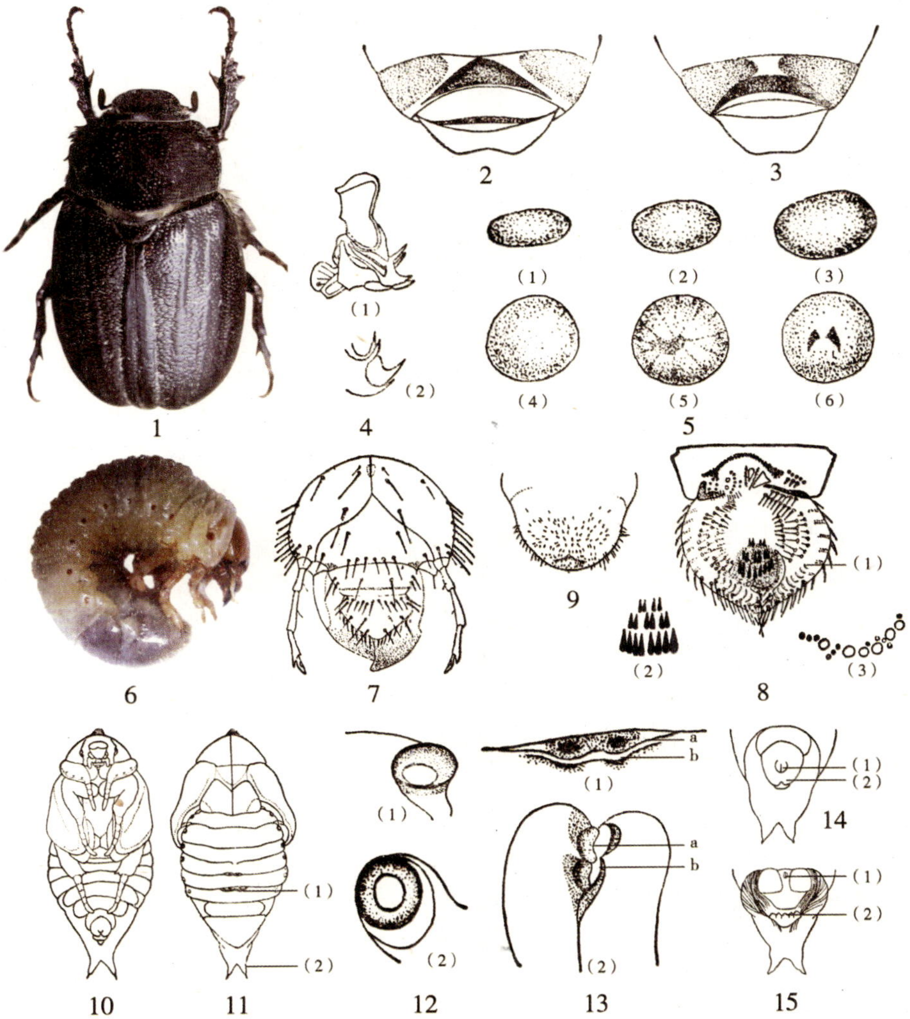

图 14－3　东北大黑鳃金龟

1. 成虫；2. 雄虫腹末端腹面（示三角形凹坑）；3. 雌虫腹末端腹面（示梭形隆起骨片）；4. 雄性外生殖器：（1）正面，（2）侧面；5. 卵（示卵形态及胚胎发育）：（1）初产卵，（2）产后 1～3d 卵，（3）产后 4～6d 卵，（4）产后 7d 卵，（5）孵化前卵（侧面），（6）孵化前卵（正面，黑斑为上颚）；6. 幼虫；7. 幼虫头部；8. 内唇：（1）前褶区折面，（2）端感区感区刺，（3）端感器数目及排列；9. 腹部末端腹面；10. 裸蛹（腹面）；11. 蛹背面：（1）发音器，（2）尾角；12. 腹面第 1～4 节气门：（1）侧面，（2）正面；13. 发音器：（1）正面，（2）侧面（a. 前体节背板后缘，b. 后体节背板前缘）；14. 雄蛹臀节腹面：（1）阳基，（2）阳基侧突；15. 雌蛹臀节腹面：（1）生殖孔，（2）肛门（2～3. 仿张治良图；4. 仿章有为图；5. 仿辽宁省丹东农校商学惠图；7，8. 仿张治良图；10～15. 仿张治良、孙德旭图）

幼虫（图 14－3. 6～9） 3 龄幼虫体长 35～45mm，头宽 4. 9～5. 3mm，头长 3. 4～3. 6mm。头部前顶刚毛每侧各 3 根，排成列，其中各 2 根彼此紧挨，位于额顶水平线以上的冠缝两侧，另各 1 根则位于近额缝的中部。额前缘刚毛 2～6 根，多数（占种群 66. 7%）为 3～4 根。内唇端感区刺多数为 14～16 根。在感区刺与感前片间，除具 6 个较大的圆形感觉器外，尚有 6～9 个小圆形感觉器。内唇前侧褶区折面：左侧 7～9 条，多数 8 条；右侧 7～8 条。每条折面间隔较宽，几与每条折面宽相等。肛门孔呈三射裂缝状。肛腹片后部钩状刚毛，多为 70～80 根，平均约 75 根，分布不均，上端（基部）中间具不明显的裸区，即钩状刚毛群的上端有两单排或双排的钩状刚毛，向基端延伸；中间裸区无毛，钩状钢毛群由肛门孔处开始，向前延伸到肛腹片前边的 1/3 处。

蛹（图 14－3. 10～15） 离蛹（裸蛹），体长 21～24mm，宽 11～12mm。初蛹时为白色，后逐渐变为深至红褐色。蛹的复眼依据蛹的发育进程由白色依次变为灰色、蓝黑色、黑色。腹部具 8 对气门，位于第 1 至第 8 节的两侧。第 1 至第 4 节气门近圆形，深褐色，隆起。发音器 2 对，分别位于腹部第 4、5 节和第 5、6 节交界处的背部中央。尾节（腹部第 9、10 节）呈瘦长三角形，向上翘起，端部具 1 对尾角，呈钝角状向后岔开。尾节基部腹面（第 9 节），雄蛹有 3 个毗连的疣状突起，即位于两侧的阳基侧突和位于中间的阳基；雌蛹第 9 节腹面近基部中央具一生殖孔，将腹板分为 2 个正方形骨片。尾节端部腹面（第 10 节）呈三角形，中间具横裂的肛门孔。

（三）生活习性与发生规律

东北大黑鳃金龟在黑龙江绥化以南地区，群体中 70% 个体是 2 年完成 1 个世代；其余 30% 是 3 年完成 1 个世代。越冬的成虫 5 月下旬始见，6 月上中旬为出土活动盛期，7 月上中旬为产卵盛期。1 龄幼虫期平均 29. 2d，2 龄幼虫期平均 29. 6d，一般 8 月底至 9 月下旬进入 3 龄幼虫并越冬。越冬的幼虫，6 月中下旬是为害盛期。7 月中下旬化蛹，蛹期平均 21. 5d，羽化的成虫当年不出土，直至翌年的 5 月下旬才开始出土活动（中国农科院甜菜所，1978）。

东北大黑鳃金龟在辽宁为 2 年完成 1 个世代，以成虫或幼虫交替越冬。越冬的成虫 4 月底至 5 月初始见，5 月中下旬为盛发期，9 月上中旬为终见期。成虫出土历期 21～131d，平均 63. 6d。成虫取食农作物、果树和林木叶片。5 月下旬开始产卵，6 月中下旬为产卵盛期，末期可持续到 8 月中下旬，卵期 15～22d，平均 19. 1d。6 月中旬卵开始孵化，孵化盛期在 7 月中旬前后。1 龄幼虫历期 19～54d，平均 25. 8d；2 龄幼虫历期 19～49d，平均 26. 4d；8 月上中旬幼虫开始进入 3 龄，10 月中下旬开始下潜，一般在 55～145cm 深的土层中越冬。越冬的幼虫，翌年 5 月上旬为害农作物、果树、苗木的地下部分，为害盛期在 5 月下旬至 6 月上旬，3 龄幼虫历期平均为 307d。6 月下旬开始化蛹，化蛹盛期在 8 月中旬前后，末期在 9 月下旬，蛹期平均 22～25d。8 月上旬开始羽化，羽化盛期为 8 月末至 9 月初，末期在 10 月上中旬。羽化的成虫当年不出土，在化蛹的土室内越冬，直至翌年 4 月底才开始出土活动（魏鸿钧）。其生活史及幼虫在土中垂直活动如图 14－4 所示。

在辽宁大部分地区（辽南、辽东更明显些），逢奇数年春、夏季节，由于上一年秋以成虫态越冬的量较多，故成虫盛发，植株地上部分受害重，成虫产卵并孵化为幼虫，这批幼虫秋季为害甜菜块根、花生荚果、薯块，当年秋以幼虫越冬为主；逢偶数年春、夏季节，由于上一年秋以幼虫态越冬的量较多，故幼虫盛发，作物、果树等的地下部分受害重，夏、秋化蛹并羽化，当年秋以成虫越冬为主，成虫与幼虫隔年发生，交替越冬，春蛴螬与秋蛴螬轮流为害。

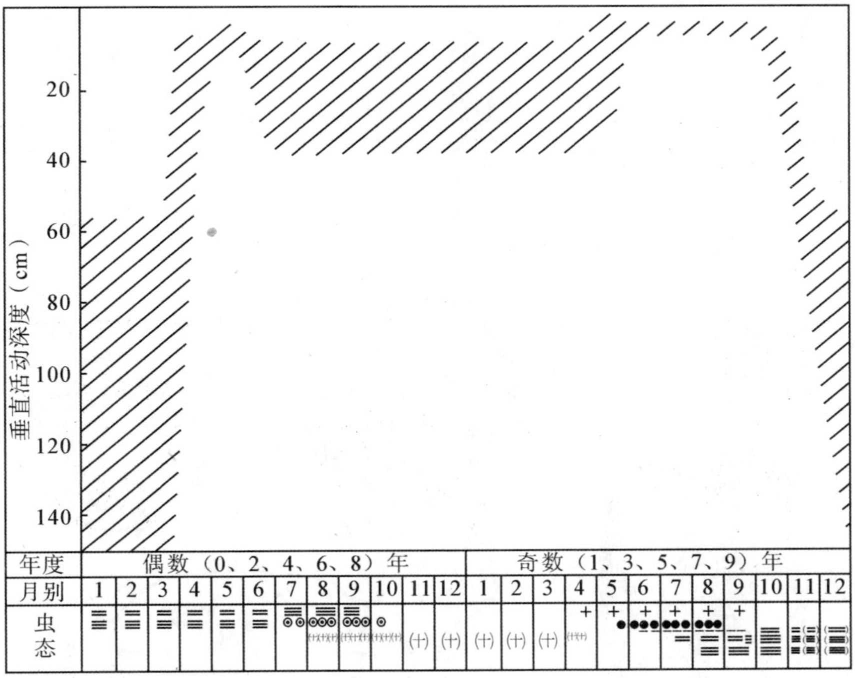

图 14－4　东北大黑鳃金龟生活史及幼虫在土中垂直活动

（仿张治良、商学惠图）

根据这一规律，在成虫盛发年，主要防治成虫于其分散产卵前；在幼虫盛发年，主要防治幼虫于春播期或为害期前。

四、苹毛丽金龟

（一）寄主与分布

苹毛丽金龟 *Proagopertha lucidula* Faldermann 属鞘翅目，丽金龟科。分布北起黑龙江、内蒙古，南至长江附近，最南到达浙江文城、安徽合肥、河南信阳、四川重庆；东接苏联，西达甘肃、青海，折入四川、云南。华北、内蒙古、甘肃、青海密度较大。苹毛丽金龟除为害甘蔗外，还为害蔬菜及苹果、梨、桃、杏、葡萄等，苹毛丽金龟以幼虫为害甜菜的幼根，但一般不造成大害，成虫喜食花器、芽和嫩叶。

（二）形态特征

成虫（图 14－5.1～5）　雄虫体长 9.2～10.8mm，宽 5.5～5.9mm；雌虫体长 9.3～12.5mm，宽 6.8～7.0mm。体型小，呈长卵圆形，背、腹面较扁平。全身除鞘翅外黑色或黑褐色，具青铜色光泽，并被淡灰黄色绒毛，尤以腹部的绒毛长而多。鞘翅无毛，茶色或黄褐色，半透明，常有淡橄榄绿色泛光，具 9 条刻点列，列间尚有刻点散布，肩突明显。唇基前缘略上卷。复眼黑色。下颚须末节不呈长卵形。触角 9 节，鳃片部3节。雄虫触角鳃片部的长度等于触角全长，鳃片端部微弯；雌虫触角梗部各节比雄虫各节短，鳃片部小而直，且稍短于梗部。前胸背板侧缘呈弧状外扩，上面密被大而连接的刻点，中间散生小刻点并竖立着黄褐色细毛，中间具微微隆起的纵脊。前缘内凹，后缘中间微呈弧状向后凸出，由此两侧每一面各具一宽的平坦凹陷。小盾片呈弧状三角形，无细毛，基部具刻点，顶端光滑，具中胸腹突，呈尖指状。前足胫节外缘2齿，雄虫胫节内缘无距。体下绒毛厚密，中胸腹突强大前伸，长短不一；后胸腹板中央宽深凹陷成纵沟。臀板短阔三角形，密布长毛刻点。前、中足均有1对不等大的爪，大爪端部分叉，第5跗节内侧有一齿状突。腹部第1至第5节两侧具密毛状束。雄性外生殖器从背面看，阳基呈筒状，阳基侧突呈狭三角形；从侧面看，阳基侧突呈弯钩状。

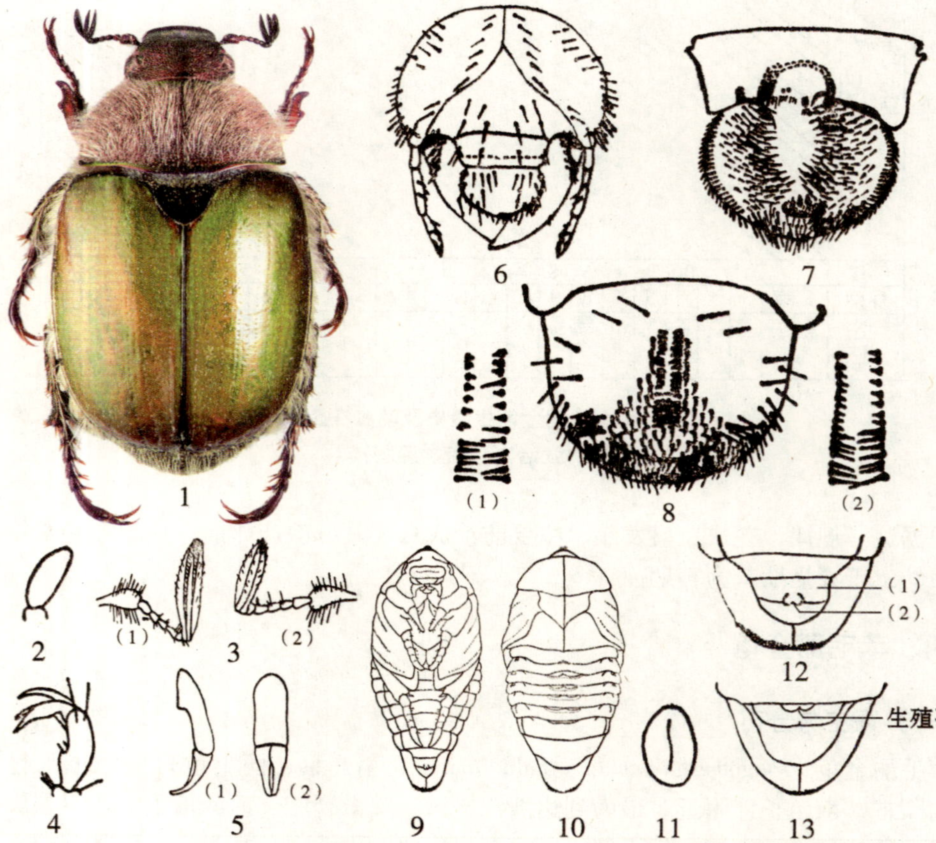

图14－5　苹毛丽金龟

1. 成虫；2. 下颚须末节；3. 触角：（1）雄虫，（2）雌虫；4. 前足末跗节及爪；5. 雄性外生殖器：（1）左侧，（2）背面；6. 幼虫头部；7. 内唇；8. 幼虫肛腹片：（1）、（2）刺毛列构造；9. 蛹腹面；10. 蛹背面；11. 腹部第1～4节气门；12. 雄虫臀节腹面：（1）阳基侧突，（2）阳基；13. 雌虫臀节腹面

（1. 仿 www. zin. ru/animalia/coleoptera/rus/smirnew5. htm 图；2，4. 仿麦得维捷耶夫图；3，5. 仿《山西省金龟子图册》图；6～9. 仿张治良图；10～13. 仿张治良、孙德旭图）

幼虫（图14－5.6～8）　体长约15mm，头宽3.0～3.2mm，头长约2.2mm。头部

前顶刚毛每侧 7～8 根，呈一纵列；后顶刚毛每侧约 10 根，呈簇状；额中刚毛每侧 2 根较长。内唇端感区具感区刺 3～4 根，圆形感觉器 8～12 个，其中较大的 2～4 个。感前片中断，呈倒八字形，内唇前片与右段感前片连接。臀节背板上无明显的骨化环。刺毛列由两种刺毛组成，前段由短锥状刺毛组成，每列 6～12 根；后段由长针状刺毛组成，每列 6～10 根，两列间近于平行，相距较远，同列刺毛排列较整齐，无副列，常有个别长针状刺毛夹杂于短锥状刺毛之间，刺毛列前端超出钩毛区的前缘。

蛹（图 14－5.9～13） 体长 12.5～13.8mm，体宽 5.5～6.0mm。唇基近长方形。触角雌、雄异型，雄性触角呈斧状；雌性角蛹具中胸腹突，指状。前、中、后足跗节具细长绒毛。腹部第 1 至第 4 节气门通常近圆形，略隆起，与蛹体同色。发音器 6 对，分别位于腹部第 1 至第 7 节背板中央相邻两节的节间处。尾节半圆形，无尾角。雄蛹外生殖器阳基侧突达于阳基突的端部；雌蛹臀节腹面平坦，位于前缘中央具一生殖孔。

（三）生活习性与发生规律

苹毛丽金龟 1 年发生 1 代，以成虫越冬。成虫 3 月下旬至 5 月中旬出土活动，5 月末绝迹，为害盛期在 4 月中旬至 5 月上旬，成虫历期约 30d。5 月上旬田间始见卵，5 月中旬为产卵盛期，5 月下旬产卵期结束。5 月下旬至 6 月中旬为 1 龄幼虫期，6 月上旬至 7 月上旬为 2 龄幼虫期，6 月下旬至 8 月上旬为 3 龄幼虫期。预蛹期 4～7d。7 月底至 9 月中旬，幼虫潜入深土层筑室化蛹，8 月下旬，蛹开始羽化为成虫，新羽化的成虫当年不出土，在蛹室内越冬，翌年 3 月后出土（李亚杰等，1973）。苹毛丽金龟生活史及在土壤中垂直活动规律见图 14－6。

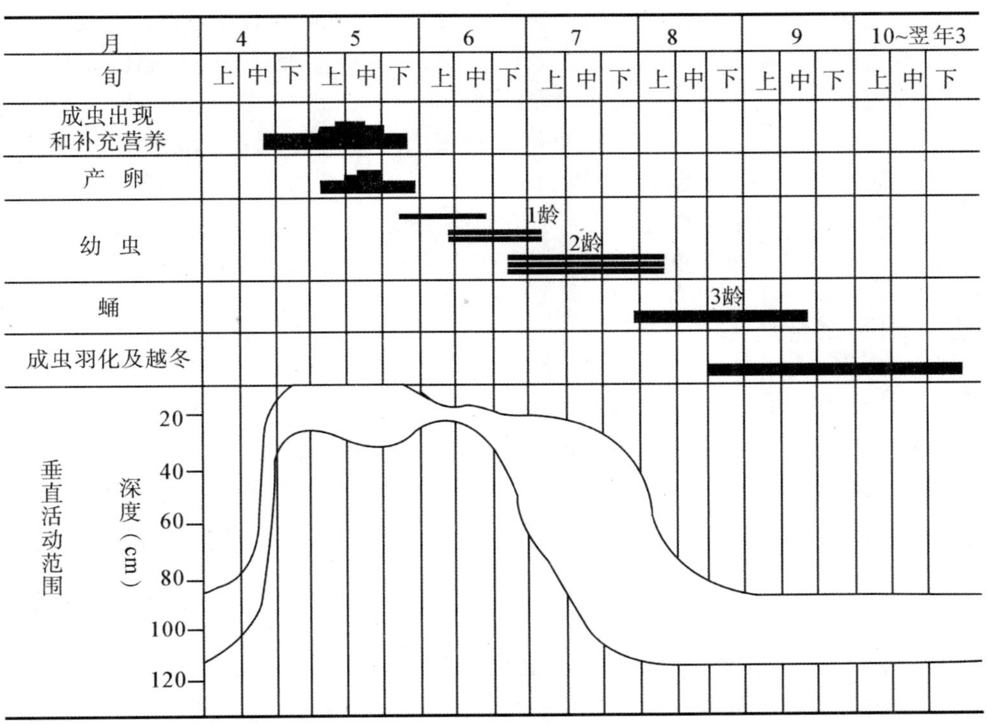

图 14－6 苹毛丽金龟生活史及土壤中垂直活动规律（仿李亚杰等图）

成虫出土有两个高峰：第1次高峰出现在4月下旬，占总虫数的30%；第2次高峰出现在5月中旬，占总虫数的65%。成虫时期与温度及降雨有直接关系，如平均气温在10℃以上，雨后常有大量成虫出现。田间种群中雌、雄性比为3∶1。在通常情况下，雄虫先出土，所以，成虫发生初期雄虫数量占绝对优势，5月初雄虫开始死亡，此后雌虫数量不断增加，到5月中旬就很难见到雄虫了。

成虫喜群集在一起取食，通常将作物的嫩叶、树上的花或梢端的嫩叶全部吃光以后才转移为害。成虫取食花蕾时，先将花瓣咬成孔洞，然后取食花丝和花柱。对已开的花则沿花瓣边缘蚕食。对较老的叶片则剥食叶肉，残留主脉和侧脉，食痕呈网眼状。

成虫出现后即行交配。每日交配时间多集中在午前。平均每头雌虫产卵21粒，卵多产于土质疏松的表土层中。产卵深度以11～20cm深处最多，占总卵量的78.17%。多数卵在午前孵化，尤其在8：00—10：00孵化最多。

幼虫孵化后，主要为害植物的微细根系和腐殖质。随着龄期的增加，食量越来越大，但为害不明显。幼虫在土中的垂直移动受温度的影响，一般均在20℃～21℃的土层中活动。

（四）发生与环境条件的关系

苹毛丽金龟成虫活动与土温关系极为密切。当地表水温度达12℃、平均气温接近12℃时，成虫即可出土；当气温达到20℃左右时，成虫常在沙丘的向阳处沿地表飞舞或在地面上寻求配偶，14：00后，随气温下降而潜回土中。成虫取食活动也随着气温的升高而加剧，当平均气温升至20℃以上时，成虫即在寄主植物上连续取食下去，直至产卵。成虫的假死习性与温度也有很大关系，当气温低于18℃时，成虫的假死习性非常明显，稍遇振动即坠落地面；当气温高于22℃时，成虫的假死习性不明显。

苹毛丽金龟成虫耐旱性明显。成虫取食、活动均在较干燥处。在气温较高时，遇一般的降雨成虫并不停止取食。成虫亦均在地势较高、排水良好的沙土中产卵。

风对苹毛丽金龟成虫的飞行、取食活动有很大影响。无风天，成虫飞翔高度一般2～3m，最高7～8m，一次飞行距离为30～50m。在风速5级以下时，成虫可以自由飞行；超过5级，多顺风沿地面匍匐飞行，有时被风吹落地面。风对成虫在林带中的分布有相当影响，以林带背风面虫口密度最大，受害率亦高；迎风面则相反。

五、阔胸犀金龟

（一）寄主与分布

阔胸犀金龟 *Pentodon patruelis* Frivaldsky 属鞘翅目，犀金龟科。分布于黑龙江、吉林、辽宁、河北、内蒙古、宁夏、山西、陕西、青海、甘肃、山东、河南、江苏和浙江。

幼虫食性杂，除为害甜菜外，还为害麦类、玉米、高粱、大豆、甘薯、蔬菜等。主要是幼虫为害农作物的地下根茎。

（二）形态特征

成虫（图14－7.1～4）　体长17～25.7mm，宽9.5～13.9mm，体形宽短，长卵圆形，特别是前胸、鞘翅基部宽阔。全身油亮，体色棕色或棕黑色，腹面着色常较淡。头阔大，唇基长大梯形，布挤密刻点，两前角呈角状上突，侧缘具上卷的边沿。上颚峰齿外露，从背面可见。头部于两复眼间的前方，具明显的中断高锐横脊，横脊中央具2个峰状突起，间距约为前缘齿距的1/3。额上刻纹粗皱。触角10节，鳃片部3节。上颚发达，端缘3齿。前胸背板横阔，略呈矩形，与鞘翅基部几乎同宽，十分隆拱，上布圆大刻点。前缘略显波浪形，两前角呈斜直角状；侧缘呈弧状外扩；后缘几乎是直的，只小盾片前少许向后延伸。前胸背板中央具光滑的中纵线。小盾片光滑，正三角形，少数在基部具少而稀的刻点，两侧缘具沿。鞘翅会合缝处的缝肋光滑明显，近缝肋的第1、2纵肋尚可辨认，其他不明显。前足胫节具3个较大外齿，另有4个小齿。中、后足胫节膨大，在中段以前有2条不完整的具刺横脊。后足胫节顶端截面上轮生24~25根锥状刺。腹部臀节外露，腹部第2~5节每节腹板中间具一横列刻点并着生有黄细毛。雄性外生殖器的阳基侧突，从侧面观呈弯钩状；从背面观，很像从后面看的一个人岔开站立的两条腿。

卵 初卵为乳白色，呈椭圆形，长2.4~2.9mm，宽1.5~2.0mm，卵壳表面光滑。产后4d，卵开始逐渐膨大变圆；产后8d，便可见卵内蛴螬雏形；产后15d，可见卵内幼虫的红褐色上颚，此时卵膨大，近圆形，不久即孵化。

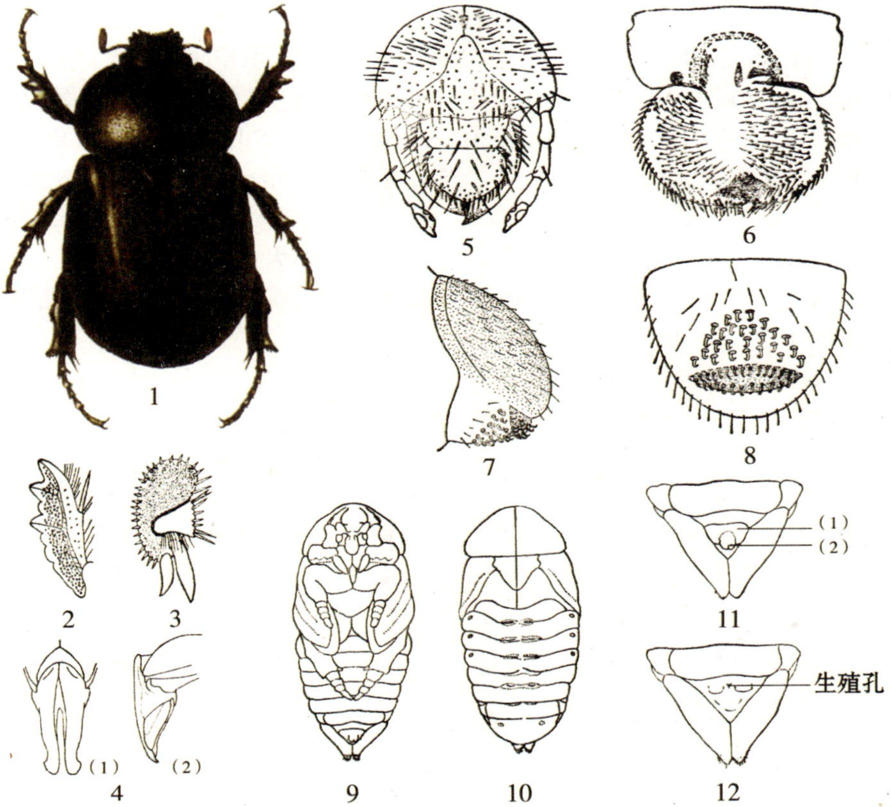

图14－7 阔胸犀金龟

1. 成虫；2. 前足胫节；3. 后足胫节端部截图；4. 雄性外生殖器：（1）背面，（2）右侧；5. 幼虫头部；6. 内唇；7. 臀节腹面示细缝（骨化环方向）；8. 肛腹片；9. 蛹腹面；10. 蛹背面；11. 雄蛹臀节腹面：（1）阳基侧突，（2）阳基；12. 雌蛹臀节腹面

（1. 仿《北方常见金龟子彩色图鉴》图；2. 仿麦得维捷耶夫图；3，4. 仿《中国地下害虫》图；5~8. 仿张治良图；9~12. 仿张治良、孙德旭图）

幼虫（图 14－7.5～8） 末龄幼虫体长 50～60mm，头壳长 5.2～5.8mm，头宽 7.0～7.6mm。头部顶端刚毛每侧 13～16 根，排成不太整齐的 2～3 行纵列毛群。后顶刚毛每侧多根，成一斜列毛群。内唇基感区具 3 根宽大的彼此紧挨的感区刺。锥形感觉器 5 个，排列在感区刺前面。感前片与内唇前片连在一起。左上唇根侧突端部向下呈钩状弯曲，伸入内唇中区，在侧突弯折处，有一刺状突起斜向后方伸出。在肛背片次生的臀节横褶后边，有一条与其平行的细缝（骨化环），围成很大的臀板。肛门孔呈横裂缝状。在肛腹片后部的覆毛区中间，无尖刺列，只有钩状刚毛群和周围的细长毛。

蛹（图 14－7.9～12） 体长 27～32mm，宽 15～16mm，深黄褐色。前胸背板宽大。腹部可见节，前 6 节背面前缘中央具 6 对发音器。尾节腹面近似等边三角形，端部双峰状，上有深褐色毛。雄蛹尾节腹面端部具四裂的瘤状突起，基部较大的两个为阳基侧突，端部具较小的阳基；雌蛹尾节腹面平坦，中间具生殖孔及两侧的小骨片。

（三）生活习性与发生规律

在河北，阔胸犀金龟完成 1 个世代需 2 年多（740d 左右），以成虫和幼虫越冬。越冬成虫于 4 月中下旬开始出土，6～8 月为发生盛期，终见期为 10 月中下旬。5 月中旬开始产卵，6 月上旬至 7 月初为产卵盛期，9 月上旬为产卵末期，卵期 13～29d，平均 17.5d。6 月中旬始见 1 龄幼虫，1 龄历期平均 30.5d；7 月中旬脱皮进入 2 龄，2 龄历期平均 30.7d；8 月上旬进入 3 龄，3 龄历期平均约 300d。老熟幼虫 6 月初开始化蛹，6 月上中旬为化蛹盛期，7 月初为末期，蛹期 15～25d，平均 19d。6 月中旬成虫开始羽化，7 月上中旬为羽化盛期，7 月底为末期，成虫寿命为 1 年（河北省廊坊地区农科所，1973）。

但据河北省沧州地区农科所的观察，阔胸犀金龟亦为 2 年（718.1d）完成 1 个世代。其中卵期 19.7d，1 龄幼虫 20.8d，2 龄幼虫 26.1d，3 龄幼虫 324d，蛹期 22.5d，成虫从产卵至死亡，历时 25d。

成虫昼伏夜出，傍晚 7：00 开始出土，8：30—11：00 为活动盛期。成虫趋光性强，飞行距离可达 500m 以上。当 5cm 深处土温达 19℃时，大部分成虫上升到土表 12～13cm 处；当日平均气温达 25℃～28℃、相对湿度 80%～85%时，成虫活动最盛，上灯数量最多。

成虫交配与其他金龟甲种类不同，成虫出土活动主要是觅偶，雌虫钻入土中 5～10cm 处，发出“吱吱”声响，雄虫闻讯便钻入土中进行交配，呈背负式，昼夜均可进行，交配时间为 20～30min。卵单产，每头雌虫最多产卵 58 粒，平均 15.6 粒。当年羽化的成虫，有的可交配产卵。

（四）发生与环境条件的关系

幼虫对土壤湿度要求严格，喜在含水量较高的土壤中生活，故多发生在低洼地、过水地等。幼虫散居土中，在遇到其他昆虫或同类幼虫时，即用上颚咬住以自卫，尤以老熟幼虫为烈。

六、黄褐丽金龟

（一）寄主与分布

黄褐丽金龟 *Anomala exoleta* Faldermann 属鞘翅目，丽金龟科。它是我国北方旱作地区分布较广、为害较重的种类。幼虫除为害甜菜外，还为害花生、小麦、蔬菜、幼树及苗木的根部。成虫则喜食杏树花、叶及杨、柳、榆、大豆、花生等叶片。

（二）形态特征

成虫（图 14 – 8. 1 ~ 5） 体长 13. 2 ~ 16. 7mm，体宽 7. 4 ~ 9. 4mm。体隆起呈长椭圆形，体背黄褐色，具光泽，唯前胸背板比鞘翅色深，光泽更亮，体腹面淡黄色。下颚须末节长椭圆形。触角 9 节，鳃片部 3 节。雄性触角鳃片部长度超过柄部；雌性触角鳃片部的长度等于柄部。唇基长方形，前、侧缘上卷。前胸背板最宽处位于靠近鞘翅基部之间，侧缘中段外扩。前胸背板全具边檐，具中纵沟。鞘翅长卵形，具 3 条不明显的纵肋，密生刻点。前足胫节具两外齿。前、中足跗节末具大、小爪，且大爪分叉。3 对足的基、转、腿节为淡黄褐色，胫、跗节为棕黄褐色。雄性外生殖器的基片、中片和阳基侧突大小几相等，阳基侧突端部不分叉，呈圆弧形。

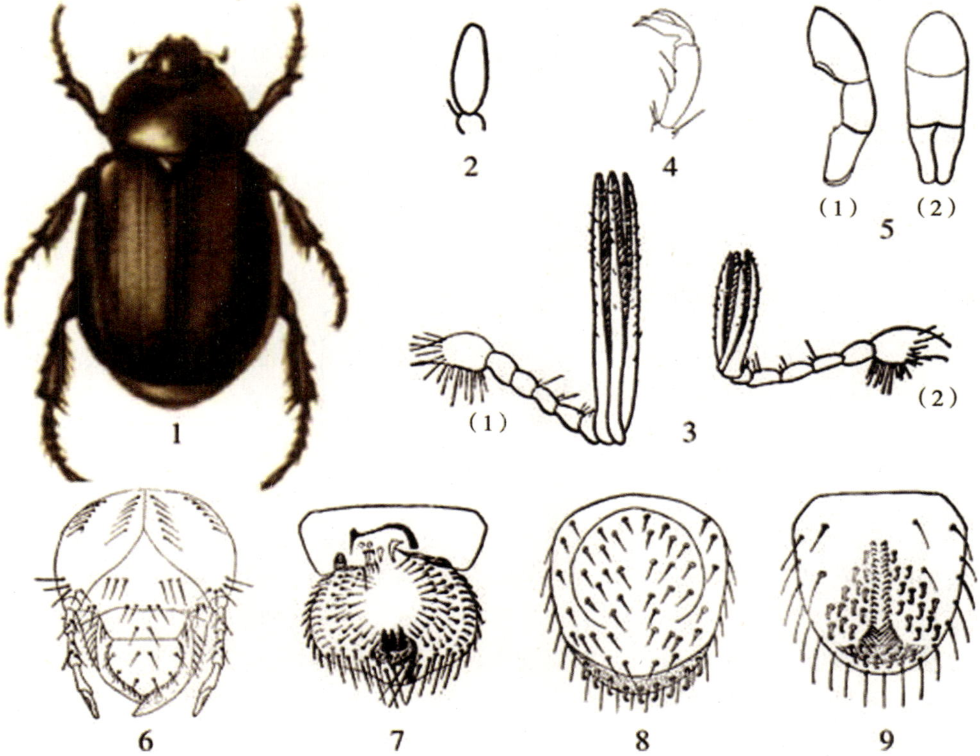

图 14 – 8 黄褐丽金龟

1. 成虫；2. 下颚须末节；3. 触角：（1）雄虫，（2）雌虫；4. 末跗节及爪；5. 雄性外生殖器：（1）左侧，（2）背面；6. 幼虫头部；7. 内唇；8. 幼虫肛背片；9. 幼虫肛腹片
（1. 仿《中国北方常见金龟子彩色图鉴》图；2，4. 仿麦得维捷耶夫图；3，5. 仿《山西省金龟子图册》图；6 ~ 9. 仿张治良图）

幼虫（图 14 – 8. 6 ~ 9） 3 龄幼虫体长 25 ~ 35mm。头部前顶刚毛每侧 5 ~ 6 根，呈一纵列。内唇端感区具感区刺 3 根，圆形感觉器 7 ~ 9 个，其中较大的 4 ~ 5 个。感前片、内唇前片明显并连在一起。左上唇根侧突端部骤然向下呈直角形折弯，伸向内唇中

区。肛背片呈横裂状。肛腹片后部覆毛区中间的刺毛列由短锥状和长针状两种刺毛组成，每列有短锥状刺毛 12 ~ 15 根和长针状刺毛多为 11 ~ 13 根。前部短锥状刺毛两列平行，约占刺毛列全长的 3/4；后部长针状刺毛两列逐渐呈“八”字形岔开，约占刺毛列全长的 1/4。

（三）生活习性与发生规律

黄褐丽金龟在华北、东北等地均为 1 年发生 1 个世代，以幼虫越冬。越冬幼虫于翌年春气温回升后上移为害春播作物的种子和幼苗。并于 4 ~ 5 月间进入预蛹和化蛹期，化蛹盛期在 6 月下旬至 7 月上旬，蛹期 7 ~ 18d，平均 10. 4d。在河北迁安 4 月下旬始见成虫，9 月上旬终见，盛期在 6 月中旬至 7 月底，此时黑光灯诱集成虫占总虫量的 90. 5%。成虫寿命 7 ~ 17d，平均 13d。成虫出土后 7d 左右，田间始见卵，产卵盛期在 6 月下旬至 7 月底，卵期 13 ~ 22d，大多 14 ~ 19d，平均 16. 6d；卵孵化盛期在 7 月上旬至 8 月初。幼虫历期，1 龄幼虫平均 20. 3d；8 月中下旬大部幼虫进入 2 龄期，此时可严重为害作物的地下部分，2 龄幼虫历期平均 27. 5d；9 月中下旬幼虫进入 3 龄期，10 月下旬 3 龄幼虫下移越冬，直至翌年 4 ~ 5 月化蛹，3 龄幼虫历时约 275d，全幼虫历期 322. 8d。

成虫昼伏夜出，傍晚 19：00 左右开始出土，寻偶交配，交配后飞向寄主植物取食，至 11：00 在寄主植株上休息，停止取食，黎明前 4：00 左右继续取食，直至 7：00 后，潜入 3 ~ 5cm 深的土层中。成虫卵散产于 5cm 深的土层中，每头雌虫平均产卵 25. 3 粒，分 2 ~ 4 次产完。成虫具趋光性。

（四）发生与环境条件的关系

黄褐丽金龟主要分布于沙壤土地区、黄河故道一带，这些地方的果树、林木近年种植很多，对黄褐丽金龟数量上升的趋势值得重视。

七、大栗鳃金龟

（一）寄主与分布

大栗鳃金龟 *Melolontha hippocastanica* Menetries 属鞘翅目，鳃金龟科，别名东方五月鳃角金龟，分布于我国内蒙古、甘肃、河北、陕西、山西、四川等省（自治区）。它是四川西部地区的重要农作物害虫。大栗鳃金龟除为害甜菜外，还为害玉米、小麦、青稞、油菜、豌豆、马铃薯及苹果、林木等。幼虫为害甜菜、玉米、小麦、大麦、马铃薯、油菜和豌豆幼苗。

（二）形态特征

成虫（图 14 –9. 1 ~8）　大型，雌虫较宽，体长 28 ~ 33mm，体宽 12 ~ 16mm，雌虫比雄虫肥大；雄虫狭长，体长 26 ~ 32mm，体宽 11 ~ 14mm。体棕色、黑色或褐色，常有黑褐色金属闪光。下颚须末节长而稍弯，顶端变尖，上面具大的长椭圆形深的凹窝。触角 10 节，雄虫鳃叶部 7 节，粗大而弯曲；雌虫鳃叶部 6 节，短小而直。唇基横、方形，前角呈宽弧形，边缘明显上卷，前缘直或稍凹陷，密布小刻点和竖立的黄褐色长细毛。头部亦密布小刻点和竖立的长黄灰色细毛。前胸背板横阔，不很隆起，稍窄于鞘翅基部；中纵线呈沟状，散生有小刻点，中纵沟内密生黄灰或黄褐色细毛，沟侧几光

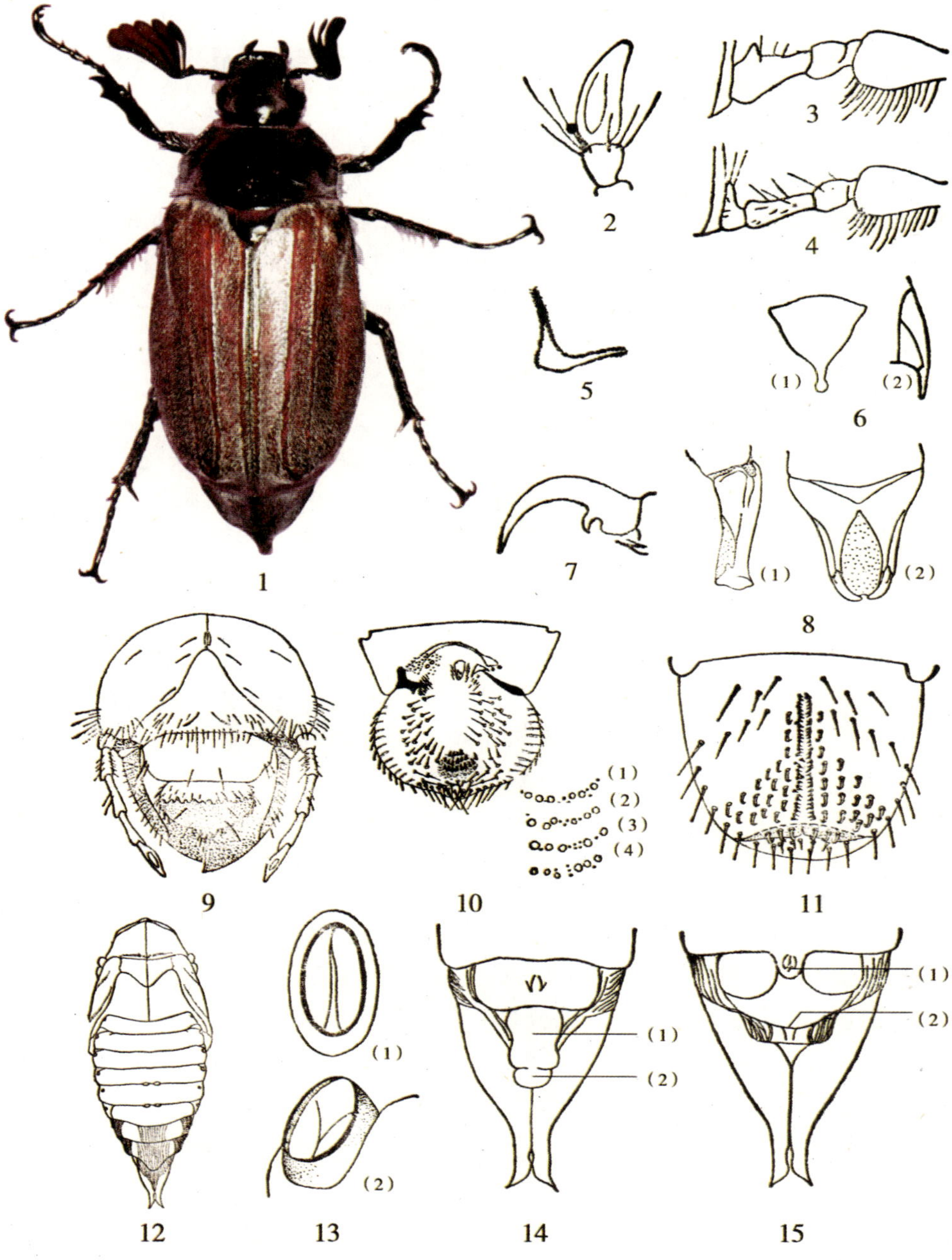

图 14-9　大栗鳃金龟

1. 成虫；2. 下颚须末节；3. 雄虫触角基部；4. 雌虫触角基部；5. 前胸背板后角；6. 尾节：（1）背面，（2）侧面；7. 爪；8. 雄性外生殖器：（1）右侧，（2）背面；9. 幼虫头部；10. 幼虫内唇（1）~（4）端感区感觉器数目及排列；11. 肛腹片；12. 蛹背面；13. 腹部第 1 ~ 4 节气门：（1）正面，（2）侧面；14. 雄蛹臀节腹面：（1）阳基侧突，（2）阳基；15. 雌蛹臀节腹面：（1）生殖孔，（2）肛门

（1. 仿 http：//www. kerbtier. de/Pages/Fotos/FotoLarge 图；2 ~ 7. 仿麦得维捷耶夫图；8. 仿《山西省金龟子图册》图；9. 仿张治良图；10 ~ 15. 仿张治良、孙德旭图）

裸，而两侧密被具毛刻点密集成纵带状，由前缘延伸到后缘，前缘和后缘无沿。前角钝，顶端突出成小齿；后角尖，在后角前边具相当深的凹陷。小盾片呈半椭圆形，平坦光滑无毛，具零星的小刻点。鞘翅每侧具5条发达的纵肋，纵肋上具稀小刻点，肋间则具被灰细毛的密小刻点。腹部第1至第5节腹板两侧，具有由密而短的白细毛组成的三角形斑。臀板上被有密刻点，密生细毛，在端部侧缘上有长而竖立的细毛。臀板端部延伸成窄突，前后宽窄一致，有时端部稍膨大些，雄虫长于雌虫。胸腹部密生长而直的黄灰色绒毛。前足胫节外缘雄虫2齿，雌虫3齿。足上的绒毛较少。跗节各节下有短刚毛。爪等大，弯曲如弧形，基部下面有尖齿，略向后弯。雄性外生殖器从侧面看，呈下边无掌的小腿状。

卵 乳白色，椭圆形，初产时长3.5mm，宽2.5mm；吸水膨大后，长4.5mm，宽3.6mm。卵壳具有不规则的斜纹。

幼虫（图14-9.9~11） 体大型，老熟幼虫体长43~58mm，头宽8~8.5mm，头长5.4~5.8mm。头部浅栗色，胸腹部随着虫龄的增长，由乳白色逐渐变成黄白色。前胸两侧各有一个多角形而又不规则的褐色大斑。头部前顶刚毛每侧3~4根，呈一纵列，后顶刚毛每侧多数1根。额中侧毛每侧3~13根不等。额前缘毛12~26根，分呈横弧状3~4层排列，以第1层（前排）感区刺最大，为9~10根。圆形感觉器多为16~17个。基感区中间的突斑两侧具毛，其上端部有感觉器4~5个。肛腹片的刺毛列由尖端微弯的短锥状刺毛组成，每列各为28~38根，多为35根左右，有的排列整齐，相互平行，也有的排列不整齐，具副列；其前端略超出钩状刚毛区的前缘，约达臀节腹面的2/3~3/4处。肛门孔横列状不甚明显，仅痕迹状。

蛹（图14-9.12~15） 体大小与成虫相近，体长32~34mm，宽14~17mm。初蛹为金黄色，后变为黑褐色。头部弯藏于前胸下。唇基近方形，前缘微隆。触角雌、雄异型。前胸背板横宽，呈梯形。从头前方经前胸背板，小盾片直至腹部第2节，背面中央具一凹陷的中纵线。后胸稍突出，翅紧贴于体，前翅上具有纵脊4条，覆盖在后翅上，后翅仅露出翅尖部分，达到腹部第3节。腹部背面可见9节，腹面可见8节。第9节向背面翘起，末端分叉。腹部第1至第4节气门近椭圆形，棕色，隆起。发音器2对，双唇形，分别位于腹部第4、5节和第5、6节背板中央节间处。尾节近三角形，具尾角1对。雄性外生殖器阳基侧突介于阳基后部；雌蛹臀节腹面平坦，生殖孔位于腹部第9节腹板前缘的中间。

（三）生活习性与发生规律

在四川甘孜地区，大栗鳃金龟6年完成1个世代，以幼虫越冬5次，成虫越冬1次。越冬成虫于5月上旬开始出土，中下旬达盛期；出土后飞往附近杉树上取食、交配。成虫交配后13~23d，平均18.6d产卵，产卵期3~15d，平均7.7d。7~8月间孵出幼虫，直至10月上旬才全部孵化完。卵历期45~66d。当年10月中旬，初龄幼虫逐渐下移到40cm以下的土层中越冬。越冬幼虫于次年4月上中旬开始上升到表土层取食，为害作物的地下部分。7~8月间幼虫进入2龄，第2年10中旬，2龄幼虫下移越冬。第3年4月中旬至9月中旬，幼虫形成盛期，第3年的7~8月间幼虫进入3龄，并于10中旬再次下迁进行3龄幼虫的第1次越冬。第4年4月中旬至9月中旬幼虫猖獗为害，至10月中旬，3龄幼虫第2次越冬。第5年4月中旬至6月中旬，3龄老熟幼虫可造成较轻为害，7月间老熟幼虫开始下迁筑土室，进入预蛹期并越冬。幼虫期平均

58.5 个月。第 6 年 6 月老熟幼虫开始化蛹，蛹期 60 ~ 72d，平均 60d。7 月下旬开始羽化，羽化的成虫当年不出土，要等到翌年的 5 月上旬才开始出土（戴贤才，1965）。大栗鳃金龟生活史见图 14 – 10。

年 \ 月/旬	1 ~ 3	4 上中下	5 上中下	6 上中下	7 上中下	8	9 上中下	10 上中下	11 ~ 12
	(十)	(十) + +	+ + +	+ + +	+				
第一年			●●	●●●	●●●	●	●●●	●	
					一	一	一一一	一一(一)	(一)
第二年	(一)	(一)一一	一一一	一一一	一一二	二	二二二	二二(二)	(二)
第三年	(二)	(二)二二	二二二	二二二	二二三	三	三三三	三三(三)	(三)
第四年	(三)	(三)三三	三三三	三三三	三三三	三	三三三	三三(三)	(三)
第五年	(三)	(三)三三	三三三	三三三	三三三	Ø	Ø Ø Ø	Ø Ø(Ø)	(Ø)
	(Ø)	(Ø)ØØ	Ø Ø Ø	Ø Ø Ø	Ø				
第六年				⊕⊕	⊕⊕⊕	⊕	⊕		
					(十)	(十)	(十)(十)(十)	(十)(十)(十)	(十)

图 14 – 10　大栗鳃金龟生活史图示（四川炉霍）（仿魏鸿均、张治良等图）

图例：+ = 成虫；● = 卵；一、二、三 = 1、2、3 龄幼虫；Ø = 预蛹；⊕ = 蛹；(十) = 越冬态。

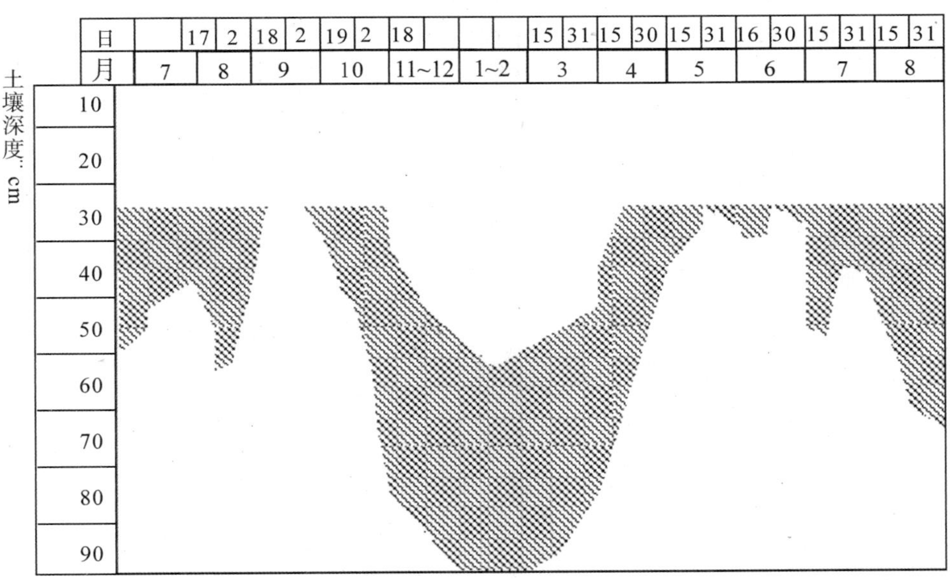

图 14 – 11　大栗鳃金龟幼虫第四次（3 龄幼虫第二次）越冬前后在土壤中的垂直活动
（仿戴贤才图）

成虫喜在晴天晚上 20：30—21：00 出土。出土前，先用头顶破表土，静候至出土时间，始慢慢爬出地面，在出土的位置留下椭圆形的出土孔口，成虫出土后稍作停留才盘旋飞往附近的林区或果树上取食交尾，飞翔时发出类似于飞机马达的响声。雨天或气温低于12℃时，成虫不出土或很少出土。成虫在果园和林内的分布规律大体是林缘多于腹地，沟边多于迎风坡地。有的白天潜伏在枝叶丛中取食，全天都可以见到成虫飞翔，以16：00—22：00最盛，主要是雄虫寻找雌虫交尾，成虫有假死性和趋光性。分布上限为4 200m。成虫有多次取食和重复交尾的现象，交尾呈倒悬式，交尾时间长达258～498min，平均331min。交尾后雌成虫有飞回原出土地产卵的习性。6～7月间，雄、雌成虫先后死去，成虫寿命长达10个月左右。雌成虫喜欢在冲积的沙壤土中产卵，沙壤土和石砂土中比较少，每头雌虫产卵14～47粒，卵产于13～26cm的土层中，以20～25cm深处最多，卵呈堆状，每堆平均有21粒。土壤含水量在20%左右时，最适于卵的生长和发育。

初龄幼虫主要取食腐殖质及植物须根。由于成虫产卵成堆，1年中幼虫有聚集为害的现象，作物受害更严重。随着虫体的增长，为害则日益加重。在幼虫阶段的5年中，第1年不为害或为害很轻，第2～4年为害农作物、果苗等，第4年即幼虫3龄（幼虫第3次越冬）后，进入暴食阶段，造成作物严重缺苗断垄，甚至大片作物被其食尽，颗粒无收。第5年即幼虫第4次越冬（3龄的第2年）后，7月份开始进入预蛹阶段，因而幼虫取食不多，为害较轻。在自然情况下，大栗鳃金龟幼虫在土壤中的季节性垂直迁移活动非常明显，如图14－11所示。

（四）发生与环境条件的关系

大栗鳃金龟在四川甘孜地区表现出明显的周期性猖獗为害的规律。

1. 猖獗分布区

大栗鳃金龟分布在海拔3 000～3 600m的四川甘孜藏族自治州高原河谷地区，为害猖獗。在这些地区内，由山谷间隔成几个面积不等的猖獗为害区：

（1）（金卢）霍城关区：位于雅（砻）江支流鲜水河中游。东起城关镇的益阳坝，西至朱倭乡的典古沟，东西长约50km。

（2）道孚—卢霍猖獗区：沿鲜水河东下，东起道孚格西，西至卢霍客木，东西长约75km。

（3）康定新都桥猖獗区：位于康定折多山以西，雅砻江支流贯穿全区，东起中横坝，西至柏桑，东西长约50km。

（4）理塘濯桑猖獗区：位于雅砻江支流理塘河两岸，南自甲哇，北至格虾，南北长约35km。

2. 猖獗区的生态环境

（1）地势土质：猖獗区位于雅砻江支流的高原河谷地带，海拔3 000～3 600m，地势相对平坦，谷地较宽。两岸山地的阴坡，生长成片云杉、白桦、红桦、落叶松以及其他灌木，阳坡生长多年生牧草。树林的上缘连接宜牧草场，有的山脊终年积雪。土质以山地棕褐土为主。有冲积性壤土、细砂土、石砂土。

（2）气候：各猖獗区的气温较低，日照强烈，雨量集中在6～8月。年平均气温5.1℃～7.8℃，年降雨量567.2～949.1mm，年平均10cm土温9.1℃～10.4℃。

（3）作物、耕作制度：高原河谷地区寒冷季节长，无霜期短，农作物一年一熟，多种植耐寒的青稞、豌豆、小麦、马铃薯等。轮作亦在这些作物之间进行。种植的作物不同，其受害程度亦不一样（表14－2）。

表 14-2　大栗鳃金龟幼虫为害作物种类（引自魏鸿钧、张治良、王荫长，1989）

作物名称	学　名	科　名	受害程度*
甜　菜	*Beta vulgaris* L.	藜　科	++
青　稞	*Hordeum vulgare* L.	禾本科	+++
小　麦	*Triticum vulgare* Vill	禾本科	+++
玉　米	*Zea mays* L.	禾本科	+++
燕　麦	*Avena sativa* L.	禾本科	+++
豌　豆	*Pisum sativum* L.	豆　科	++
蚕　豆	*Vicia faba* L.	豆　科	++
马铃薯	*Solanum tuberosum* L.	茄　科	++
油　菜	*Brassica chinensis* L.	十字花科	+
萝　卜	*Raphanus sativus* L.	十字花科	+
根用甘蓝	*Brassica capestivus* L.	十字花科	+
胡萝卜	*Daucus carota* L.	伞形花科	+
莴　苣	*Lactuca sativa* L.	菊　科	+
葱	*Allium fistulosum*	百合科	+
大　蒜	*Allium sativum* L.	百合科	+

*：+轻；++重；+++严重。

八、棕色鳃金龟

（一）寄主与分布

棕色鳃金龟 *Holotrichia titanis* Reitler 属鞘翅目，鳃金龟科。分布于山东、陕西、辽宁等地，除为害甜菜外，还为害刺槐、榆树等。

（二）形态特征

成虫（图 14-12.1~7）　体长 17.5mm，宽 9.5~12.5mm，体呈长卵形，全身棕色，微有丝绒状闪光。头部较小，唇基宽短，几呈新月形，前缘中间明显凹入，前、侧缘上卷。下颚须末节雄虫呈长椭圆形，雌虫呈卵形。触角鳃片状，共 10 节，鳃片部 3 节。雄虫触角鳃片部的长度等于柄部；雌虫触角鳃片部的长度等于第 3 至第 7 节之长。前胸背板与鞘翅基部等宽。侧缘中间外扩，其上覆有相当大的刻点，两侧较密。中纵线光滑微凸。前胸背板前、后角钝。侧缘中间呈明显的角弧状外扩，侧缘边不完整，呈锯齿状，前半部着生有稀而长的边缘毛。后缘具沿，至小盾片处中断，小盾片呈三角形，基部与中间光滑。鞘翅每面具 4 条明显侧肋，靠缝肋的纵肋，后方收狭变尖，肩突显著。前足胫节 3 齿，第 3 齿退化呈痕迹状，爪下部中央垂直生有一尖齿。腹部圆而大，有光泽。雄性臀板呈扇面形，顶端变钝，刻点稀；雌性臀板呈扁平三角形，顶端稍长，刻点密。雄性外生殖器呈筒形。

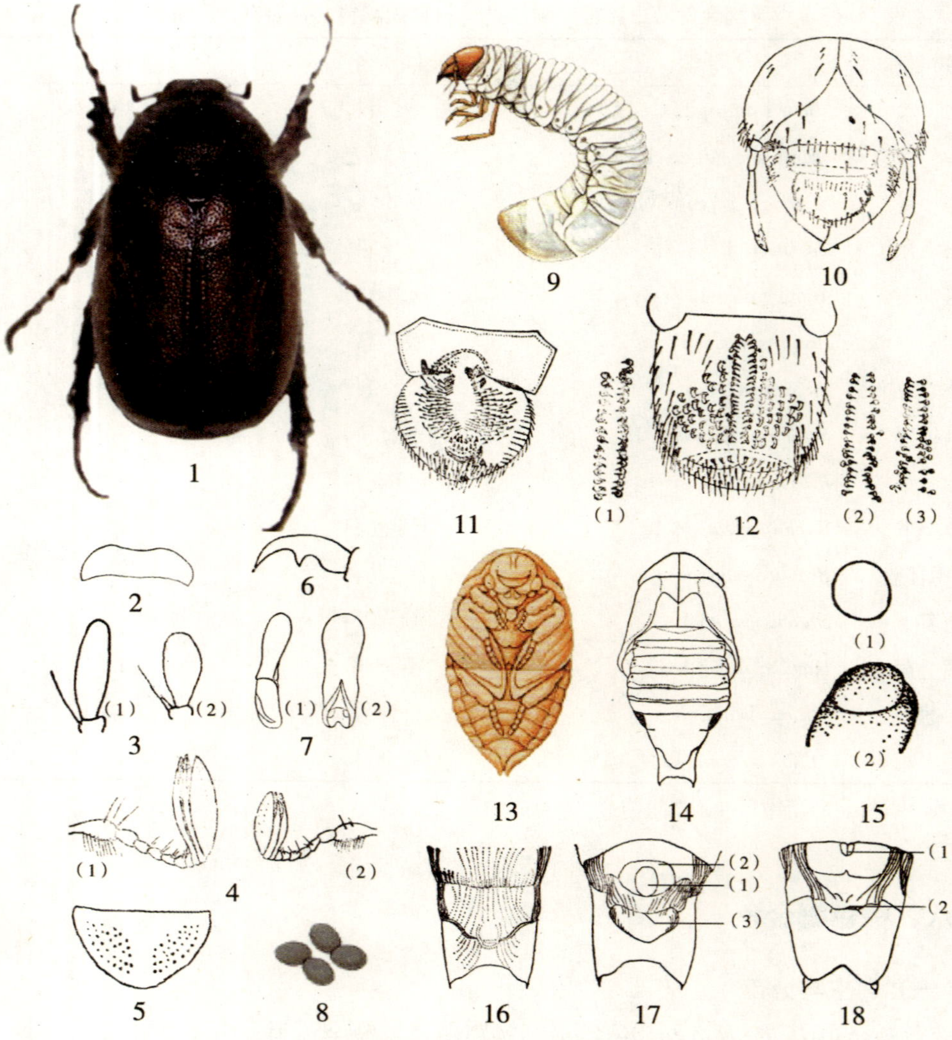

图 14－12　棕色鳃金龟

1. 成虫；2. 唇基；3. 下颚须末节：(1) 雄虫，(2) 雌虫；4. 触角：(1) 雄虫，(2) 雌虫；5. 小盾片；6. 爪；7. 雄性外生殖器：(1) 右侧，(2) 背面；8. 卵；9. 幼虫；10. 幼虫头部；11. 内唇；12. 肛腹片：(1)、(2)、(3) 刺毛列数目与排列；13. 蛹腹面；14. 蛹背面；15. 腹部第 1～4 节气门：(1) 正面，(2) 侧面；16. 雄蛹臀节背面；17. 雄蛹臀节腹面：(1) 阳基，(2) 阳基侧突，(3) 肛门；18. 雌蛹臀节腹面：(1) 生殖孔，(2) 肛门

(1. 仿 http：//service. photo. sina. com. cn/orignal 图；2，3，5，6. 仿麦得维捷耶夫图；4. 仿《山西金龟子图册》图；7，10，11，12. 仿张治良图；13～18. 仿张治良、孙德旭图)

幼虫（图 14－12.9～12）　3 龄幼虫体长 45～55mm，头宽 6.1～6.7mm，头长 4.6～5.0mm。头部前顶刚毛每侧 3～5 根，呈一纵列；额中侧毛每侧 1～2 根；额前缘毛 6～12 根，呈一横列。内唇端感区刺 14～20 根，前排约 8 根较大，呈弧状排列，其前方小的圆形感觉器 10～18 个，其中较大的 6 个，感前片仅右半段明显呈新月形，宽大面发达，前侧褶区各具一较明显的骨化斑，内唇前片仅存前段，不与感前片相连。在肛腹片后部覆毛区中间的刺毛列，由尖端略弯的短锥状刺毛组成，每列 16～26 根，多

为20～24根，少数个体刺毛列排列整齐；多数个体刺毛列排列不整齐，具副列。刺毛列的前端超出了被钩状刚毛占据着的覆毛区前缘，到达肛腹片后部前边1/4处。肛门孔呈三射裂缝状，纵裂略短于一侧横裂的1/2。

蛹（图14－12.13～18）　体长28～30mm，宽9～13mm，唇基近长圆形。腹部第1至第4节气门呈圆形，深褐色，隆起。无发音器。腹部第1至第6节背中央具横脊。尾节近方形，两尾角呈锐角岔开。雄蛹尾节背面，具多行纵皱纹。雄性外生殖器阳基侧突将阳基包在其中；雌虫臀节腹面平坦，生殖孔位于两竖立的唇瓣间，两侧各具一略呈方形的骨片。

（三）生活习性与发生规律

棕色鳃金龟在辽宁、陕西、山东等地均为2年完成1个世代，以成虫或幼虫隔年交替越冬（莱阳农学院，1979）。越冬的幼虫于4月上中旬开始出土，4月下旬至5月上旬为成虫活动盛期，5月下旬为末期，6月上旬绝迹。成虫历期30～51d，平均40d。5月初田间始见卵，5月中旬为产卵盛期，6月上旬产卵结束，产卵前期15～34d，平均26.4d；产卵期6～15d，平均9.4d。田间调查6月9日为卵孵化初期，6月中旬为盛期，6月下旬卵孵化期结束，卵期19～25d，平均17.7d。6月上旬出现的1龄幼虫至7月下旬进入2龄期，1龄幼虫历期36～40d；2龄幼虫自7月中旬至9月上旬进入3龄，2龄历期37～58d，平均47d。10月下旬3龄幼虫下潜到35～97cm深的土层中越冬。翌年4月间，越冬幼虫上升至耕作层为害作物的地下根部。至7月中旬幼虫老熟，下潜至深土层做土室化蛹，7月中下旬为化蛹盛期，8月上旬为末期，蛹历期12～30d，平均22.2d。8月中旬羽化，当年羽化的成虫不出土，仍蛰伏于土室中直接越冬，到翌年春季才出土，从而完成1个完整的世代。

成虫具昼伏夜出性，18：00开始出土，19：00为出土活动高峰，20：00开始入土潜伏。其趋光性甚弱。雌虫偶尔取食，量少。成虫出土后沿高度为0.5～2m的低空飞翔，一次飞行距离约几十米。雌虫不太活泼，仅作短距离爬行或跳跃式飞行。交配后立即入土，有的交配尚未结束即背负着成虫潜入土中，继续交配，成虫有多次交配习性。群体从出土到入土，历时约1.5h，活动范围小，因而呈现出局部发生的特点。雌、雄性比为1：1.86。成虫出土约15d后，卵开始成熟。每头雌虫产卵量13～48粒，平均26.3粒。卵多产于20cm以下的土层中，以20～30cm土层深处产卵最多。棕色鳃金龟卵在土层中的垂直分布情况见表14－3。

表14－3　棕色鳃金龟卵在土层中的垂直分布情况（山东海洋）（引自魏鸿钧、张治良等）

总卵数（粒）	土层深度（cm）									
	1～10		11～20		21～30		31～40		41～50	
	卵数	比例（%）	卵数	比例（%）	卵数	比例（%）	卵数	比例（%）	卵数	比例（%）
268	6	2.32	75	27.98	142	52.98	43	16.00	2	0.75

据吴达璋（1950）报道，棕色鳃金龟1龄幼虫孵化后，即从产卵部位逐渐上移，于6月中下旬上移至15～20cm处，为害作物的须根等。7月中下旬后，2、3龄幼虫全

部下移至土表，为害大田作物、甜菜、花生等地下部分。9 月中旬，对田间花生做单墩，单个幼虫调查统计，1 头幼虫可蛀食成果 5 ~ 11 粒，平均 7.3 粒，并有转株为害的习性。9 月中旬花生收获后可为害后茬小麦，一般死苗率 5% ~ 10.4%。

在 11 月中旬前后，当 10cm 土层温度降低到 6℃以下时，幼虫全部下移越冬，下移深度在 30 ~ 50cm 深土层处最多。

3 月下旬生境小气候温度为 7.5℃ ~ 8.0℃时，越冬的幼虫开始上移；4 月上旬土温稳定在 10℃ ~ 12℃时，幼虫全部上移到表土层活动、取食为害。5 月下旬至 6 月中旬下移，停止为害。下移深度为 41 ~ 50cm、30 ~ 40cm 和 20 ~ 30cm 深的幼虫数占幼虫总数的百分率分别为 63%、26% 和 11%。下移时 5cm 土层的温度变化在 22℃ ~ 25℃之间。

（四）发生与环境条件的关系

棕色鳃金龟喜栖息于土壤通透性较好的岭地、粗砂土、马眼砂土；而平地、沙质壤土则很少有其分布。

九、小云鳃金龟

（一）寄主与分布

小云鳃金龟 *Polyphylla gracicornis* Blanchard 属鞘翅目，鳃金龟科。小云鳃金龟在我国华北、西北各省区均有分布，是当地主要的农林害虫之一。除为害甜菜外，还为害林木幼苗。

（二）形态特征

成虫（图 14 - 13.1 ~ 8）　体长 24 ~ 30mm，宽 13 ~ 15mm，长椭圆形，隆起。体栗褐色至深褐色，有光泽。头、前胸背板色较深。鞘翅暗棕色，上被有密集而不规则的云斑状黄白色鳞状毛。足和触角呈暗褐色。下颚须末节呈圆筒形，较窄，顶端变钝。触角 10 节，雄虫触角第 3 节前边靠近顶端具不对称的角状突起，触角鳃片部 7 节变弯，其长度等于前胸背板长；雌虫触角鳃片 6 节，直而短。唇基呈横长方形，宽大，雄虫唇基前缘中段微内弯；雌虫唇基短，前缘中央内弯明显，后方无具毛刻点，前、侧缘上卷，前缘中间凹陷，前角尖，雌虫钝，其上面除覆有密而长的黄色鳞毛外，还竖立有褐色细毛。前胸背板宽约为长的 2 倍，稍窄于鞘翅基部，中央及后方隆起，高凸处常光滑无刻点，侧缘呈锯齿状。前胸背板覆有不密的大刻点，而后半部中央几乎是光滑的。前胸背板上的黄色鳞毛密集成光亮的图案：沿中纵线密集成一中纵带；其两侧又各有 1 个中断不对称的纵带；在侧缘中间和边缘基部处，各有环形毛斑。前胸背板除后缘中间外，均竖立羊褐色缘毛。小盾片大，呈弧状三角形，除中纵线和顶端光秃外，均覆有密的黄白色鳞毛。鞘翅隆起，呈椭圆形，肩凸较发达，两侧稍外扩几乎平行，其上覆有不密而浅的刻点、皱褶和白色鳞毛；白色鳞毛聚成无数的各种大小不对称的云状毛斑，而毛斑间则几乎无鳞毛。纵肋不发达，缝肋可见，缘折窄长，直达近弧状后缘。臀板呈三角形，具密的锉状的小刻点，中间具光滑的纵脊，覆有密、小贴身黄细毛，在基部具簇长的竖立着的褐细毛。腹部腹面密生短的黄细毛，其间还散生较多的黄褐色长毛，每节腹板前缘光秃。前足胫节外齿，雄虫仅具一顶齿；雌虫 3 齿，爪修长。雄性外生殖器的基片、中片短，略呈方形或稍长方形，阳基侧突末端微不对称，从侧面观，阳基侧突与中片几成直角，阳基侧突向前方呈 S 状弯曲。

卵（图 14－13.9） 长2.5～3.0mm，宽1.8～2.0mm，椭圆形。初产时为乳白色，临近孵化时变为浅黄色，体积略有增大。

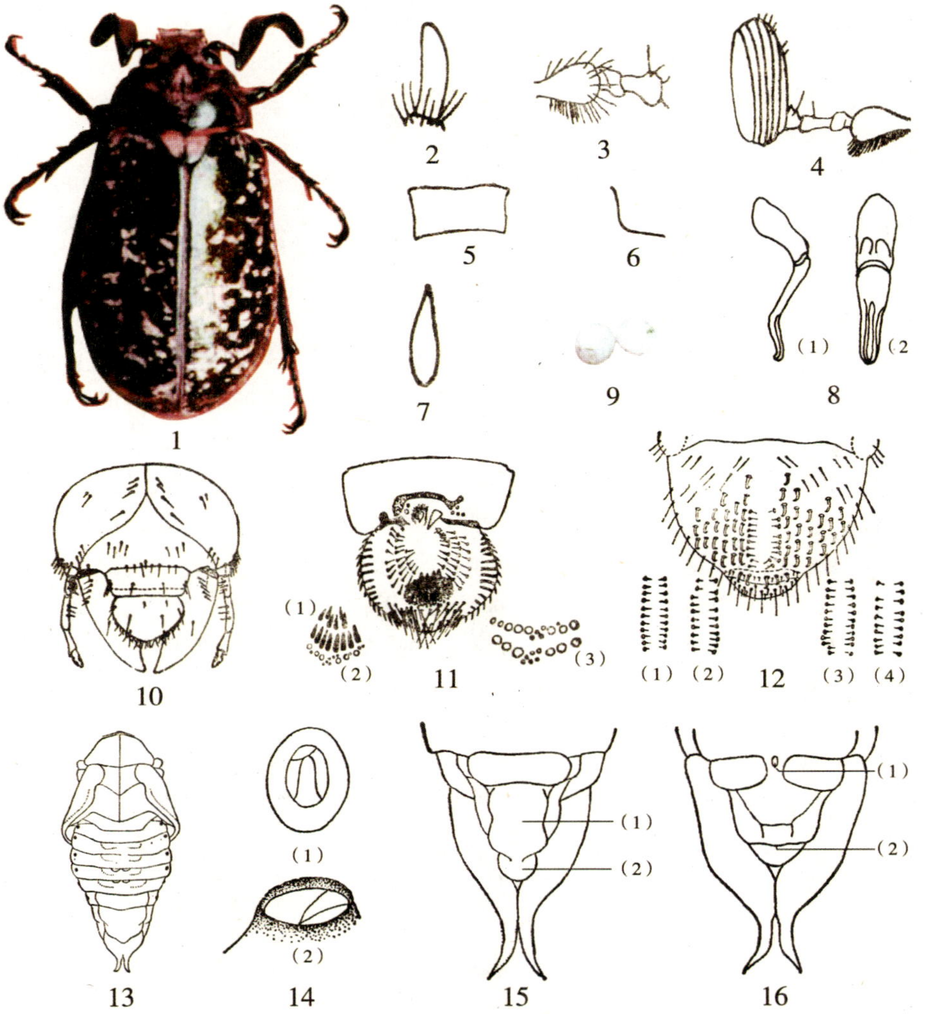

图 14－13 小云鳃金龟

1. 成虫；2. 下颚须末节；3. 雄虫触角基部；4. 雌虫触角基部；5. 唇基；6. 前胸背板后角；7. 体表鳞毛形状；8. 雄性外生殖器：（1）左侧，（2）背面；9. 卵；10. 幼虫头部；11. 幼虫内唇：（1）、（2）、（3）端感区感区刺数目与排列；12. 肛腹片：（1）、（2）、（3）、（4）刺毛列数目与排列；13. 蛹背面；14. 腹部第1～4节气门：（1）正面，（2）侧面；15. 雄蛹臀节腹面：（1）阳基侧突，（2）阳基；16. 雌蛹臀节腹面：（1）生殖孔，（2）肛门

（1. 仿 http：//www. insect-fans. com 图；2～7. 仿麦得维捷耶夫图；8. 仿《山西省金龟子图册》图；10～11. 仿张治良图；12～16. 仿张治良、孙德旭图）

幼虫（图 14－13.10～12） 体大型，肥胖，中间弯曲，3龄幼虫体长55～65mm。头部前顶刚毛每侧4～5根，后顶刚毛每侧1根较长，旁有1～2根短小刚毛，额中侧毛各2～5根，额前缘毛6～10根。触角第1节具毛4～7根，第2节3～4根。内唇端具

感区刺 12～16 根，呈 2～3 层排列，前排 8 根较大，其前沿有圆形感觉器 12～16 个。臀节腹面刺毛列由短锥状刚毛组成，每列多为 10～11 根，多数两列刺毛平行，其前端约达覆毛区的 1/3 处。肛门孔呈横裂缝状。

蛹（图 14－13. 13～16） 体长 30～33 mm，宽 16～18mm。唇基近方形。触角雌、雄异型。前胸背板横阔，中纵线呈脊状，后缘中部向后延伸，且明显凸起，凸起处具 1 对黑斑。气门呈椭圆形，腹部第 1 至第 4 节气门围气门片黑褐色，气门腔明显。发音器 2 对，不发达，分别位于腹部第 4、5 和第 5、6 节节间交界处的背部中央，各具 1 对弧形凹陷。腹部第 2 至第 6 节背面有明显的小疣点。尾节近三角形，具两尾角。前足胫节外齿雄蛹 1 个，雌蛹 3 个。雄蛹外生殖器由 2 个疣突组成，基部较大；雌蛹腹面平坦，具 1 个生殖孔。

（三）生活习性与发生规律

小云鳃金龟 4 年完成 1 个世代。在青海、甘肃地区，成虫始见于 6 月上旬，盛发期为 7 月中下旬，末期为 8 月中下旬，个别年份也有少量成虫可拖到 9 月间。产卵开始于 6 月上旬，盛期为 7 月中下旬。7 月中旬可见初孵幼虫，田间孵化盛期在 7 月下旬，当年以 1 龄幼虫越冬。第 2 年 4 月下旬，越冬幼虫上升至耕作层活动为害，1 龄幼虫历经约 340d 后，于 6 月上中旬进入 2 龄，并继续为害，当年以 2 龄幼虫越冬。第 3 年 4 月下旬，又返回耕作层，活动为害，2 龄幼虫历期约 365d；至 6 月上中旬进入 3 龄并继续为害，当年以 3 龄幼虫越冬。第 4 年 4 月下旬又返回到耕作层活动为害，此 3 龄幼虫为害至秋天，当年仍以 3 龄幼虫再次越冬，3 龄幼虫 2 次越冬，历期约 700d。第 5 年 5 月上中旬开始化蛹，蛹期 28～35d，平均 29d。6 月上旬始见成虫，从而跨越 5 个年份完成 1 个世代（见图 14－14），有世代重叠现象（王国鼎，2004）。

年别	1～2月 上中下	3月 上中下	4月 上中下	5月 上中下	6月 上中下	7月 上中下	8月 上中下	9月 上中下	10月 上中下	11月 上中下	12月 上中下
第一年				⊕⊕⊕	⊕⊕⊕	⊕⊕⊕	⊕⊕⊕				
					+++	+++	+++				
					●●●	●●●	●●●				
						——	———	———	———	———	———
第二年	———	———	———	———	———	———	———	———	———	———	———
					二二二	二二二	二二二	二二二	二二二	二二二	二二二
第三年	二二二	二二二	二二二	二二二	二二二	二二二	二				
					三三三	三三三	三三三	三三三	三三三	三三三	三三三
第四年	三三三	三三三	三三三	三三三	三三三	三三三	三				
					㈢㈢㈢	㈢㈢㈢	㈢㈢㈢	㈢㈢㈢	㈢㈢㈢	㈢㈢㈢	㈢㈢㈢
第五年	㈢㈢㈢	㈢㈢㈢	㈢㈢㈢	㈢㈢㈢	㈢㈢㈢	㈢㈢㈢					

图 14－14 小云鳃金龟生活史图示（仿张世珩、孟铁男图）

图例：+ ＝ 成虫；● ＝ 卵；一 ＝ 1 龄幼虫；二 ＝ 2 龄幼虫；三 ＝ 3 龄幼虫；㈢ ＝ 第二年 3 龄幼虫；⊕ ＝ 蛹。

成虫昼伏夜出，21：00—23：00为出土活动高峰（图14－15），在阴雨天气或盛发期亦偶见少数个体在白天飞翔。初羽化的成虫体色较浅，1～2h后加深。成虫出土后即寻觅配偶，多在田间草丛中交配，交配时间可长达72min，交配后雌虫即入土，雄虫则飞走。成虫雌、雄性比为1.23：1，雄虫有极强的趋光性，雌虫的趋光性极弱，雌虫上灯数量仅为雄虫上灯数量的0.1%～0.2%。雌虫产卵为单粒散产，每头雌虫最高产卵量为60粒，少则1～11粒，平均26粒。一般成虫产卵期2～4d，产卵量以第1～2d为多，占产卵总量的90%以上，第3～4d则极少。卵多产于6～15cm的耕土层处的卵室内。成虫不取食，寿命14～17d，平均16d。

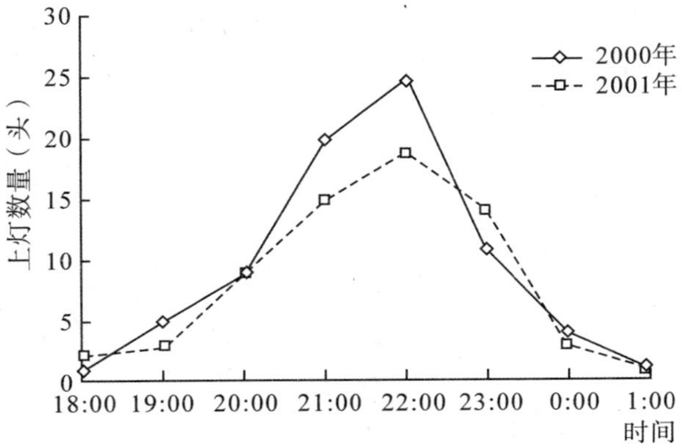

图14－15　同一日不同年份羽化曲线（仿王国鼎，2004）

初孵幼虫体为白色，头部和足淡黄色，2～3h后即开始活动取食，体色渐深，但整个1龄幼虫食量很小，为害不明显。越冬后的2龄幼虫和3龄幼虫第1年食量大，是严重为害作物最主要的虫期。经第1次越冬的3龄幼虫进入8月份以后，取食明显减缓，甚至基本不取食。可见，小云鳃金龟在长达48个月（1 440d）的幼虫期中，对作物造成严重危害的时期约为12～13个月（360～380d）。

影响幼虫在土中垂直活动的主要因素是温度：幼虫在土壤中的取食范围以10～25cm为主。25cm土层温度14℃～15℃是幼虫下迁越冬或上升为害的温度界限。每年4月下旬左右，当日平均气温回升至11℃、25cm土层温度达14.9℃时，各龄幼虫均上升至距地面25cm土层内活动取食。随着温度的不断升高，5月上旬，幼虫多在15cm土层处活动为害；直至10月上旬左右，日平均气温降至11℃，25cm土层温度降到15℃时，幼虫开始下迁越冬。幼虫越冬深度为30～90cm，但以40～70cm的冻土层居多。不过越冬深度各龄有差异，1龄幼虫以40～50cm为主，2龄以50～60cm为主，而3龄以60～70 cm为主。当日平均气温降至－2℃、25cm土层温度降至2℃左右时，各龄越冬幼虫即基本停止下迁，在原处筑土室开始越冬（图14－16）。

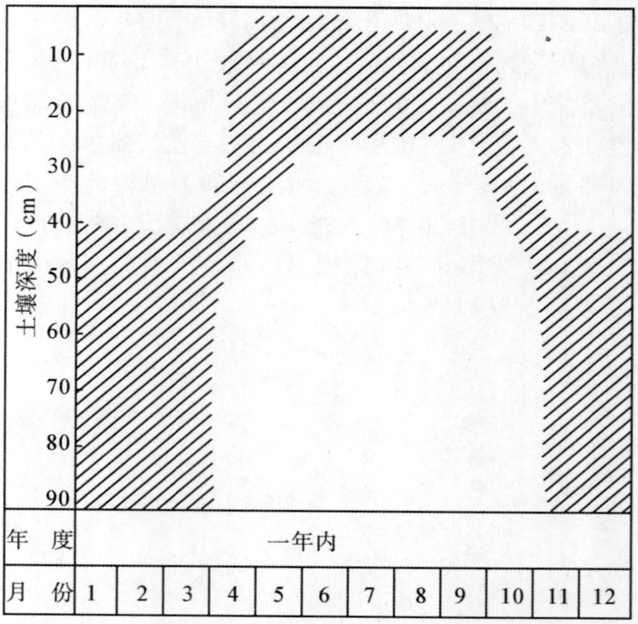

图 14－16　小云鳃金龟幼虫在土壤中的垂直活动规律（仿王国鼎，2004）

（四）发生与环境条件的关系

根据在青海省湿水流域的大通、民和、西宁等地的调查，小云鳃金龟普遍分布于湿水流域的川水、浅山、脑山（高寒山地）等地区。在川山及浅山地区，自东向西，越向西越严重；在脑山地区，则纬度越高越轻。

另据调查，各地块虫口密度的大小，与当年孵化幼虫时地块茬口作物的种类密切相关。如当年孵化幼虫时的茬口为豆茬地，则虫口密度就大，马铃薯茬地次之，麦茬、青稞茬地较少。也即是说，历年豆茬地是虫口密度最大的地块，如由豆茬改种甜菜，则甜菜受害就重。

施用未充分腐熟的有机肥（特别是粪肥），虫害严重。在一般情况下，降雨或为害期灌水使土壤含水量过高，有抑制幼虫为害的作用。如果土壤过于干旱，则不利于成虫掘进产卵，也易致成虫、幼虫死亡，特别是1龄幼虫耐旱能力极差，所以干旱年份灌水有利于成虫产卵及卵的孵化。因此，土层深厚、富含有机质且土壤含水量适宜（不低于15%）的地块是小云鳃金龟发生严重的地方。

十、四纹丽金龟

（一）寄主与分布

四纹丽金龟 *Popillia quadrigutata* Falbricius 又名中华弧丽金龟，属鞘翅目。分布于黑龙江、吉林、辽宁、内蒙古、甘肃、陕西、河北、山西、山东、河南、安徽、江苏、浙江、湖北、福建、台湾、广东、广西和贵州；朝鲜和越南北部也有分布。

四纹丽金龟是我国的重要地下害虫之一。成虫食性极杂，可取食19科、30种以上的植物。幼虫严重为害甜菜、花生、大豆、玉米、高粱等作物，初孵幼虫以土中植物须根和腐殖质为食。3 龄幼虫为害作物的地下根茎。

（二）形态特征

成虫（图 14－17.1～6）　体长 7.5～12mm，体宽 4.5～6.5mm。体形较小，长椭圆形。头、前胸背板、小盾片、胸和腹部腹面等均为青铜色，有强烈的闪光。鞘翅浅褐色或黄褐色、褐色。四缘常呈深褐色，足同于体色或黑褐色。唇基短阔呈梯形，密被刻点，前缘直，边缘上卷，前角圆。额部刻点挤密，点间成横皱，头顶刻点挤密。触角 9 节，鳃片部 3 节。前胸背板强烈隆凸，具镜子状闪光。前胸背板侧缘从后角处起到中间弧状外扩，后角钝宽呈弧形；后缘向后延伸，但在中段位于小盾片前方，却向前呈弧状

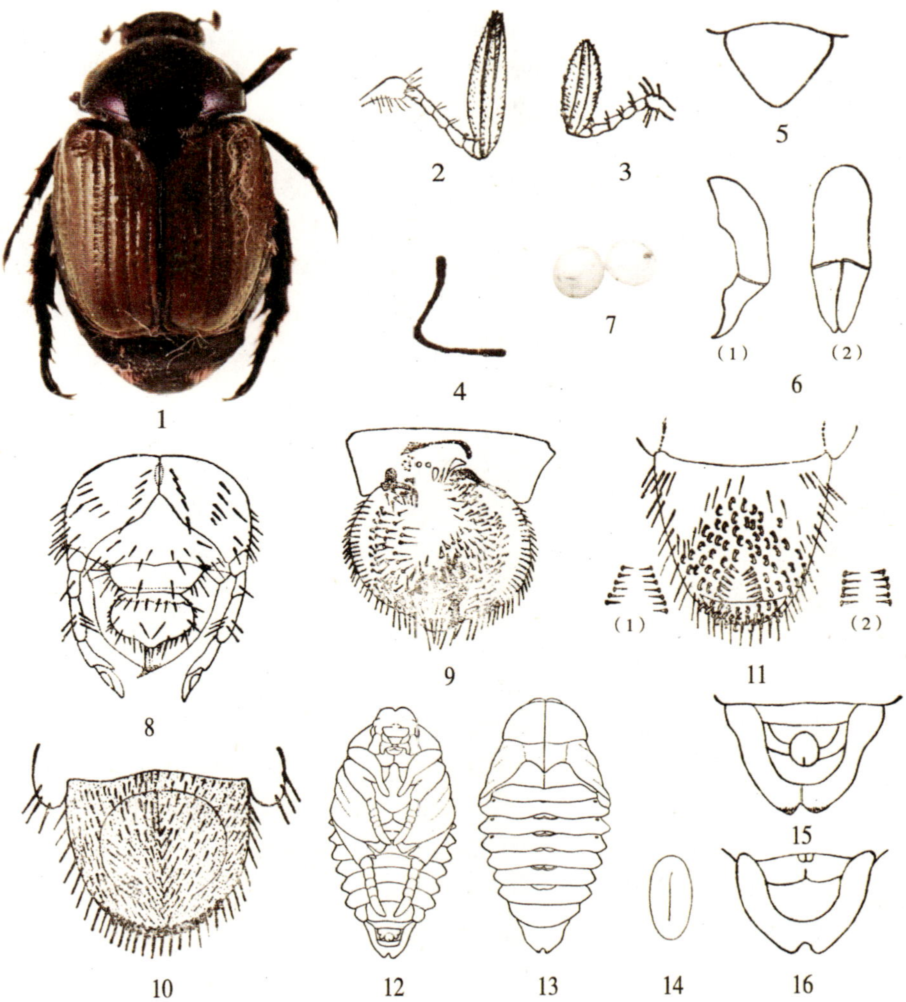

图 14－17　四纹丽金龟

1. 成虫；2. 雄虫触角；3. 雌虫触角；4. 前胸背板后角；5. 小盾片；6. 雄性外生殖器：（1）左侧，（2）背面；7. 卵；8. 幼虫头部；9. 内唇；10. 肛背片（示臀板）；11. 肛腹片：（1）、（2）刺毛列数目及排列；12、蛹腹面；13. 蛹背面；14. 腹部第 1～4 节气门；15. 雄蛹臀节腹面；16. 雌蛹臀节腹面（1. 仿 www.naris.go.kr/v2/naris 图；2，3，6. 仿《山西省金龟子图册》图；4，5. 仿麦得维捷耶夫图；8～11. 仿张治良图；12～16. 仿张治良、孙德旭图）

凹陷，前胸背板密布刻点。前胸背板中间，具窄而光滑的纵凹线，且两侧中段稍里边处具有一小圆形凹窝。小盾片呈三角形。鞘翅宽而短，肩疣突明显。中胸腹突短阔，端部钝。鞘翅背面每侧具6条粗刻点的浅线，沟线间纵肋5条。鞘翅从侧缘约1/2处开始直到会合缝处都具有膜质边檐。前足胫节外齿2个，第1外齿大而钝，内方距位于第2外齿的基部对面下方。前、中足大爪分叉，后足大爪不分叉。腹部第1~5节的腹板两侧，有由白色密细毛构成的毛斑。臀板隆拱，密面锯齿状细横刻点，基部有2个白色毛斑。雄性外生殖器阳基侧突的下缘端部，呈内弯的尖刀状。

本种的体型、色泽变异较大，大致可分为三种类型：

体墨色，鞘翅黄褐色或侧缘有黯黑边（过去定为 *Popilia stramini* Kraatz，应为本种的异名）；

体全红褐色（过去定为 *P. ruficollis* Kraatz，应为本种的异名）；

体全墨绿色、黑色、蓝色或紫红色（*P. chinensis* Frivaldszky，应为本种的新异名）。

卵（图 14－17. 7）　初产时为椭圆形，后成圆球形，大小为1. 46×0. 95（mm）。

幼虫（图 14－17. 8～11）　3 龄幼虫体长 8～10mm，头宽 2. 9～3. 1mm。头部前顶刚毛每侧5～6根，呈一纵列；后顶刚毛每侧6根，其中5根呈一斜列。内唇端感区具感区刺3～4根，多数为3根，感觉器呈圆形的8～11个，其中4个较大。感前片与内唇前片明显，并连在一起。基感区具突斑2个，突斑四周光裸。左上唇根侧突端部向下呈90°圆弧形的钩状弯曲，伸向内唇中区。肛背片后部有由细缝（骨化环）围成的、中间微凹的心形臀板，后边敞开的地方比较大而宽。肛门孔呈横裂缝状。刺毛列呈“八”字形岔开，每侧由5～8根、多数由6～7根锥状刺毛组成。

蛹（图 14－17. 12～16）　体长 9～13mm，宽 5～6mm。唇基近长方形。触角雌、雄同型，呈靴状。具中胸腹突，指状。腹部第1至第4节气门近椭圆形，与体色同色，不隆起。尾节近三角形，端部呈双峰状，其上生有褐色细毛。雌蛹臀节腹面平坦；雄蛹外生殖器阳基侧叶宽，发育后期可呈疣状，位于中间阳基呈指头状。

（三）生活习性与发生规律

据观察，四纹丽金龟1年完成1个世代，以3龄幼虫越冬。翌年春4月上旬开始上移为害。6月中旬开始化蛹，6月下旬为盛期，末期为7月上旬，蛹期8～18d。6月下旬开始羽化，7月上旬为盛期，7月中旬为盛末期，历期约30d。成虫发生盛期后5～7d产卵，7月14～19日为产卵始盛期，7月16～29日为产卵高峰期，7月底、8月初终止产卵，卵期8～18d。卵孵化始于7月中旬，盛期7月24～28日，8月中旬终见。8月上旬幼虫进入2龄，历期10～15d；8月中旬幼虫进入3龄期，之后下迁越冬（商学惠，1979）。四纹丽金龟生活史及在土壤中的垂直活动规律见图14－18。

在陕西旬邑，四纹丽金龟1年发生1代，主要以3龄幼虫越冬。幼虫11月间下迁，翌春4月中旬开始上迁为害，4月下旬至5月下旬为为害盛期。5月下旬开始化蛹，6月中旬至7月中旬为化蛹盛期。6月上旬成虫零星出土活动，6月下旬至7月下旬为成虫发生、产卵盛期。7月上旬至8月上旬为卵孵化盛期。9月大部分幼虫进入3龄期，为害秋播作物幼苗。

本种与日本金龟甲十分相似，因此，过去常把本种误认为日本金龟甲。但四纹丽金龟的唇基明显呈梯形，雄虫触角棒状部长达其前6节长的总和的1. 5倍，前胸背板侧方刻点不融合或仅个别融合，个体明显较小，可与日本金龟甲区别。

成虫白天活动，活动与气温升降成正比，晚间潜回土中，成虫出土 2d 后方取食。成虫发生初期和后期多分散活动，盛期则群集取食、交配，常见栗子树、山葡萄等上面群集着几十头甚至上百头成虫咬食叶肉，只留上叶脉，并有成群迁移为害的特点。成虫雌、雄性比为 1.2 ~1.4 : 1。雌虫出土后 2 ~3d 交配。每头雌虫产卵量 20 ~65 粒，平均 39 粒。卵多产于表土下 2 ~5cm 的卵室中（张范强等，1981）。

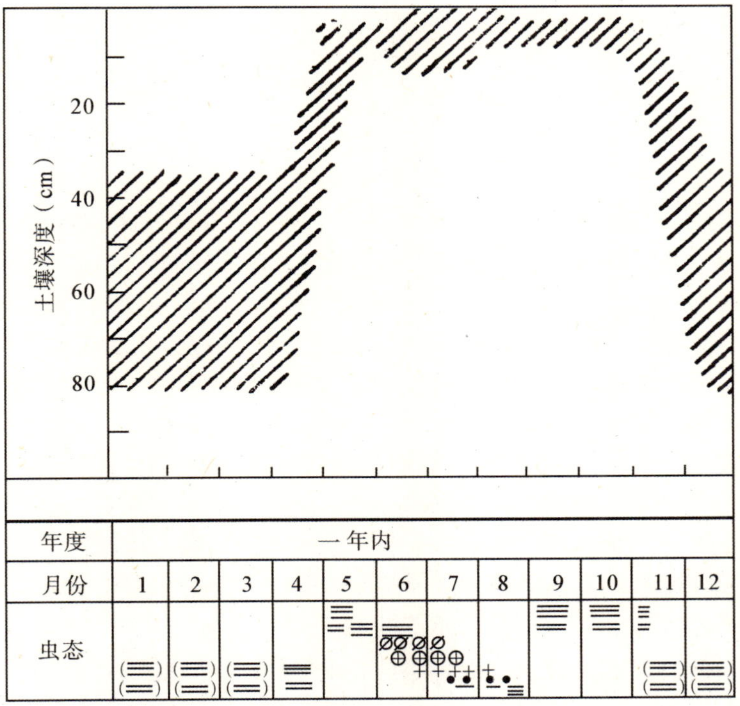

图 14－18　四纹丽金龟生活史及在土壤中的垂直活动规律（辽宁）（仿魏鸿钧、张治良等图）

图例：+ = 成虫；• = 卵；－、=、≡ = 1、2、3 龄幼虫；Ø = 预蛹；⊕ = 蛹；（ ）= 越冬态。

（四）发生与环境条件的关系

成虫发生与气候的关系　当 6 月上旬 10cm 土温平均为 19.7℃、气温达到 18.2℃ 时，成虫开始出土。成虫发生盛期平均气温 20℃ 以上、相对湿度 47% ~87% 时，即使是连续阴雨，对成虫发生也无影响；但当平均气温在 20℃ 以下，降雨量在 47mm 以上时，成虫发生数量则显著下降。同样，成虫在一天内的活动与气温关系也很密切，当温度在 20℃ ~26.5℃时，为成虫的适宜温度；28.1℃时，成虫活动数量明显下降；高于 29.5℃时，成虫静伏不动。

幼虫发生与生态环境的关系　甘薯茬口的虫量最多，玉米次之，小麦、高粱等茬口的虫量少，因此，前茬为甘薯或玉米的甜菜地，受害严重。凡地势平坦、保水能力强、土质疏松的田块，虫量多；土壤瘠薄、凹凸不平的地块，虫量则明显减少。村庄附近，虫口密度也大。

十一、黑皱鳃金龟

（一）寄主与分布

黑皱鳃金龟 *Trematodes tenbrioides* Pallas 属鞘翅目，鳃金龟科。分布于东北、华北、内蒙古、甘肃、青海、陕西、四川及华东部分地区。除为害甜菜外，还为害牧草如苏丹草、羊草、披碱草、狗尾草、猫尾草、燕麦、早熟禾、黑麦草、羊茅、狗牙根、剪股颖、苜蓿、红豆草、三叶草等。成虫、幼虫均能为害，且以幼虫为害最严重。幼虫栖息在土壤中，取食萌发的种子，造成缺苗断垄；咬断根茎、根系，导致植株枯死，且伤口易被病菌侵入，造成植物病害。

（二）形态特征

成虫（图 14 - 19. 1 ~ 6）　体长 13 ~ 16mm，宽 6 ~ 8mm，体近卵圆形，背面隆起。全身黑色，被灰色或紫色绒毛，有光泽。胸背和鞘翅密布粗大、刻点排列不规则，而且愈合呈凹凸不平的皱纹。唇基横宽，前、侧缘呈弧状上卷，前缘中间稍微凹入。触角 10 节黑褐色，鳃片部 3 节。前胸背板横宽，略呈矩形，宽为长的 2 倍。侧缘边呈锯齿状并生有短毛；前缘较直，近两前角处逐渐向前呈疑难状延伸，两前角略呈直角；后缘中段向后弧状延伸，后角为钝角。前胸背板中央具中纵线。小盾片呈横三角形，中央具明显的光滑纵隆线，两侧基部有少数刻点。鞘翅基部明显狭于前胸背板，两鞘翅宽度相当于鞘翅长度，鞘翅呈卵圆形，除会合缝处具缝肋外，无明显纵肋。鞘翅上密布大而圆的排列不规则的刻点，而且往往愈合成皱状。鞘翅两侧具檐。后翅退化成痕迹状，不能飞翔。腹部最后 1 对气门露出鞘翅外。前足胫节外齿 3 个，内方距 1 根，着生在中齿的对面。后足胫节端距 2 根，3 对足的爪无爪齿。中、后足胫节中段有一完整的具刺横脊。腹部臀节背板外露，前臀节背板后部呈五角形外露。雄虫腹部腹面凹瘪，呈纵圆形平面，臀节腹板有深凹窝，窝前缘中间有一舌状突起向体后伸出。雌虫腹部腹面呈正常隆凸，臀节腹板无深凹窝。雄性外生殖器呈长圆筒形，阳基侧突呈瓦片状，向基部稍变尖。中片呈环状，后端肥厚，靠近其中央生有小片。从侧面看，阳基侧突向腹后弯曲，迈似桃核壳，但中间具柄。

卵　椭圆形，长 1. 2mm。初产时为乳白色，表面光滑，有光泽，后变淡黄色，近孵化前呈褐色。

幼虫（图 14 - 19. 7 ~ 10）　3 龄幼虫体长 24 ~ 32mm，头黄褐色，胸部和腹部乳白色，多皱褶，被有黄褐色细毛。头部前顶刚毛数目与排列有 3 种方式：①前顶刚毛各 3 根，其中各 2 根位于额顶水平线以上的冠缝两侧，另 1 根则靠额缝的中部；②前顶刚毛各 4 根，其中各 3 根彼此紧挨位于冠缝两侧，另 1 根则靠额缝的中部；③前顶刚毛左 4 右 3 根，不对称，除其中各 1 根位于近额缝的中部外，其余左 3 右 2 根则位于冠缝两侧。内唇前侧褶区折面 7 ~ 8 条，月牙形比较细窄，折面间隔大。内唇端具感区刺 12 ~ 16 根，圆形感觉器 13 个左右，其中大的 6 个。感前片与内唇前片相接呈钩镰状。肛腹片后部覆毛区的钩状刚毛为 35 ~ 40 根，钩状刚毛群与肛门孔侧裂缝间有比较宽而明显的无毛裸区。

蛹　裸蛹，体长 6 ~ 9mm，黄褐至黑褐色。腹部末端有臀棘 1 对。

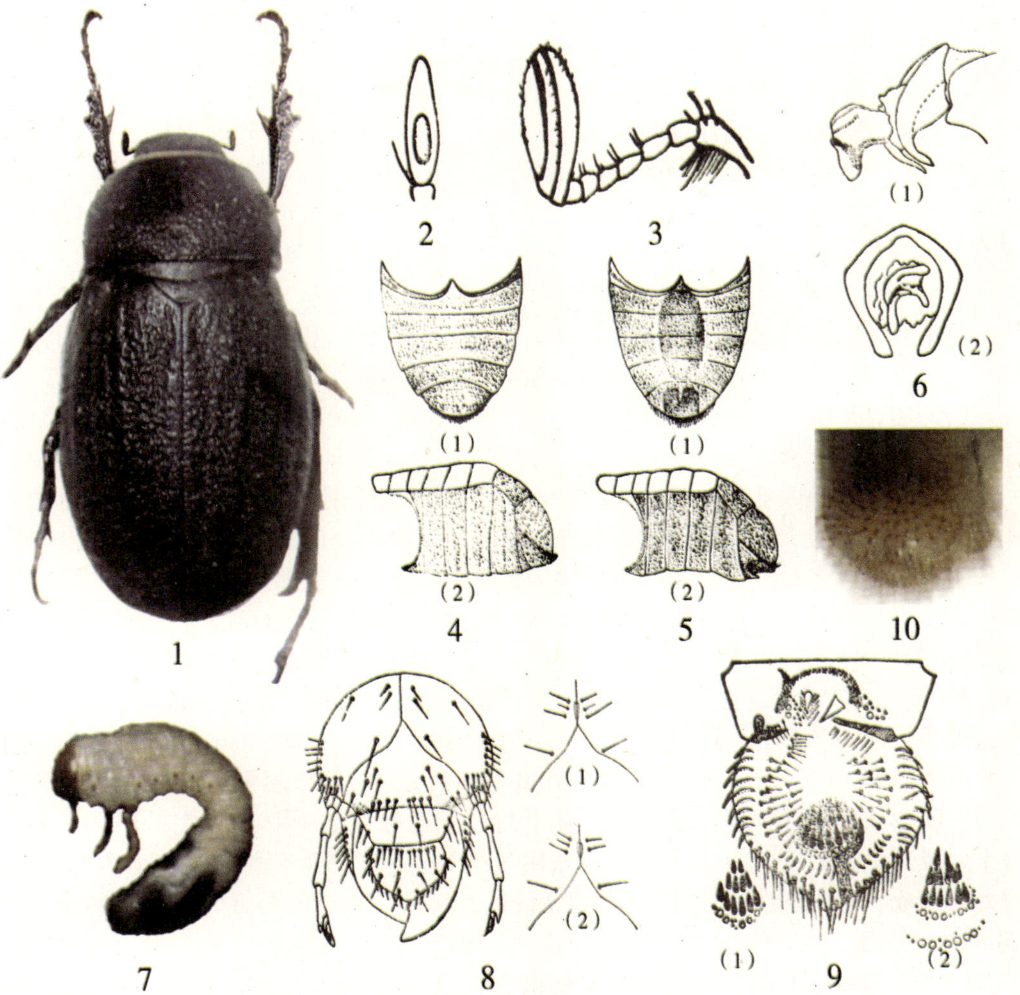

图 14－19　黑皱鳃金龟

1. 成虫；2. 下颚须末节；3. 触角；4. 雌虫腹板：（1）腹面，（2）侧面；5. 雄虫腹板：（1）腹面，（2）侧面；6. 雄性外生殖器：（1）右侧，（2）背面；7. 幼虫；8. 幼虫头部：（1）、（2）前顶刚毛数目及排列；9. 内唇：（1）、（2）端感区感区刺数目及排列；10. 肛腹片

（2，4，5，8，9. 仿张治良图；3，6. 仿《山西省金龟子图册》图）

（三）生活习性与发生规律

在甘肃、内蒙古、辽宁，黑皱鳃金龟 2 年发生 1 代，以幼虫和成虫交替越冬。越冬的成虫 4 月下旬始见出土，5 月上中旬为活动盛期，7 月初为终见期。成虫于 5 月下旬开始产卵，6 月下旬为产卵盛期，卵历期平均 12～17d，卵孵化盛期在 6 月下旬至 7 月上旬。6 月中旬田间始见幼虫，当年多以 2 龄幼虫越冬。翌年 4 月下旬越冬幼虫上升至 20cm 土壤耕层处，为害植物的地下部分。7 月中旬后开始化蛹，8 月中旬为化蛹盛期，蛹期 15～24d，平均 20d。8 月上旬开始羽化为成虫，成虫当年不出土，在化蛹室内越冬（柳春良，1976）。

在陕西咸阳地区，黑皱鳃金龟亦为 2 年发生 1 代，以成虫或 3 龄（也有少数 2 龄）

幼虫越冬。由于咸阳地区南北温差较大，因而各虫态历期差异明显：在南部的咸阳平原区，各虫态发生较早，且持续时间也长，越冬成虫于4月上中旬进入盛期，发生期超过150d，5月下旬至6月中旬为产卵盛期，多数幼虫在8月份进入3龄，幼虫历期约375d，1龄历期42d，2龄历期28.7d，3龄历期304.6d。到翌年6月间开始化蛹并羽化，蛹期16～29d，平均19.9d；在背部的旬邑平原区发育较慢，发生期较短，越冬成虫于4月上旬开始出土，4月底或5月上旬为出土盛期，发生期约120d，当年幼虫于9月上旬后多数发育为2龄，翌年7月中旬为始蛹期，成虫8月间开始羽化（薛涉珍，1981）。

在山东莱阳，黑皱鳃金龟同为2年1代，以成虫和幼虫越冬。越冬成虫3月末4月初始见出土成虫，4月下旬至6月中旬为成虫发生盛期，7月中旬是成虫终见期。5月初开始产卵，5月中旬至6月中旬为产卵盛期，卵期16～91d。卵于5月中旬开始孵化，5月下旬至6月中旬为卵孵盛期，幼虫期13个多月（山东莱阳农业大学，1976）。

根据辽宁熊岳农业专科学校1973—1976年秋季田间定点调查结果，每逢奇数年的秋季，幼虫越冬量大，翌年春季作物地下部分受黑皱鳃金龟幼虫为害就重；每逢偶数年的秋季，成虫越冬量大，翌年春季成虫为害作物地上部分就重。

成虫喜在温暖无风的白天、日平均气温达13℃时开始出土取食、活动。当日平均气温达22℃时，成虫取食、活动旺盛。每日活动时间多在10：00—16：00，以12：00—14：00活动最盛，在地面爬行、取食、交配。交配时间一次可达30min。第1次交配后11～16d产卵，卵散产于浅土层中，每粒卵均产在2～3mm大小的卵室中。每头雌虫可产卵5～18粒，平均10粒。雌虫产卵于受害植株根际附近5～15cm土中。

在陕西咸阳地区，越冬成虫在3月下旬日平均气温达10.4℃以上的晴天中午开始出土，成虫最适温度为16℃左右。若遇阴天小雨，湿度降至13℃以下或遇7.3m/s以上的大风，成虫不出土活动。成虫出土后即行交配，1次交配历时30～40min，最短15min。在交配过程中，雌虫仍可继续取食。据室内20对成虫饲养观察，雌虫交配后2～14d，平均8d，即开始产卵，每头雌虫产卵量为3～212粒，平均110.2粒。其中产卵100粒以上的占60%，200粒以上的占10%，100粒以下的占30%。卵分数次产下，一次产卵量最多为27粒，一般10多粒。雌虫产卵历期有的长80d，平均50d。雌虫产卵后平均11.1d死亡。成虫具假死性，略有趋光性。

而据内蒙古观察，成虫活动时间为晚20：00至次日晨6：00，以晚23：00至凌晨1：00最盛。以无风温暖的天气出现最多，成虫活动的适宜温度为20℃～25℃。降雨较多、湿度高有利于出土和盛发。单产，通常4～18粒为一堆。雌虫一生能产卵9～78粒。

（四）发生与环境条件的关系

在辽宁，黑皱鳃金龟幼虫为害期主要在春季，长达3个半月。土壤解冻后，幼虫即开始苏醒，向土壤表层移动。从1976年调查的情况可以看到，随着气温的升高，幼虫上升的速度很快，4月1日幼虫仍在60cm深的土层中，4月2日即上升至40cm深的土层中，到4月24日大部分幼虫已上升至20cm的耕作层中，咬食发芽的种子及幼苗根部，为害至7月间。幼虫活动范围，以顺垄向活动范围大，可达50cm距离，而横垄向范围小（图14－20）。

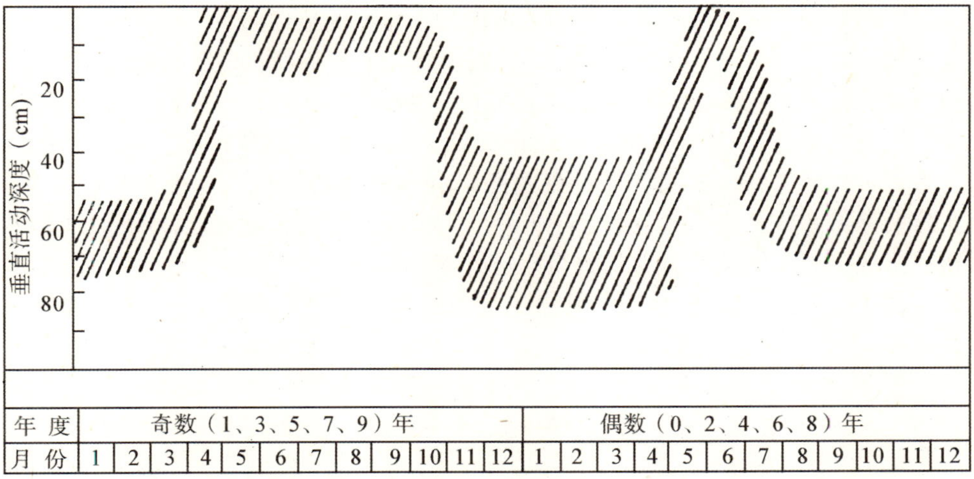

图 14－20　黑皱鳃金龟在土中垂直活动（仿魏鸿钧、张治良、王荫长图）

温度及土壤含水量对成虫产卵的影响：当气温达 21℃左右时，成虫开始产卵，温度上升到 24℃以上时，产卵量显著增多。土壤含水量在 6% 以下时，成虫不易产卵，而且产卵期也比正常产卵期推迟 15～20d，产卵量也少；土壤含水量在 8% 以上时，成虫产卵量显著增多。

不同饲料对成虫产卵量及成虫寿命的影响：采用不同饲料喂养成虫，对成虫寿命及产卵量均有相当大的影响。饲喂刺蓟、旋花双子叶杂草的产卵量最高，平均 49.5 粒，雌虫寿命也最长，平均达 106.5d；饲喂苜蓿次之；饲喂玉米则更次之；不喂食料的成虫仍能成活近两个月，但不产卵。因此，食料对黑皱鳃金龟成虫的产卵和寿命均起着相当重要的作用。

十二、马铃薯鳃金龟

（一）寄主与分布

马铃薯鳃金龟 *Amphimallon solstitialis* Linnaeus 属鞘翅目，鳃金龟科。分布北起黑龙江、内蒙古、新疆，南至河北、山西、陕西，东起渤海湾，西至青海、西藏。其寄主除甜菜外，也为害马铃薯、油菜、豆类等农作物。幼虫为害甜菜、各种蔬菜的苗根以及马铃薯地下部分。

（二）形态特征

成虫（图 14－21.1～6）　体长 13～18mm，宽 7.0～9.5mm。体中型，较狭长，雌虫稍大于雄虫。头面、腹部腹面深栗褐色；唇基、口器、触角、小盾片、鞘翅、臀板及足淡黄褐色；胸部腹面栗褐色，前胸背板两侧及盘区呈三道黄褐纵带，盘区深栗褐色。头部密被粗糙具长毛刻点，额中部常陷下呈一短纵沟，头顶后头间有横脊可见。唇基横宽，前缘强烈上卷，中间凹入，前角和两侧缘均呈弧形。下颚须末节基部相当膨大，顶端似呈梨状收缢，其上凹窝长椭圆形大而深。触角 9 节，鳃片部 3 节，雌、雄异型，有光泽，具毛。前胸背板较长，密布具长毛刻点，两侧及中纵部由毛聚集呈 3 条黄褐纵带，有 2 条灰白绒毛构成的斜带相间其间，四缘有边框，雌虫前胸背板长毛极少。小盾片大，弧三角形，被灰黄细毛；雄虫的毛密而长，雌虫的毛稀而短。鞘翅狭长，密布长毛刻点，端部略疏，每侧有 4 条明显纵肋，前半部较密，后背部较稀，雌虫更明显。腹部每腹节被乳白毛带，末腹板光滑。雄虫腹下有明显中纵沟。足较纤弱，中、后足股节后部有粗强刺毛；前足胫节外缘 2 齿，内缘距发达。爪发达，爪下缘近基部具一后钩状小齿。臀板具大而密的锉状刻点（雌虫尤盛）和细而短的灰色毛与稀而粗的竖立的褐色毛。腹板可见 6 节，上生黄色细毛。雄性外生殖器从背面看呈筒形，阳基侧突端部平截后跗一指状突；从侧面看，阳基侧突下端微弯。

卵（图 14－21.7） 初产卵为乳白色，椭圆形。后期近圆形，洁白有光泽。平均长度为 2.4～2.6mm，宽 1.8～2.0mm。

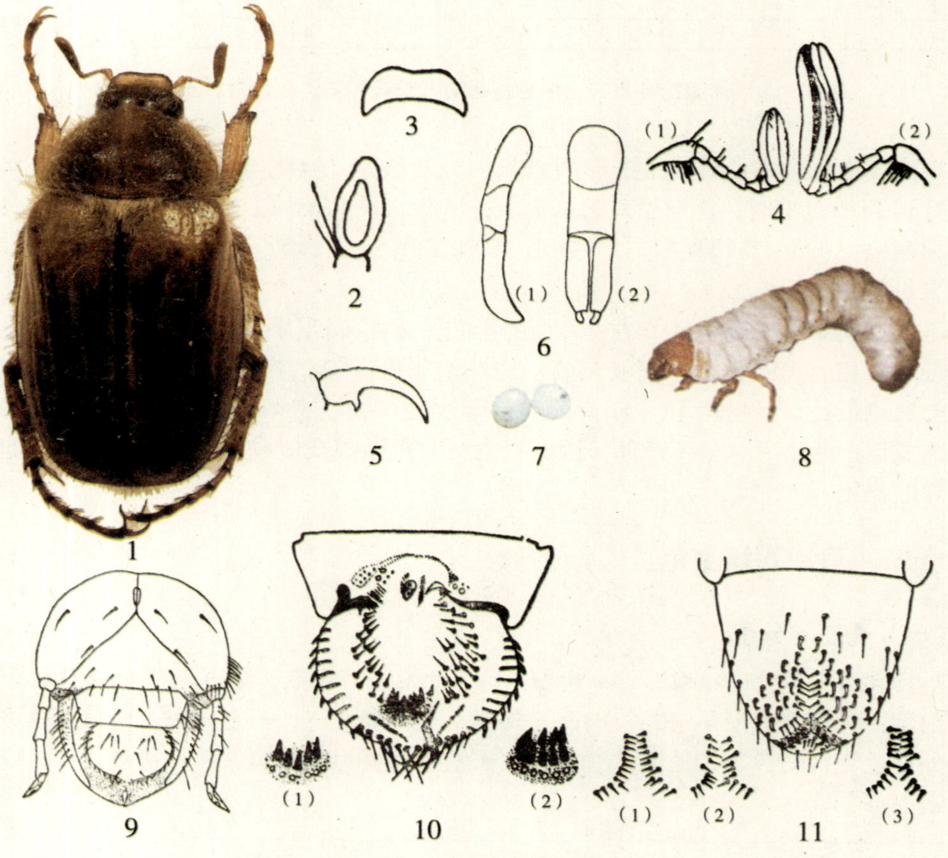

图 14－21 马铃薯鳃金龟

1. 成虫；2. 下颚须末节；3. 唇基；4. 触角：（1）雄性，（2）雌性；5. 爪；6. 雄性外生殖器：（1）侧面，（2）背面；7. 卵；8. 幼虫；9. 幼虫头部；10. 内唇：（1）、（2）端感区感区刺与感觉器构造；11. 肛腹片：（1）、（2）、（3）刺毛列数目与排列

（1. 仿 www. agr. unideb 图；2，3，5. 仿麦得维捷耶夫图；4，6. 仿《山西省金龟子图册》图；8. 仿 www. jmnong. cn 图；9～11. 仿张治良图）

幼虫（图 14－21.8～11） 3 龄幼虫体长 28～32mm，头宽 4.3～4.8mm，头长 2.9～3.2mm。头部前顶刚毛每侧 2 根，后顶刚毛每侧 1 根，额中刚毛每侧 2～3 根。内

唇端感区具感区刺 4～9 根，多数排成横弧状；也有少数个体感区刺 9 根，排成两列横弧状。圆形感觉器约 14 个，其中 6 个较大。感前片与内唇前片相连呈托掌状。端感区前侧方的前侧褶区，每侧具与唇缘平行的暗带。基感区左上唇根具短距状前突。刺毛列由针状刺毛组成，每列 12～13 根，前半部彼此平行，毛尖相遇，后半部两刺毛列岔开呈"八"字形；刺毛列排列不整齐，具副列。毛列前端不达钩状刚毛群的前缘，约在覆毛区的 1/2 处。刺毛排列上窄下宽，每侧 9～12 根。肛门孔呈三裂状，纵裂约为一侧，侧裂的 1/2 长。

蛹 淡黄色或黄色，蛹为离蛹，体长 20～25mm，宽 8～14mm。体向腹面弯曲明显，臀节细长，其端部有一对尾角。雄蛹尾节腹面瘤状突起明显，雌蛹腹面较凹。化蛹初期为白色，逐渐深至黄色。

（三）生活习性与发生规律

在河北坝上地区，马铃薯鳃金龟 1～2 年发生 1 代，以幼虫越冬。4 月底、5 月初开始上移，6 月中旬开始化蛹，成虫于 6 月下旬羽化并出土，羽化后 4d 开始交配，交配后 10d 开始产卵，卵期约 13d，7 月中旬开始孵化，1 龄幼虫历期 10d，8 月上旬进入 2 龄幼虫，历期约 30d，9 月上旬进入 3 龄。3 龄幼虫于 11 月上中旬直至第 2 年的 4 月中旬，下迁至 100cm 左右深的土层处越冬，从而 1 年完成 1 个世代（图 14－22）。但也有少数幼虫第 2 年不化蛹，而以幼虫继续为害，并以 3 龄老熟幼虫越冬，进行第 2 次越冬，至第 3 年 6 月中旬开始化蛹，6 月下旬羽化为成虫并出土，从而 2 年完成 1 个世代（田夫，1958）。

年 \ 月/旬	1～3	4 上中下	5	6 上中下	7 上中下	8	9～10	11 上中下	12
第一年	㈢	㈢㈢三	三	三三					
				⊕⊕	⊕				
				+	＋＋				
					●●●				
					一一	二	三	三㈢㈢	㈢
第二年	㈢	㈢㈢三	三	三三					
				⊕⊕	⊕				
				+	＋＋				
					●●●				
					少数				
				三	三三三	三	三	三㈢㈢	㈢

图 14－22 马铃薯鳃金龟生活史图示（仿田夫图）

图例：＋ ＝ 成虫；● ＝卵；一、二、三 ＝1、2、3 龄幼虫；Ø ＝预蛹；⊕ ＝蛹；（） ＝越冬态。

在新疆特克斯县，马铃薯鳃金龟 2 年发生 1 代，世代重叠，以卵和幼虫越冬。翌年 4 月上旬越冬卵开始孵化。5 月下旬老熟幼虫开始化蛹，6 月上旬进入化蛹盛期，6 月中旬为成虫羽化期，羽化后立即交尾，交尾后 5～10d 开始产卵，卵期大约 13d，7 月中下旬开始孵化为幼虫，9 月上旬进入 3 龄，以幼虫潜入深土层越冬。翌年春 3 月下旬上升至表土层活动为害。少数幼虫第 2 年不化蛹，继续为害，并以 3 龄虫进行第二次越冬，至第 3 年 6 月开始化蛹，完成发育（郭军等，2007）。

羽化后的成虫在早晨 4：00 左右，由土内钻出飞翔，至日出后雌虫停止飞翔，静止在植物叶上或茎秆上不动，晴天傍晚太阳落山时，雄虫出土活动，寻觅雌虫交配。雄虫通常在距离地面 1m 内的高度飞行。雌虫则在洞穴附近植物叶片或草丛中释放性激素引诱雄虫，相遇后立即交尾，交尾时间 15～30min。雌虫交尾后钻入 5～10cm 土中，5d 后开始产卵，产卵量 15～40 粒，散产。成虫活动期未见有取食现象，其寿命在 10～25d。成虫有趋光性，用黑光灯诱集成虫，上灯数量不多。用糖醋液诱集到的虫量极少。蛴螬阶段均在地下度过，取食草根及腐殖质，不出土。其在地下活动范围不大，迁移不明显。幼虫老熟后在地表下 5～10cm 处自制一土室在内化蛹，蛹期约 15d。

第三节　预测预报方法

地下害虫的发生时期按各虫态可划分为始见期、始盛期、高峰期、盛末期、终见期。预报时着重始盛（出现 20%）、高峰（出现 50%）和盛末（出现 80%）三个时期。在生物防治中始见期也很重要。

预报按时间长短：可分为短期预报（一般为一至几周）、中期预报（一般为下一代）、长期预报（预报下一年或年初预报全年）。目前以开展短期、中期预报较为普遍。长期预测不可靠时只作展望和估计。

由于地下害虫年发生世代数较少，期距预测一般是指由一个虫态到下一个虫态出现的始盛期、高峰期或盛末期间隔的时间距离。不同地区、季节、世代的期距差别很大，每个地区应以本地区常年的数据为准，其他地区不能随便代用。这需要在当地有代表性的地点或田块进行系统调查，从当地多年的历史资料中总结出来。有了这些期距的经验或历年平均值，就可依此来预测发生期。

诱集法：利用地下害虫成虫具有趋光性、趋化性、潜藏、产卵等习性，进行诱集。如设置诱虫灯、黑光灯诱集各种金龟甲、天牛、白蚁类以及利用雌虫的性信息素来诱集雄虫的方法等。每年从开始发生到终止，长期设置，逐日记数，同时应注意积累气象资料，以便对照分析。

田间调查法：在害虫发生阶段，定期、定田、定点调查地下害虫发生数量，统计各虫态的百分比，将逐期统计的百分比按顺序排列，便可看出害虫发育进度的变化规律，发生的始、盛、末期和各个期距。

人工饲养法：对于一些在田间难以观察的害虫或虫态，可以在调查的基础上结合进行人工饲养观察。饲养时控制的条件应该尽量接近害虫在自然界发育的条件。根据各虫态（及龄期）发育的饲养记录，求出平均发育期。

地下害虫由于种类繁多，其世代数、生活习性又各有不同，所以对于地下害虫的预测预报有各种各样的方法，但从原理和实际操作上讲，又可说是大同小异。现就黑绒鳃金龟的预测预报方法作简要的介绍。

一、中长期预报

黑绒鳃金龟是为害甜菜的主要地下害虫之一，属喜旱性昆虫，适宜在土壤含水量为10%～15%的环境下生活，所以土壤湿度的大小，是影响此虫种群变动的关键。五六月往往干旱少雨，如果土壤含水量小于5%，卵不能发育，7月中旬降雨较多，土壤含水量大于20%对老熟幼虫不利；9月中旬降雨偏多，对成虫的羽化不利，为此选用5月下旬降雨量为x_1，6月中旬降雨量为x_2，7月中旬降雨量为x_3，9月中旬降雨量为x_4，为下年成虫发生程度（Y）的预报因子，利用西吉县农技中心和西吉县气象站1978—1989年12年资料，采用多元回归法进行拟合，$R=0.957\ 67$，其预测式：

$$Y=3.131\ 48+0.029\ 67x_1+0.014\ 3x_2-0.036\ 1x_3-0.005\ 01x_4\pm 0.447\ 4$$

经12年的回测和1990年、1991年的预报，其拟合率为92%。

二、发生趋势预测

越冬成虫上升，出土迟早与早春气温回升快慢有关。升温快，出土早。一般年份在3月底4月上旬土表15cm深土温达9.2℃时上升到5～10cm深处潜伏，4月中下旬出土。利用此习性，选择上年为害的豌豆、亚麻茬地3块，条田采用“Z”型，近正方形田单对角线法取样，每点取样$0.5m^2$，挖土深度40cm，边挖边检虫，4月上中旬当15cm深的土温达9.2℃时，用手刨深10cm，将调查结果与历年数量相比作出发生趋势预报。

三、成虫防治适期预测

根据黑绒鳃金龟成虫出土期整齐、每日出土时间集中的特点，9月中旬开始在该虫整个出土期，选用杨树枝诱及挖土调查等方法，调查出土始盛、盛末期，根据下列公式进行预测：

成虫防治适期＝成虫出土盛期＋产卵前期

即4月20日＋15d左右。另外，根据天气预报也可预测成虫发生期。4月上中旬平均气温稳定到6.0℃时，黑绒鳃金龟成虫进入出土始盛期，8℃～9.5℃时，进入出土高峰期。

四、幼虫防治适期预测

成虫防治不适时或漏治的田块必须注意防治幼虫。3龄幼虫在7月中下旬部分进入土壤深层，所以，要以1、2龄期为防治时期，可根据下列公式进行预测：

幼虫防治适期＝成虫出土高峰期＋产卵前期15－20d＋卵期17－22d。

第四节 综合防治方法

一、农业防治

(1) 合理安排茬口，合理轮作。棉花、芝麻、油菜等直根系作物受害较轻，可因地制宜地种植蛴螬非嗜好作物，合理轮作，降低虫口密度。水利条件较好的地区实行水旱轮作。

(2) 合理施肥。农家肥或有机肥充分腐熟后施用，虫害发生严重的地块，可在农肥中拌呋喃丹、甲拌磷等杀虫剂，播种前随整地施入耕层。

(3) 精耕细作。中耕除草，适时灌水。苗期采取中耕，春、秋两季实行深耕；冬灌、春灌等，不仅对地下害虫的防治有一定的效果，而且符合无公害的要求。

(4) 深翻犁垡，多耕多耙。播前深翻耙压，人工捕杀成虫，随犁拾虫。深犁深翻能迅速降低金龟甲种群密度，多犁多耙则更为有效。深犁深翻之所以能减轻金龟甲的为害，主要是可借助机械损伤直接杀死蛴螬，或将蛴螬翻至地表面，可因虫体脱水死亡或因天冷而冻死，暴露在土表的蛴螬易于被鸟、禽啄食，还可通过人工捡拾暴露于土表的幼虫。夏季休闲地深耕晒垡，还可通过曝晒杀伤蛴螬。

(5) 灌水浸虫。冬灌或春、夏季适时灌水，使水浸至土面并保持3~5d，可淹死蛴螬或改变土壤通气条件，迫使其上升到地表或下潜。

二、物理防治

(1) 黑光灯诱杀。利用金龟甲成虫的趋光性，从越冬成虫出土活动开始至秋末越冬止，用黑光灯诱杀金龟甲成虫。

(2) 喷药防治成虫。多种金龟甲喜食树木叶片，利用这种习性，于成虫盛发期在田间插入药剂处理过的带叶树枝，毒杀成虫。该法取20~30cm长的榆、杨、刺槐等枝条，浸入辛硫磷乳油或敌百虫可溶性粉剂稀释的药液中，或用药液均匀喷雾，使之带药，在傍晚插入田间，诱杀成虫；或用树叶每hm^2放置150~225个小堆，喷洒上90%晶体敌百虫800倍液，诱杀成虫；还可用性诱剂或处女雌虫诱杀成虫。

(3) 毒饵诱杀。将新鲜草或菜切碎，用辛硫磷加水喷在草上，于傍晚分成小堆放置田间，诱杀金龟甲。用1m左右长的新鲜杨树枝泡在稀释50倍的40%氧化乐果溶液中，10h后取出，于傍晚插入春播作物地内，150~300枝/hm^2诱杀金龟甲效果好。

三、生物防治

可利用乳状菌防治蛴螬。目前美国等国已筛选出乳状菌及其变种，用于蛴螬防治。在美国乳状菌制剂Doom和Japidemic已有乳状菌商品出售，防治用量是每23m^2用0.05kg乳状菌粉，这种菌粉每克含有1×10^9活孢子，防治效果一般为60%~70%。

四、化学防治

（一）种子处理

（1）闷种法：用40%甲基异柳磷、甲拌磷或甲基硫环磷以药剂：水：种子0.5：50：50的比例搅拌均匀后闷种24h后播种，或用75% 3911乳油0.4~0.5kg，对水10~15kg配成药液拌甜菜种子50kg，然后用麻袋或塑料膜覆盖，每隔4h翻拌1次，共闷24~36h后晾干播种。

（2）湿拌种：适合于7%甲基流环磷微粒剂种子处理。播种前1d，按甲基硫环磷微粒剂：种子：水0.5：2.5：2的比例，在缸内进行湿拌，24h后即可播种。

（3）干拌种：种子与50%辛硫磷乳油2000倍液按1：10比例拌种，或20%甲基乙硫磷乳油1kg拌种250~500kg。

（4）包衣法：适合机械化播种。选用7%甲基硫环磷微粒剂，按种子：微粒剂5：1比例计算，将药剂放入包肥衣的肥料里，然后将甜菜种子进行包衣，此法应用时安全简便。随着我国农业机械化的发展，甲基硫环磷微粒剂与肥料凝合包衣于种子表面，适于机械播种。

（二）土壤处理

（1）播种期施药。①穴施。甜菜播种期，用3%甲基异柳磷颗粒剂60kg/hm^2、5%毒死蜱颗粒剂60.0kg/hm^{2}或5%氯氰菊酯颗粒剂45.0~60.0kg/hm^{2}点穴，然后覆细土。②地面喷洒。在播种前，用50%辛硫磷乳油或48%毒死蜱乳油500~800倍液均匀喷洒在地面，然后翻耕使药剂与土壤混匀。③混施。播种时将农药颗粒剂与种子混播，或药肥混合后在播种时沟施。④浇灌。将50%辛硫磷乳油或48%毒死蜱乳油配制成1 000~2 000倍液，顺垄浇灌或围灌防治幼虫。

（2）苗期施颗粒剂。甜菜出苗后，用3%甲基异柳磷颗粒剂45.0~60.0kg/hm^{2}或5%毒死蜱颗粒剂45.0kg/hm^2，撒施于甜菜苗周围。

（三）成虫期施药防治

当金龟甲成虫发生盛期，可用下列方法防治成虫。①喷雾法。用75%甲基硫环磷800~1 000倍液、48%毒死蜱乳油1 000倍液或4.5%高效氯氰菊酯乳油1 000倍液喷雾。②浇灌法。在成虫产卵前，用4.5%高效顺反氯氰菊酯乳油或50%辛·氰乳油2 000倍液、40%甲基异柳磷乳油1 000倍液，进行浇灌。③集中喷杀。对成虫集中取食的作物、杂草、树木等进行喷药防治。可选用灭扫利、敌杀死等药剂1 000倍液喷雾法防治；也可用1.5%乐果粉剂、2.5%敌百虫粉剂等1~2kg/667m^{2}喷粉法防治。④追施。于中耕培土时，用50%辛硫磷3.75L/hm^2，加细土450kg拌成毒土顺垄撒施，然后浅耕；或用3%甲基异柳磷颗粒剂75.0kg/hm^2、3%辛硫磷颗粒剂75.0~90.0kg/hm^{2}撒施于垄间再浅耕。

第十五章 金针虫

第一节 主要种类

为害甜菜的金针虫约 8 种，其中主要是细胸金针虫 *Agriotes fusicollis* Miua 和沟金针虫 *Pleonomus canaliculatus* Faldermann。以幼虫长期生活于土壤中，主要为害甜菜、禾谷类、薯类、豆类、棉花及各种蔬菜和林木幼苗等。幼虫能咬食刚播下的种子，食害胚乳使其不能发芽，如已出苗可为害须根、主根和茎的地下部分，使幼苗枯死。主根受害部不整齐，还能蛀入块茎和块根中为害。

第二节 形态特征、生活习性及发生规律

一、细胸金针虫

（一）寄主与分布

细胸金针虫 *Agriotes fusicollis* Miwa 属北鞘翅目，叩甲科，分布地区北起黑龙江、内蒙古、新疆，南至福建、湖南、贵州、广西、云南。该虫能为害多种作物，除为害甜菜外，也为害辣椒、茄子、马铃薯、番茄等蔬菜以及麦类等作物。

（二）形态特征

成虫（图 15－1.1） 体长 8～9mm，宽约 2.5mm，体细长扁平，暗褐色，密覆灰色短绒毛，并有光泽。头、胸部黑褐色，鞘翅、触角和足红褐色，光亮。触角细而短，第 1 节最粗长，第 2 节球形，略长于第 3 节，自第 4 节起呈锯齿状，各节彼此约等长，末节呈圆锥形。前胸背板略带圆形，前后宽度大部相同，长大于宽，后缘角尖锐，伸向后方，顶端上翘。鞘翅狭长，约为头胸部的 2 倍，暗褐色，密布灰色短绒毛，末端趋尖，鞘翅上有 9 条纵列的深刻点。

卵 乳白色，圆形，直径约 0.5～1mm。

幼虫（图 15－1.2～3） 老熟幼虫体长 23～32mm，宽 1.3～1.5mm，体细长，圆筒形。初孵幼虫为白色，半透明，仅上颚端呈黄褐色。身体淡黄色，有光泽。头扁平，与体同色，口器深褐色。第 1 胸节稍短于第 2、3 胸节，第 1 至第 8 腹节略等长。尾节呈圆锥形，尖端为红褐色小突起。背面近前缘两侧各有褐色圆斑 1 个，并有 4 条褐色纵

纹。幼虫龄期 11 龄，幼虫龄期及其区别可根据头宽和铗（臀节）宽进行准确区分（郭士英等，1985）。

1　　　　2　　　　3

图 15－1　细胸金针虫

1. 成虫；2. 幼虫；3. 幼虫尾部

（1. service. photo. sina. com. cn/orignal 图；2，3. 仿《中国北方农业害虫原色图鉴》图）

表 15－1　细胸金针虫各龄幼虫体长测定（引自郭士英等，1985）

龄　期	体长（mm）		
	最　小	最　大	平　均
1	1. 8	3. 2	2. 34
2	2. 6	4. 2	4. 18
3	3. 0	6. 0	4. 66
4	4. 0	10. 0	6. 01
5	5. 0	13. 0	8. 44
6	8. 0	15. 0	10. 34
7	10. 0	17. 0	13. 05
8	11. 0	19. 0	15. 06
9	12. 0	21. 0	17. 28
10	13. 0	21. 0	18. 78
11	20. 0	25. 0	22. 85

表 15－2　细胸金针虫各龄幼虫头宽与铗宽测定（据郭士英等，略有修改）

龄　期	头宽（mm）		铗宽（mm）	
	范　围	平　均	范　围	平　均
1	0.17～0.20	0.19	0.17～0.20	0.17
2	0.23～0.26	0.24	0.20～0.26	0.23
3	0.29～0.34	0.31	0.26～0.31	0.28
4	0.37～0.46	0.42	0.34～0.43	0.39
5	0.49～0.66	0.55	0.46～0.63	0.53
6	0.69～0.86	0.76	0.66～0.83	0.74
7	0.89～1.09	1.00	0.86～1.00	0.97
8	1.11～1.31	1.22	1.08～1.29	1.19
9	1.34～1.51	1.42	1.31～1.49	1.39
10	1.54～1.69	1.62	1.49～1.63	1.56
11	1.74～1.80	1.77	1.66～1.70	1.70

蛹　裸蛹。初蛹为乳白色，后变为黄色，体长 8～9mm。羽化前复眼黑色，口器淡褐色，翅芽灰褐色。

（三）生活习性与发生规律

在陕西武功地区，细胸金针虫 2 年完成 1 个世代，细胸金针虫在陕西以成虫、幼虫在土下 20～40cm 深处越冬。但在室内饲养条件下，有世代多态现象，在同等饲养条件下，1 年发生 1 代的占 2.78%～3.93%；2 年发生 1 代的占 71.43%～95.83%；3 年完成 1 个世代的占 4.17%～24.64%，尚有极少数为 4 年完成 1 个世代（郭世英，1985）。

在咸阳，细胸金针虫 2 年多完成 1 个世代，发育不整齐，有世代重叠现象。

表 15－3　细胸金针虫各虫态历期（d）（引自魏鸿钧等，1989）

观察地块	卵		幼　虫		蛹		成　虫		全　期
	范　围	平　均	范　围	平　均	范　围	平　均	范　围	平　均	
陕西咸阳	13～36	26	405～487	454.4	10～19	13.4	199.5～316.5	261.5	754.9
陕西武功	13～38		427～486	451.0	8～22		♀239～353 ♂207～353	♀285.0 ♂263.0	

翌春 3 月上中旬，当土温（10cm）平均为 7.6℃～11.6℃、气温 5.3℃时，成虫开始出土活动；4 月中下旬 10cm 土层的土温平均达 15.6℃、气温 13℃左右时，为成虫活动盛期；6 月中旬为活动末期。成虫寿命虽长，但出土活动时间较短，仅 75d 左右，产卵前期约 40d。成虫白天匿藏于土缝、土块或作物根茬中，傍晚开始活动，此时气温约 13℃～27℃，相对湿度 62%～90%，光照度 27～120Lx。成虫有强叩头反弹跳能力和假死性，略具趋光性，并对新鲜略萎蔫的杂草有极强的趋性，故可利用这一习性对其进行

草堆诱杀。

成虫夜间取食，喜食小麦叶片，其次为苜蓿、小蓟等，取食叶肉细嫩组织，仅剩纤维和表皮，食量甚小；尤喜吮食折断的禾本科作物及杂草茎的汁液。

成虫出土后1～2h内，为交配盛期，交配方式为重叠式，交配持续时间为数分钟到30min，可行多次交配，一夜多达6次。4月下旬开始产卵，卵多散产于0～3cm的土层中，占总数的86%。卵分次产，第1次产卵量占总数的80%以上，每头雌虫产卵量5～70粒不等，产卵延续时间长达39～47d。卵孵化较集中。土壤湿度大，有利于卵孵化。初孵幼虫性活泼，自相残杀习性较烈，但至老龄期则大为减弱。幼虫老熟后即在20～30cm深处的土中筑土室准备化蛹，预蛹期4～11d，平均7.5d。田间6月下旬始见蛹，直至9月下旬，成虫羽化后即在土室中潜伏，直至翌年春3月出土活动。

二、沟金针虫

（一）寄主与分布

沟金针虫 *Pleonomus canaliculatus* Faldermann 属鞘翅目，叩甲科。分布于河北、河南、山西、山东、辽宁、内蒙古、安徽、江苏、陕西、湖北等省（自治区），是广大北方旱作区的主要地下害虫之一。幼虫主要为害甜菜、麦类、玉米、高粱、谷子、甘薯、马铃薯、麻、蔬菜以及林木的幼苗。幼虫在土中取食播种下的种子、萌出的幼芽、农作物和菜苗的根部，致使作物枯萎致死，造成缺苗断垄，甚至全田毁种。

（二）形态特征

成虫（图15－2.1～2）　雌虫体长16～17mm，宽4～5mm；雄虫体长14～18mm，宽约3.5mm。雌虫体扁平，深褐色。体及翅鞘密布黄金色细毛。头部扁平，头顶呈三角形洼凹，密生明显刻点。触角深褐色，雌虫略显锯齿状，11节，长约为前胸的2倍。雌虫前胸发达，前窄后宽，宽大于长，向背面呈半球形隆起，前胸上密布刻点，在正中部有极细小的纵沟；鞘翅上的纵沟不明显，后翅退化。雄虫体细长，触角呈丝状，12节，长可达鞘翅的末端；鞘翅上的纵沟较明显，长约为前胸的5倍，足细长。

卵（图15－2.3）　近椭圆形，乳白色，长约0.7mm，宽约0.6mm。

幼虫（图15－2.4～5）　初乳幼虫体呈乳白色，头及尾部略带黄色，体长约2mm，后渐变黄色。老熟幼虫体长20～30mm，最宽处约4mm，较其他的种类为宽。其特征是体节宽大于长，从头至第9腹节渐宽。身体黄金色，体表有同色细毛，侧部较背面为多。前头及口器暗黑色，头部扁平，上唇呈三叉状突起。由胸背至第10节每节背面正中有1条细纵沟，尾节背面有略近圆形之凹陷，并密布较粗刻点。两侧缘隆起，尾端分叉，并稍向上弯曲，各叉内侧均有一齿。

蛹（图15－2.6）　纺锤形，雌蛹长16～22mm，宽约4.5mm；雄蛹长15～19mm，宽约3.5mm。前胸背板隆起呈半圆形。中胸较后胸短，背面中央隆起并有横沟纹，自中胸两侧向腹面伸出，翅端达于第3腹节。足腿节与胫节并叠，后足位于翅芽之下，腹部细长，尾端自中间裂开，有刺状突起。化蛹初期体呈淡绿色，后渐变为深色。

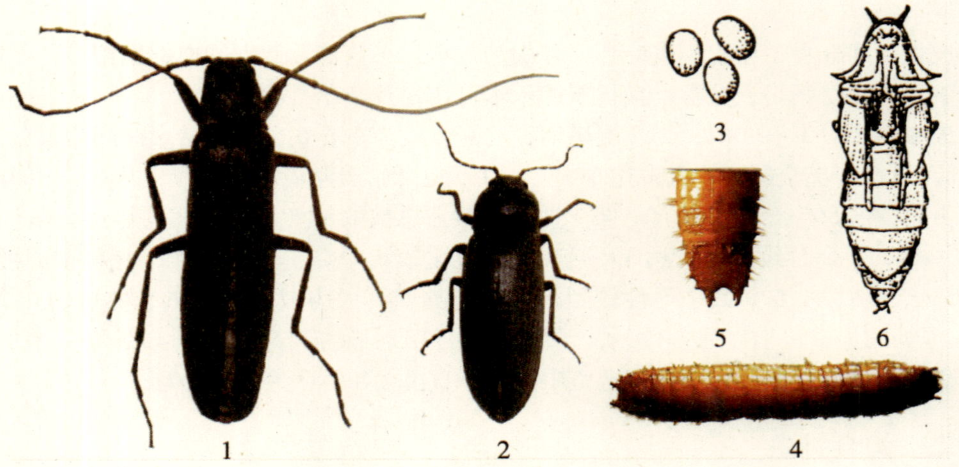

图 15－2　沟金针虫

1. 雄成虫；2. 雌成虫；3. 卵；4. 幼虫；5. 幼虫尾部；6. 蛹

（1，2. 仿 service. photo. sina. com. cn/orignal 图；3，6. 仿《中国地下害虫》图；4，5. 仿《中国北方农业害虫原色图鉴》图）

（三）生活习性与发生规律

沟金针虫长期生活于土壤中，生活史长。由于土壤水分、食料等环境条件等的多变，影响幼虫的发育，且每年成虫羽化率也不尽相同，田间幼虫发育很不整齐，引起世代重叠。据钟启谦、魏鸿钧（1958）在北京地区初步观察，沟金针虫完成 1 个世代需 3 年多时间，其中以幼虫期最长，超过 1 150d。老熟幼虫从 8 月上旬至 9 月上旬先后化蛹，化蛹深度以 13～20mm 最多，蛹期 16～20d。田间 9 月初成虫开始出现，当年并不出土，即在土中越冬。翌春三四月越冬成虫开始活动，以 4 月上旬活动最盛。成虫白天躲藏在表土中，或田傍杂草和土块下，傍晚出土并活动交配。雌虫行动迟缓，不能飞翔，有假死性，无趋光性；雄虫出土迅速，性活跃，飞翔力较强，只能短距离飞翔，未见成虫取食，黎明前成虫潜回土中。成虫交配后，将卵产在土下 3～7cm 深处，卵散产，每头雌虫产卵可达 200 余粒，卵期约 35d，卵发现于 4 月中旬～6 月初。雄虫交配后 3～5d 即死亡；雌虫产卵后死去，成虫寿命约 220d，4 月中旬后，在北京田间已很少发现成虫。6 月卵已全部孵化，上旬新孵化的幼虫数量最多，据魏鸿钧等饲养结果：1 年幼虫体长 10～19mm，2 年为 17～27mm，3 年约为 30mm。

据吴铱（1954）在河南郾城观察，从幼虫饲养推论沟金针虫需 2 年以上完成 1 个世代，蛹期较北京稍晚，在 8 月下旬开始见蛹，至 9 月中旬成虫开始羽化。越冬成虫在 2 月下旬开始出土活动，3 月中旬至 4 月中旬为盛期，4 月下旬死亡。卵于 5 月初开始孵化，5 月上中旬为孵化盛期。同时吴铱等还分别以不同饲料饲养沟金针虫，证明幼虫发育速度与食物有一定的关系，饲以大麦的 68d 后检查（下同），体长由 12. 4mm 增长到 16. 9mm；而未给以饲料的，体长仅由 12. 4mm 增长到 14. 4mm。仵均祥（1985）曾进行不同饲养植物对沟金针虫生长发育影响的研究，证明小麦、玉米、谷子、荞麦是沟金针虫的适宜食料，取食后生长发育速度快；油菜、豌豆、棉花、大豆是沟金针虫较不适宜的食料，取食后生长发育速度次于前者；大蒜和蓖麻是其最不适宜的食料，取食后发育迟缓或停滞，部分幼虫体重下降；而苍耳和曼陀罗两种杂草，对其无不良影响。试验还证明，沟金针虫成虫体重与食料植物种类有密切关系，尤其对雌虫影响更大，当幼虫取食到适宜的植物食料时，如其雌虫羽化前1年幼虫取食小麦的，产卵量也最多。这一研究对拟订轮作方案防治沟金针虫有重要意义。

第三节　综合防治方法

一、农业防治

（1）轮作、合理安排茬口。

寄主是害虫赖以生存、繁衍的基本要素之一，因此防治金针虫的最有效的方法就是实施耕地的有计划休耕或改种非金针虫食谱作物。破坏寄主植物发育和金针虫生长、发育、为害的协同性可达到控制金针虫的目的。同时，在水利条件好的菜区，采用水旱轮作的方法是控制金针虫为害的最有效办法。

（2）深犁深翻，多犁多耙，人工捡拾。

深犁深翻能迅速降低金针虫种群密度，多犁多耙则更为有效。深犁深翻之所以能减轻金针虫的为害，主要是可借助机械损伤直接杀死金针虫；金针虫或蛹等被翻至地表面，可因虫体脱水死亡或因天气寒冷被冻死；暴露在土表的金针虫或蛹易于被鸟、禽啄食；还可通过人工捡拾暴露于土表的成虫、幼虫，在一定程度上降低种群密度。

（3）加强田间管理。

在杂草较多的地块，金针虫种群数量明显大于杂草少的地块，肥水条件差、管理粗放，则金针虫为害严重，因此，加强田间栽培管理，及时中耕除草，加强水肥管理，可减轻金针虫的为害。

二、物理防治

（1）灯光诱杀成虫。主要利用金针虫成虫趋光性，在成虫羽化出土高峰期的5～6月间，在甘蔗田间地头安放佳多频振式杀虫灯进行诱杀。佳多频振式杀虫灯可于晚上19：00—22：00亮灯。此方法对沟金针虫的防治效果不理想。

（2）利用金针虫对新鲜略萎蔫的杂草有极强的趋性的习性，在甜菜地的周边用刚割下不久的杂草堆成草堆，并在草上喷下药剂，诱杀成虫。

三、化学防治

（一）种子处理

（1）闷种法：用40%甲基异柳磷、甲拌磷或甲基硫环磷以药剂0.5kg、水50kg、种子50kg拌和均匀后闷种24h后播种，或用75% 3911乳油0.4～0.5kg，对水10～15kg配成药液拌甜菜种子50kg，然后用麻袋或塑料膜覆盖，每隔4h翻拌1次，共闷24～36h后晾干播种。

（2）拌种法：①湿拌种：适合于7%甲基流环磷微粒剂处理种子，播种前1d，按种子2.5kg、水2kg、7%甲基硫环磷微粒剂500g计算，在缸内湿拌种，24h后即可播种。②干拌种：种子与50%辛硫磷乳油2 000倍液按1：10比例拌种，或20%甲基乙硫磷乳油1kg拌种250～500kg。

（3）包衣法：适合机械化播种。选用7%甲基硫环磷微粒剂，按种子、微粒剂以5：1的比例计算，将药剂放入包肥衣的肥料里，然后将甜菜种子包衣，应用安全简便。随着我国农业机械化的发展，甲基硫环磷微粒剂与肥料凝合包衣于种子表面，适于机械播种。

（二）土壤处理

（1）播种期施药。于甜菜播种期，用药剂点穴，播种后覆薄土。药剂及用量：3%甲基异柳磷颗粒剂60kg/hm^2、5%毒死蜱颗粒剂60kg/hm^2或5%氯氰菊酯颗粒剂45～60kg/hm^2。用50%辛硫磷乳油或48%毒死蜱乳油500～800倍液，在播种前将药剂均匀喷洒在地面，然后翻耕，将药剂与土壤混匀；或播种时将农药颗粒剂与种子混播；或药肥混合后在播种时沟施；或将药剂配成药液顺垄浇灌或围灌防治幼虫。

（2）苗期施颗粒剂。甜菜出苗后，用3%甲基异柳磷颗粒剂45～60kg/hm^2或5%毒死蜱颗粒剂45kg/hm^2撒施于甜菜苗周围。

（三）成虫期施药防治

甜菜苗期，在金针虫成虫出土高峰期，用75%甲基硫环磷800～1 000倍液、48%毒死蜱乳油1 000倍液或4.5%高效氯氰菊酯乳油1 000倍液喷雾。在成虫出土后，对成虫集中取食的作物、杂草等喷施灭扫利或敌杀死等药剂1 000倍液喷雾。

（四）药剂追施

于中耕培土时，用50%辛硫磷3.75L/hm^2，加细土450kg拌成毒土顺垄撒施，或3%甲基异柳磷颗粒剂75kg/hm^2或3%辛硫磷颗粒剂75～90kg/hm^2撒施于垄间，施药后再浅耕。

第十六章 地老虎

第一节　种类、寄主与分布

地老虎属鳞翅目，夜蛾科，切根夜蛾亚科 Agrotinao，又称地蚕、土蚕、切根虫，是我国重要的地下害虫，也是世界性大害虫。地老虎种类多，分布广，数量大，食性杂，为害重。我国已发现 170 多种（陈一心，1986），其中以切根夜蛾属 Euxoa 和地夜蛾属 Agrotis 为主。地老虎是另一类为害甘蔗、甜菜的重要地下害虫。在甜菜产区，目前已发现的为害甜菜的地老虎有 9 种，其中以小地老虎 *Agrotis ypsilon* Rottemburg、黄地老虎 *Agrotis segetum* Schiffermüller、白边地老虎 *Euxoa oberithuri* Leech、三叉地老虎 *Euxoa trifurca* Eversmann 和警纹地老虎 *Euxoa exclamations* Linnaeus 等为优势种。小地老虎为全国性分布的害虫，寄主广泛，除为害甘蔗、甜菜外，还为害棉花、烟草、马铃薯、玉米、瓜类、豆类、麻类、十字花科蔬菜等 100 多种植物。小地老虎在南方沿海甘蔗产区（福建、台湾、广东、海南）主要以幼虫咬食甘蔗近地面的幼芽和嫩苗，造成枯死苗；在北方甜菜产区（新疆、内蒙古、甘肃、山西等地），以幼虫截食甜菜幼苗的茎基部，将幼苗截断，导致幼苗枯死，造成缺苗断垄，严重时甚至不得不毁种翻种。小地老虎在甜菜产区常与黄地老虎、大地老虎混合发生。白边地老虎主要发生在我国北部的吉林、黑龙江与内蒙古的东部等地，除为害甜菜外，还为害谷子、高粱、大豆、玉米、烟草等多种作物的细苗，往往造成缺苗断垄，白边地老虎大多与黄地老虎、三叉地老虎混发。黄地老虎在我国各地都有分布，新疆和河西走廊灌溉区等地为黄地老虎主要为害区，并与警纹地老虎混发。黄地老虎除为害甜菜外，还为害玉米、甘蓝、马铃薯、豆类等。三叉地老虎分布于东北、内蒙古、新疆、山西、青海等甜菜产区，除为害甜菜外，还为害玉米、豆类、马铃薯及多种茄科作物。

第二节　形态特征、生活习性及发生规律

一、小地老虎

（一）形态特征

成虫（图 16－1.1）　体长 16～23mm，翅展 40～54mm。体、翅暗褐色，触角深黄褐色，复眼灰绿色。雌蛾触角呈丝状；雄蛾呈双栉状，栉齿逐节变小，及至触角的后

半端则呈丝状。前翅内横线与外横线均弯曲成“之”字形，似将前翅分成两大部分；前翅前缘及外横线至中横线部分（有时直达内横线）呈褐色，肾状纹、环状纹位于其中，各环带黑边。在肾状纹外面有一明显的尖端向外的楔形黑斑，在亚缘线上则有 2 个尖端向内的楔形黑斑，3 斑相对，易于识别。后翅颜色很淡，为灰白色，翅脉及边缘呈黑褐色。

卵（图 16－1.2）　半球形，表面具纵横隆纹，初产为乳白色，后出现红色斑纹，孵化前灰黑色。

幼虫（图 16－1.3～7）　成熟幼虫体长 37～57mm，头宽 3～3.5mm，体形略扁。头部黄褐色至暗褐色，变化较大，颅侧区具有不规则的黑色网纹。后唇基为等边三角形，颅中沟很短，额区直达颅顶，顶呈单峰。体色较深，黄褐色至暗褐色不等，背线、亚背线及气门线均为灰黑色。表皮极粗糙，有皱纹，在手持放大镜下就能看到布满大小不等的颗粒。尤以深色最明显。腹面背面 D1（α）和 D2（β）2 对刚毛，刚毛基部的毛片 D2 比 D1 要大 2 倍左右。气门后方的 L1 毛片也较大，至少比气门大 1 倍多。气门呈梭形，气门片黑色，气门筛灰黑色。臀板黄褐色，有 2 条明显的深褐色纵带。有时褐色纵带不甚明显，可用其他特征来识别，如臀板基部接连处表皮具有明显的大颗粒，臀板上的小黑点除近基部有一列外，在刚毛之间也有十余个小黑点。

蛹（图 16－1.8）　体长 20～24mm，宽 8～9mm，赤褐色，有光泽。腹部第 4～7 节背面具一列横排黑条。第 5～7 腹节背面的刻点比侧面的刻点大，臀棘为短刺一对。

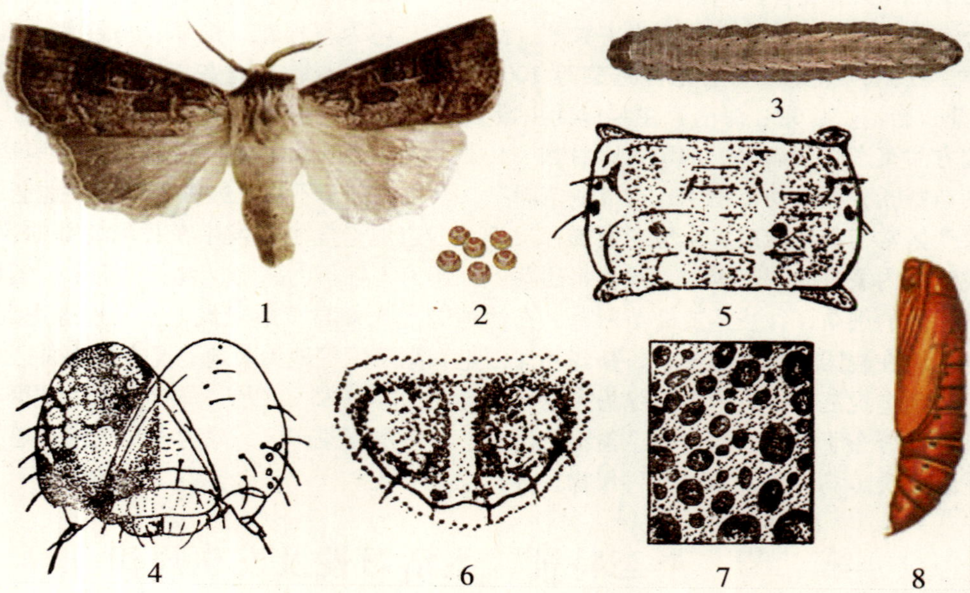

图 16－1　小地老虎

1. 成虫；2. 卵；3. 幼虫；4. 幼虫头部；5. 第 4 腹节背面；6. 臀板；7. 表皮外表；8. 蛹
（1. 仿中国百科网图；3. 仿 chinamaize. com. cn 图；4，5，6，7. 仿《中国地下害虫》图）

（二）生活习性与发生规律

1. 生活史

小地老虎是一种全球性的害虫，在世界各地均有发生。在北美和欧洲的大部分地区，2～4 月间出现越冬代蛾子，6 月份发生第 1 代，至 11 月份约发生 4 个完整的世代（Rockwood，1929；bellman，1932；Spitzer，1972）。在加拿大和苏联主发生区，发生期略晚于美国，在 4 月和 10、11 月间出现两次大的蛾峰（Ferguson，1954；Razowski，1972）。在南美则主要发生在秋季，如巴西 8～9 月间蛾量最大；在埃及发蛾期由南向北推进，下埃及在 3～6 月出现蛾高峰，以后进入中埃及，至上埃及在 9～10 月间见蛾，主要蛾峰发生在 4 月和 9、10 月。中东的情况也颇为相似（Rivnay，1963；Mirzayans，1971）。在日本，以福冈为例，每年发生 4～5 代（Takiguichiil，1955），最大蛾峰也出现在 4～6 月和 9～10 月（杉木渥，1978）。

小地老虎为迁飞性害虫。在我国越冬北界为 1 月份 0℃等温线或北纬 33°一线。在南岭以南 1 月份高于 10℃等温线地区，可终年繁殖为害；在南岭以北 1 月份 4℃等温线以南地区，可以少量幼虫或蛹越冬。在 0℃～4℃等温线之间的江淮地区，越往北越冬的虫口密度越低，甚至难觅其踪。

在我国，小地老虎的年生活史在各地因地势、地貌与垂直气候不同而异，年发生代数由北至南发生 1～7 代不等。如南岭以南 1 年发生 6～7 代，同时此地也为国内的虫源地；南岭以北黄河以南 1 年发生 4～5 代。黄河以北至西北海拔 1 600m 以上地区，1 年发生 2～3 代，且此地为我国小地老虎越夏的主要场所和秋季向南回迁的虫源地。如黑龙江 2 代，北京 3～4 代，江苏 5 代，福建 6 代，广东、广西 7 代。

小地老虎全世代发育起点温度为 11.84℃，有效积温为 504 日度（张孝羲，1979）。将有关地区全年有效积温计算出来，得到的理论世代数与实际发生世代数基本相符（表 16－1）。

表 16－1　地老虎有效积温、理论世代数与实际发生世代数

地　点	有效积温（日度）	理论世代数	实际发生世代数
广　州	3 711	7.4	7
南　宁	3 615	7.2	7
福　州	2 955	6.0	6
成　都	2 127	4.2	4
南　京	2 265	4.5	5
北　京	1 836	3.7	4
太　原	1 255	2.5	3
银　川	1 251	2.5	3
昌　都	401	＜1	＜1

2. 各虫态历期

小地老虎完成 1 个世代所需时期在 25℃下约 50d，其中卵期 5d，幼虫期 20d，蛹期

13d，成虫期12d。但不同世代，因温度差异的关系，其历期有所不同。在大部分地区，第1代发生期间因气温较低，因此历期较长，而越冬代因气温过低而无法完成世代。如在南宁地区，完成1个世代要42～59d，越冬代历期近100d（李永禧，1964）。

成虫 雌虫产卵前期的发育起点温度为12.40℃，有效积温48.93日度（张孝羲，1979）。成虫在不同温度下，其寿命有所不同（表16－2）。

表16－2 小地老虎成虫在不同温度下的寿命（南京农学院，1963）

温度（℃）	雄虫（d）	雌虫（d）		
		产卵前期	产卵历期	全 期
18	10.3 ± 1.6	6.2 ± 2.2	3.7 ± 1.6	9.5 ± 2.6
22	10.6 ± 1.3	5.2 ± 0.4	4.2 ± 0.9	9.2 ± 1.2
26	10.7 ± 2.4	6.6 ± 2.4	3.6 ± 2.3	9.3 ± 2.2
31	5.6 ± 0.7	4.4 ± 1.0	3.1 ± 1.2	6.5 ± 1.6

卵 在自然变温条件下，卵的发育起点温度为7.98℃，有效积温为68.85日度（张孝羲，1979）。张慧等（1982）测得的卵的发育起点和有效积温与上述结果相近，分别为7.2℃和67.64日度。

幼虫 小地老虎幼虫的历期约1个月，越冬代较长。根据南京农学院（1960）测定，幼虫历期与温度成反相关，温度越高，历期越短。总的发育起点温度为10.98±0.38℃，有效积温为257.9日度。

蛹 幼虫经2～4d预蛹期，即行化蛹，蛹期15～20d，平均18d，雄蛹期较雌蛹期短1～2d。蛹的发育起点温度为11.21±0.31℃，有效积温为193.93日度（张孝羲，1979）。只要在11℃，越冬的蛹即可缓慢发育；但由于羽化要求较高的温度，因此往往限制了蛹的羽化，而另一方面则保证了蛹羽化的整齐一致（南京农学院，1960）。

3. 越冬

小地老虎在我国的越冬情况随各地冬季气温不同而异。在南岭以南1月份平均温度高于8℃的地区，冬季无越冬现象，能继续生长发育、繁殖与为害；在南岭以北1月份平均温度4℃以上的地区，冬季虫口密度较低，但能安全越冬。在长江流域能以老熟幼虫、蛹及成虫越冬；在广东、广西、云南则全年繁殖为害，无越冬现象。在北方寒冷地区，春季虫源主要是从南方迁飞而来。

4. 迁飞

小地老虎有迁飞现象。早在1912年，Woodhouse等首先提出印度的小地老虎可能在平原地区滞育，然后迁飞到山区繁殖的看法。此后，很多学者根据当地种群数量突增、突减现象，提出迁飞的假设。在我国，20世纪60年代初期，南京农学院在研究小地老虎越冬情况后，首次发现在苏北和南京，小地老虎越冬虫源数量极少，与来年发蛾量不符。夏曾铣等（1963）报道，1960年在渤海上发现小地老虎。王荫长（1980）首次提出小地老虎在春季与迁飞黏虫有同步发蛾的现象。并且越冬代蛾卵巢发育级别高，多数已经交配。另外，在海上与海拔1 000m的高山上也捕获到小地老虎蛾子。而贾佩华（1985）通过标记释放并回收成功，直接证明了小地老虎的远距离迁飞习性。在四川昭觉释放用碱性品红加荧光色标记的小地老虎蛾，在距离490千米的四川武隆植保站成功回收到1头，在此后的多次标记释放回收的试验中证明，小地老虎一次迁飞距离可达1 000千米以上。

关于小地老虎迁飞与气象条件的关系，在越冬代成虫蛾峰期前，高空和地面多为西南气流控制，为输送虫源创造了条件，蛾峰出现时常为下降气流或降雨天气，致使空中蛾子迫降，在地面出现蛾峰（章丽君，1982）。

成虫属昼伏夜出型，取食、交配、产卵均在夜间进行。成虫对糖、醋、酒等趋性较强，喜食甜酸味的液体、发酵物、花蜜及蚜虫排泄物等以补充营养。对黑光灯及镓钴灯趋性强。卵多产在土块上、地面缝隙内、土面须根或5cm以下的矮小杂草上，尤其是在贴近地面的叶背或嫩茎上，如小旋花、小蓟、藜、猪毛菜等。雌蛾产卵量大，每头雌虫平均产卵800～1 000粒，卵散产或成堆产。幼虫共6龄，3龄前在地面、杂草或寄主幼嫩部位取食，啃食幼苗或叶面叶肉，留下表皮或小孔洞或缺刻，为害不大；3龄后昼间潜伏在表土中，夜间出来为害，咬食嫩芽、幼茎；4～6龄为暴食期，动作敏捷，性残暴，能自相残杀，具假死性，受惊缩成环形。幼虫发育历期：15℃，67d；20℃，32d；30℃，18d。蛹发育历期12～18d，越冬蛹则长达150d。

（三）发生与环境条件的关系

1. 温度

小地老虎喜温暖及潮湿的条件，最适发育温区为13℃～25℃，相对湿度为70%。30℃左右时，即出现蛹重减轻、成虫羽化不健全、产卵量下降、初孵幼虫死亡率高等现象；相对湿度小于45%时，幼虫孵化率及幼虫成活率很低。因此，在南方6月份羽化的成虫在高温来临前，即向北方迁移，以躲避不良气候，寻觅适生场所，使种群得以延续。

2. 雨量和土壤湿度

凡河流湖泊地区或低洼内涝、雨水充足及常年灌溉地区，如属土质疏松、团粒结构好、保水性强的壤土、黏壤土、沙壤土均适于小地老虎的发生。尤在早春菜田及周缘杂草多，可提供产卵场所；蜜源植物多，可为成虫提供补充营养的情况下，将会形成较大的虫源，发生严重。但在低龄幼虫期如雨水偏大、雨时过多，则幼虫死亡率高，且土壤湿度大有利于寄生菌的繁殖和流行。

3. 天敌

小地老虎的天敌很多，有金星步甲 *Calosoma chinensis* Kirky、甘蓝夜蛾拟瘦姬蜂 *Netelia ocilaris* Thomson、夜蛾瘦姬蜂 *Ophion luteus* Linnaeus、螟蛉绒茧蜂 *Apanteles ruficrus* Holiday、黏虫缺须寄蝇 *Cuphocera varia* Fabricius、夜蛾土蓝寄蝇 *Turanogonia chinensis* Wiedemann、伞裙追寄生蝇 *Exorista civilis* Rondani、饰额短须寄生蝇 *Linnaemya comta* Fallen。此外，虻、蚂蚁、蚜狮、螨、蟾蜍、鼹鼠、鸟类、病原细菌、真菌、颗粒体病毒等也是小地老虎的重要天敌。

二、黄地老虎

（一）形态特征

成虫（图16－2.1）　体长14～19mm，翅展32～43mm。触角雌蛾呈丝状，雄蛾呈双栉状，栉齿长而端部渐短，约达触角的2/3处，端部1/3为丝状。前翅黄褐色，全部散布小黑点，各横带为双曲线，但多不明显，变化很大；肾状纹、环状纹及棒状纹都明显，各具黑褐色边而中央充以暗褐色。后翅白色，前缘略带黄褐色。

幼虫（图16－2.2～7）　体长33～43mm，头宽2.8～3.0mm。头部黄褐色，颅侧区有略呈长条形的黑褐色斑纹。后唇基的底边略大于斜边，无颅中沟或仅有很短一段颅中沟，额区直达颅顶，呈双峰。体呈淡黄色，背面有淡色条纹，体不甚明显。表皮多皱纹，在扩大镜下看不到颗粒。腹部背面D1毛片略小于D2毛片，第1至第8腹节气门则与后面的L1毛片大小相等。气门呈椭圆形，气门片黑色，气门筛颜色很浅。趾钩腹足为12～21个，臀足为19～21个。臀板具两大块黄褐色斑，中央断开，小黑点较多，基部及各刚毛间都有分布。

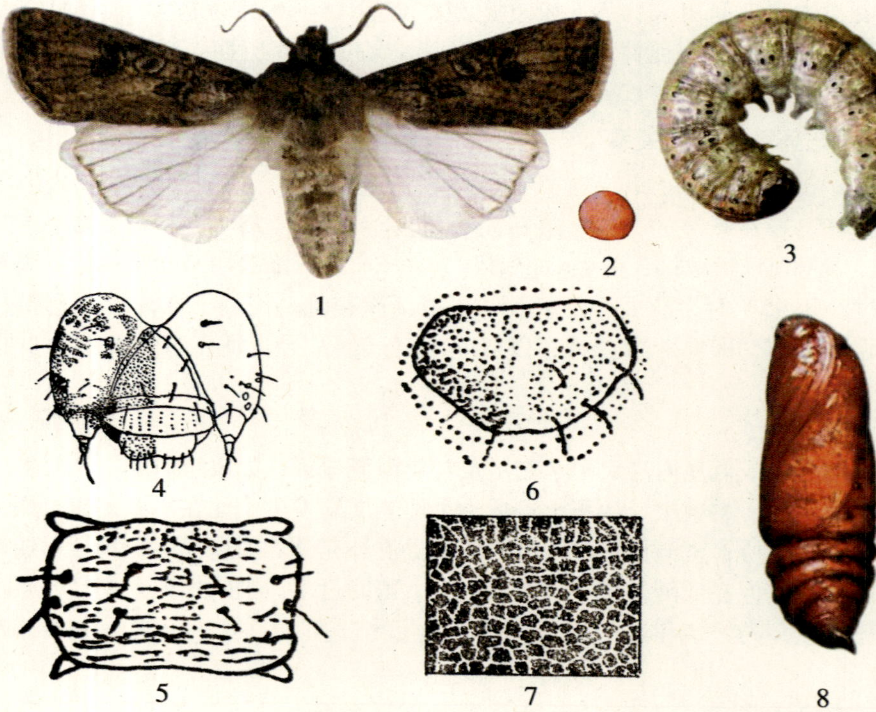

图16－2　黄地老虎

1. 成虫；2. 卵；3. 幼虫；4. 幼虫头部；5. 第4腹节背面；6. 臀板；7. 表皮外表；8. 蛹
（1. 仿 www. jpkc. swu. edu. cn 图；3. 仿 nyzsw. blog. bandao. cn 图；4～7. 仿《中国地下害虫》图）

（二）生活习性与发生规律

黄地老虎在西藏、黑龙江和北疆，1年发生2代；在北京和南疆，1年发生3代，少数4代；在山东及江苏，1年发生4代。在新疆，以老熟幼虫越冬的占90%左右，少数以3、4龄幼虫越冬。10月上中旬开始向田埂迁移，11月中下旬起入土蛰伏（王敬儒，1962）。在西藏拉萨10月间主要以老熟幼虫越冬（孔常兴，1985）。在东部则无严格的越冬虫态，常随各年气候和发育进度而异。

在新疆、西藏等地，黄地老虎种群密度较高的原因是黄地老虎在当地能完成2个或3个完整的世代，以抗寒能力较强的老熟幼虫越冬。而在东部北京、河南、山东一带1年完成3~4个世代，实际上是2年完成7个世代，因而表现出越冬幼虫龄期在年度间高龄与低龄相互更替，越冬死亡率忽低忽高，发生虫量亦表现出大、小年之分的现象。

表16-3　黄地老虎在各地的发蛾时期（根据魏鸿均等，略有删减）

	越冬代（月/旬）	第一代（月/旬）	第二代（月/旬）	第三代（月/旬）
西藏拉萨	4/下~6/上	7/中~9/下		
黑龙江龙江	5/上~6/中	7/底~8/中		
新疆莎车	4/上~6/初	6/中~8/上	8/中~9/上	
山东济南	4/中~6/上	6/下~8/上	8/中上~9/中下	9/下~11/下

黄地老虎各虫态历期：在新疆地区，越冬代成虫寿命8.8~10.2d。但胡金炎（1982）在南通的观察发现，越冬代雌虫、雄虫寿命分别为4.7d和8.5d，产卵前期2.8d；1代为6.8d和7.9d，产卵前期2.1d；3代为12.2d和12.9d，产卵前期6d。卵的历期，在新疆地区27.5℃时为4.3d，23.4℃时为5.5d，19.2℃时为7.8d，14.5℃时为13.6d，发育起点温度为8.79℃，有效积温78.39日度（张圭松）；在南通室外观察，卵历期为4~13d（胡金炎，1982）。黄地老虎幼虫多数为6龄，个别为7龄，非越冬代幼虫期25~36d，越冬代约150d。黄地老虎幼虫在越冬期间，老熟幼虫筑土室，深度可达14cm；低龄幼虫入土较浅，仅2~3cm，而且不筑土室。越冬的老熟幼虫至翌年春季化蛹，其进度在新疆比较整齐，自3月下旬至4月上旬约10d，整个进度呈正态分布曲线。但在我国东部因越冬虫态不一，春季化蛹进度在不同地区存在一定差异，自3月中旬至4月上旬开始，前后延时1个多月，因此随着气候的变化，蛹历期10~30d不等。

（三）发生与环境条件的关系

黄地老虎在我国西北地区，1、2代幼虫均能造成为害，年间变化较小；在东部主要是第1代幼虫为害，第2代受到高温限制，越夏虫源较少，年间数量变动亦大。每年第1代幼虫数量和为害程度与上年越冬基数以及温湿条件有关，局部田块受害情况又与作物布局、地貌、耕作措施及杂草多少有关。凡上年越冬的高龄幼虫多，来年春季发蛾量就大。高湿与多雨可造成黄地老虎种群数量低下，相反，干旱年份会使虫口数量增多。另外，成虫产卵时对土壤湿度有较严格的选择性，在新疆，黄地老虎雌蛾产卵都趋向于刚灌溉过而未出苗的玉米地（杨海峰，1964）。邹钟琳（1980）报道，黄地老虎成虫产卵寄主与幼虫取食也并不一致，如成虫在黄麻上产卵很多，但幼虫取食黄麻以后，脱皮次数增多，死亡率升高。

三、白边地老虎

（一）形态特征

成虫（图16-3.1）　体长18mm，翅展42~45mm。触角雌蛾呈丝状，雄蛾呈双栉状，触角具纤毛。前翅的颜色和斑纹变化极大，由灰褐色至红褐色不等，可分为两种基本色型：一种是白边型，前翅有明显的灰白色至黄白色的淡色宽边，中室后缘也有淡色的狭边，肾状纹和环状纹的两侧全为黑色，棒状纹亦呈黑色；另一种为暗化型，前翅全部为深暗色，既无白边淡斑，亦无黑色斑纹。后翅的颜色均为褐色，翅反面也一律为灰褐色，前缘密布黑褐色鳞片，外缘有 2 条褐色线，中室有黄褐色斑点。

幼虫（图 16 – 3. 2 ~ 6） 体长 35 ~ 40mm，头宽 2. 5 ~ 3. 0mm。头部黄褐色，颅侧区有许多褐色小块斑纹及 1 块由小黑点组成的黑斑。后唇基为等边三角形，额区直达颅顶，略呈双峰，颅中沟极短。体黄褐色至暗褐色，表皮较光滑无颗粒，亚背线颜色较深。腹部背面的 D1 毛片略小于 D2 毛片，气门后方的 L1 毛片很大，为气门的 2 倍左右；第 8 腹节的 L1 毛片则小于或等于气门的大小。气门呈椭圆形，气门片黑色，气门筛色较淡。趾钩腹足 15 ~ 22 个。臀足 18 ~ 25 个，臀板基部及刚毛附近颜色较深，小黑点多集中于基部，排成两个弧形。

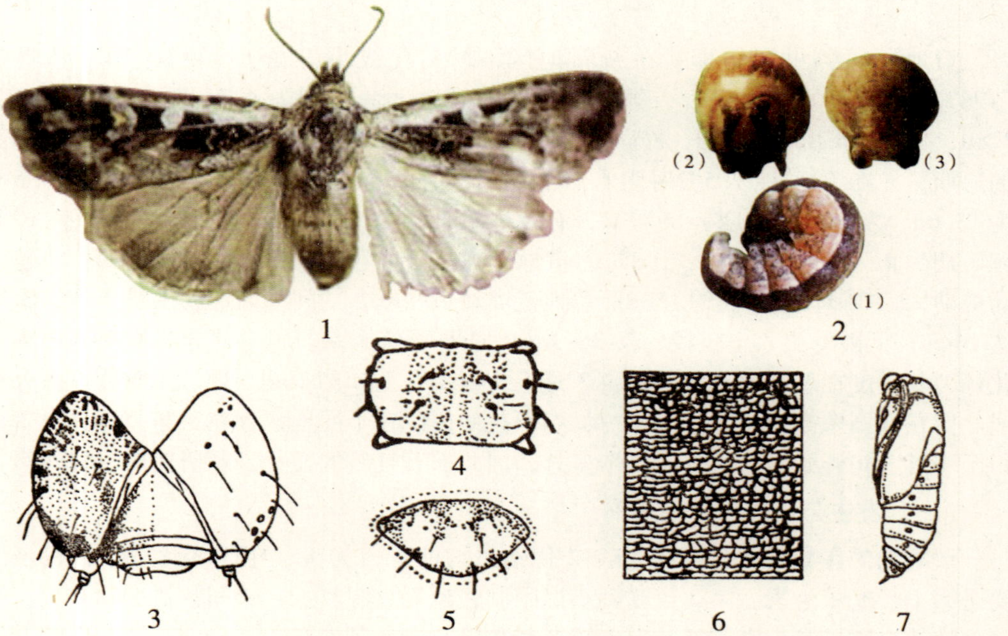

图 16 – 3 白边地老虎

1. 成虫；2. 幼虫；3. 幼虫头部；4. 第 4 腹节背面；5. 臀板；6. 表皮外表；7. 蛹

（1. 仿吕佩珂《中国粮食作物、经济作物、药用植物病虫原色图谱》图；2. 仿《中国北方农业害虫原色图鉴》图；3 ~ 7. 仿《中国地下害虫》图）

（二）生活习性与发生规律

白边地老虎在各地均为 1 年发生 1 个世代，以胚胎发育完全的滞育卵越冬。越冬卵至翌年 3 月下旬，在连续两天平均温度达 6. 2℃ 以上时，开始孵化，幼虫期一直持续到 5 月中下旬。6 月下旬至 9 月上旬为发蛾期，长达两个多月，一般盛期在 7 ~ 8 月间，嫩江地区 7 月上旬前后、7 月下旬和 8 月中下旬有 3 个峨峰，以第 1 个蛾峰为主；在内蒙古锡林郭勒盟和吉林延边常年是在 7 月下旬盛发，8 月下旬出现蛾峰。王恩和（1976）报道，1974 年全年用 20W 黑光灯曾诱得白边地老虎蛾子 13 000 多头。5 月下旬即见到蛾子，主要集中在8月中下旬，发生期较嫩江早1个月左右。在西藏澎波农场，6月始见蛾；拉萨和日喀则等地在8月份也能见到蛾子，直至10月份才终见（王荫长，1980）。

白边地老虎各虫态历期：成虫寿命30d左右，雄蛾寿命20～41d，雌蛾寿命24～47d，产卵前期13～30d，平均约19.8d。初羽化时雌蛾卵巢都未发育，脂肪体亦很少。卵产于土表，在日平均温度12℃～20℃下，几天后胚胎发育完成，但并不孵化，而是进入滞育期。越冬卵至翌年3月下旬，在连续两天平均温度达6.2℃以上时，开始孵化，卵历期199.8d。在嫩江，卵历期210d，长的达280d。幼虫5～7龄，多数6龄，1～6龄各龄历期分别为15.3～17.2d、8.4～9.0d、6.0～7.6d、8.4～9.2d、7.4～7.9d和10.4～12.3d，全期57～61d（嫩江地区农科所，1975）。但崔泳汉等（1978）报道，在延边地区，幼虫历期长达107d，较嫩江地区长了1个多月，主要原因是卵孵化早，1龄历期长，并常伴有7龄出现，6龄期幼虫占51.2%，7龄期幼虫占48.8%。

（三）发生与环境条件的关系

白边地老虎幼虫田间数量变化与前茬作物及杂草多少有关。在杂草多的荒地，特别是蓟菜、灰菜多的地块，发生较重。在同一地块中，靠近田边杂草较多的田埂附近，幼虫发生较多。

四、三叉地老虎

（一）形态特征

成虫（图16－4.1）　体长20mm左右，翅展42mm。头部及胸部褐色，下唇须及颈板夹杂有黑色，颈板中部有一黑色横线，翅基片内侧有一黑纵纹。腹部灰褐色，前翅褐色或淡褐色带紫色，翅脉黑色，两侧衬以淡黑灰色。基线双线黑色，向外弯至第1脉；内线双线黑色，后端外凸，剑纹稍窄尖，具黑边；外端连一黑色纵条。环状纹与肾状纹之间黑色或暗褐色。外线黑褐色，锯齿形；亚端线灰白色，锯齿形，两侧均有一列黑齿纹，端线为一列黑色三角形点。后翅褐黄色，缘区与翅脉褐色。

幼虫（图16－4.2～4）　体长50～60mm，体粗壮，多皱纹，全身布满密集的细小颗粒。体灰褐色或灰黑色，背线灰白色有淡黑色边，亚背线为不明显的灰白色阔带，背线与亚背线间灰褐色，夹有灰白色网纹，气门下线以下淡灰色。前胸盾黄褐色，臀板深褐色，多皱纹，上有黄褐色连成“M”形的块状斑。头部黄褐色，颅侧区散有黑褐色网纹，另在额缝外侧有一对黑褐色纵阔带，从正面看排成“八”字形。冠缝极短，两额区直达颅顶，不在颅中沟相遇，使额顶部突出呈双峰状。后唇基为等腰三角形，中间有一大块三角形斑。体刚毛黄褐色，着生于褐色毛片上，腹部第1～8节的D2毛片为D1毛片的0.5～1倍。气门黑色，椭圆形。

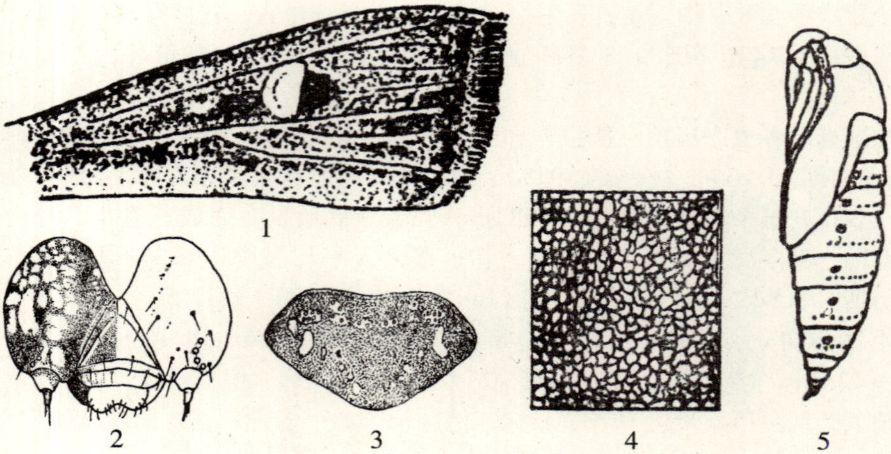

图 16－4　三叉地老虎

1. 成虫前翅；2. 幼虫头部；3. 臀板；4. 表皮外表；5. 蛹

（仿《中国地下害虫》图）

（二）生活习性与发生规律

1. 生活史

三叉地老虎 1 年 1 代，以 2 龄幼虫在土内越冬。在延边地区于翌年 3 月下旬气温回升后开始地面活动，6 月至 7 月上旬为害最烈，此时正值甜菜苗期。成虫在 8 月上旬开始羽化，中旬盛发，同时进入盛卵期（崔泳汉等，1982）。黑龙江多以 3～4 龄幼虫越冬。翌年 4 月恢复活动，至 4 龄期后进入暴食期，对 5 月上中旬出苗的甜菜威胁最大，为害期可一直持续到 7 月初。六七月间幼虫陆续化蛹。成虫于 8 月上旬开始羽化，中旬进入盛期，同时也是产卵盛期（傅天玉，1983）；在内蒙古后山地区，成虫出现的时间较早些，在 7 月下旬至 9 月上旬出现（罗秉荣等，1977）。三叉地老虎在东北的生活史见图 16－5。

虫　态	1～4 月	5 月	6 月	7 月	8 月	9 月	10 月	11 月	12 月
		上中下	上中下	上中下	上中下	上中下	上中下	上中下	上中下
幼　虫	CCCCCC	CCC	CCC	C					
蛹			⊕⊕	⊕⊕⊕	⊕				
成　虫					+++	+++	+		
卵					●●	●●●	●●		
幼　虫					C	CCC	CCC	CCC	CCC

图 16－5　三叉地老虎生活史图示（东北）（仿《中国地下害虫》图）

图例：+ ＝成虫；● ＝卵；C ＝幼虫；⊕＝蛹。

2. 各虫态历期

在延边，成虫寿命为 10.4d，卵期 20.8d，幼虫期 7 龄，历期为 326d，1 龄至 7 龄的历期分别为 16.9d、196.1d、13.8d、15.6d、11.1d、15d 和 58d；蛹期 32.3d，整个世代历期 390d（崔泳汉，1982）。在黑龙江，卵期 7～10d，蛹期 15d（傅天玉，1983）。

3. 发生特点

三叉地老虎田间虫量的消长与上年作物布局有很大关系，凡成熟早的夏熟作物如小麦等收获后又能在产卵前及时耕翻的，田间卵量少，第 2 年为害就轻；反之，若玉米或大豆茬口，在蛾产卵后仍未收割，田间落卵量大，则第 2 年为害相应就重。

五、警纹地老虎

（一）形态特征

成虫（图 16－6.1）　体长约 17mm，翅展 36～38mm。触角雌虫呈丝状，雄虫呈双栉状，但栉齿甚短。前翅灰色至灰褐色，横线不明显，肾状纹、环形纹和棒状纹均很显著，特别是棒状纹粗大而黑，易于识别。后翅颜色很淡，除前缘略带褐色外，几乎全为白色。

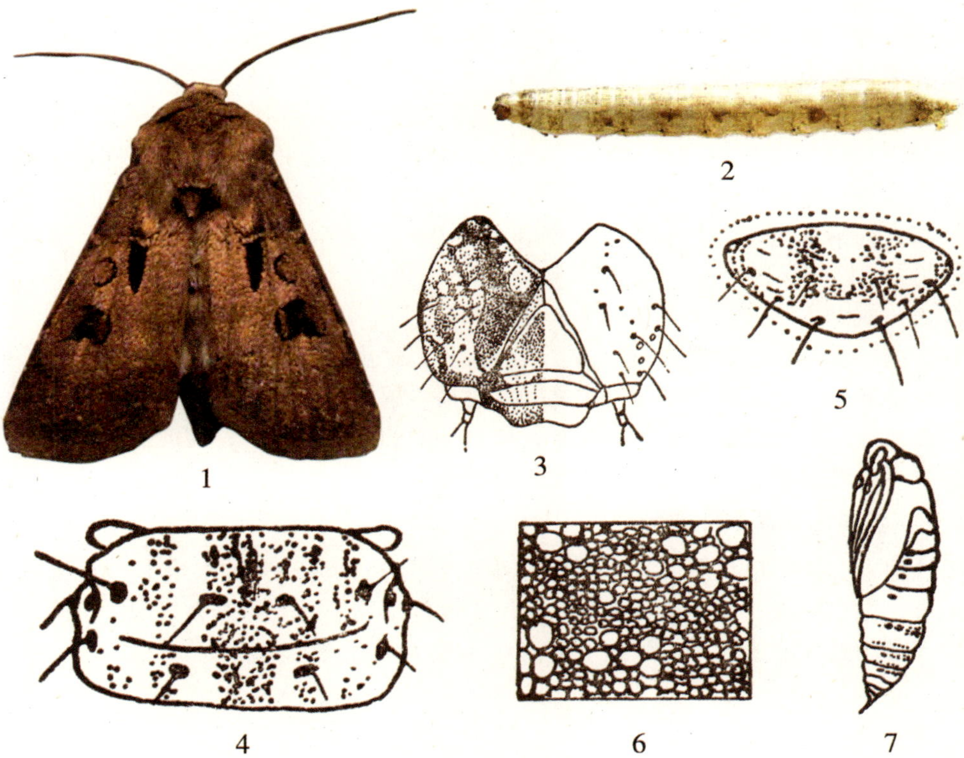

图 16－6　警纹地老虎

1. 成虫；2. 幼虫；3. 幼虫头部；4. 第 4 腹节背板；5. 臀板；6. 表皮外表；7. 蛹

（1，2. 仿 www.jpkc.swu.edu.cn 图；3～7. 仿《中国地下害虫》图）

幼虫（图 16－6.2～6）　体长 35～37mm，头宽约 3mm。头部黄褐色，有一对“八”字形的黑褐色条纹，纹的上部比下部色深，颅侧区有黑褐色多角形网纹。后唇基部为等边三角形，颅中沟长度等于后唇基高的1/3，额区伸长至颅顶。体淡黄褐色，亚背线、气门上线附近及气门线以下色较浅，在这些淡色纵带之间形成深色纵带。表皮粗糙，有不均匀的颗粒并稍有皱纹。腹部第1至第7腹节背面的D1毛片略小于D2毛片，第3至第6腹节气门后面的L1毛片与气门筛均为黑色。趾钩腹足为7~16个，臀足为18~19个，臀板上有明显的皱纹，在基部及中央两根刚毛附近颜色较深。

（二）生活习性与发生规律

在新疆莎车和甘肃武威等地，警纹地老虎1年发生2个世代，以老熟幼虫在土中越冬。在莎车地区，越冬老熟幼虫于翌年3月下旬开始化蛹，4月上旬进入盛蛹期，越冬代成虫于4月中旬开始羽化，5月上旬为盛蛾期，直至6月上旬为止，发蛾期持续2个月。第1代幼虫在5月中下旬到7月上旬为害，成虫在7月上旬出现。第2代幼虫在10月上中旬老熟并入土越冬（新疆农科院，1961）。武威地区发生期略迟于莎车地区，但发生期长。

1. 各虫态历期

据武威地区观察，成虫寿命5~15d，羽化后1~2d交配，交配2~3d后开始产卵。卵期为6~7d。幼虫历期35~48d，共6个龄期，各龄历期分别为5~6d、3~5d、5~6d、5~7d、7~10d和10~14d。预蛹期约3~5d，个别长达15d，蛹期15~19d。不同温度条件下，各虫态历期变化：卵历期，17℃~19℃时平均为11~12d，20℃~22℃时为6d，26℃时为5d，27℃~28℃时为4d；幼虫历期，26~39d；蛹历期，17℃~18℃时为25~28d，26℃~27℃时为12~24d（新疆农科院）。张圭松在新疆墨玉测定，用直线回归方程计算，卵的发育起点温度为7.81℃，有效积温为96.5日度。

在新疆，第2代幼虫1/3个体滞育越冬，不滞育的个体均能化蛹，但有半数未能羽化。

2. 发生特点

在新疆，虫口数量的消长与饲料、气候有关，幼虫以取食灰藜的化蛹率最高，取食甜菜和苜蓿的次之，取食玉米的再次之，取食马铃薯的最低；就成虫产卵而言，幼虫取食甜菜的成虫产卵量最多，其次是灰藜，取食玉米的产卵量最少；在成虫期，以马兰花为补充营养的卵量大，洋槐花次之，白菜花和清水最少。

（三）发生与环境条件的关系

警纹地老虎喜干旱，最适宜生活的土壤湿度为15%~28%，卵也多产在低湿或中湿的地方；但在新疆，仅春季喜生活在土壤干燥的植物中，夏秋季大气湿度下降，则喜在植物茂密荫蔽和湿度较大的植物下生活和为害（新疆农科院）。

第三节　预测预报方法

防治地老虎的关键是掌控在3龄以前，因为这时幼虫昼夜在地面活动，取食幼苗心叶，食量小，抗药力弱；3龄以后白天钻入表土层下，夜间扩散为害，抗药力强，所以必须做好发生期和发生量的预测预报工作，为大面积防治提供依据。现以小地老虎为例，介绍一般常用的测报方法。

1. 成虫期预测

地老虎越冬代蛾的诱测，目前仅限于迁入地。简单的诱蛾器用瓷钵或瓦盆即可。标准的诱蛾器用白铁皮制作而成，分为筒罩、底盘和诱剂皿三部分。筒罩为圆筒形，高35cm，直径31cm，筒壁开有几个大小相等、向内凹陷的长孔，以便诱蛾飞入，但可防止其逸出。筒罩上有盖，下端无底，仅置于一个活动的底盘上，罩内放诱剂器皿，白天可盖上盖，以免诱剂挥发，而夜间将皿敞开，使诱剂气味四溢。

诱剂用糖、醋和酒3种成分混合配制而成。全量用白酒125g、水250g、红糖375g、醋500g，并加农药少许，常用的农药为敌百虫。

诱蛾工作在当地日均气温接近5℃时开始，到越冬代结束时为止。每个测报站设2台诱测器，每天早晨检查诱到的雌蛾和雄蛾，记录蛾量与性比。

除使用诱器以外，也可用20W黑光灯或频振式诱虫灯进行诱测。在早期气温较低时，蛾子的上灯率较低，但在后期，蜜源植物纷纷开花时，灯光诱蛾的效果超过诱蛾器，因此诱蛾器与灯光诱蛾可相互补充。近年来发展起来的利用性诱剂诱测的方法，虽具有灵敏度高等优点，但由于无法诱到雌蛾，故仅作为辅助方法。

在发蛾开始后，数量突增的日期为盛发期，更大的突增日即为发蛾高峰日或为高峰期，全代一般有3~4个蛾峰。

2. 雌蛾卵巢发育进度的检查

将诱到的雌蛾进行剖腹，检查雌蛾交配情况与卵巢发育进度。检查交配率用交配囊内精包数来判断。卵巢发育进度用5级分类标准统计。根据卵巢级别，便能准确推算出产卵盛期和高峰期，并根据雌蛾比例预测当年卵量。但从糖醋诱器中检出的蛾子，往往已产过卵，因此不能单以剖腹得到的结果来预测卵量。

3. 一代卵和幼虫的调查

为了掌握卵和幼虫的发生动态，可根据当地种作物的类型与自然环境，选择杂草较多、常年发生较重的春播作物，各固定1~2块观察田，从越冬代蛾始盛期起到产卵末期为止，每3天1次，调查田间卵量和幼虫量。调查取样方法因地而异，如西北干旱地区，可在地块内固定五点取样，调查当地主要寄主作物，共100~200株，检查卵和幼虫数量。为准确预测卵的孵化日期，可按卵发育进度分为五级（表16-4）分别统计卵的孵化率、各级卵和各龄幼虫的百分率。

$$卵孵化率（\%）=\frac{幼虫总数（或卵壳数）}{虫或卵总数}\times 100$$

$$某级卵百分率（\%）=\frac{某级卵数}{虫或卵总数}\times 100$$

$$某龄幼虫百分率（\%）=\frac{某龄幼虫数}{虫或卵总数}\times 100$$

在样点内如未检到幼虫，可将卵壳统计在内。每次调查虫、卵总数不少于30头（或粒），如果样点内数量不足，可在点外取样补足。

4. 为害情况调查

当幼虫孵化后，为了掌握田间虫口密度和确定防治与否，选择不同受害田块计算受害率与死苗率。玉米、甜菜等作物查200株，而条播作物查10m长的单行5条。

5. 发生期预测

小地老虎第1代发生期早晚与春季2~4月的气温关系很密切。春季气温高，发蛾就早，卵和幼虫发育进度快，发生期和防治适期相应提早；反之，则晚。适期预测中使用最多的方法是期距法。

预测成虫发生期，还可指导田间查卵日期，一般在成虫盛发后，每隔2～3d查1次，自查得产卵高峰日起，根据气象条件，并查到该温度下卵的历期，即可推算出孵化高峰期，加上1龄幼虫历期，即为2龄幼虫盛期，即为防治适期。期距法也可用蛾峰日来推算。另外根据卵的发育进度，可从不同级别的卵及其比例来推算盛孵期或高峰期（表16－4）。

表16－4　小地老虎卵的分级及历期（引自魏鸿钧等，1989）

级　别	卵　色	距孵化的天数（d）	
		15℃	20℃
1	乳白	11	7.8
2	米黄	8.5	7
3	浅红斑	6	5.5
4	红紫	3	2.3
5	灰黑	0.5	0.5

用糖、醋、酒混合液诱成虫，在后期由于受蜜源植物的干扰，盆下诱到的蛾量往往不能反映田间发蛾的实际情况，为了校正2龄幼虫盛发期，可选择有代表性的田块各1块，每块地共选择5～10个点，每点面积1m²，或每点调查10～20株苗，每3～5d调查1次，共调查4～5次。调查时检查幼苗、杂草心叶、嫩草上以及受害株附近的干湿土层之间的虫数，当1、2龄幼虫占70%以上，其中幼龄幼虫占40%左右时，就是2龄幼虫盛发期。

（1）根据卵的级别，用期距法推算孵化日期，算出卵孵化率80%的日期，可用于防治适期预测。

预测的方法是：根据调查所得结果，先分别将幼虫和各级卵换算成百分比，然后采取累积的方法，从幼虫开始，卵由当时调查的最后一级，顺序向前依次相加，加到80%的级别为止。再从表中查出该级别距离孵化的天数，将调查日期加上该级卵距孵化的天数，就是卵孵化率80%的日期，例如4月19日调查卵、幼虫100粒（头），结果为：

卵的级别	卵或幼虫数（粒）	各级所占比例（%）	累计百分率（%）
1	19	10	100
2	10	10	81
3	24	24	71
4	30	30	47
5	8	8	17
幼虫（头）	9	9	9

卵孵化率 80% 的级别 = 幼虫 +5 级卵 +4 级卵 +3 级卵 +2 级卵

= 9% +8% +30% +24% +10% = 81%

也就是说卵孵化率为 80% 时，是累加到 2 级卵为止的，查表得出 2 级卵距孵化的天数是 8.5d，从调查时期（4 月 19 日）向后推 8.5d，即到 4 月 28 日就是调查的第一批卵孵化率为 80% 的时间。

（2）积温法。

积温法也是常用的适期预测法，用下列公式推算卵期和幼虫期：

$$N = K/(T - C)$$

N：所测虫态的历期；K：所测虫态的有效积温值；T：预测期内平均温度；C：发育起点温度。

此公式经常用来预测卵孵期。

（3）经验公式法。

小地老虎发生期的中期的预测，大多用 5 年以上的经验数值，从越冬代第 1 次蛾峰到防治适期的平均期距进行推算。如江苏泗洪的经验值为 28.5d，丹阳为 30d，山东汶上为 29 ~ 31d。此外，有的地方用统计方法预测，如山东汶上县植保站根据 1962—1977 年 16 年资料，得出越冬代第 1 次蛾峰日（Y，以 2 月最后一日为 0 算起）与 2 月份平均气温（X）呈负相关，相关系数 $r = -0.5397$，$p < 0.05$。预测式：

$$Y = 19.83 - 1.28X$$

此预测式是由直线回归式 $Y = a - bX$ 演算而来，式中：

X：是一个变量，即影响因子，如气候条件。X 的变化影响 Y 的变化。

a 和 b：为常数，常数的计算是根据几年、十几年的观察资料，将 X 与 Y 的关系算出来，并把这个关系用两个系数定下来，以后根据 X 变化计算出 Y 值，即每年只要知道 X 就能知道 Y。但 a 与 b（上式中 19.83 与 1.28）是各地按历年资料计算出来的，所以一般称这种公式为经验公式。

有此经验公式，便可用 2 月份平均气温来预测越冬代第 1 次蛾峰日，然后再预测防治适期。也可用下列公式测算防治适期（田间卵孵率为 80%）。预测式：

$$Y = 35.33 + 0.761X \pm 1.18$$

式中：

Y：为防治适期；X：为第 1 次蛾峰日；均以 2 月份最后一天为 0 算起。

山西运城区植保站根据 1974—1979 年资料，用 2 月份平均气温（X），预测越冬代成虫始发期（Y）。预测式：

$$Y = 18.27 - 3.73X \quad (r = 0.97,\ p < 0.05)$$

由于始蛾期与产卵盛期及防治适期之间尚未发现明显的相关性，因此以上预测式仅作为开展各种测报工作的参考，用于实际防治时还需注意补充其他预测。

（4）诱测法。

在发蛾期采用黑光灯或蜜糖液诱蛾器进行诱测。在华北地区，春季自 4 月 15 日至 5 月 20 日设置诱蛾器。当平均每天每台诱蛾器诱蛾量达 5 ~ 10 头以上，表示进入发蛾盛期，蛾量最多的一天即为高峰期，过后20～25d即为2～3龄幼虫盛期，为防治适期；诱蛾器如连续两天诱蛾量在30头以上，预兆将有大发生的可能。对幼虫的测报采用田间调查的方法，如定苗前每平方米有幼虫0.5～1头，或定苗后每平方米有幼虫0.1～0.3头，即应防治。

6. 发生量与为害程度预测

对于发生量的预测，目前尚无很完善的测报方法，一般可根据虫源条件，如越冬代蛾量、气候条件、环境条件等，进行分析、作出预报，多属经验性的。其中有指标分析预报法预测，亦有用真值图三级预测法预测。现介绍指标分析预报法。

湖北竹山病虫测报站经验：上年8～10月雨量在400mm以上，当年3月与4月雨量在140mm以上，越冬代蛾峰前单钵累计蛾量达90头以上时，估计第1代有大发生的可能。江苏泗洪县测报站的经验，以上年9～12月蛾量（X_1）和当年3月底前蛾量（X_2），推测田间幼虫密度与为害程度。复相关系数 $r=0.8891$，$F=12.583>F_{0.01}=6.55$，复回归预测式为：

$$Y=0.044X_1+0.0017X_2-0.2995\pm0.6559$$

泗洪县还以上年9～12月的诱蛾量（X），预测当年第1代幼虫田间密度（头/m^2，Y）（相关系数 $r=0.832$；$p<0.001$）。预测式为：

$$Y=6.0092X-0.3659\pm0.7615$$

并提出发生量分级模式，见表16－5。

表16－5　小地老虎发生量中长期预报指标模式（江苏泗洪）（引自魏鸿钧等，1989）

预测依据	轻发年	中发年	重发年
上年9～12月蛾量（头/盆）	≤99	100～200	≥201
3月底前蛾量（头/盆）	≤199	206～650	≥651
幼虫密度（头/m^2）	≤0.5	0.6～1.5	≥1.6
幼虫密度（头/667 m^2）	≤299	300～1 000	≥1 001
玉米断茎率（%）	≤5	6～10	≥11

另外，根据越冬虫源量，如越冬虫源数量大，特别是3月下旬至4月中旬的蛾量和雌蛾比例较常年平均显著增加，则可构成大发生或严重发生的虫源基数；上年秋季雨水较多，沿湖及沟河内涝地区，秋季积水时间长，退水较晚，耕作粗放，杂草多，春季第1代卵孵盛期，雨水协调或偏少，无大雨或低温出现，利于地老虎发生，如早源基数较大，即有大发生的可能；而在黑龙江嫩江地区，每年6月底至8月底，如平均每台诱蛾器的诱蛾量达到40头/d以上，翌年将有大发生，就在毁种地块出现；在20头/d以下时，翌年发生较轻。

第四节　综合防治方法

一、农业防治

（1）清洁田园。头茬作物收获后，及时捡尽田间杂草，以减少害虫产卵和隐蔽的场所。在作物出苗后或地老虎 1 ~2 龄的幼苗盛发期，及时铲净田间杂草，减少幼虫早期食料来源。将杂草深埋或运出田外沤肥，消除产卵寄主。

（2）勤除杂草。早春清除菜田及周围杂草，防止地老虎成虫产卵是关键一环；如已产卵，并发现 1 ~2 龄幼虫，则应先喷药后除草，以免个别幼虫入土隐蔽。清除的杂草要远离菜田，沤粪处理。

（3）调整播期。春季适时早播，秋季适时晚播，可以减轻地老虎为害。

（4）灌水灭虫。水源好的地区，在地老虎发生后及时灌水可淹死部分害虫。

（5）冬季深翻。在封冻前 1 个月，深耕土壤 35cm，并随耕拾虫，通过翻耕可以破坏害虫生存和越冬环境，减小次年虫口密度。

（6）种植诱卵作物。地老虎成虫喜欢在芝麻、茼麻、白菜等作物上产卵，因此在作物田周围播种诱卵作物，可引诱成虫大量产卵，从而减轻主栽作物上的卵量。如在春播辣椒、番茄地行间套种白菜，在秋播大白菜行间条播芝麻，都可以收到诱卵的效果。及时集中消灭，事半功倍。

二、生物防治

可利用颗粒体病毒制剂防治地老虎。保护、利用姬蜂和寄蝇等天敌也很重要。

三、物理防治

（1）黑光灯诱杀。在 4 ~6 月间，架设 20W 日光灯或频振式诱虫灯诱杀成虫。

（2）糖醋液诱蛾。糖醋液配制方法：糖 6 份、醋 3 份、白酒 1 份、水 10 份、90% 敌百虫 1 份调匀，在成虫发生期设置，诱杀效果明显。诱盆的大小统一规格为直径 20cm，高 15cm，装液高 5cm，每 hm^2 地放 45 盆，沿地边置于高 1m 的三角支架上，既可诱杀，又可为预报提供数据。某些发酵变酸的食物，如甘薯、胡萝卜、烂水果等加入适量药剂，也可诱杀成虫。

（3）毒饵诱杀幼虫。每 667m^2 的菜地用 25% 辛硫磷胶囊剂 150 ~200g 拌谷子、麦麸、米糠等饵料 5kg，或 50% 辛硫磷乳油 50 ~100mL 拌饵料 3 ~4kg，撒于播种沟中。将新菜子饼 2. 5kg 搓散，放锅中炒香，把炒好的菜子饼盛在桶内，然后将用水溶解的敌百虫倒入桶内闷 3 ~5min，于傍晚将毒饵分成若干小份散放于田中，第二天清早就可见毒死的地老虎虫体。

（4）堆草诱杀幼虫。在菜苗定植前，地老虎仅以田中杂草为食，因此可选择地老虎喜食的灰菜、刺儿菜、苦麦菜、小旋花、苜蓿、艾篙、青蒿、白茅、鹅儿草等杂草堆放诱集地老虎幼虫，或人工捕捉，或拌入药剂毒杀。

四、化学防治

（1）药剂喷雾。地老虎 1～3 龄幼虫期抗药性差，且暴露在寄主植物或地面上，是药剂防治的适期。喷洒 40.7% 毒死蜱乳油 1 350～1 800g/hm^2 兑水 750～900kg、2.5% 溴氰菊酯或 20% 氰戊菊酯 3 000 倍液、20% 菊·马乳油 3 000 倍液、10% 溴·马乳油 2 000倍液、90% 敌百虫 800 倍液、50% 辛硫磷 800 倍液、10% 溴虫腈 2 000 倍液、1.8% 阿维菌素膏剂 3 000 倍液，于傍晚时分将药液喷洒在地面上。晚上气温下降，蒸发量少，加上有露水覆盖，土壤、植株均呈湿润状态，保证了药效。各种地老虎幼虫出来为害时，正好与药物相遇，能发挥胃毒、熏蒸、触杀的多重效果。

（2）施用颗粒剂。在甜菜苗期，选用 3% 甲基异柳磷颗粒剂 75kg/hm^2、5% 毒死蜱颗粒剂 60kg/hm^2 撒施于菜苗基部土壤中。

第十七章 蝼蛄（华北蝼蛄）

第一节 寄主与分布

蝼蛄为不完全变态，完成1个世代需要3年左右。以成虫或较大的若虫在土穴内越冬，第2年4~5月开始活动，并为害甜菜和其他作物的幼苗。若虫逐渐长大变为成虫，继续为害甜菜。成虫从5月中下旬开始产卵。多集中在25~30cm深的土室内。若虫经四次脱皮，共5龄，发生早的当年可变为成虫。在黑龙江省成虫一年出现2个高峰，分别为6月上中旬和8月中下旬。

为害甜菜的蝼蛄有东方蝼蛄（见第四章东方蝼蛄）和华北蝼蛄 *Gryllotalpa unispina*。在黑龙江省经常发生与为害甜菜的是东方蝼蛄。该虫杂食性，对甜菜、玉米、小麦、高粱、谷子、蔬菜、苗木等均能为害。以成虫和若虫咬断甜菜幼根，造成植株枯死，缺苗断垄。华北蝼蛄又名土狗、蝼蝈、啦啦蝼，属直翅目，蝼蛄科。主要分布于北纬32°以北的北方地区，杂食性，主要为害甜菜、禾谷类、豆类、薯类、棉麻类、烟草、蔬菜等；还可为害果树、林木、花卉等，成虫和若虫主要咬食植物的幼苗根和嫩茎，同时由于成虫和若虫在土下活动开掘隧道，使苗根和上部分离，造成幼苗干枯死亡，致使缺苗断垄。蝼蛄有很强的趋光性，对畜粪、腐烂有机质有较强的趋性。土壤湿润，腐殖质含量多的低洼地、水浇地为害较重。

第二节 形态特征、生活习性与发生规律

一、形态特征

成虫（图17-1.1~3） 雌成虫体长45~50mm，最长可达66mm，头宽9mm；雄成虫体长39~45mm，头宽5.5mm。体黄褐色至暗褐色，全身密被黄褐色细毛。头暗褐色，呈卵形，长7mm。复眼呈椭圆形，头中间3个单眼，触角生于眼的下方，鞭状。前胸暗黑色，长约12mm，背板中央有一心脏形红色斑点。前翅长约14mm，平叠于背上；后翅折叠成筒状形，置于前翅之下。前足特别发达，适宜在土中掘土前进，中、后足细小，后足胫节背侧内缘有棘1个或消失。腹部近圆筒形，背面黑褐色，腹面黄褐色，腹部上有7条褐色横线，各横线间具淡黄色细线1条，腹部两侧各有淡黄色气门8个。尾须2根，黄褐色，上有细毛，向后伸出，长约为体长的1/2，产卵管不明显。

卵（图 17－1.4）　椭圆形。初产时为黄白色，长 1.6～1.8mm，宽 1.3～1.4mm。此后逐渐膨大，颜色也逐渐加深，变为黄褐色，孵化前呈深灰色，长 2.4～3mm，宽 1.5～1.7mm。

若虫（图 17－1.5）　形态似成虫，体较小，翅不发达，仅有翅芽，初孵时体呈乳白色，只复眼淡红色；此后颜色逐渐加深，头部变为淡黑色，前胸背板黄白色；2 龄以后身体变为黄褐色，5、6 龄后基本与成虫同色。幼虫龄期与体长的关系为初孵时体长 3.56mm，1 龄末 4.84mm，2 龄 5.77mm，3 龄 7.68mm，4 龄 7.68mm，5 龄 8.17mm，6 龄 10.9mm，7 龄 14.2mm，8 龄 16.8mm，9 龄 22.1mm，10 龄 26.8mm，11 龄 32mm，12 龄 37.4mm，13 龄 41.2mm。

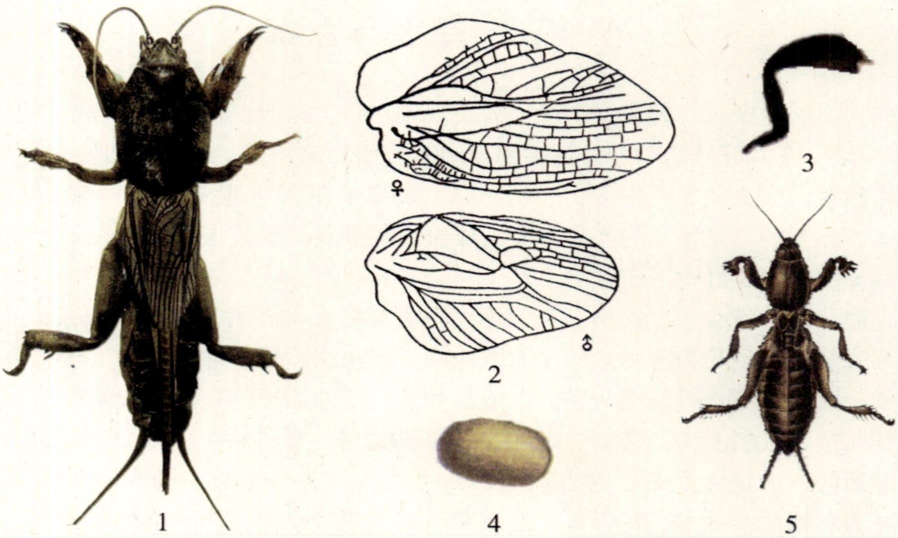

图 17－1　华北蝼蛄

1. 成虫；2. 雌、雄虫后翅；3. 后足；4. 卵；5. 若虫

（1，4. 仿于洪春摄图，仿《中国地下害虫》图；3. 仿《中国农资传媒》图；4. 仿《中国北方农业害虫原色图鉴》图）

二、生活习性与发生规律

华北蝼蛄的生活史很长，约需 3 年完成 1 代，若虫 13 龄，以成虫和 8 龄以上的各龄若虫在 150cm 以上的土中越冬。

越冬成虫在第 2 年 3～4 月当 10cm 深的土温达 8 ℃左右时，开始上升为害，地面可见长约 10cm 的虚土隧道，四五月地面隧道大增时即为害盛期；6 月上中旬当隧道上出现虫眼时，成虫已开始出窝迁移并交尾产卵，6 月下旬～7 月中旬为产卵盛期，8 月为产卵末期。越冬成虫于 6～7 月间交配，产卵前在土深 10～18cm 处做鸭梨形卵室，上方挖一运动室，下方挖一隐蔽室；每室有卵 50～85 粒，每头雌虫产卵 50～500 粒、多为 120～160 粒，产卵期 2～4 周，卵历期 20～25d。据北京观察，各龄若虫历期为 1～2 龄 1～3d，3 龄 5～10d，4 龄 8～14d，5～6 龄 10～15d，7 龄 15～20d，8 龄 20～30d，9 龄以后除越冬若虫外每龄需 20 ~ 30d，羽化前的最后一龄需 50 ~ 70d。

初孵若虫最初较集中，后分散活动，至秋季达 8 ~ 9 龄时即入土越冬；第 2 年 4 月上中旬，越冬若虫上升为害，6 月上中旬开始脱皮，当年脱皮 3 ~ 4 次，到秋季达 12 ~ 13 龄时，又开始入土越冬；第 3 年春季越冬若虫再次上升为害，8 月上中旬老熟若虫脱最后一次皮变为成虫，入秋后即以成虫越冬。越冬成虫至第 4 年 6 月上中旬产卵。成虫虽有趋光性，但体形大、飞翔力差，灯下的诱杀率不如东方蝼蛄高。

三、发生与环境条件的关系

华北蝼蛄在 1 年中的活动规律和为害情况与东方蝼蛄相似，主要受土壤温度、湿度条件和食物因素的影响。当春天气温达 8℃时开始活动，秋季低于 8℃时则停止活动；春季随气温上升为害逐渐加重，地温升至 10℃ ~ 13℃时，在地表下形成长条隧道为害幼苗；地温升至 20℃ 以上时则活动频繁，进入交尾产卵期；地温降至 25℃以下时，成虫、若虫开始大量取食积累营养准备越冬，秋播作物受害严重。土壤湿度影响蝼蛄的活动，土壤湿润有利于其活动，为害也重，华北蝼蛄最适宜的土壤含水量一般为 22% ~ 27%；含水量小于 15%时，其活动减弱。华北蝼蛄在土质疏松的盐碱地、沙壤土地发生较多。土壤中大量施用未腐熟的厩肥、堆肥，易导致蝼蛄发生，为害较重。当 10 ~ 20cm 深处的土温在 16℃ ~ 20℃、含水量 22% ~ 27%时，有利于蝼蛄活动。所以每年 4 ~ 6 月和 9 ~ 10 月发生为害严重，形成春、秋两个为害高峰，在雨后和灌溉后，常使为害加重。

第三节　综合防治方法

一、农业防治

（1）采取深耕或中耕措施。深耕或中耕可以破坏蝼蛄的越冬场所或栖息场所，导致部分蝼蛄损伤死亡，或使蝼蛄暴露在地表外，有利于禽鸟啄食，以减轻蝼蛄的为害。

（2）施用的厩肥、堆肥等有机肥料要充分腐熟。

二、物理防治

（1）灯光诱杀。蝼蛄的趋光性很强，在羽化期间，晚上 19：00—22：00，可用灯光诱杀。

（2）陷阱诱杀。在甜菜苗行间，每隔 20m 左右挖一小坑，将马粪或带水的鲜草放入坑内诱集，再加上毒饵更好，次日清晨可到坑内集中捕杀。

三、生物防治

鸟类是蝼蛄的天敌。可在苗圃周围栽植杨、刺槐等防风林，招引红脚隼、戴胜、喜鹊、黑枕黄鹂和红尾伯劳等食虫鸟以利于控制虫害。

四、化学防治

当田间每平方米有蝼蛄 0.3～0.5 头时，即为中等发生，高于 0.5 头为严重发生，应进行防治。防治的方法：

（1）毒饵毒杀。可用多汁的鲜菜、鲜草以及蝼蛄喜食的块根和块茎，或炒香的麦麸、豆饼和煮熟的谷子等作为饵料，每 667 平方米用饵料 4～5kg，加入 90% 敌百虫的 30 倍水溶液 150mL，再加入适量的水拌匀成毒饵，于傍晚撒在地里，施毒饵前应先灌水，保持地面湿润，效果尤好。

（2）药剂处理。可用辛硫磷、毒死蜱等农药进行土壤或种子处理，可结合防治蛴螬一起进行。生长季节，也可用 50% 辛硫磷、48% 毒死蜱乳油 1 000 倍液浇灌或用 3% 辛硫磷颗粒剂 5kg/667m^2 撒施。或用 25% 西维因粉 100～150g 与 25kg 细土均匀拌和，撒于土表再翻入土下毒杀。

第十八章
拟地甲

第一节　种类、寄主与分布

在我国北方甜菜产区，为害甜菜的拟地甲主要有沙潜 *Opatrum subaratum* Faldermann 和蒙古沙潜 *Gonocephalum riticulatum* Motschulsky 两种。沙潜又名网目沙潜、网目拟地甲。这两种拟地甲常相伴混发，在我国主要分布于华北、东北等地，在国外主要分布于苏联和蒙古，蒙古沙潜在朝鲜也有分布。拟地甲的成虫为害甜菜、小麦、玉米、棉、麻类、豆类、蔬菜、高粱、粟、花生、苜蓿及果树幼苗等，取食嫩茎、嫩根、嫩叶，影响作物出苗；幼虫为害刚播下的种子和将出土的作物幼苗，也能咬断幼苗的根茎部，幼虫还可钻入作物根茎内为害，引起幼苗枯萎以致死亡，造成缺苗断垄，给甜菜生产带来严重危害。

第二节　形态特征、生活习性与发生规律

一、沙　潜

（一）形态特征

成虫（图 18－1.1）　雌虫体长 7.2～8.6mm，雄虫体长 6.4～8.7mm；雌虫体宽 3.8～4.6mm，雄虫体宽 3.3～4.8mm。羽化初期为乳白色，逐渐加深，最后全体呈黑略带褐色，一般翅鞘上都附有土壤，故看起来呈灰色。虫体椭圆形，头部较扁，背面似铲状，复眼黑色在头部下方。触角呈棍棒状，11 节；第 1、3 节较长，其余各节呈球形。前胸发达，前缘呈半月形，其上密生刻点如细沙状。鞘翅近长方形，其前缘向下弯曲将腹部包住，故有翅不能飞翔，鞘翅上有 7 条隆起的纵线，每条纵线两侧有突起 5～8 个，形成网格状。前、中、后足各有距 2 个，雌虫前足第 1 至第 4 跗节长于或等于第 5 节；雄虫前足第 1 至第 4 跗节短于第 5 节，足上均有黄色细毛。腹部背板黄褐色，腹部腹面可见 5 节，末端第 2 节甚小，肛上板黑褐色，密生刻点。

卵（图 18－1.2）　椭圆形，乳白色，表面光滑，长约 1.2～1.5mm，宽约 0.7～0.9mm。

幼虫（图 18－1.3～5）　初孵幼虫为乳白色，体长 2.8～3.6mm。老熟时长15.0～18.3mm，体细长，与金针虫相似，身体深灰黄色，背板上灰褐色较浓。足 3 对，前足

发达，为中、后足长度的1.3倍，中足和后足大小相等。腹部末节小，呈纺锤形，背板前部稍突起成一横沟，前部有褐色钩形纹一对，末端中央有褐色的隆起部分，边缘共有刚毛12根，末端中央4根，两侧各排列4根。幼虫各龄期体长与头宽见表18－1。

蛹（图18－1.6）　裸蛹。蛹体长6.8～8.7mm，宽3.1～4.0mm。乳白色并略带灰白，羽化前深黄褐色。腹部末端有两个突起的钩刺。

图18－1　沙潜

1. 成虫；2. 卵；3. 初孵幼虫；4. 大龄幼虫；5. 幼虫尾节模式图；6. 蛹
（1. 仿www.jinnong.cn图；2，3，4，6. 仿《中国北方农业害虫数字化图文系统》图；5. 仿张洪喜图）

表18－1　沙潜幼虫各龄体长和头宽（引自张洪喜，1980）

龄期	体色	体长（mm）		头宽（mm）		尾节
		大小	平均	大小	平均	
1	乳白色	2.831～3.052	2.849	0.389～0.444	0.409	尾节端部具尖突，上翘；刚毛4根，左2右2
2	淡褐透明	3.608～4.440	3.894	0.500～0.500	0.500	尾节背中央有浅纵沟1条；刚毛转为刺，8根，左4右4
3	褐色	4.163～7.215	5.228	0.611～0.638	0.612	尾节有浅纵沟1条或不显；尾刺10根，左5右5
4	褐色	6.383～7.770	6.903	0.777～0.888	0.833	尾节浅纵沟不显；尾刺12根，左6右6
5	褐色	7.770～9.158	8.586	0.999～1.055	1.019	有钩状纹1对或不明显；尾节刺14根，左7右7
6	褐色	9.435～12.488	11.115	1.221～1.332	1.253	腹末节背板稍隆，尾节刺14根，左7右7
7	暗灰黄色	13.320～16.095	14.707	1.443～1.496	1.485	尾节具浅色纵沟及钩状纹，尾节刺14根，左7右7

（二）生活习性与发生规律

沙潜在东北、华北地区每年发生1代，以成虫在土中、土缝、洞穴和枯草落叶下越冬。翌年2月中下旬（华北地区）在晴暖无风的中午便有少量成虫开始活动，3月下旬杂草开始发芽时，成虫大量出土，取食蒲公英、野蓟等杂草的嫩芽，并随即在甜菜地为害甜菜幼苗。成虫在3~4月活动最盛，为害也最重。春季成虫活动与气候条件有着密切的关系，当土温达到15℃时成虫开始爬行，温度低时潜入土中，遇微风也立即蜷缩不动。成虫食性杂，为害甜菜、小麦、玉米、花生及蔬菜等共34科110种植物，主要取食萌发的种子和幼苗，尤喜食含油、蛋白质高的食物，如豆饼、花生饼、棉籽饼、馒头以及炸油饼等。这一习性的发现，对于成虫的预测预报和防治具有重要意义。

在东北地区，越冬成虫出土活动的时间比华北地区推迟近1个月，一般于翌春4月下旬至5月上旬出土为害。

越冬成虫在活动期间开始交配，交配后1~2d即可产卵，卵多产于1~4cm的表土中。田间3月中旬可见卵，4月下旬至5月下旬为盛期，6月下旬为末期。卵历期长短不一，3月下旬产的卵为28d，4月上旬产的卵为22d，4月中旬产的卵为19~21d，4月下旬产的卵为12~15d，5月上中旬产的卵为7~13d，而6月上旬产的卵仅为5d。

幼虫孵化后，便在4cm以上的表土层中活动，取食幼苗嫩茎、嫩根，影响出苗，并能钻入根茎、块根、块茎内蛀食，造成幼苗枯死。幼虫6~7龄，历期25~40d，具假死习性。

6~7月幼虫老熟后，在5~8cm的土层深处做土室化蛹，蛹期7~11d。

成虫羽化后多在作物和杂草的根部越夏，秋季向外转移活动，为害秋播作物的幼苗，至11月间陆续潜入土中越冬。成虫不能飞翔，只能在土面爬行活动，假死性特强。成虫寿命长短差异很大。据张洪喜研究，沙潜成虫平均寿命730~790d，最短为83d，最长的能跨越4个年度，长达1 218d，且连续3年都能产卵，且孤雌生殖后代的成虫仍能进行孤雌生殖。张洪喜于1981年将新羽化的成虫区分雌、雄后，将其隔离并分别饲养，至1982年，10头雌成虫共产卵380粒，每头雌虫产卵量2~167粒不等。将其中的369粒饲育，共孵出幼虫311头，孵化率为84.3%。将311头幼虫继续饲养，得到31头成虫，其中雌成虫占44%，雄成虫占56%。直至1983年，仍有1981年羽化的3头成虫存活，并于1984年共产下82粒卵，产卵量22~34头，孵化出的幼虫20头。直到1984年10月29日止，仍有2头雌虫存活，寿命长达1 218d。这一研究结果对沙潜的深入研究具有重要意义。

（三）发生与环境条件的关系

沙潜性喜干燥，一般多发生在旱地或较黏性土壤中。气候干燥少雨亦有利于沙潜的发生，如黑龙江讷河市2007年由于上年是暖冬，害虫越冬基数普遍较高，存活质量较好；进入6月以后，降雨偏少，加之上年秋季气温高、雨水少，土壤底墒严重不足，非常有利于沙潜等地下害虫及苗期害虫的发生。根据讷河市植保站5月18日的调查，在同意镇同意村甜菜移栽田中发现有沙潜为害，平均每平方米有虫1~3头，最多达6~8头；依安县植保站5月17日调查发现有沙潜为害，平均每平方米有虫0.1~0.3头，最多达3~5头。

田间天敌种群数量的大小，对沙潜的发生有一定的影响。黄脚黑步甲 *Harpalus sinicns Hope* 是沙潜幼虫及蛹的天敌，在河北昌黎密度很大，每平方米有此天敌 28～42 头，常与沙潜混合发生。

二、蒙古沙潜

（一）形态特征

成虫　雄虫体长 4.94～5.72mm，前胸宽平均 2.22mm。前足 1～4 跗节平均长 0.28mm，第 5 节长 0.34mm。雌虫体长 5.49～6.94mm，前胸宽 2.43mm，前足 1～4 跗节≥5 节，体黑褐色有光泽。触角念珠状，11 节。1、3 节较长，2、4 节相等，端部各节逐渐膨大。复眼呈凹形。前胸两侧弧形，表面密布刻点。将前胸划分为左右各半，每半中央偏前方各有较明显的 1 个圆形突起。鞘翅狭长，上有平行隆起线 10 条，行间为小刻点。

卵　卵圆形，0.9～1.25×0.5～0.8mm，乳白色，表面光滑。

幼虫　初孵幼虫乳白色，后变为黄褐色。体节 12 节，圆筒形，前胸发达，前足比中后足长 0.12～0.61 倍，粗为中足的 1.2～2.33 倍。幼虫经 6 龄。其体长与头宽的关系见表 18－2。

表 18－2　蒙古沙潜各龄幼虫头宽、体长等特征（引自张洪喜，1989）

龄期	体色	体长（mm）		头宽（mm）		其他形态特征
		大小	平均	大小	平均	
1	乳白转浅黄	1.776 0～2.220 0	1.982 1	0.277 5～0.388 5	0.319 6	头两侧具赤褐色斑点；尾节刚毛 6 根，左 3 右 3
2	浅黄褐体透明	2.553 0～3.607 5	2.788 0	0.348 0～0.388 5	0.361 7	头两侧具赤褐色斑点；尾节刚毛 8 根，左 4 右 4
3	浅黄褐色	3.052 5～5.494 5	4.371 7	0.493 0～0.599 4	0.518 6	尾节刚毛形成刺；尾节刚毛 8～10 根，左 4～5 右 4～5
4	黄褐色	4.440 0～5.550 0	4.927 8	0.522 0～0.721 5	0.600 7	尾节中央具一白色纵沟；尾节刚毛 14 根，左 7 右 7
5	黄褐色	6.660 0～9.157 5	7.803 3	0.725 0～0.870 0	0.819 6	中胸前缘具 1 深褐色弓形斑；尾节背具 1 白纵沟；尾节刺 14 根，左 7 右 7
6	灰黄色	11.655 0～13.043 5	12.426 4	0.999 0～1.065 6	1.039 1	中胸前缘具 1 深褐色弓形斑；尾节刺 14 根，左 7 右 7

蛹　乳白色，复眼红褐色。长 5.5～7.4mm。

（二）生活习性与发生规律

生活史：蒙古沙潜 1 年发生 1 代。以成虫越冬，越冬场所多集中于 1～10cm 表土层、多年生杂草根际、残株落叶下面、穴道以及砖石下方。至 11 月中旬的中午地面仍有成虫爬行。冬季死亡率室外雌虫为 2%，雄虫为 6%。翌年 3 月下旬开始产卵，8 月上旬结束。雌虫年产卵量 34～490 粒，日产卵 1～19 粒。卵期 4 月中旬 14～18d，7 月下旬2～3d。卵孵化速度很快，自卵壳破裂经 2min 幼虫即能爬出。卵孵夜间多于白天。幼虫期 6 龄，1～5 龄期 4～7d，平均 5～5.5d，6 龄期约 20d。幼虫期 50～56d。老熟幼虫在表土层化蛹，6 月上旬开始，9 月下旬终了。6 月蛹期 7～10d，7 月 4～5d。6 月下旬羽化。

蒙古沙潜生活史见图 18－2。

成虫有趋光性、假死性，耐饥力和抗水性强。成虫一生交配多次，交配后不久即可产卵。食性非常杂，对花生饼、豆饼有趋性。成虫迁移只靠爬行，6 月末至 8 月末高温时能飞翔，主要借水流实施远距离传播。

虫态	1～2月	3月	4月	5月	6月	7月	8月	9月	10月	11月	12月
		上中下	上中下	上中下	上中下	上中下	上中下	上中下	上中下	上中下	上中下
越冬成虫	+ + +	+ + +	+ + +	+ + +	+ + +	+ + +	+ + +	+ + +	+ + +	+ + +	+ + +
卵		●	●●●	●●●	●●●	●●●	●				
幼虫				C C C	C C C	C C C	C C C	C C			
蛹					⊕⊕⊕	⊕⊕⊕	⊕⊕⊕	⊕⊕⊕			
成虫					+ +	+ + +	+ + +	+ + +	+ + +	+ + +	+ + +

图 18－3　蒙古沙潜生活史图示（仿张洪春，1989）

图例：+ = 成虫；● = 卵；C = 幼虫；⊕ = 蛹。

成虫活动与温度有很大的关系。越冬后的成虫，当土温达到 5℃以上时即可微动，8℃以上暖和无风的天气即可爬行寻觅食物，天气转暖时大量的成虫出土为害幼苗。当气温达到 28～32℃时，成虫即藏于郁蔽荫凉处活动。

蒙古沙潜一般与沙潜混生。在河北、山东济南等地蒙古沙潜占多数，而在冀东地区两者的比例因年份不同差异很大。

蒙古沙潜的主要天敌有地蝼甲、步行甲等，能捕食其卵、幼虫和蛹。另外腐食螨类能取食蒙古沙潜的卵。

第三节　综合防治方法

一、农业防治

（1）提早播种或定植，错开沙潜发生期。

（2）清洁田园，清除田间残留植株及田间杂草，并集中处理，降低越冬虫口。

（3）精耕细作，提高播种质量。

二、物理防治

（1）杨树枝诱捕成虫。用长约67cm的杨树枝4～5支为1把，在浇水后，宽行每1m左右1把，诱虫效果良好，尤以雨后或气温突降时，效果更佳（李学进，1984）。

（2）早春挖封锁沟。成虫在杂草多的地边田埂处越冬，春季便逐渐迁至大田，在重点保护甜菜地边四周挖一小沟，沟壁尽量修光滑，沟底每隔10m左右放上少许豆饼，可将成虫诱集到一起，定期捕杀成虫，田间结合施毒土，特别有效。

（3）设陷阱诱杀。成虫喜食豆饼类有香味的食物，可将豆饼放入塑料桶中，将桶埋入草多的土中，将桶口与地面平行，或挖土坑（四壁垂直），并每5d清理一次，于5月底结束，清理时将沙潜成虫集中杀死。

（4）利用成虫的趋光性特性，架设黑光灯诱杀成虫。

三、生物防治

保护和利用天敌如地蝼甲、步行甲等，捕食沙潜的卵、幼虫和蛹。以及利用腐食螨类取食蒙古沙潜的卵。

四、化学防治

（1）拌种。采用爱卡士5%颗粒剂或75%甲基硫环磷拌种，可有效防治苗期成虫的为害。

（2）喷雾或灌根。用25%爱卡士（喹硫磷）乳油或毒死蜱乳油1 000倍液喷洒或灌根处理。

（3）土壤处理。沙潜为害严重的地区于播种前或移植前用3%辛硫磷颗粒剂或5%毒死蜱颗粒剂3～6kg/667m^2，均匀地撒在地表后，深耙20cm，也可条施于栽植沟或穴施于定植穴内，浅覆土后再定植。

第十九章 甜菜象甲

第一节　种类、寄主与分布

甜菜象甲是我国黑龙江、吉林、辽宁、山东、河北、山西、内蒙古、宁夏、陕西、甘肃、新疆等省区甜菜产区苗期的主要害虫之一。成虫在幼苗出土后，咬食子叶和第1对真叶，使叶片出现缺刻，发生严重时，能把子叶和真叶全部吃光，造成田间缺苗，甚至毁种。幼虫咬食甜菜的块根，影响甜菜植株正常生长以及块根的糖分积累，因而对甜菜保苗和产量影响很大。一般可使甜菜减产10% ~25%，发生严重时可使地块减产50%以上，甚至绝产。目前已查明，在我国危害甜菜的象甲种类约有32种，分别隶属于4个亚科。其中分布最广，为害最普遍的是甜菜象甲 *Bothynoderes punctiventris* Germar 和蒙古土象甲 *Xylinophorus mongolicus* Faust。

甜菜象甲 *B. punctiventris* Germar 别名甜菜象鼻虫，属鞘翅目，象甲科。甜菜象甲在华北、西北和东北西部甜菜区普遍发生，内蒙古河套、土默川平原，甘肃河西走廊，新疆的准噶尔盆地北缘农业区，宁夏等地均为较严重发生区。甜菜象甲为多食性，主要寄主有甜菜、玉米、苋、黎科植物。甜菜象甲成虫在甜菜幼苗期为害最重，会咬食种子幼芽，往往被误认为出苗不良，因而耽误防治和补种。幼苗出土时，严重情况下叶子几乎被全部吃光。幼虫在土中咬食根部，使幼苗凋萎干枯而死，把成株的块根咬出伤疤，有时将块根的主根咬断，须根增多，造成畸形，使植物生长不良，甚至枯死，降低产量与含糖量。蒙古土象甲 *X. mongolicus* Faust 又名蒙古灰象甲，属鞘翅目，象虫科。分布在东北、华北、江苏、内蒙古等地。除为害甜菜外，还为害瓜类、玉米、花生、大豆、向日葵、高粱、烟草、果树幼苗等。成虫取食刚出土幼苗的子叶、嫩芽、心叶，严重的可把叶片吃光，咬断茎顶造成缺苗断垄或把叶片咬食成半圆形或圆形缺刻。幼虫咬食甜菜的块根，影响甜菜植株正常生长。

第二节　形态特征、生活习性与发生规律

一、甜菜象甲

（一）形态特征

成虫（图19－1.1～3）　体长12～16mm，体宽4～6mm，长椭圆形。体、鞘翅底

色黑色，密被灰至土黄色鳞片。口吻、复眼及前胸背板黑色。头部延长呈喙状，喙长而直，端部略粗略向下弯，中隆线细而长，隆起，长达额，两侧有凹陷的深沟。额隆，中间有小窝。前胸宽大于长，前缘窄，后缘宽，灰色鳞片形成5条沟状纵纹，中央有纵脊，两侧有沟。前胸背面有小刻点。触角呈膝状。鞘翅中央及两侧各有黑色鳞片形成斑点，在中部形成短斜带，行间四基部两侧和翅瘤外侧较暗。每个鞘翅上有10条纵列粗刻点，近鞘翅末端各有一白色疵状突起。鞘翅上行纹细，不太明显，行间扁平，3、5、7行较隆。腹部第1和第2节中间凹者为雄，凸者为雌。足和腹部散布黑色雀斑。

卵（图19－1.4）　椭圆形，长1.3～1.5mm，宽1mm，初产为乳白色，光滑，有光泽，后转米黄色，光泽减退。

幼虫（图19－1.5）　末龄幼虫体长10～16mm，宽5～6mm。头黄褐色，体乳白色，肥胖弯曲，多皱折，无定型。无足。肛孔两侧各有刚毛1根，脏腹后方有横列刚毛8根。

蛹（图19－1.6）　裸蛹。体长11～14mm。乳白色至米黄色，腹部数节较活动。体各节背面后缘有横列背刺。

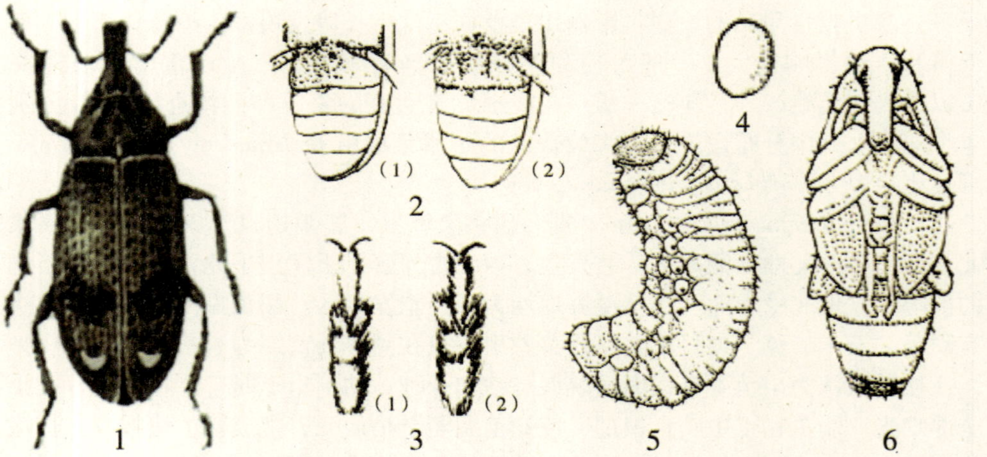

图19－1　甜菜象甲

1. 成虫；2. 成虫腹部腹面：（1）雌虫，（2）雄虫；3. 前足跗节：（1）雌虫，（2）雄虫；4. 卵；5. 幼虫；6. 蛹

（1. 仿 www.chinabaike.com/图；2～6. 仿 tupian.hudong.com 图）

（二）生活习性与发生规律

甜菜象甲1年发生1个世代，以成虫在甜菜地15～30cm土层内越冬，少数以幼虫或蛹越冬。翌春3月越冬成虫开始上迁至表土层，开始出现为害甜菜苗，四五月间为为害高峰期。成虫出土后10d左右交配、产卵。盛夏的中午成虫多潜伏于石块下、枯枝落叶下，日落前后出来活动。成虫耐饥力极强，不善飞翔，觅食、迁移主要靠爬行，性喜温暖，但畏强光，有假死性。成虫寿命长达120～180d。5月中旬开始产卵，一直持续到6月，卵多产于甜菜或藜科杂草根周围表土层中、碎叶上或表土下，卵散产，每头雌虫产卵80～200粒，卵期10～12d。7月上旬至8月中旬是幼虫发生期，幼虫在表土下

15～25cm 处活动，对块根为害严重，啃食主根和侧根，造成地上部植株枯萎。幼虫期 50～90d。幼虫老熟后在土内结土茧化蛹，蛹期 15～20d。7 月下旬至 9 月大部分蛹羽化，但羽化出的成虫不出土即在蛹室内越冬。

在新疆的北疆地区，甜菜象甲 1 年发生 1 代，以成虫在甜菜和灰琴、苦豆子、碱蒿、骆驼刺、甘草等寄主根际 15～30cm 土层越冬，越冬成虫在次年 4 月上旬，当日平均气温 6℃～8℃，地表温度 15℃～17℃时开始爬到地表面活动。当 5cm 地温达 17℃时大量出土。由于成虫越冬深度不一，出土时间极不整齐。石河子糖区一般在 4 月 10 日前后开始出土，先在藜科和览科杂草上取食；4 月下旬至 5 月上旬甜菜出苗后，甜菜象甲就大量迁移到甜菜地取食、产卵。甜菜出苗至 2 片真叶以前，是甜菜受害的敏感期，如防治不当，易遭毁灭。越冬成虫危害盛期的早晚常因气候条件不同而有差异，入春少雨、气温高、地温上升快则早，反之则晚。成虫取食 8～9d 即交尾产卵，每头雌成虫产卵期 30d 左右，产卵 70～200 粒。卵多产在甜菜和杂草根际 0.5cm 深的土层中。卵期 8～17d。幼虫在 5 月上旬出现并为害，初孵幼虫常潜伏于土表，为害接触地面的叶片及根部。幼虫共分 5 龄，幼虫期 45～60d，6 月中下旬开始在土中筑室化蛹。蛹期 15～20d，6 月下旬、7 月初开始羽化，成虫当年一般不出土，秋末在土中筑室越冬。翌年迁移到甜菜地的成虫食量大，每头成虫每天取食量为虫体重量的 1/3。成虫一生可咬毁 10～15 株甜菜苗。成虫有迁移性和趋向性。出土的越冬成虫，在天气炎热时大量爬出地表，以一昼夜爬行 150～200m 的速度分散迁移到邻近的甜菜地为害（赵江枫，1995）。

（三）发生与环境条件的关系

甜菜象甲适宜在土质疏松、通透性良好、土温较高的沙壤土上发生。高温、低湿有利于成虫出土；长期阴湿且黏重的土壤则不利其发生。田间管理粗放，土块大而较多，出苗不齐的甜菜地发生严重。

二、蒙古土象甲

（一）形态特征

成虫（图 19－2.1）　体长 4.4～5.8mm，宽 2.3～3.1mm，卵圆形，覆褐色和白色鳞片，鳞片间散布细毛。褐色鳞片在前胸背板上形成 3 条淡纵纹，白色鳞片在前胸近外侧形成 2 条淡纵纹，在鞘翅第 3、4 行间基部和肩部形成白斑。每侧鞘翅有 10 行纵列刻点。触角 11 节，膝状。喙短而扁平。前足胫节内缘有 1 列钝齿，端部向内外放宽。雄虫前胸背板窄长，鞘翅末端钝圆锥形；雌虫前胸背板宽短，鞘翅末端圆锥形。

卵（图 19－2.2）　长约 0.9mm，宽约 0.5mm，椭圆形。初产时乳白色，经 24 小时后变黑褐色，进而变黑色。

幼虫（图 19－2.3）　老熟幼虫体长 6～9mm，乳白色。上颚黑色，有 2 尖齿。内唇前缘具 4 对齿状长突起，中央有 3 对齿状小突起，其侧后方的 2 个三角形褐色纹于基部连在一起，并延长呈舌形。下颚须、下唇须均 2 节。

蛹（图 19－2.4）　体长 5～6mm，椭圆形，乳黄色，复眼灰色。喙下垂，末端达后足跗节基部。头部及腹部背面生褐色刺毛。

图 19－2　蒙古土象甲

1. 成虫；2. 卵；3. 幼虫；4. 蛹

（仿《中国花生病虫草鼠害》图）

（二）生活习性与发生规律

在辽宁、山东、河南等甜菜区，蒙古土象甲 2 年完成 1 代，以成虫及幼虫隔年交替在土中越冬。辽宁于 4 月中旬出土活动，在地面上或近地表的幼小甜菜苗、桑苗及幼树上取食，5～6 月为成虫为害幼苗的高峰期。5 月上旬产卵在土中，卵散产。5 月下旬出现新孵化幼虫，在土中为害细根或块根，9 月底做土室越冬。山东则于 3 月下旬至 4 月上旬出土，4 月中下旬交尾产卵至 6 月下旬。5 月上旬新孵幼虫始见，10 月中下旬越冬，下一年春季继续为害，6 月下旬化蛹，7 月上旬羽化为成虫，羽化的成虫不出土，在土室中越冬，直至第 3 年 3～4 月才出土为害。成虫只爬行，不飞翔，有群居性和假死性。

第三节　综合防治方法

一、农业防治

（1）秋翻、春翻。因为象甲多在耕作层内越冬，细致的行间耕翻，可以改变其原来越冬的位置，使其大半暴露于地表，经过机械伤害、其他动物取食以及风吹、日晒、冰冻等不利的自然条件可大大降低虫口密度。

（2）灌水。由于蒙古灰象甲成虫只能于地表爬行迁移，土壤湿度和含水量过大不利于其活动，所以可以结合灌水，增加土壤湿度，限制其取食、产卵等有害活动。

（3）实行大面积轮作。选择距前两年种甜菜地 500m 远的地块安排甜菜茬口，可减少虫源。

（4）挖沟除虫。甜菜播种后，立即在地四周挖除虫沟，沟宽 23～33cm，沟深 33～45cm，沟壁要光滑，沟中放杀虫剂毒杀，防止外来象甲掉入后爬出。

二、化学防治

（1）种子处理。①闷种法。适合于35%甲基硫环磷乳油种子处理。播种前一天用35%甲基硫环磷500mL，种子50kg，水50kg拌和均匀，闷种24h后，即可播种。②湿拌法。适合于7%甲基硫环磷微粒剂处理种子，播种前一天，按种子2.5kg，水2kg，7%甲基硫环磷微粒剂500g计算，在缸内湿拌种，24h后即可播种；播种前用75% 3911乳油0.4～0.5kg，对水10～15kg配成药液拌甜菜种子50kg，然后用麻袋或塑料膜覆盖，每隔4h翻拌1次，共闷24～36h后晾干播种。③包衣法。适合机械化播种。选用7%甲基硫环磷微粒剂，按种子：微粒剂5：1比例计算，将药剂放入包肥衣的肥料里，然后将甜菜种子包衣。35%呋喃丹种衣剂及35%大扶农种衣剂拌种：按药剂、种子、水配比为1：50：25的比例拌种。以上方法均具有很好的防治效果。

（2）诱杀。采摘鲜嫩的甜菜叶或洋铁酸模（洋铁叶子）用杀虫剂（90%晶体敌百虫500倍液、80%敌敌畏乳油1 000倍液、2.5%溴氰菊酯1 000倍液等）浸泡1～2h，取出放于田间诱杀，或在果园周边种一些甜菜或洋铁酸模等象甲喜食植物，在夏季象甲大量前来取食时，集中喷药杀灭害虫。

（3）施药防治。甜菜出苗时20cm土层温度稳定在10℃以上时查虫，当有成虫0.1头/m^2时，用3%甲基异柳磷颗粒剂45.0～60.0kg/hm^2或5%毒死蜱颗粒剂45.0kg/hm^2，撒施于甜菜苗周围；也可用喷洒法或浇灌法：在成虫产卵前，用4.5%高效顺反氯氰菊酯乳油或50%辛·氰乳油2 000倍液、50%甲基硫环磷乳油500～1 000倍液、40%甲基异柳磷乳油1 000倍液喷洒或浇灌，杀灭成虫。

第二十章 甜菜斑蝇

第一节 寄主与分布

甜菜斑蝇 *Tetanops* sp. 别名甜菜根蛆，属双翅目，斑蝇科。主要分布在内蒙古、黑龙江、吉林、辽宁、新疆等甜菜种植区。美国报道的甜菜斑蝇学名为 *T. myopaeformes*，与我国发现的甜菜斑蝇是否属同种有待鉴定。

甜菜斑蝇寄主植物主要是甜菜，是甜菜的主要害虫之一。甜菜斑蝇以幼虫群集在甜菜根系周围活动，取食为害甜菜根系组织或块根的细嫩表皮组织，其为害特点是常以百头或数百头集中在一株甜菜根部为害，可食尽须根，造成植株死亡，缺苗断垄。块根表皮受害后，出现黑色斑点或呈渠道状疤痕。受害株严重时，可能会诱发根腐病，致使块根全部发黑，浇灌以后大部分腐烂。受害植株发育不良或萎蔫枯死，叶部反应症状是由外向内逐渐萎蔫。

第二节 形态特征、生活习性与发生规律

一、形态特征

成虫 体长6~9mm，翅展12mm。头与小盾片土黄色，颊部色浓；胸及腹部银灰色；翅、平衡棍及足均蜡黄色；各跗节端部一半黄褐色。头略宽于胸。胸部背面密布细毛。胸背板两个黑点横排。肩刺毛、背侧刺毛、翅背刺毛、翅后刺毛各1根，在背侧缘呈一纵列。翅内刺毛、背中刺毛、中刺毛左右各1根，对称排列在中盾板后缘呈一横列。小盾片刺毛2对，1对在上中部，靠近左右边缘各1根；1对在下部，位于小盾片末端部。中盾片背面有2个明显黑斑。翅前缘端部颜色比较黄褐，翅前缘具棕色斑纹1个。

卵 体长约1mm，长椭圆形，乳白色，表面平滑，两端稍尖。

幼虫 圆锥形，体长8~10mm，共11节，第10节较长。老熟幼虫乳白色，发油光。前端口钩黑褐色，腹部末端具黑色小突起1对。

蛹 围蛹，长8mm，直径2.4mm，棕红色，末端有黑色小突起1对。

二、生活习性与发生规律

在内蒙古，甜菜斑蝇1年发生1代，以幼虫在40～60cm深的土层中越冬。翌年4月中下旬越冬幼虫升至土表层中化蛹，田间检查可看出隧道，化蛹深度多在10cm附近，30cm以下很少。当10cm土层温度达15℃～17℃时为化蛹盛期，直至6月下旬化蛹结束，蛹期17～18d。5月中旬至7月中旬陆续出现成虫，6月中下旬为盛发期，正当独行菜（洋辣椒）开花期，可作为防治成虫的物候指标。成虫盛发期也是产卵盛期，这是防治的关键时期。6月上旬可发现幼虫为害甜菜苗，最初是甜菜的细根被食害，6月下旬至7月中旬陆续出现死苗，并可持续为害至8月。甜菜斑蝇以幼虫群集在甜菜根系周围活动，取食为害甜菜根系组织或块根的细嫩表皮组织，其为害特点是常以百头或数百头集中在一株甜菜根部为害，可食尽须根，造成植株死亡，缺苗断垄。块根表皮受害后，出现黑色斑点或呈渠道状疤痕（图20－1）。9月份气温及土壤湿度下降，幼虫下移至60cm的土层中越冬。部分幼虫有滞育性，上年越冬的幼虫至当年8～10月，田间检查仍可见尚未化蛹的幼虫。幼虫从土层深处上升化蛹和羽化出土时，都是头部向上；如被倒放则出土困难，有30%～40%不能羽化，或羽化后因不能出土而死。因此，可以利用耕翻或中耕办法，抑制其羽化出土。

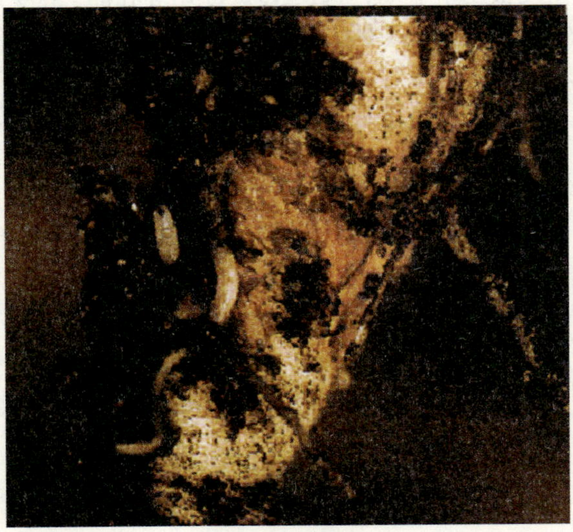

图20－1　甜菜块根表皮受害状及甜菜斑蝇幼虫

（仿 www. cnpnc. com 图）

成虫出土多在凌晨4：00—7：00，初出土即向植物上爬行，经2～3h后作近距离飞行，经2d后交尾，交尾1d后即产卵。产卵多在下午。卵多产于甜菜根部1cm表土层内，或茎干基部。每头雌虫产卵200粒，每次产10～100粒，每30～50粒一堆，卵块排列不整齐，卵期约7d，孵化率在90%以上。

第三节　综合防治方法

一、农业防治

（1）用拉网捕杀成虫。在成虫发生盛期（6月中下旬），在甜菜前茬（当年的小麦地）普遍拉网一次。网的进口处高1m、宽3m，两边各缝进一根木棍，上、下各边都缝进一条绳子。木棍供人手拿，绳子可防止把网拉坏。网长2.42m、网底1.0m，上下缝在一起，网底偏角处留一小孔，拉网时绑住，防止成虫外飞，拉完后解开，把虫子倒出打死。使用时，两人前面手持木棍，另一人手拉网底，把网张开，缓缓前进。

（2）合理轮作倒茬。高垄种植甜菜，和小麦间作。

（3）田间发现卵后及时松土，把卵暴露在日光下暴晒或改变卵孵化条件，有一定防治效果。

（4）甜菜根蛆为害严重地区或地块可采用育苗移栽，避免根蛆为害。

二、化学防治

（1）防治成虫。在成虫发生盛期，选用48%毒死蜱乳油1 000倍液、50%马拉硫磷乳剂1 000倍液或80%敌敌畏乳油1 000倍液喷雾防治。

（2）防治幼虫。幼虫为害严重时，于6月下旬至7月上旬用48%毒死蜱乳油1 000倍液或50%辛硫磷乳油1 000倍液灌根，对灭卵及低龄幼虫效果良好。

附表二

其他甜菜地下害虫主要种类、学名、寄主及其分布

科 别 Families	种 类 Specials	学 名 Technical term	寄 主 Hosts	分 布 Distribution
直翅目 HOMOPTERA				
蚜科 Aphididae	菜豆根蚜	*Smynthurodes betae* Westwood	甜菜、棉、菜豆	华北、华中、华东地区
	东方蝼蛄	*Gryllotalap orientalis* Burmeister	甜菜、甘蔗等	全国各地
鞘翅目 COLLEOPTERA				
步甲科 Carabidae	条纹金针虫	*A. lineatus* Linnaeus	甜菜、小麦、玉米、棉、牧草	甘肃、新疆、
	棘胸叩头虫	*Agriotes sericeus* Candeze	甜菜、小麦、大麦、玉米、高粱、粟、马铃薯、烟草等	华北地区
	黯金针虫	*A. obscurus* Linnaeus	甜菜、小麦、玉米、高粱、马铃薯、向日葵	山西、甘肃、新疆
	农田金针虫	*Anisodactylus sputator* Linnaeus	甜菜	华北、新疆
	纯侧三齿金针虫	*Melanotus brannipes* Germ	甜菜、小麦、玉米、棉、牧草、高粱、马铃薯、向日葵、亚麻、瓜类等	新疆
	直侧三齿金针虫	*M. fusciceps* Gyll	甜菜、小麦、玉米、棉、高粱、向日葵、亚麻、烟草、瓜类、蔬菜等	新疆
拟步甲科 Tenebrionidae	欧洲沙潜	*Opatrum sabulosum* Linnaeus	甜菜、棉、果树幼苗等	甘肃、新疆
鳃金龟科 Melolonthidae	黑阿鳃金龟	*Apogania cupreviridis* Kolbe	甜菜、玉米、高粱、大豆、棉花、洋麻、陆稻	黑龙江、陕西、山西、辽宁、河北、天津、北京、贵州、山东、河南、江苏
	额臀大黑鳃金龟	*Holotrichia convexpyga* Moser	甜菜、玉米、高粱、大豆等	黑龙江、辽宁、山西、河北、安徽、江西
	小黑鳃金龟	*H. picea* Materhuse	甜菜	

（续上表）

科别 Families	种类 Specials	学名 Technical term	寄主 Hosts	分布 Distribution
	五月鳃金龟	*M. melolontha* Linnaeus	甜菜、玉米、小麦、青稞、豌豆	四川
	甘孜鳃金龟	*M. permira* Reitter	甜菜、玉米、小麦、青稞、豌豆	四川
	江南大黑鳃金龟	*Holotichia sauteri* Moser	甜菜、花生、甘蔗	福建、广东、广西、四川等地
丽金龟科 Rutelidae	小青花金龟	*Oxycetonia jucunda* Faldermann	甜菜	北方地区
象甲科 Cuiculionidae	短毛草象	*Chloebius psittacinus* Boheman	甜菜	甘肃、新疆
	长毛草象	*Chloebius immeritus* Boheman	甜菜等	新疆
	亥象	*Heydenia crassicorhis* Tournier	甜菜、茵陈篙、马铃薯等	山西、河北、内蒙古、陕西、甘肃
	黄褐纤毛象	*Tanymecus urbanus* Gyllenhyl	甜菜、榆、杨、柳等	山西、内蒙古、新疆
	灰斑纤毛象	*Tanymecus variegatus* Geble	甜菜等	甘肃、新疆
	短角毛足象	*Phacephorus villis* Fahraeus	甜菜等	河北、内蒙古、甘肃、青海
	长角毛足象	*Phacephorus decipiens* Faust	甜菜等	甘肃、青海
	甜菜毛足象	*Phacephorus umbratus* Faldermann	甜菜等	河北、山西、内蒙古、甘肃
	北京土象	*Xylinophorus pallidosparsus* Faimaire	甜菜等	河北、北京、山西
	大灰象	*Sympiezomias velatus* Chevrolut	甜菜等	辽宁、河北、北京、山西、内蒙古、甘肃
	北京灰象	*Sympiezomias herzi* Faust	马铃薯、大豆、甜菜等	黑龙江、吉林、河北、北京、山东、山西、陕西、甘肃
	甜菜长柄象	*Mesagroicus* sp.	甜菜等	黑龙江、吉林、甘肃
	西伯利亚绿象	*Chlorophanus sibiricus* Gyllenhyl	甜菜等	山西、内蒙古

（续上表）

科别 Families	种类 Specials	学名 Technical term	寄主 Hosts	分布 Distribution
	甜菜筒喙象	*Lixus subtilis* Boheman	甜菜、苋菜、灰菜等	江苏、黑龙江、吉林、辽宁、河北、山西、内蒙古、甘肃、新疆
	锥喙筒喙象	*Lixus fairmarei* Faust	甜菜等	黑龙江、河北、北京、山西、内蒙古、宁夏、甘肃
	钝圆筒喙象	*Lixus antennatus* Motschulsky	甜菜等	黑龙江、吉林、辽宁、河北、北京、山西
	油菜筒喙象	*Lixus ochraceus* Boheman	甜菜等	辽宁、北京、山西、内蒙古
	黑斜纹象	*Chromoderus declivis* Olivier	甜菜等	黑龙江、吉林、辽宁、河北、北京、山西、内蒙古、甘肃、新疆
	二脊象	*Pleuracleonus sollicitus* Gyllenhyl	甜菜等	黑龙江、吉林、河北、北京、内蒙古、甘肃
	斑尖眼象（普通型）	*Chromonotus bipunctatus* Zoubkoff	甜菜、苋菜、灰菜等	黑龙江、吉林、辽宁、山西、内蒙古、甘肃、新疆
	粉红锥喙象	*Conorrhynchus conirostris* Gehler	甜菜等	内蒙古、甘肃
	欧洲方喙象	*Cleonus piger* Scopoli	甜菜、飞廉属、蓟属植物	黑龙江、辽宁、河北、北京、山西、内蒙古、甘肃、新疆
	中国方喙象	*Cleonus freyi* Zumpt	甜菜等	黑龙江、北京、山西、陕西、内蒙古、甘肃
	脊翅小粒象	*Pachycerus costatulus* Faust	甜菜等	吉林、河北、北京、内蒙古
	大甜菜象	*Bothynoderes verrucosus* Gehler	甜菜等	山西、内蒙古、甘肃
	东方甜菜象	*Bothynoderes foveicollis* Gehler	甜菜等	甘肃、新疆

（续上表）

科别 Families	种类 Specials	学名 Technical term	寄主 Hosts	分布 Distribution
	粗糙甜菜象	*Botynoderes icollis* Fahraeus	甜菜等	甘肃、青海
	黑甜菜象	*Bothynoderes Libitinarius* Faust	甜菜等	甘肃、青海、新疆
	三北甜菜象	*Bothynoderes securus* Faust	甜菜等	黑龙江、吉林、河北、北京、山西、内蒙古、甘肃、宁夏、青海
	甜菜碗额象	*Gronops* sp.	甜菜等	黑龙江、辽宁、甘肃
鳞翅目 LEPIDOPTERA				
夜蛾科 Noctuidae	八字地老虎	*Agrotis c-nigrum* Linnaeus	甜菜、棉、麻、烟、麦类、蔬菜、瓜类、玉米、高粱、谷子等	全国各地
	皱地老虎	*Agrotis corticea* Schiff	甜菜	黑龙江
	翠地老虎	*Agrotis Praecox* Liwuaeu	甜菜	黑龙江
	大地老虎	*Agrotis tokionis* Butler	甜菜、高粱、玉米、谷子、麦类、蚕豆、豌豆、棉、胡麻等	长江以南地区
	丫纹夜蛾	*Autographa gamma* Linnaeus	甜菜、豌豆、白菜、甘蓝、大豆、苜楷、玉米、小麦等	黑龙江
	紫切根虫	*Euxoa clerica* Butler	甜菜、棉花、蔬菜等	云南、贵州
	羽角地老虎	*Euxoa obesa* Bois	甜菜	全国各地

下　卷

地下害虫防治新技术

人类社会早期从事农作物病虫害防治的目的主要是谋求生存的需要，仅仅是为了获取农作物丰收以满足人类自身的暖饱问题。随着社会的发展、科学的进步和生活水平的不断提高，人类在从事病虫害防治过程中，在考虑生存需要的同时，还更多地关注自身的生存质量如环境质量、食品安全、可持续发展等问题。有机合成农药的出现，为促进世界农业的飞速发展作出了杰出的贡献。但随着有机化学农药的大量使用，出现的农药污染、农药残留以及破坏生物多样性等问题，迫使人们更多地思考如何应用更科学、更有效、更安全的方法防治害虫。人们不仅在本学科中寻找答案，也从其他学科的最新研究中汲取营养，因而催生了害虫防治的各种新理论和新方法。目前，害虫防治这一学科的发展除了与传统学科如农业昆虫学、分类学、预测预报学、生态学、农药学等联系越来越紧密外，与其他学科如计算机科学、分子生物学、遥感技术等学科也交叉融合，相关的技术已经渗透到害虫防治的全过程中。在人们不断寻找和开发高效、低毒、低残留、对环境安全、兼容性好的农药新品种如超高效农药、调控农药、仿生农药的同时，生态控制理论以及生物防治、化学生态调控等技术的发展也是日新月异。本卷就与地下害虫防治技术发展有关的新理论、新技术和新方法作简要的介绍。

第二十一章 分子生物学技术与地下害虫防治

第一节　分子生物学技术在昆虫分类中的作用

一、昆虫分类学是地下害虫防治的基础

昆虫分类学是人类认识昆虫世界的一个最基本的方法，对为数繁多的昆虫，只有通过分类研究才能正确地认识它们，而昆虫学研究的最终目的是使人类尽可能地利用昆虫资源并控制其为害。昆虫分类学是一门基础学科，它能为昆虫学的其他子学科和其他学科的研究提供第一手资料。在昆虫种群中，血缘愈近，其形态结构愈相似，对环境的要求愈相似，其发生发展的规律也愈相近，掌握了这些规律，就能更好地和害虫作斗争，就能更好地发挥益虫的作用；在同一地区的同一种作物上，常同时存在几种以上近缘的种类，如甘蔗地下害虫金龟甲等，只有将其正确地区分，才能做到准确测报，提高防治的针对性与防治效果；昆虫分类学对于天敌昆虫的引进亦有着极为重要的指导意义。因此，分类学是害虫防治的理论基础之一。而为了促进分类学的发展和提高分类的精确性，分子生物学技术提供了最有效和最精准的鉴定手段。

昆虫分类学是通过研究、区分和鉴定昆虫纲的各个物种，并予以命名、加以描述，提供正确认识和辨别物种的知识和资料；根据物种之间的异同，确定所属的分类层次，制定各个类群的分类系统；探寻物种或类群之间的亲缘关系，追溯其进化过程。昆虫分类学依据的理论是：千差万别的事物，只有通过对比与归纳才能分门别类，所谓分析、对比与归纳，就是研究事物的特殊性与共同性的对立统一，特殊性属于普遍性之中，普遍性建立于特殊之上。分类就建立在对特殊性的分析和普遍性的归纳上。通过对特殊性的研究便可以将某一物种或物类同其他的物种或物类区分开来，通过对普遍性的研究才能正确地归类，这是其一；生物都是由低等到高等，由简单到复杂进化而来的，都起源于共同的祖先，在这样繁多的昆虫种类中，都有或亲或疏，或近或远，或子或孙的关系，有着进化上的间断性与连续性的对立统一，这是其二。

二、分子生物学技术在昆虫分类中的应用

目前，已经定名的昆虫有100多万种，占已知动物的2/3，但是全世界仍约有90%的昆虫是未知种。随着科学技术的进步以及各个学科的交叉渗透，特别是现代生物技术的应用，已有200多年历史的昆虫分类学也获得了极大的发展，加快了昆虫分类学发展的步伐。在过去很长时间里，昆虫分类主要是以外部形态特征为依据，其原因在于外部形态特征直观而容易掌握。以此为依据在目等分类单元中可以很好地反映物种的分类地位。但在小的分类单元如属、族、种内则不容易确定物种的分类地位，再到种群、生态型则更难确定分类地位。对于地下害虫的分类则更是如此。20世纪70年代以来，先后出现了同工酶电泳、气相色谱或气谱—质谱联用技术、核酸序列分析、随机扩增多态性DNA（RAPD）、限制性片段长度多态性（RFLP）、分子杂交技术、单链构象多态性（SSCP）及双链构象多态性（DSCP）技术、聚合酶链式反应技术等多种现代生物技术，极大地促进了昆虫分类学的发展。

（一）同工酶电泳技术

同工酶电泳技术（isoenzyme electrophoresis）自20世纪70年代以来，已成为鉴定物种和种间亲缘关系等方面的重要方法。同工酶是由不同基因位点或等位基因编码的多肽链的单体、纯聚体或杂聚体，其理化或生物性质不同而能催化相同化学反应的酶。同工酶能较好地反映不同种类昆虫之间的遗传差异，具有可靠的生理特性和物种遗传性，对物种鉴别具有重要的参考价值。由于同工酶是基因的产物，能直接反映基因的异同，易于观察研究，目前已作为一种生化遗传标志广泛地应用于发育生物学、群体遗传学、系统分类学等各个领域。通过物种同工酶的研究，可以推测不同物种在基因水平上的不同，进而可以推测其血缘关系和进化地位。

（二）分子杂交技术

核酸的分子杂交（molecular hybridization）技术是目前分子生物学中应用最广泛的技术之一，这一技术在基因的表达、调控和物种的亲缘关系研究中正发挥着重要作用。应用核酸分子杂交技术检测昆虫的遗传多态性、DNA同源性及mRNA的差异，进行昆虫近缘种和地理种群鉴别是当前昆虫系统学研究中常用的分子生物技术。可以预见，未来对重要农、林、医学昆虫基因文库或cDNA文库中的目的基因可以利用核酸分子杂交技术来筛选获得。

（三）核酸序列分析技术

核酸序列分析技术（nucleic acid sequences analysis，NASA）包括DNA和RNA的序列分析。DNA核苷酸序列的测定常用双脱氧法和化学法。现在，双脱氧法DNA序列分析已经成为普通实验室都可以测定的常规手段，且实验手段获得了很大改进。由于DNA测序多为重复性的操作，人们在不断地探索各种自动化的途径，目前DNA序列分析已能达到部分自动化，大大提高了测序效率和精确度，在昆虫学领域的应用范围也扩大了。目前在昆虫分子进化和分子系统学领域，应用核酸序列分析技术测定昆虫特定DNA和RNA核苷酸序列，以比较不同昆虫类群个体的核苷酸顺序（同源核酸），据此推断不同昆虫类群之间的演化关系，建立符合自然进化的分子系统谱系，是昆虫系统发育方面的研究方向。近年来，核酸序列分析方法与PCR及RFLP技术相结合，在昆虫系统发育研究方面取得了一定成就。Chopco应用核酸序列分析方法对直翅目11种蝗虫的进化关系进行了研究。通过测定DNA、RNA的核苷酸顺序，对昆虫进行分类并构建其系统发育关系，有望在重要的农、林、医学昆虫鉴定上发挥作用。核酸序列分析技术与RAPD－PCR及RFLP相结合的综合分析方法，既快速又准确，是今后昆虫分子系统学研究的重要方向。

（四）气相色谱（GC）或气谱—质谱（GC－MS）联用技术

昆虫表皮中的碳氢化合物是昆虫表皮蜡层中的主要成分，其碳链为20～50直链或支链、饱和或不饱和的长链烃类。据国内外研究表明，昆虫表皮碳氢化合物的组分和含量在种间存在差异，即使在亲缘关系很近的种之间也有明显差异。利用气相色谱或气谱—质谱联用技术对昆虫表皮中碳氢化合物进行分析，并以此为依据对昆虫进行分类鉴定是近十几年来昆虫分类学发展的一个方向，主要用于对近缘种及种群的研究。张红兵等应用GC－MS技术分析不同种类白蚁表皮碳氢化合物，结果表明，各白蚁表皮中碳氢化合物组成和含量均有差异。据此认为，我国存在异白蚁属，它与散白蚁属主要区别在于其表皮缺乏以下数种碳氢化合物：正十七烷烃、正二十烷烃、正二十一烷烃、正二十二烷烃、正二十三烷烃、正二十四烷烃和正二十六烷烃等，却含有一种特殊化合物异喹啉。

（五）限制性片段长度多态性（RFLP）技术

限制性片段长度多态性（restriction fragment length polymorphism，RFLP）技术的优点在于它能直接发现同源染色体上核苷酸碱基序列的差异，与传统的形态学和生物化学标记不同的是，RFLP分析与基因表达无关。RFLP数量多，受环境和遗传背景影响小，在发育过程中稳定。由于每个RFLP位点上的等位基因均遵循孟德尔遗传规律，因此RFLP标记可以用传统基因同样的方式进行遗传分析。可以把基因位点归入连锁群，在连锁群中的每个位点都至少可以和连锁群中的一个其他位点连在一起。在连锁群中，标记之间的顺序和遗传距离都可以估算出来，产生一个RFLP连锁图。只要在连锁图上定位与一个特定表型性状相关的基因，首先要在作图群体的个体中测量该性状，然后再寻找RFLP标记位点与性状之间的关系。只要是与探针片段有高度同缘性的DNA片段就可以被检测出来。对于昆虫来说，目前大多数mtDNA的限制性片段长度多态性研究都是在种内或近缘种间进行，而科、属等高级阶元间的分析较少。

（六）随机扩增多态性 DNA（RAPD）技术

随机扩增多态性 DNA（random amplified polymorphic DNA，RAPD）技术的原理是用随机序列的 9～10 个核苷酸的引物，对基因组的 DNA 进行 PCR 扩增，再进行电泳分离和溴化乙啶染色。多态性的产生由互补核苷酸引物的碱基差别形成。RAPD 图谱与 RFLP 相比较有一定的优点，人工合成的随机引物可以进行交换，比克隆 DNA 片段作为探针要容易和迅速得多。目前，RAPD 已成为昆虫遗传图谱构建中的一种普遍方法。当前，RAPD 与 PCR 技术和 RFLP 技术相结合，已广泛应用于昆虫分类学、昆虫生态学、农业昆虫学和森林昆虫学等分支学科。在我国分布有两种形态极为相似的齿爪鳃金龟属金龟甲，即分布于东北各地的东北大黑鳃金龟和分布于华北各地及江苏、浙江、江西等省的华北大黑鳃金龟，除形态特征稍有区别外，两种金龟甲的行为习性、发生规律等均相同。长期以来，这两种鳃金龟的分类地位一直困扰着分类学者。两种鳃金龟均为所分布地区的重要地下害虫，其个体发育历期长，采用传统的杂交方法确定其分类地位，不仅所需要的时间长，而且长期饲养困难，因而一直未获成功。王思芳等（2002）运用分子生物学的方法，采用随机扩增的多态性 DNA（RAPD）技术，对齿爪鳃金龟属的四个类群进行了分类地位的研究。研究结果表明，四个类群间的平均遗传距离分别为：华北大黑鳃金龟的文登种群与南京种群间为 0.346，文登种群与东北大黑鳃金龟间为 0.375，南京种群与东北大黑鳃金龟间为 0.359，矮臀鳃金龟与文登种群、南京种群和东北大黑鳃金龟间分别为 0.552、0.545 和 0.534。通过对 RAPD 指纹图谱的聚类分析，系统发育树将以上四个类群分为了差异显著的两大类。综合各项研究指标，东北大黑鳃金龟与华北大黑鳃金龟之间的差异为种群水平的变化，东北大黑鳃金龟与华北大黑鳃金龟属同种昆虫，按照动物命名法规，东北大黑鳃金龟应为华北大黑鳃金龟的同物异名。

（七）单链构象多态性分析（SSCP）方法

单链构象多态性分析（single-strand conformational polymorphism，SSCP）方法的基本原理是依据 DNA 分子在不含变性剂的中性聚丙烯酰胺凝胶中电泳时，其迁移率除与 DNA 的长短有关外，更主要的是取决于 DNA 链所形成的构象。SSCP 方法自 1989 年由 Masato Orita 等人建立以来，就以其灵敏性广受关注。

（八）DNA 聚合酶链式反应（PCR）技术

DNA 聚合酶链式反应（polymerase chain reaction，PCR）技术在分子生物学领域获得了广泛的应用，已经在很大程度上代替了传统的 DNA 克隆方法。利用 PCR 技术能够从复杂的 DNA 分子群体中选择性地复制某一段特异的 DNA 序列，从而使某一 DNA 片段得到特异性的扩增。同时，这一技术在昆虫学领域也得到了广泛的应用。目前，根据特定的氨基酸序列，借助 PCR 技术和合成引物扩增基因片段作为探针构建不同昆虫的 DNA 库，得到完整的 cDNA 分子，是昆虫分子生物学领域的研究热点之一。

第二节　分子生物学技术在新农药开发中的作用

新农药的研究与开发通常要经历化合物结构的筛选与发现、农药的开发、农药的产业化及农药作用机理等研究的 3 个步骤。分子生物学已经渗透到农药开发的整个过程。分子生物学主要研究蛋白质、核酸和其他大分子及其相互作用，这些大分子性质不仅与分子的结构、组织有关，而且涉及结构与功能的相互关系。通过分子生物学理论和方法，寻求新的作用靶标或揭示农药的作用机理，为新的化合物结构设计和开发提供重要的理论依据；即使在早期的农药筛选过程中，也已涉及生物酶和细胞两个层面，如引入乙酰胆碱酯酶（acetylcholine esterase）、海藻糖酶抑制剂（trehalase inhibitor）；在农药开发的过程中及农药的产业化后的农药产品，同样需要分子生物学来研究其作用靶标及其作用机理；而在农药用于害虫防治方面，分子生物学对于分析和研究农药的作用机理、农药的代谢分解及害虫抗药性机理具有重要的作用。化学农药快速、高效、经济的显著特点，使之成为害虫防治的主要手段，但随着化学农药的大量长时间使用，害虫在强大的选择压力下，对农药的抗性骤增，导致用药量不断加大，造成经济、环境、社会等方面的负面影响不断加大。研究昆虫抗药性机理，有效延缓和解决害虫抗药性问题已成为一个重要的课题。分子生物学技术的发展为从分子水平上揭示害虫抗药性产生的原因及机理提供了一个极好的研究工具。通过近年来的努力，目前对害虫抗药性机理的分子基础——抗性基因的研究取得了丰富的研究成果。在许多情况下，抗药性的产生是由于昆虫体内的代谢酶类（包括细胞色素 P450、氧化酶系、水解酶系，如酯酶及谷胱甘肽 S－转移酶等）对杀虫剂代谢能力的提高。运用分子生物学手段，人们对酯酶分子及基因结构及其基因扩增机制等已有了深入了解。利用基因克隆技术克隆出不同类型农药的靶标受体基因，如钠离子通道基因、GABA 受体复合体、乙酰胆碱各型受体基因、乙酰胆碱酯酶基因、激素受体、Bt 受体等。细胞色素 P450 活性提高在许多杀虫剂抗性中具有重要作用，随着对 P450 分子基础研究的深入，将会从本质上深刻阐明昆虫 P450 与抗药性的关系以及昆虫生理生化及其与环境的适应性之间的联系。虽然目前人们对地下害虫抗药性的研究仍停留于抗性的监测和发现方面，对其抗药性机理的研究还很少，但随着分子生物学研究的不断发展及渗透，人们对地下害虫抗药机理的认识将会不断加深，并利用其研究成果有效治理害虫抗性。

第三节　分子生物学技术在生物防治中的作用

一、提高微生物的杀虫效率

微生物农药具有对环境和生态无害的特点，因而其研究与应用受到世界各国的高度重视。分子生物学技术的出现为菌株的遗传改良提供了有效的手段。应用分子生物学技术开发新的生物农药，现已步入一个崭新的阶段，新一代重组微生物的研究、开发已取得显著的进展。从新型生物农药的研制、应用技术到效能评价都离不开分子生物学手段，最突出的是重组病毒和利用遗传工程技术修饰微生物杀虫剂的研究，及利用基因工程技术提高生物农药固有活性和克服不利的环境因子、扩大寄主范围的研究等。1991 年以来，国外已有一些新型的微生物农药产品投入市场。其中以微生物杀虫剂居多，如采用质粒（Plasmid）修饰与交换技术开发的新型 Bt 杀虫剂 Foil、Condo 和 Cutlass；利用基因体外重组技术开发的新型 Bt 杀虫剂 Raven OF 和 Crymax WDG；利用基因转移与生物微囊技术开发的杀虫荧光假单胞菌菌剂 MVP、M－Trak 和 M－Peril 等。昆虫病毒作为生物杀虫剂具有特异性和安全性等优点，但由于其作用缓慢和寄主面太窄等缺点限制了其推广和应用。这就需要充分利用分子生物学技术，提高微生物制剂的稳定性和对害虫的速效性。如果昆虫病毒在感染昆虫的同时能表达出具有杀虫活性的毒素、干扰昆虫正常代谢的激素或酶，这样就可以发挥两者优势，因而重组病毒研究进展非常快，科学家已经用具有杀虫和干扰代谢作用的基因成功地构建了可以表达 γ-肉毒素、蝎毒（AaHIT），抑制昆虫蜕皮的蜕皮甾醇糖化转移酶、利尿激素，JH 酯酶、几丁质酶等新的工程病毒。金龟甲绿僵菌的毒力与其分泌的昆虫表皮降解酶有直接关系。St. Leger 系统地研究了绿僵菌酶系，认为弹性凝乳蛋白酶 Pr1 的活性决定绿僵菌的侵染力，并成功地克隆了编码为 Pr1 的基因，且从 *Neurospora crassa* Sheare & Dodge 和 *Aspergillus nisulans* Vuillemin 中得到了可在绿僵菌中表达的转座子，为遗传工程育种创造了条件。我国科学家利用 PCR-RFLP 对基因的干预技术在对地下害虫金龟甲高致病性菌株方面获得突破。中国农科院植保所科技人员与河北农科院合作，在建立金龟甲大规模饲养的基础上，利用生物测定的方法，从搜集到的大量 Bt 菌株里发现有一些菌株含有 Cry8 的基因，并运用 PCR-RFLP 对 Cry8 基因进行干预，发现在菌株中有不同的对黄褐丽金龟、铜绿丽金龟、大黑金龟甲和暗黑金龟甲有效的基因：Cry8Ca2、Cry8Eal、Cry8Fal、Cry8Gal，其中后 3 种已经申请了国际发明专利。此类基因和以往报道的基因同源性差别很大，完全是一个崭新的基因，结构和功能都有新的特点。另外，利用转基因技术，提高病原线虫对恶劣环境的适应能力方面亦有可喜的发现。1996 年，美国农业部发布了转基因线虫 *H. bacteriophora* 田间试验的许可证，试验的目的是评价转基因线虫在可控的条件下对环境的风险性，试验结果显示转基因线虫较野生种类对突然的升温有很好的适应能力，这一特性意味着转基因线虫似能延长其暴露在高温中的存活时间。

二、转基因抗虫作物

随着分子生物学技术在作物育种中的广泛应用，转基因抗虫作物的研究得到了飞速的发展，一批抗虫、抗病或抗杂草的作物得到开发和应用。这将对化学农药的生产和应用产生重大而深远的影响。自从 1983 年，世界第一例转基因植物（Genetically Modified Plant，GMP）烟草问世以来，转基因作物在全球范围内的发展速度、给害虫防治带来的变化以及带给人们的希望十分惊人。人类应用生物学技术研制的转基因抗虫植物是生物学技术在害虫防治中应用最成功的例子，将具有杀虫和调节昆虫生长发育的基因导入作物细胞，培育出具有抗虫能力的新品种已在害虫防治中显示出广阔的应用前景。国内外已有很多实验室把 Bt 毒蛋白基因、豇豆胰蛋白酶抑制基因等分别导入烟草、番茄、马铃薯、玉米、甘蔗、芥菜、水稻等多种作物。1986 年，美国 Beachy 研究小组首次将烟草花叶病毒（TMV）外壳蛋白基因（CP）导入烟草，培育出抗 TMV 的烟草植株，开创了抗病毒育种的新途径。比利时植物遗传公司的科学家于 1987 年首次将苏云金杆菌（*Bacillus thunringieniis*）毒蛋白基因导入烟草中并得以表达，表现出对 1 龄烟草夜蛾幼虫的抗性。经过多年的发展，已取得较大的进展，并实现了大面积的商业化应用。截至 1998 年 6 月，国外批准商业化应用的各类转基因植物产品（品牌）已近 90 种，仅美国和加拿大就超过了 50 种。其中，大部分都与病虫草害防治有关，例如抗虫（玉米螟）玉米、抗虫（棉铃虫、红铃虫）棉花、抗虫（甲虫）马铃薯、抗病毒西葫芦、番木瓜等。

我国转基因植物的研究也获得了很大的发展，据科技部报道，到 2006 年，转基因技术达到国际先进水平，在发展中国家中处于领先地位，一是植物重要功能基因克隆取得重要进展，已自主克隆重要功能基因418个。其中，抗虫相关基因46个。在这些基因中，已有转化植株并对植物优质、高产、抗逆及生长发育调控等具有重要应用前景的功能基因46个。二是转基因抗虫棉产业化取得巨大的经济效益，初步具备主要作物的转基因产业化能力，使棉农因防治棉铃虫而导致的中毒事件降低了70%～80%，每年减少化学农药用量2.0～3.0万t，相当于我国化学杀虫剂年生产总量的7.5%左右。获得了一批优质、高抗的转基因作物育种新材料，为转基因植物产业化提供了充分的品种储备。创制了优质、抗病、抗虫、抗旱、耐盐、抗除草剂转基因植物新品种、新品系和新材料20 925份，共有473份新品系和新材料获准进行生物安全性评价，其中商业化生产58例，环境释放114例，中间试验199例，生产性试验102例。转基因741杨通过了商品化生产审批，已推广266.67hm^2。

我国在转基因抗地下害虫作物方面，亦有初步的尝试。中国农科院植保所的技术人员利用PCR－RFLP技术，对Bt菌株的Cry8基因进行克隆，获得4个对地下害虫金龟甲（黄褐丽金龟、铜绿丽金龟、大黑金龟甲和暗黑金龟甲）有效的基因：Cry8Ca2、Cry8Eal、Cry8Fal、Cry8Gal，再通过转基因技术将这一基因成功地转到烟草的根部得到对地下害虫具有抗虫能力的转基因烟草。由于金龟甲幼虫（蛴螬）多栖息于地下，施用化学药剂和生物制剂很难使蛴螬直接接触到药剂，而采用转基因的手段，将基因转到植物细胞体内，使之在植物体内长期表达，这为我们将来更好地利用Bt防治金龟甲开辟了新的道路。

第四节　分子生物学技术在分子生态学研究中的作用

分子生态学从基因水平上研究生物与生物以及生物与环境之间的关系，为掌握害虫的种群迁移和扩散规律，及时采取有效的防治对策提供了强大的理论依据。目前，昆虫生态学研究中主要用于：进行个体遗传标记，以鉴别亲缘关系并研究生殖策略；研究种群间迁移扩散关系；研究种群内遗传变异程度和种群遗传分化程度；进行天敌昆虫品系标识和鉴定以及进行害虫生物型鉴别。Roehrdanz等（1993）用RAPD技术标识了不同地理起源的北美瓢虫——蚜虫天敌，为正确地引进天敌，控制蚜虫为害起到了决定性的作用，同时指出RAPD技术可用于区分关系近缘的天敌昆虫，在利用天敌控制害虫方面有着巨大的经济意义。

第二十二章 现代分析技术与地下害虫防治

第一节　现代分析技术在高效、超高效农药开发中的作用

植物次生物质与昆虫之间具有十分密切的关系，植物次生物质的应用及开发早在化学合成农药之前便开始了。最早的农药有不少是从植物中提取出来的，有些已开发成商品化杀虫剂。由于植物性杀虫剂无毒、无残留、无污染，故在国际上受到越来越多国家的重视。如天然除虫菊酯产业在肯尼亚、厄瓜多尔等国已成为支柱产业之一。在令人瞩目的印楝素的研究中发现，它至少对多种昆虫具有拒食、忌避、生长发育抑制作用，这是目前国际公认的最有潜力的杀虫植物。杀虫活性物质还可作为合成新型农药的先导物。另外，植物次生代谢产物还是地球上最丰富的有机化合物宝库。国际上杀虫剂的三大支柱中有两大支柱是从植物源杀虫活性物质中找到的先导化合物。所以植物源杀虫剂是农药研制和开发的重要宝库。昆虫信息素及植物次生代谢挥发性物质，则是昆虫化学生态控制的主体。昆虫性信息素、聚集信息素、追踪信息素、告警信息素、疏散信息素、利他素、利己素、协同素以及植物的挥发性物质等，是昆虫种内、种间通信及昆虫食料源定位等的重要物质。目前，这些物质已被普遍运用于害虫的预测预报、诱杀防治和迷向防治，或与其他化学制剂或生物制剂联合应用，将在害虫防治中显示出越来越重要的作用。

植物次生物质也好，昆虫信息素物质也好，它们虽普遍存在于自然界中，但由于其种类繁杂，结构、性质复杂多变，且一般在自然界中存在的量非常稀微，所以弄清楚这些化学物质所具有的生物活性和应用价值意义十分重大。要确立一个化合物的应用价值，研究必须从下列三个方面入手：首先，必须确定植物和昆虫含有、分泌或释放的化合物种类，并对其结构、性质加以分析；其次，研究其生物活性；最后，分析其具有的开发、利用价值。要就以上三个方面进行分析研究并最终得出结论，必须借助强有力的现代分析手段，实现从化合物分离、结构鉴定、生物活性测定到价值定位的过程。目前用于植物次生物质和昆虫信息素等微量化合物分析的手段主要包括色谱法（chromatography analysis）和波谱法（spectrometry analysis）。

第二节　现代分析技术与相关应用领域

一、色谱法

色谱法又称层析法，是一种物理化学分离分析方法，是利用混合物中各组分物理、化学性质的差异，使各组分不同程度地分布在两相中，其中一相为固定相，另一相是流动相。由于各组分受固定相作用所产生的阻力和受流动相作用所产生的推动力不同，从而产生差速迁移而达到分离的目的。主要包括吸附色谱法、分配层析法（PC）、气相色谱法（GC）、高效液相色谱法（HPLC）、离子交换层析法和凝胶层析法等。

1. 吸附色谱法

吸附色谱法是用吸附剂作固定相，利用被分析组分对吸附剂表面吸附能力的差异和在流动相中溶解度的差异来进行分析的方法。主要采用的吸附剂有硅胶、氧化铝、聚酰胺和活性炭等。该方法可以用来分离植物中的生物碱、挥发油、萜类、甾体以及苷类、酯、黄酮类、酚类、糖类、醌类、氨基酸以及昆虫信息激素等化合物。

2. 分配层析法（PC）

分配层析法是利用被测混合物各组分在固定相与流动相之间的分配性质不同而实施化合物分离的一种层析方式。主要包括反相层析和纸层析两种。反相层析具有使用方便、溶剂便宜、柱平衡时间短、分离条带清晰等优点，还可分离离子型化合物和极性较大的物质，在蛋白质、多肽、核糖核酸、脱氧核糖核酸的分离分析上具有独特的优越性。纸层析在分离糖类、氨基酸、抗生素方面有独到的应用价值。

3. 气相色谱法（GC）

气相色谱法是以气体为流动相，以固体吸附剂或涂渍有固定液的固体担体为固定相的柱色谱分离技术。它具有分离效能高、灵敏度高和分析速度快的特点。主要用于植物挥发性次生物质和昆虫信息素的分离，如萜类、精油等。

4. 高效液相色谱法（HPLC）

高效液相色谱法的分析原理和方法类似于气相色谱法，它是将流动相改为高压输送，采用高效固定相和线性检测技术发展而成的一种高效快速的分离分析技术。高压液相色谱的应用非常广泛，对于挥发性低、相对分子量大的高分子化合物以及离子化合物，如氨基酸、蛋白质、核酸、生物碱、甾体、脂类、酚酸等尤为有利。高压液相色谱具有分析时间短、分辨率高、不需要衍生物、无热分解的危险和容易定量等优点。

5. 离子交换层析法

离子交换层析法是采用离子交换剂作为固定相，洗脱溶液为流动相的一种层析方法。可对蛋白质、氨基酸、多肽、糖类、有机酸等多种可解离化合物进行分离、纯化、分析及制备。

6. 凝胶层析法

凝胶层析法的离子交换原理为分子筛效应，即凝胶区分分子大小不同的物质的能力。分子量大的物质沿凝胶颗粒间的孔隙随洗脱液移动，流程短，移动速度快，先流出层析柱，分子量小的物质可通过凝胶网孔进入颗粒内部，然后再扩散出来，故流程长，移动速度慢，后流出层析柱。样品中分子大小不同的物质因此逐渐分离。凝胶层析主要应用于植物大分子，如多糖、蛋白质和次生物质的分离纯化。在实际的分离过程中，根据植物成分的不同特点，需要将以上方法灵活地结合起来，以便达到最佳的分离效果。

二、波谱法

在研究植物次生物质以及昆虫信息化学物质成分时，除了要对其进行提取、分离、纯化外，还需要进行结构上的鉴定。一般在结构鉴定时，需要四大常规工具：紫外光谱（UV）、红外光谱（IR）、质谱（MS）以及核磁共振（NMR）。

1. 紫外光谱（UV）

紫外光谱是利用植物对紫外、可见光的吸收所产生的紫外可见吸收光谱，对物质的组成、含量和结构进行分析测定的分析方法，也是应用最广泛的分析方法之一。从本质上讲，紫外光谱实际上是光子与化合物价电子相互作用结果的反映。紫外光谱是因价电子在轨道间跃迁而产生的吸收光谱。它可以提供化合物分子中共轭体系的存在与特征。在应用方面，主要应用于：①定性分析，可根据光谱图的形状、吸收波长（特别是λ_{max}）、强度和数目进行定性判断。还可对纯度进行检查。②结构分析，紫外特征可用于判断未知物的骨架类型，可以对有机化合物进行异构体的判断。③定量分析，可以对物质进行定量分析。

2. 红外光谱（IR）

一方面，化合物中价电子可吸收能量发生跃迁，另一方面，它们还不停地绕核运动，这就使得成键原子之间的电子云密度不停地变化，核间电子云对成键原子荷的作用也随之不断变化，因而分子中各原子之间的距离和相对空间位置也一直在变化，这些变化表现为分子的转动和振动。由于振动能级大于转动能级，在同一振动能级上有许多转动能级，分子振动能级跃迁不可避免地伴随着转动能级的跃迁，所以红外光谱实际上是分子的振动—转动光谱。红外光谱可以对分子中官能团进行分析判断。主要应用于：①对已知物的鉴定方面，将样品的红外光谱与标准品的红外光谱进行对比，如果各吸收峰的位置、形状和相对强度一致，这就说明为同一种物质。②在未知化合物的结构测定方面，红外光谱可以提供分子中官能团的存在及所处状态。

3. 质谱（MS）

根据植物成分中有机中小分子在高真空及较高温度条件下受热气化，气化后的分子在50～100 eV的电子流轰击下失去电子而成为带正电荷的离子，过剩的能量还可使这些有机离子进一步裂解成一系列带正电荷的碎片离子和中性小分子。所有这些离子经过电场和磁场的分离聚焦，再按其质荷比大小排列成谱被记录下来，谱线的强度表示相对丰度的大小，此谱称为质谱。质谱是测定化合物相对分子量和分子式最快、最精确的方法。但由于质谱反映的仅仅是分子离子和碎片离子的质荷比、相对丰度和元素组成（高分辨质谱）。因此，只依靠质谱图完全确定化合物的结构是比较困难的，所以在解析质谱时，要与紫外光谱、红外光谱、核磁共振等有关信息相结合使用，这样可以保证化合物结构分析的可靠性和正确性。

4. 核磁共振（NMR）

核磁共振是由于自旋核吸收一定能量从低能状态到高能状态引起的。核自旋能级之间的能量差比分子转动能级还小，所需能量更少，故所吸收光波波长较长。核磁共振可以提供核与核之间相对关系的信息，包括种类、数目、空间位置。这些信息对化合物分子的结构测定很有意义。在实际的鉴定过程中，需要将这4种方法结合使用，这样对植物次生物质及昆虫信息素等的鉴定将是可靠而又准确的。

三、色谱—质谱（LC－MS）联用技术

色谱技术具有分离能力强、检测灵敏度高、分析速度快等优点。但是，在未知次生物质或昆虫信息素的研究过程中，色谱只能将其分离，而无法知其成分。另外，紫外、红外、质谱、核磁共振虽然能够鉴定物质，但对复杂混合物的分离却无能为力。为了解决多组分复杂体系的定性、定量分析，由此发展了色谱与各种检测手段的联用技术。例如：液相色谱—质谱（HPLC－MS）、液相色谱—紫外（HPLC－UV）、液相色谱—红外（HPLC－IR）、液相色谱—核磁共振（HPLC－NMR）、气相色谱—质谱（GC－MS）、气相色谱—红外（GC－IR）、气相色谱—核磁共振（GC－NMR）等。这些工具为生物多组分复杂体系化合物的分离、鉴定提供了强有力的技术支持。

四、触角电位法（electro antennography，EAG）

昆虫的触角上分布着各种各样的化学感受器，具有对各种化学分子（如性信息素化学物质、植物挥发性物质等）的感受能力。当昆虫的化感器在接收到特定化学分子的刺激时，便可将这一刺激反应以电信号的形式传递到中枢神经系统。触角电位仪通过感受记录在施加不同刺激物时昆虫触角电位的变化，研究昆虫的电生理。触角电位的工作原理是收集来自昆虫试验体的非常微弱的原始电信号，然后在软件（自动）控制下进行电信号的过滤、放大，生成比较强的电信号。EAG广泛用于昆虫信息素、植物挥发性物质等的生物活性测定中。

五、气相色谱（GC）—触角电位仪（EAG）联用

采用气相色谱—质谱（GC－MS）法可以很方便、快速地分离、鉴定出被测混合物中的各组分及化学分子结构。要判断这些组分中具有生物活性的化合物，采用先进的气相色谱（GC）—触角电位仪（EAG）联用设备和方法就能轻松实现。将气相色谱分离到的馏分分流成两部分，一部分进入气相色谱检测器，一部分进入触角电位测定仪，同时观察到物质的GC峰，如有活性的化学物质也可观察到EAG的峰。EAG的灵敏度比气相色谱灵敏度高。这一技术在金龟甲类性信息素的化学结构鉴定中起着重要的作用。对于具有手性（旋光活性）金龟甲类性信息素的化学结构鉴定，可使用手性毛细管柱色谱对对映体进行分离，并鉴定其活性。

第二十三章 综合防治理论发展与地下害虫防治

现代害虫防治技术的飞速发展和进步，离不开先进的现代科学技术如现代生物学技术、计算机技术、大型尖端分析仪器、高通量和微量筛选、组合化学、基因组虚拟设计与合成、遥感技术等的应用。伴随着害虫防治技术的不断进步，人们在害虫防治策略及理论方面也在不断地进步、发展和完善。而理论体系的发展和完善，又反过来进一步促进防治技术的创新和进步。

第一节 综合防治理论与生态控制

一、害虫防治的历史回顾

害虫防治的历史，就是人类与大自然斗争的历史，也是人类社会发展进步的真实写照。

人类种植的作物是一座绿色工厂，它利用自然界的阳光、空气、水和无机物质通过光合作用为人类提供食物来源。但遗憾的是，在自然界中，作物同时也是其他生物的食物来源和寄主。耕地是农业的基本要素之一，因此农业对耕地的拥有是排他性的。人们在自己的耕地上种植作物，其目的就是希望作物茁壮生长，从中获得优质、高产的收获物，因而不允许其他有害生物（如昆虫、微生物、杂草等）为害其种植的作物或与作物竞争生存。人类与农业有害生物的斗争围绕在农业这个平台上竞争食物来源，因而人类与农业有害生物的斗争是一场复杂的、旷日持久的战争。

早在公元前1500—公元前1000年，人类就通过焚烧植物来驱赶蝗虫，用硫黄薰蒸防治病害、虫害。在我国古代，公元前7世纪—公元前5世纪就用莽草等植物杀虫，用菊科的艾蒿茎、叶点燃后熏蚊蝇。公元6世纪已有用藜芦作杀虫剂的记录，10世纪中叶已有利用百部根煎汁作为杀虫剂使用的记载。公元304年间的晋代，嵇含所著《南方草木状》一书中就已记载了我国南方利用蚁科的黄猄蚁 *Oecophylla smaragdina* Fabricius来防治柑橘上的鳞翅目和鞘翅目害虫。在我国民间，也早有用砷（如砒霜、信石）来防治地下害虫的习俗。不过，最初人们只是根据直观经验，利用天然物质对一些有害生物进行零散的防除，在长达几千年的历史长河中并未形成系统的防治理论，更无农药商品的概念。直到17世纪后，天然药用植物才被用来加工制造成杀虫剂并作为商品出售，到19世纪40年代，已有多种植物如烟草、除虫菊、鱼藤、印楝等杀虫植物先后被开发、加工成农药制剂。19 世纪 70 年代至 20 世纪 40 年代，人类与害虫斗争的历史翻开了崭新的一页，农药进入了一个全新的时代——无机农药时代，一批人工制造的无机农药（包括氟、砷、硫、铜、汞、锌等元素的化合物）得到大力发展。而伴随着天然植物杀虫剂、无机农药的发展，天敌资源的利用研究也悄然兴起。1772 年，Carl Linneraeus 提出应利用捕食性天敌防治害虫，Boisgiraud（1840）开始饲养步甲和捕食性隐翅虫用于田间害虫防治；1809 年，Link 发现了白僵菌 *Beauveria tenella*；1879 年，梅契尼可夫（Metchnikff）分离出金龟甲绿僵菌 *Metarhizium anisopliae* 并加以应用。到 20 世纪初，人们在天敌如步甲、钩土蜂、寄蝇等的引种、大量饲养和大面积散放，病原生物如苏云金杆菌（Bt）、乳状菌、白僵菌、绿僵菌、线虫等的研究和利用等方面成果卓越。不过，有机农药时代的滚滚车轮，将这一领域远远地抛在了后面。从 20 世纪 40 年代开始，以滴滴涕（DDT）为标志的有机化学农药时代兴起，有机化学农药时代经历了有机氯、有机磷及氨基甲酸酯、拟除虫菊酯、高效特异性杀虫剂等时代，时至今日仍方兴未艾。有机合成农药的发展，从某种程度上抑制了诸如生物防治等方法的发展。不过，到了 80 年代后期，随着化学农药负面效应的出现，生物防治、化学生态控制的研究与应用技术得到了长足的发展。可以预见，在不久的将来，一个理性使用化学农药，充分发挥生物防治、农业防治等防治方法应有作用的时代将会到来。

二、传统的单一防治

在第二次世界大战之前，人们对于有害生物的防治方法，主要停留于传统的农业防治、以引进外来天敌为主的生物防治、应用无机化合物和植物质农药的化学防治以及物理机械防治等。防治对象单一，也极少用整体的、宏观的理念去考虑不同措施之间的相互联系与协调。特别是 20 世纪 40 年代有机农药问世后，由于化学农药以其广谱、高效、价格低廉、使用简便等特点风靡世界，人们天真地以为化学农药可以包办一切了，而与此相比，其他防治方法则显得相形见绌。

三、综合防治（IPM）理论体系

1. IPM 概念的形成

直到 20 世纪 60 年代，随着化学农药长期连续、大量使用导致的有害生物抗药性、大量杀伤天敌、有害生物再猖獗等问题的出现，以及对环境安全和对人类生存质量的威胁日益加剧，人们逐渐意识到仅依靠单一的防治方法特别是单一使用化学农药的方法，不但不可能长久而圆满地解决有害生物问题，还会带来诸多不良副作用。于是，在 1961 年，美国科学家 P. W. 贾寿提出了“有害生物综合治理”（integrated pest management，IPM）的概念。概念起初的含义仅限于化学防治与生物防治之间的协调，即认为只是天敌与农药协调乃至相辅相成的害虫防治体系。随后在 1966 年，他又应用生态学原理，使综合防治的要求具体化，提出将有害生物发生数量控制在可允许的经济损失水平以下。此后，关于综合防治的研究论述大量涌现，理论得到不断发展和完善，由起初仅考虑农药防治与生物防治方法的协调应用到从生态系统的整体出发，协调应用各种有效的防治措施将害虫控制在经济阈值允许范围内。从此，IPM 方法在世界范围内成为有害生物防治的指导原则。

2. IPM 的定义

它是指根据有害生物种群动态变化和相关环境条件，协调运用各种适当的防治技术的植物保护措施体系。即采用各种适合的技术和适当的方法，减少有害生物种群并将其控制在一定水平而不造成经济损失的有害生物管理体系。目的是将有害生物种群数量经常控制在经济损失允许的水平以下，同时避免或力求减少对人类健康和有益生物的伤害，以取得最大经济效益和生态效益。

3. IPM 的技术要点

IPM 的技术要点有四点：其一，生态学的观点。把有害生物与其所处的空间环境作为整体考虑，彼此间通过物质代谢、能量代谢相互制约、相互依赖，改变其间某一组成部分即可引起其他组分的相应变动。因而在选用措施上要适当，善用不同生态因素之间的相互作用及其对有害生物发生、消长的综合影响，从自然因素、食料条件、天敌及抗性品种等方面恶化有害生物的生存环境，最大限度地防止产生不利于人类的生态后果。其二，综合的观点。即面向某一地域、某一作物上的主要有害生物，对各种防治方法进行优化、组配，尽量避免措施之间的重叠和相互抵消，提高措施的效率。其三，环境保护的观点。在力保作物不受有害生物为害的同时，确保措施实施中最优的环境质量。其四，经济效益的观点。各种措施的实施根据有害生物的发生数量、作物本身的经济价值和抵抗或补偿能力、天敌的控制效应以及有害生物对作物产量所造成的损失等，制定科学的防治指标作为防治决策的依据；选用的措施尽可能具有兼治功能，做好预测预报以提高预见性，多方考虑措施的投入与产出比。

4. IPM 的技术运用要求

IPM 在技术应用上，首先应尽可能选用具有预防作用的防治措施如农业防治、自然天敌的保护和利用以及有利气候因素的利用等；但由于农业生态系统的复杂性以及社会经济因素等多方面的影响，仅此往往难以将有害生物种群数量控制在经济阈值水平以下，因此还需如化学防治、天敌微生物的利用、寄生性和捕食性天敌的人工繁殖释放等防治技术协调运用。

5. IPM 的方案制订原则

IPM 在方案的制订上，应掌握“四明四定”的原则。即明确当地主要作物田间生物群落的组成和有害生物的种类，定主要防治对象以及保护和利用的重要天敌类群；明确不同防治对象的主要生物学特性、环境因素对其发生和消长的影响以及与作物的物候关系，定有害生物种群数量的变动规律和防治的有利措施与时机；明确不同防治对象与寄主作物、天敌生物的相互关系以及有害生物种群密度与危害损失程度的关系，定科学的防治指标；在明确各防治方法试验效果的基础上，定综合防治措施，并通过试验、示范验证后推广。

自从有害生物综合治理问世以来，人们的有害生物防治观念发生了根本性的转变，它极大地丰富了植物保护学的理论，大大提高了有害生物的防治水平，在生产实践中取得了显著的经济效益、生态效益和社会效益。

四、生态控制理论（EPM 和 EBPM）

随着人类对害虫管理理论与技术的研究和实践，特别是持续发展战略和有害生物持续控制策略提出以后，人们发现现行的 IPM 概念需要进一步发展和完善（张真等，

1996；朴永范等，1996；Kogan，1998）。在 IPM 的实践中，人们仍然依赖杀虫剂作为主要战术；过于强调以产品产量为中心的害虫防治；技术组装过于复杂，组织协调比较困难，投入高、产出低；强调多种防治措施的综合运用，却忽视了农田生态系统本身自我调控能力的发挥；强调害虫发生时如何防治，忽视了使害虫不发生或少发生的措施；所采取的各种措施着重压低虫口密度于经济损失水平以下，却没有考虑这些措施对系统的长期作用，没有考虑把每项措施作为增强系统稳定的一个因子（Wearing，1988；Natiaxzel Research Comcil，1996）。为了解决上述存在的问题，适应可持续发展和害虫持续控制的要求，Tsheryshey 于 1995 年提出了害虫生态管理的思想（ecological pest management，EPM）和"基于生态学的有害生物治理"（ecological based pest management，EBPM）的新策略（Natiaxzel Research Comcil，1996）。EPM 和 EBPM 充分吸收 IPM 的合理内核，强调维持系统的长期稳定、提高系统的自我调控能力。EPM 和 EBPM 以保证整个系统稳定为目标，强调其防治指标（通常这种防治指标低于 IPM 中的经济阈值）是害虫摆脱自然控制时的虫口密度。防治措施主要是应用生物农药，如病毒、细菌、真菌、线虫等微生物杀虫剂和昆虫生长调节剂，植物性农药，信息素等新型农药。生态管理还通过多样性指标，如种群动态指标、天敌指标、寄主植物指标以及气象指标来检测和综合评价害虫的发生（张真等，1996）。EBPM 策略被认为是对种植者和消费者更安全，成本低，易于采用和易于与其他生产措施结合，长期可持续，没有环境、经济的反效果，因而被认为是 21 世纪农业有害生物的新的解决方法。

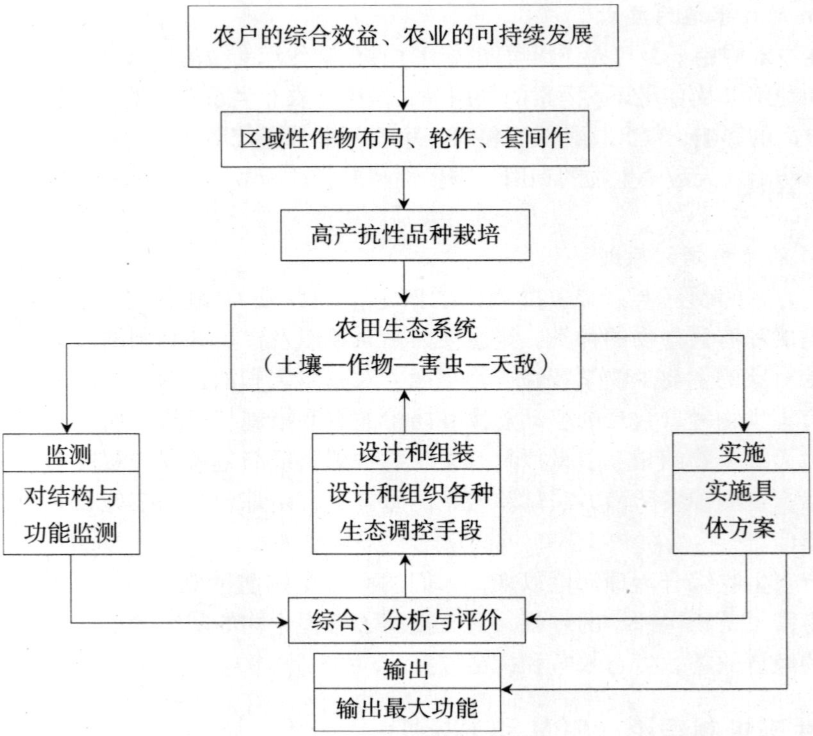

图 23－1　害虫生态控制与实践流程图（仿戈峰，1998）

第二节　地下害虫综合防治技术体系

一、地下害虫生态体系

（一）土壤生态系统的特点

1. 地下害虫区系及发生规律

我国糖料作物（甘蔗、甜菜）种植一南一北，区域不同，气候条件、土壤条件以及土壤植被差异很大。由于生态地理条件的差异所形成的不同自然与农田景观以及种群的生态适应特性，地下害虫发生种类有着明显的区域性特点。甘蔗地下害虫120多种，甜菜地下害虫110多种。为害的优势种不断变化，新种也不断增加，分布的区域性增强。其中许多种在数量比例、分布面积、为害程度以及对农田生态系统的影响程度都占明显的优势，成为当地的优势种群。如黑色蔗龟、暗黑鳃金龟、细平象甲、斑点象甲、赭色鸟喙象甲等为云南蔗区的优势种群；而在广西，优势种群为黑色蔗龟、大霉头鳃金龟、蔗根锯天牛等；广州、湛江、雷州半岛蔗区的优势种群为二点褐鳃金龟、红脚丽金龟、蔗根锯天牛等；而戴云鳃金龟、暗黑鳃金龟、四川大黑鳃金龟和红脚丽金龟等为四川蔗区的优势种群；黑绒鳃金龟、土潜、小地老虎、甜菜象甲以及甜菜斑蝇为甜菜产区的优势种群。

2. 地下害虫发生期与物候期

在发生规律方面，在一定地区范围内，地下害虫的生活周期与土壤环境的稳定性有关，发生均有其稳定的物候期。糖料作物地下害虫成虫发生期一般多在春季和夏季，如毛黄鳃金龟、黑绒鳃金龟、黑色蔗龟等为春季发生，而华北大黑鳃金龟、蔗根锯天牛、暗黑鳃金龟、齿缘鳃金龟、铜绿金龟等则为晚春和夏季发生，这与糖料作物的生长季节相吻合。由于发生期与作物生长季节相吻合，地下害虫的成虫、幼虫能最大限度地获取丰富的食物资源与适宜的生活条件。

3. 地下害虫种群发生特点

生活史长、繁殖力相对较低是糖料作物地下害虫的普遍规律。生活史一般历经1～2年，少数3～4年完成1个世代，一生产卵100粒左右，性比相当。因此，种群的繁殖率远低于其他多化性的农业害虫。种群数量动态属于少发型或单峰型，表现出高度的对土壤环境及食物资源的生态适应性。

4. 地下害虫为害特点

为害持续时期长、隐蔽为害性大是糖料作物地下害虫最显著的为害特点。由于糖料作物结构单一、生长期长、营养条件好，在作物的一生中，多种类害虫重叠、交错发生；为害时期从春季到秋季，特别是热带的蔗区甚至一年四季，从植物的苗期发展到生长期直至收获期。由于地下害虫的隐蔽为害，其为害性难以及时发现，当成片植株枯死或收获时已严重受害，此时发现为时已晚，造成的经济损失不可挽回。

（二）土壤生物群落结构与群落间的相互作用

在一定区域内，其种群与其他土壤生物主要是土壤昆虫、螨类、线虫、细菌、真菌等紧密联系，相互依赖，各自占据自己的生态位，形成一个复杂的土壤生物群落，其连接的纽带是以地下害虫为基础的食物营养联系。它们彼此之间是摄食和被摄食的关系。这种以营养联系为基础的不同生物所组成的食物链，是生物群落的基本结构。其中包括了 4 个营养层面：

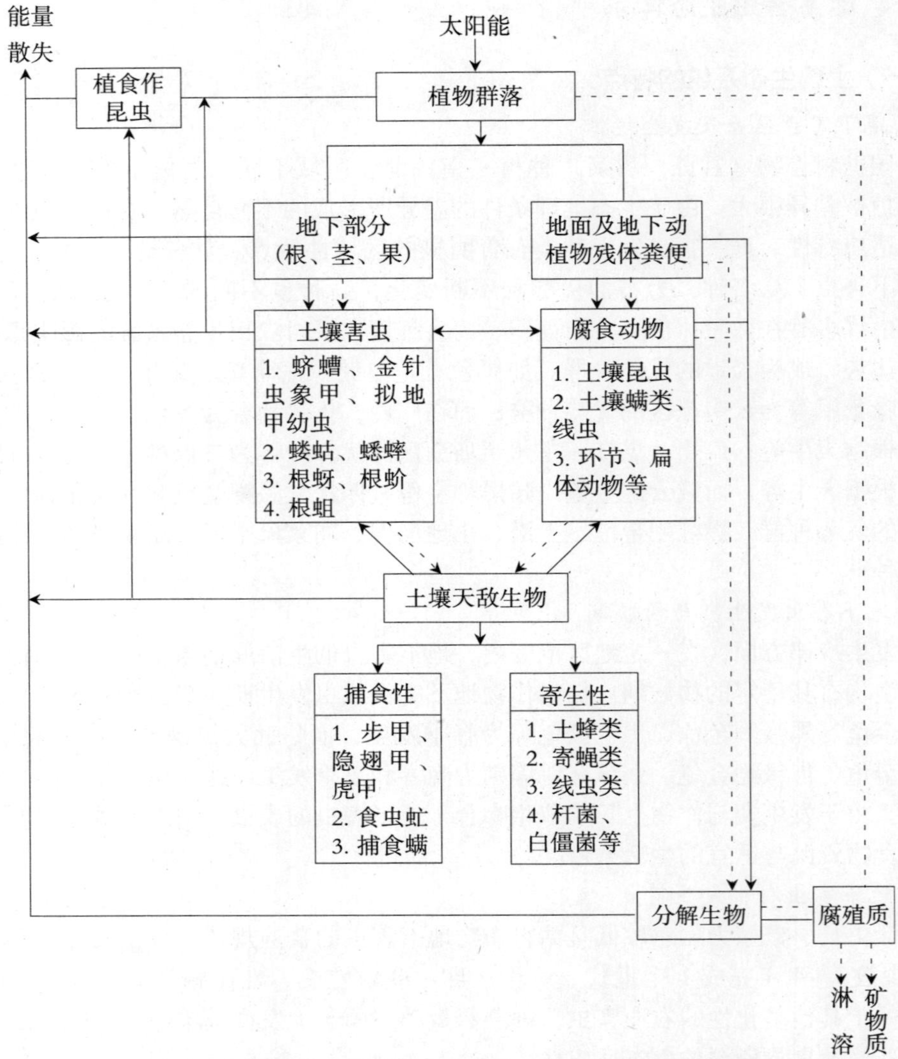

图 23－2　土壤生态系统能量流（实线）、物质流（虚线）示意图（仿 Brown，1978）

生产者——为农田生物群落的最基础的营养阶层。各种植物从太阳光中获取能量，借助光合作用合成碳水化合物，富集能量并储存于植物组织内。消费生物——从植物中直接获取能量的各种昆虫。地下害虫则主要取食植物地下部分的根系、地下茎、块根、块茎等，而部分成虫如金龟甲、象甲等则嚼食植物的地上部分，组成生态系统的初级草食生物链。次级或多级消费生物——以捕食和寄生方式从草食动物获取能量，形成次级捕食或寄生食物链。捕食动物的相互取食又组成多层次的营养结构。许多类群的动物及微生物是土壤害虫的天敌，对土壤生态平衡具有重要的调节与稳定作用。分解生物——从部分或整体死亡的植物、动物残体、动物的排泄物中获取能量的生物，包括腐食性昆虫、螨类、线虫、微生物等。它们将有机物分解成简单的无机化合物，归回于土壤内为植物所吸收。按照热动态定律，完成土壤生态系统能量代谢与物质代谢的循环过程如图23－2。4个不同营养阶层的生物各自形成一个功能群，彼此配合、相互依赖，构成一个能量流和物质流相互转换的动态平衡系统。生物群落结构中任何一个环节发生功能障碍，则需由其他部分来协调和补偿。生态系统中组成要素越多，则系统的调节能力越强，越易保持相对平衡状态。

（三）土壤的无机环境与地下害虫发生动态

土壤的空气、温度、湿度等物理因素形成土壤的三相——固体、液体、气体，是土壤生物的基本生活空间条件。土壤三相组成的种类、性质、数量分布的变化对地下害虫的空间分布、活动习性及数量消长都会产生显著的影响。

1. 土壤生境与地下害虫的空间分布

土壤生境是由以不同类型土壤为基础与其生长的生物相联系所组成的具有一定物质结构的空间。不同种的地下害虫对其生境各有一定的要求。土壤生境的不同形成了不同种的地下害虫不同的发生区域，并呈现稀密相间、点片集中的分布格局。如鲁西南的黄泛、滨湖平原洼地黏生、豆麦两熟区是暗黑、大黑金龟的常发区，浅平坡地二合土区（轻壤）是铜绿、黄褐或毛黄金龟点片发生区。丘陵花生产区，微地貌及土壤质地不同，蛴螬种群结构及数量分布也有明显的差异。认识和掌握地下害虫的空间分布的规律，可为因地制宜开展防治工作提供重要依据。

2. 土壤层与地下害虫的垂直分布

土壤在气候、物理、化学和生物因素相互作用下逐渐形成具有不同特性的水平层次，主要分为耕作层（即表土层）和非耕作层（即深土层）。在作物生长季节内，地下害虫及其相联系的生物主要在耕作层活动、取食、为害。这是土壤生物中最活跃的层次，有机质丰富，根系发达，生长旺盛，营养丰富，温度、湿度适宜。非耕作层一般在地表30cm以下，有机质含量少，只分布有残留腐殖物的根道和穴居动物串行的通道，其他土壤昆虫如捕食类、寄生类明显少得多，主要作为地下害虫休眠、越冬、筑茧化蛹的场所。地下害虫下潜的垂直分布深度取决于地理条件、气候条件、土层结构与虫种特性。如在黑龙江，东北大黑鳃金龟越冬下潜深度达80～160cm，最深可达200cm。毛黄金龟在冲积平原的黄土区，幼虫下潜化蛹、羽化越冬休眠的深度一般在140～160cm，最深可达240cm。丘陵地区土层薄，未分解的母岩分布浅，地下害虫垂直分布深度变动于20～50cm。这些活动习性表明地下害虫无论是在形态上还是在生理上对土壤环境都有很强的适应力。

3. 土壤气候的变化对地下害虫数量变动的影响

土壤气候特别是降雨与土壤湿度的季节性变化和短期的极端条件变化，对地下害虫的垂直分布及生存率会产生致命的影响。夏旱，壤土和黏土含水量降低到5%或10%以下，刚产下的卵会失水干瘪，低龄幼虫不能存活。内涝，土壤水分处于饱和缺氧状态，持续1～2天，地下害虫如蛴螬、蔗根锯天牛、根蚜等即会大量死亡。这是丘陵蔗区和水田蔗区蛴螬数量下降、为害减轻的主要原因。因此，掌握气候因素与地下害虫相互作用的规律，可以预测它的发生趋势。

二、地下害虫综合防治策略与原则

从土壤生态系统与地下害虫发生的关系和关于昆虫种群对环境因素适应的战略学说考虑，地下害虫生态适应对策属于K－型，其特点是生活环境稳定，生活周期较长，生殖力较低，虫体较大，种群死亡率主要取决于密度制约因素并保持种群数量在某个平衡水平，一旦超过这种平衡，种群数量被大量消灭以后，则难以在短期内补偿。因此，当前对地下害虫防治的策略应是尽快压低种群密度，充分利用自然控制的作用，将地下害虫种群数量控制在危害允许的水平之下。但由于地下害虫的特异性即具有分布广、取食时间长、隐蔽性强的基本特性，大多数种类仅成虫期营地上间断生活，其他虫态多隐蔽、栖息在土中，故害虫生活以及防治手段的实践都要通过土壤这个媒介，土壤条件成为制约害虫种群数量的主要因素。因此，在制定防治策略时，应遵循下列六个基本原则。

1. 抓住防治适期连续防治的原则

对于糖料作物来说，播种期及苗期是防治地下害虫的最佳时期。因为此类害虫多为春、夏季节发生型，且甘蔗作物生长的中后期植株高大，无法实施防治作业，所以应抓住这一时机进行药剂防治。防治方法多采用药剂拌种，下种期沟施（甘蔗）或穴施（甜菜）持效期长的农药（如甲基异柳磷、辛硫磷、呋喃丹、毒死蜱等），苗期结合中耕培土，根区追施上述药剂后覆土，一些虫害发生严重的地区可采取下种期和苗期两次连续用药，将地下害虫特别是蛴螬等消灭在低龄阶段。这一措施对于防治金龟甲、天牛和根象等已收到显著效果，既保障了作物的安全生长，又降低了害虫种群密度。

2. 主动出击、以静带动的原则

地下害虫的最大特点是栖息及为害的长期性、隐蔽性以及相对不活泼的特性，不似地上害虫那么显而易见。种群动态、活动部位以及运动规律必须以其生物学研究为选择防治措施的依据。比如药剂拌种、施药护种或施用具有内吸作用的药剂等，就如毒饵一样以静制动，一旦害虫前来取食，就会因触及药膜或取食带毒的植株而中毒死亡。

3. 简便易行的原则

地下害虫的大部分虫态尤其是为害虫态多在土中栖息、取食，防治措施难以取得满意效果。但是绝大多数害虫都有某个虫态（多为成虫），由于寻偶交配、趋性（趋食、趋光、趋诱剂等）、迁移扩散等原因而处于地面活动，这为地上防治提供了绝好的机会。因此要提升成虫的防治技术，提高防治效果。通过集中大量消灭成虫，虽不能直接消灭其为害虫态，但可有效地降低田间落卵量、降低种群数量，从而起到间接防治作用，同样达到防治目的。对点片发生、虫体大、成虫活动性弱的种类（如棕色鳃金龟、黑色蔗龟、椰柱犀金龟、蔗根锯天牛和赭色鸟喙象甲等）可采取人工捕杀；对发生分布面广、活动性强的种类（如暗黑鳃金龟、大黑鳃金龟、黑绒鳃金龟和地老虎等）则采取提高测报技术，掌握成虫发生的峰期和产卵期，施用有机磷或以氨基甲酸酯类的内吸杀虫剂喷洒或根施，将成虫消灭在取食阶段；对趋光性及引诱剂引诱力强的种类（如二点褐鳃金龟、齿缘鳃金龟、蔗根锯天牛、暗黑鳃金龟、地老虎和蝼蛄等），利用灯光、引诱植物、性诱剂、引诱剂等诱集成虫，并集中杀之，可有效地降低虫量。

4. 兼治的原则

我国糖料作物地下害虫种类多，在同一地域的一段时间内，多种害虫混发为害屡见不鲜。然而防治的关键时期、防治次数以及防治成本是有限的，必须事先调查清楚，详细掌握主要虫种、主要虫态、种群数量及其分布的情况。在选择防治措施时充分考虑对其他地下害虫甚至对地上害虫（如螟虫、蚜虫、蓟马等）的兼治作用，尽量做到一药或一法多用、多效，达到既能防治主要虫害，也能兼治次要虫害，并最大限度地节约防治成本。

5. 注重土壤环境对地下害虫的制约性原则

在引起种群数量变动的因素构成上分为外因和内因。气候变化、食物增减、天敌多寡以及生境优劣等是其外因，而种间干扰、个体遗传性及生理特性差异是其内因。土壤作为农田生态系统中的一个主体，是制约地下害虫种群数量的关键因素。因此，在防治策略上，应着重考虑恶化害虫栖息的土壤环境，减少害虫适生的土壤条件，以获得事半功倍的效果。如幼虫期灌水、水旱轮作、调整种植结构和播种期等都能恶化地下害虫的食料和生存条件，有效地遏制地下害虫的为害。

6. 保护生物多样性、发挥自然生态调控作用的原则

在制定防治策略时，应本着保护并尽量保持原有的自然生态的原则。生物和非生物的环境因素，保持种群在一定水平的综合作用的结果，具有种群调节和自然平衡的意义，其中天敌生物是具有很大潜力的调节因素。据此，在设计综合防治策略时，首先应增加农业生态系统结构的多样性，例如在蔗地中插种或间种豆科植物，利于天敌栖息和丰富食物资源；有意识地保护或补充田间天敌种群数量。其次有选择地施用低残毒农药，避免和减少喷雾，以降低对天敌的伤害。

第二十四章 地下害虫防治技术研究进展

第一节 化学防治

一、历史回顾

在我国民间，早有用砷（砒霜、信石）来防治地下害虫的习俗。早在1636年，宋应星就在其所著《天工开物》一书中记载道“陕洛之间忧虫蚀者，或以砒霜拌种子”，这可谓我国早期的化学防治。而在国外，19世纪已有金龟甲防治方法的研究，但是由于各方面的原因进展缓慢。真正意义上的化学防治和应用化学药剂防治地下害虫的研究始自20世纪二三十年代，所应用的药剂主要以砷剂（如砷酸铝、砷酸钙）、二硫化碳、二氯乙烷和氰剂为主。随着金龟甲危害加大，人们对金龟甲防治工作重视程度的提高以及科学技术的进步，对金龟甲防治的研究有了长足的进步。第二次世界大战后，随着有机氯农药的发展，有机氯药剂，如六六六、滴滴涕、艾氏剂、狄氏剂等，被用于地下害虫的防治，特别是在欧洲和美国研究得较多。由于化学防治效果好、见效快、易推广普及的特点，人们越来越致力于运用化学杀虫剂防治地下害虫，给了化学农药不断发展的动力，先后开发出了六六六、滴滴涕、辛硫磷、久效磷、溴氰菊醋、甲拌磷、呋喃丹等多种化学制剂。在不到30年的时间内，化学杀虫剂经历了有机氯制剂和有机磷制剂两个阶段。我国在这类药剂的研究和使用上落后于发达国家约20年的时间，但其后的发展令人瞩目。直到现在，化学杀虫剂仍是我国用于控制金龟甲危害的主要手段。

随着有机氯农药的大量使用，人们逐渐发现有机氯农药高毒、高残留、难降解，严重污染环境，直接或间接地危害着人类的健康，故引起社会广泛关注，从而开启了替代药剂的研究和推广工作。至20世纪70年代，已完成了有机氯化学药剂的替代研究工作，进入了有机磷品种的更新换代和剂型研究与改进的时代。一批有机磷及氨基甲酸酯类产品，如辛硫磷、甲拌磷、呋喃丹等，逐渐取代了有机氯农药而在生产中广泛应用，这类药剂效果好且消除了有机氯农药污染的问题。但由于有机磷杀虫剂特别是用于防治地下害虫的农药产品中也不乏高毒、高残留产品，因此，长期使用化学药剂而产生的诸如污染环境、杀伤天敌、害虫再猖獗、诱导害虫抗药性等问题并未消除，而是越来越突出。因此，大力开发高效、低毒、低残留的药剂进行金龟甲防治成为当务之急。新产品、新剂型不断推陈出新，在金龟甲防治方面扮演着重要角色。

二、我国地下害虫化学防治的四个阶段

我国甘蔗地下害虫防治的研究工作始于20世纪50年代，当时使用的化学药剂以有机氯药剂（如六六六、滴滴涕等）为主，采用沟施、追施、拌肥料撒施或兑水淋施等方法。但随着有机氯药剂长期大面积的推广使用，其污染、残留问题也越来越突出。当时有资料报道：在施用有机氯药剂的花生地，土壤中有机氯含量为0.16μg/g，而在成熟的花生种子中有机氯的含量则更高，为0.67μg/g，是土壤中有机氯含量的4倍。因而从20世纪70年代开始，我国全面开展了剧毒和高残留有机氯类药剂的替代研究和示范推广工作，辛硫磷、久效磷、溴氰菊酯、氰戊菊酯、甲拌磷、呋喃丹等先后成为主要研究品种，并大面积推广应用，取得了较好的效果，从而由以有机氯农药为主的格局向有机磷、氨基甲酸酯和拟除虫菊酯类农药过渡。综观我国甘蔗金龟甲防治的研究历史，大致可分为四个阶段。

第一阶段：有机氯农药时代。

我国20世纪50年代开始甘蔗金龟甲化学防治的研究，以六六六为代表药剂。1954年，梁庆用0.5%六六六粉剂7.5kg/667m^2，在甘蔗播种期一次施完或分3次施完，即播种期施1/3，黑色蔗龟成虫出土为害时结合小培土施1/3，8月上旬结合大培土施1/3。这两种施药方法对黑色蔗龟成虫引起的枯心的防治效果均达70%～90%，幼虫减少70%～90%，甘蔗产量增加10%～20%。试验获得成功后，该技术很快在蔗区推广应用，有效地解决了当时黑色蔗龟严重为害的问题，为甘蔗地下害虫的防治提供了可行的办法，这也是新中国成立后首次应用六六六防治甘蔗金龟获得成功的标志性研究。从此，地下害虫的化学防治研究工作方兴未艾。但由于此阶段农药品种少，对农药残留问题以及农药长期单一使用产生的抗药性问题等研究不足，到20世纪70年代，六六六药剂防治黑色蔗龟的用量已由50年代的37.5g/667m^2提高到120～150g/667m^2，防治齿缘鳃金龟幼虫用药量也增加到180～210g/667m^2，用药量比50年代增加4倍，且防治效果仍不理想，说明此时黑色蔗龟对六六六的抗药性问题已相当严重。同时，由于长期施用有机氯农药后的累积残留毒性对人类健康及环境影响的问题引起极大关注，代替六六六等有机氯农药的研究也从此阶段开始。

第二阶段：有机磷农药时代。

由于有机氯农药的大量使用引起的再猖獗（resurgence）、抗药性（resistance）、残留毒性（residue）及污染（pollution）等问题，20世纪70年代以后，我国加强了有机氯农药的替代研究工作，用以替代的药剂即为有机磷等农药。同时，甘蔗害虫防治也由单一的化学防治措施向综合防治方面发展。广东甘蔗糖业食品研究所在这方面开展了大量的研究工作，1973—1976年，对有机氯与有机磷农药进行了大量的对比试验。对有机氯农药毒杀芬、氯丹、滴滴涕、六六六，有机磷农药辛硫磷、乐果、敌百虫、倍硫磷、杀螟腈以及氨基甲酸酯农药西维因等多种常用药剂进行了室内毒杀和田间药效试验，确立了多种有机磷农药对黑色金龟甲的毒力和效果，为有机磷农药取代有机氯农药的工作提供了理论依据。特别是辛硫磷，不但防治效果超过六六六，而且具有低毒、见效快的特点。研究还发现有机磷农药，如敌百虫、倍硫磷和辛硫磷等药剂，虽然室内表现不俗，能够作为替代六六六的农药产品，但由于这3种药剂持效期较短，在田间使用时必须把握施药时机，即施药期必须与黑色蔗龟成虫出土为害时间相配合，在黑色蔗龟

成虫大量出土为害，枯心形成前夕（时间相隔最好不超过 3 天）施药最理想。同时，敌百虫、辛硫磷和倍硫磷对黑色蔗龟和黄褐色蔗龟幼虫防治效果总体上也好于有机磷农药。因此，从 70 年代后期至 80 年代中期，辛硫磷等在蔗区得到大面积推广应用，为有机氯农药的推广作出了重要贡献。

第三阶段：多品种、新剂型、技术创新时代。

20 世纪 80 年代以后，随着我国的改革开放，在不断研究和使用新型药剂的同时，外国先进的技术和产品也不断被引进、消化和吸收，综合防治技术（IPM）控制金龟甲为害的研究得到普遍重视。

1984 年，甲基异柳磷被农业部列为取代六六六防治地下害虫的重点推广项目后，轻工业部甘蔗糖业科学研究所于 1984—1986 年进行了甲基异柳磷防治甘蔗地下害虫的一系列研究，并于 1986 年在甘蔗生产上大面积推广应用。1993—1996 年，轻工总会甘蔗糖业研究所经 4 年研究，首次将特丁硫磷颗粒剂推向甘蔗市场。特丁硫磷颗粒剂 1 800 ~2 250g/hm^2 对黑色金龟甲成虫的防治效果达到 80. 98% ~84. 42%，对二点褐鳃金龟幼虫（蛴螬）的防治效果达 85. 04% ~98. 6%。这些产品在甘蔗上的成功推广应用，有效地解决了甘蔗地下害虫严重为害的问题，挽回了甘蔗的重大损失。轻工业部甘蔗糖业研究所在引进国外先进技术方面也做了大量工作，1984—1986 年，对美国 FMC 公司用于防治甘蔗地下害虫的呋喃丹产品进行了大量的试验，并在蔗区全面推广。另外，这一阶段甘蔗地下害虫防治主要以颗粒剂剂型为重要标志，其中有 3% 甲基异柳磷颗粒剂、5% 大风雷颗粒剂、3% 呋喃丹颗粒剂、5% 特丁硫磷颗粒剂等。颗粒剂非常适合甘蔗使用，它施用方便，简单易学；施药方法多样，可沟施、撒施、追施，亦可拌肥施用，农民易接受。

20 世纪 90 年代以后，农药混用技术的研究也开始占有一席之地。1989—1992 年，作者先后对克百威、甲基异柳磷、辛硫磷、久效磷、氰戊菊酯、敌百虫、杀虫双等药剂进行了室内混配技术研究。根据室内毒力测定结果，只要选择的药剂得当，有机磷与氨基甲酸酯类药剂、有机磷与有机磷类药剂以及氨基甲酸酯与拟除虫菊酯类药剂之间进行复配，均有显著增效的作用（表 24 -1），但有机磷、氨基甲酸酯及拟除虫菊酯分别与沙蚕毒素类药剂杀虫双的复配无增效作用（表 24 -2）。由于有机磷、氨基甲酸酯类农药，如呋喃丹、甲基异柳磷、甲拌磷、特丁硫磷等产品的大面积推广应用，地下害虫得到了有效的遏制。

表 24 -1　农药混用对黑色蔗龟幼虫的毒力及增效作用

混配方式	药　剂	配　比	毒　力 (μg/头)	共毒系数 (C. T. C)	反应类型
呋喃丹 + 甲基异柳磷	呋喃丹	1 : 1	0. 796 7	297. 5	极显著增效
	甲基异柳磷		1. 719 2		
	混配剂（SIP -9001）		0. 378 0		
呋喃丹 + 辛硫磷	呋喃丹	1 : 2	0. 796 7	216. 5	显著增效
	辛硫磷		3. 133 7		
	混配剂（SIP -9002）		0. 586 7		

（续上表）

混配方式	药　剂	配　比	毒　力（μg/头）	共毒系数（C. T. C）	反应类型
呋喃丹＋久效磷	呋喃丹	1：1	0.796 7	204.7	显著增效
	久效磷		1.761 1		
	混配剂（SIP－9003）		0.535 8		
呋喃丹＋氰戊菊酯	氰戊菊酯	1：5	75.561 8	271.1	显著增效
	呋喃丹		0.796 7		
	混配剂（SIP－9009）		1.127 9		

表 24－2　5%特丁硫磷防治甘蔗黑色蔗龟成虫试验结果（广东广州）

药剂处理	剂　量（g/hm^2）	1993 年			1996 年		
		枯心（株/区）	枯心率（%）	防效（%）	枯心（株/区）	枯心率（%）	防效（%）
5%特丁硫磷颗粒剂	2 250.0	5.3	1.58	84.42	16.0	4.90	80.98
	1 800.0	5.7	1.80	82.25	21.0	4.64	81.99
	1 350.0	24.0	7.27	28.30	36.5	8.51	66.95
3%克百威颗粒剂	1 800.0	14.3	4.32	57.40	30.0	9.00	65.07
3%甲拌磷颗粒剂	2 700.0	27.0	8.05	20.61	36.3	10.58	58.93
空白对照	0.0	32.3	10.14	0.00	79.5	25.76	0.00

第四阶段：高效、低毒、安全、环境友好型农药新时代。

人类社会早期从事农作物病虫害防治的目的主要是谋求生存的需要，仅仅是为了获取农作物丰收以满足人类自身生存的食物来源。随着社会的发展，科学的进步和生活水平的不断提高，人类在从事病虫害防治过程中，在考虑生存需要的同时，还更多地关注自身的生存质量如环境质量、食品安全、可持续发展等问题。因而随着呋喃丹、甲基异柳磷、特丁硫磷、甲拌磷等高毒、高残留农药的长期、大规模应用，农药的直接中毒、农药残留及污染、农药对非靶标生物的无选择性、农药的抗性等问题成为人们关注的焦点。特别是 2007 年 7 月 1 日我国政府全面禁止了 5 种高毒药剂之后，目前甘蔗上常用的高毒、高残留农药的前途和命运已岌岌可危。可以预见，在不久的将来，这些高毒农药将永久地退出市场，取而代之的是高效、低毒、低残留、对环境安全兼容性好的农药新品种。

作者近年来也承担了糖料作物高效、低毒、安全、对环境友好型农药研究和开发的重要任务。对大量的组合和配方进行了诸如室内毒力测定和田间药效试验的工作，一批效果好、毒性低且对环境无副作用的新配方、新产品脱颖而出，我们将加大开发力度，争取尽快将这些产品推向市场，以迎接农药新时代的到来。

三、害虫抗药性与防治策略

（一）产生抗药性的原因

害虫对化学农药的抗药性进化历史就是人类使用化学农药的历史，其过程不到100年，就已经有500多种害虫对一种或多种杀虫剂产生了抗性。害虫抗药性的进化导致化学防治的失效，给农业生产造成很大的经济损失。据Palumbi估计，美国每年由于害虫抗药性导致的损失至少有30多亿美元，这其中包括由于抗性加大导致农药使用的额外消费以及抗药性害虫对农产品的直接损害。

害虫抗药性产生与发展的直接原因就是化学农药大量使用、追加用量，在害虫种群中产生巨大的选择压力。而害虫产生抗药性的内在原因则是害虫的抗药性进化。早在1951年，Dobzhansky就认为，杀虫剂抗性是一种进化现象，不过这种进化是生物进化的一个特例。在药剂选择前，害虫种群内存在着大量的变异，这其中就包括在历史进化过程中由于自身的繁殖发育而产生的遗传变异和由于外在的环境诱导而产生的变异。这些变异是抗性进化选择的原料，故药剂首先作为抗性基因型的选择剂存在。不过在自然界，变异对生物通常是不利的，因为其干扰了在历史长河中进化而成的正常稳定的遗传结构。若无外在的定向选择作用，此变异会因随机性而以极低频率存在，甚至会被自然选择所淘汰。只有当外在的选择对某种变异有定向的筛选作用时，此变异才呈定向性。而原始野生害虫种群中存在大量频率极低的变异等位基因，在杀虫剂选择动力的作用下，被杀虫剂选择的变异基因的频率上升导致害虫抗药性进化。从害虫抗性进化的理论出发，害虫抗性是不可避免的，但其抗性发展的速度因虫而异，也因药而异。因虫而异即抗性的产生与发展因害虫的活动能力、世代数、繁殖能力、先天基因型的复杂性及变异度等的不同而不同；因药而异即抗性因药剂的结构、毒性、选择性、异构体的多寡、剂型的不同而不同。

就甘蔗而言，虽然地下害虫世代少，繁殖能力相对较弱，但由于使用的药剂毒性高，选择性差，在环境中的低剂量持效期长，对害虫种群形成持久的选择压力，导致地下害虫的抗药性进化，最终导致药剂的防效下降，虫害为害程度上升。

（二）甘蔗地下害虫抗药性监测情况

龚恒亮、李金玉等（1992）曾对甘蔗黑色蔗龟抗药性进行了初步的研究。研究从寻找敏感品系和抗性品系入手，分别从博罗杨村、顺德逢简和斗门红旗华侨农药采得3个不同的突背犀金龟品系，分别定名为S_y、R_f和R_h，通过抗性侦察，证实S_y为敏感品系，而R_f和R_h为抗性品系。通过对5种杀虫剂的监测，结果表明，Rh品系对甲基异柳磷、氰戊菊酯及林丹分别产生了3.0、8.8和2.4倍的抗药性，R_f品系对辛硫磷、呋喃丹、氰戊菊酯和林丹分别产生了3.3、3.3、14.0和5.0倍的抗药性，监测结果与虫源采集地用药水平基本一致。不过值得注意的是，所测定的氰戊菊酯在R_f和R_h品系的采集区内均无使用的历史，但也分别产生了14倍和8.8倍的抗药剂。导致这种现象的原因可能有两个：一是氰戊菊酯与林丹（γ~666）之间可能存在交互抗性；二是氰戊菊酯与当地大量使用的呋喃丹或甲基异柳磷可能存在交互抗性。

表 24－3　杀虫剂对黑色蔗龟 3 龄幼虫的敏感性差异（引自龚恒亮等，1992）

药剂	虫群	毒力（μg/头）		回归方程	抗性比值	
		LD_{50}	LD_{99}	$Y=a+bx$	（RR）	
甲基异柳磷	S_y	0.8981	8.4998	$Y=5.1113+2.3833x$	1.0	1.0
	R_h	2.6922	52.9914	$Y=4.2268+1.7976x$	3.0	6.2
	R_f	1.7192	24.7768	$Y=4.5276+2.0076x$	1.7	2.9
辛硫磷	S_y	0.9630	9.9923	$Y=5.0375+2.2896x$	1.0	1.0
	R_h	1.3146	63.8788	$Y=4.8362+1.3793x$	1.4	6.4
	R_f	3.1337	45.6209	$Y=4.0078+2.0001x$	3.3	4.5
呋喃丹	S_y	0.2426	1.5927	$Y=6.7510+2.8464x$	1.0	1.0
	R_h	0.4660	4.1837	$Y=4.8362+1.3793x$	1.9	2.6
	R_f	0.7967	22.1825	$Y=5.1590+1.6102x$	3.3	13.6
Fenvalerate	S_y	5.1093	160.1210	$Y=3.8985+1.5549x$	1.0	1.0
	R_h	45.1942	909.8530	$Y=2.0471+1.7841x$	8.8	5.7
	R_f	75.5618	16164.1	$Y=3.1249+0.9903x$	14.0	100.0
林丹	S_y	2.1124	32.4481	$Y=4.3632+1.9608x$	1.0	1.0
	R_h	5.1240	119.9900	$Y=3.7947+1.6986x$	2.4	3.7
	R_f	10.5772	1071.82	$Y=3.8119+1.1598x$	5.0	33.0

（三）农药的混配与轮换使用

当害虫产生抗药性后，对抗性治理的最有效办法就是进行农药的合理混用以及与具有不同杀虫机理的药剂轮换使用，以遏制和消除害虫的抗药性。

龚恒亮等（1992）针对突背犀金龟的抗药性问题，进行了农药混用延缓抗性方面的研究工作。通过对两种以上单体农药的合理混用，各自的毒力相互影响、协同作用，产生增效作用，有效提高农药的药效和防治效果，延缓害虫的抗药性。作者在对 10 多个单体药剂的混配研究中，发现有 5 个单体药剂，即呋喃丹、甲基异柳磷、久效磷、辛硫磷和氰戊菊酯，经混用后，其毒力除呋喃丹与氰戊菊酯（1：5）混用剂的毒力不如其中的呋喃丹外，其他 3 组配方的毒力均明显高于各单剂的毒力。在田间药效试验中，用呋喃丹与甲基异柳磷（1：1）配比混配制的混用剂 SIP－9001 对甘蔗黑色金龟的防治效果达到 79.2%～94.0%，比单剂呋喃丹（防治效果为 55.2%～86.6%）和甲基异柳磷（防治效果为 44.2%～67.1%）效果明显提高。在其后的大面积田间药效果试验中，SIP－9001（丰保磷）表现不俗。呋喃丹与甲基异柳磷（1：1）混配剂对黑色金龟的防治效果达到 53.5%～91.3%，而呋喃丹的防治效果为 6.0%～68.4%，甲基异柳磷的防治效果为 40.9%～60.2%。同时，呋喃丹与甲基异柳磷（1：1）混配剂对其他地下害虫也表现出良好的效果：对二点褐鳃金龟幼虫的防治效果为 98.6%，亦比呋喃丹 91.7% 和甲基异柳磷 88.9% 的防治效果好；对齿缘鳃金龟幼虫的防治效果达到

80.6%～92.7%，而呋喃丹和甲基异柳磷的防治效果分别仅42.7%和69.3%。上述研究说明，在害虫产生抗药性后，通过药剂的合理混用，可以显著增强药剂的毒力，提高田间药剂的防治效果，显著减少用药量，延缓害虫的抗药性。

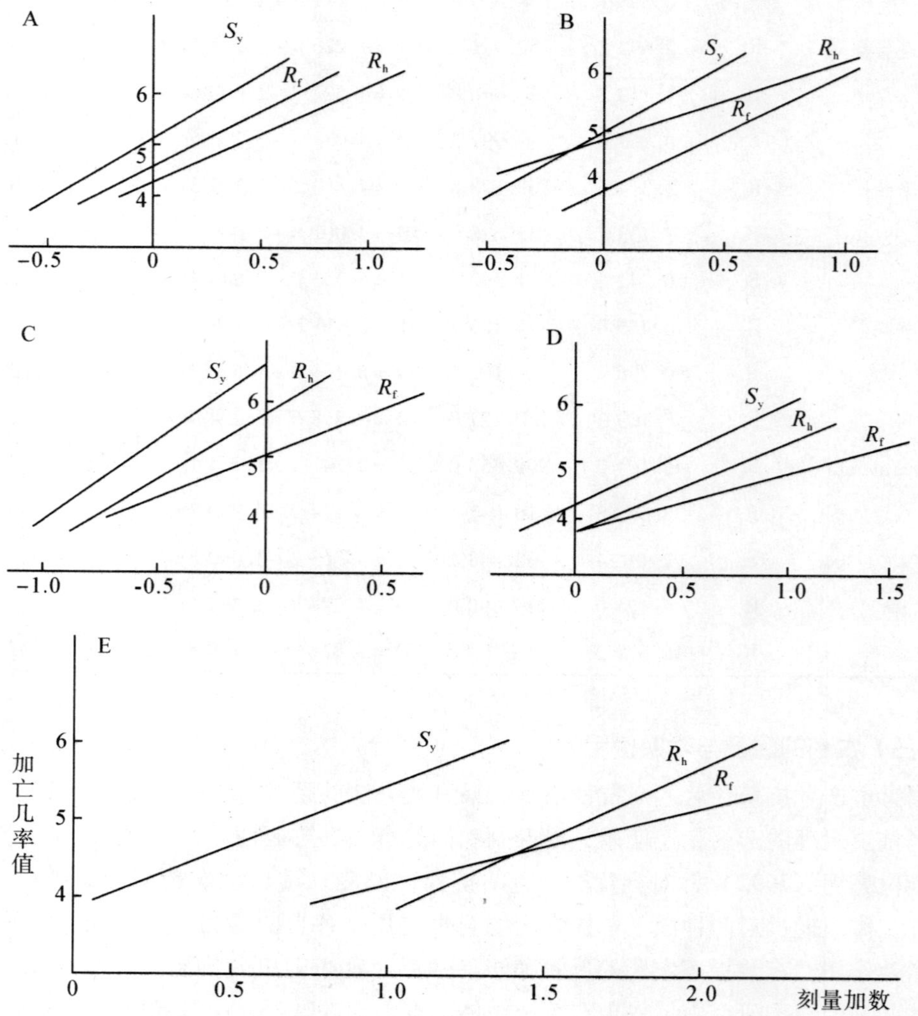

图24－1　杀虫药剂对突背犀金龟S_y、R_h和R_f三个品系幼虫的耐药力差异（引自龚恒亮等，1992）

A. 甲基异柳磷；B. 辛硫磷；C. 呋喃丹；D. 林丹；E. Fenalerate

合理的农药混用还具有以下意义：

（1）一药多治扩大使用范围，降低用药成本。在虫害发生季节，甘蔗作物常常几种虫害同时发生为害，如果逐一去防治，将增加防治次数，不但增加农药用量，而又费时，且耽误防治时机。此时充分利用混用剂较宽的杀虫谱，1次施药，可起到对几种害虫的防治效果。节省用药量和工时，从而降低成本。

（2）保护有益生物，减少污染。多次重复使用农药，会使有益生物遭受其害，农药混配剂施用后，可减少施药次数和用药时间，相对地给有益生物一定的生成时间，又减少农药对环境污染等负效应。

在害虫产生抗药性以后，采用药剂替换或轮换使用也是有效遏制害虫抗药性最有效的方法之一。不过，替换或轮换用药时应尽量选用作用机制不同的药剂，以避免药剂间的交换抗性。

表 24－4　混配剂对金龟甲的田间筛选试验

试验地点	处理药剂	剂　量 (g/667m²)	枯心率 (%)	防治效果 (%)	共毒系数 (C. T. C)
博罗杨村	呋喃丹＋甲基异柳磷（1∶1）（SIP－9001）	120.0	0.4	94.0	297.5
	呋喃丹＋辛硫磷（1∶2）（SIP－9002）	120.0	0.3	95.5	216.5
	呋喃丹＋久效磷（1∶1）（SIP－9003）	120.0	1.2	82.1	204.7
	呋喃丹＋氰戊菊酯（1∶5）（SIP－9009）	120.0	0.6	91.0	271.1
	3G 呋喃丹	120.0	0.9	86.6	
	3G 甲基异柳磷	150.0	2.2	67.1	
	CK	0.0	6.7	0.0	
顺德逢简	呋喃丹＋甲基异柳磷（1∶1）（SIP－9001）	120.0	5.0	79.2	
	呋喃丹＋辛硫磷（1∶2）（SIP－9002）	120.0	9.6	60.0	
	呋喃丹＋久效磷（1∶1）（SIP－9003）	120.0	23.0	2.9	
	呋喃丹＋氰戊菊酯（1∶5）（SIP－9009）	120.0	9.7	59.6	
	3G 呋喃丹	120.0	5.1	78.8	
	3G 甲基异柳磷	150.0	13.4	44.2	
	CK	0.0	24.0	0.0	
红旗农场	呋喃丹＋甲基异柳磷（1∶1）（SIP－9001）	120.0	0.5	82.8	
	呋喃丹＋辛硫磷（1∶2）（SIP－9002）	120.0	0.8	72.4	
	呋喃丹＋久效磷（1∶1）（SIP－9003）	120.0	2.9	0.0	
	呋喃丹＋氰戊菊酯（1∶5）（SIP－9009）	120.0	1.1	62.1	
	3G 呋喃丹	120.0	1.3	55.2	
	3G 甲基异柳磷	150.0	1.5	48.3	
	CK	0.0	2.9	0.0	

四、化学防治的前景

（一）化学农药仍是地下害虫防治的主体

化学农药在地下害虫防治中的主导地位不可替代。由于地下害虫长期营土栖生活，传统的防治方法不但难以快速奏效，而且受限诸多，费时、费力、浪费成本，因而被公认为是最难防治的一类害虫。有机合成农药问世以后，才使地下害虫的有效防治成为可能。就拿糖料作物地下害虫的防治历史来看，化学农药的主导地位不容置疑。每次从地下害虫的大暴发到被成功遏制，无不与当时当地某种或某类农药的大面积成功推广和应用有关。新中国成立以来，我国糖料作物地下害虫的发生曾有过几次跌宕起伏。1950年，新中国刚成立之时，农药在我国几乎还是空白，此时，我国南方甘蔗金龟甲、金针虫、蝼蛄以及北方甜菜的蝼蛄、地老虎十分猖獗，为害造成的缺苗一般为30%～40%，严重地毁种、改种其他作物，造成很大损失。在六六六产品上市并大力推广后，经大面积防治，在此后的十多年时间，地下害虫的为害明显减轻。20世纪70年代末80年代初，因六六六长期大面积使用，地下害虫产生抗药性，防治效果下降，地下害虫为害抬头。此时，有机氯农药的替代研究取得突破，一批国内外农药新产品，如呋喃丹、地虫磷、甲基异柳磷、辛硫磷、甲基硫环磷等，相继推向市场，又一次将猖獗一时的地下害虫压了下去。20世纪90年代中叶，地下害虫又卷土重来，而此时特丁硫磷等药剂发挥了重要作用。自1996年特丁硫磷大面积推广至今，广东、广西等地区的金龟甲虫口密度一直保持在较低的水平。由此可见，目前乃至今后较长的时间内，化学农药在地下害虫防治中的地位举足轻重。但由于目前糖料作物地下害虫的防治仍以高毒、高残留农药为主，我们必须从保护生态环境的角度出发，加大力度，加大投入，积极开发高效、低毒、低残留的杀虫药剂，以替代上述高毒、高残留产品。同时，积极开展其他防治方法（如生物防治、化学生态防治、天敌保护与利用等）的研究和实践，引进国外以及其他作物地下害虫防治的先进方法和成功经验，为糖料作物的可持续稳定、安全发展作出应有的贡献。

总结几十年的探索和研究过程，化学防治虽然具有诸多负面影响，但该方法见效快、防效好、使用方法简单、经济实用，能在短期内把虫口密度压低到经济允许水平之下。因此，化学防治在生产实际中仍发挥着主导作用。近年来，人们也在积极寻求应用生物防治等方法控制地下害虫的方法，如利用虫生真菌、病原线虫等防治措施，但这些方法见效慢、成本高、受环境条件约束严格，目前仍然无法取代化学防治。随着环保意识的增强，人们也正在努力开发高效、低毒、经济及使用方便的新型化学药剂。

（二）对化学农药的反思

化学农药是一把双刃剑，它在为人类带来福祉的同时，也给人类带来诸如环境、健康等方面的负面影响。因此，对于农药，我们应客观地分析其利弊。只有权衡利弊，兴利避害，才有利于农药的健康发展，也才能使农药更好地为农业生产服务，从而促进我国农业事业的发展。

（1）化学农药是人类生产和生活中不可或缺的物资。

随着全球人口的不断增长，对粮食、食糖的需求也在不断增加，但是耕地的增长远远跟不上人口增长的速度。1975—2000年，世界人口由40.58亿增加到64.77亿，人口增加了50%，而耕地面积由14.8亿公顷增加到15.5亿公顷，仅增长了不到5%。预计到21世纪中叶，人口将达90亿～120亿。届时要解决人类粮食问题，必须要大幅度提高粮食单产，而农药将是必不可少的手段之一。有机农药自问世以来，为人类和社会的发展作出了巨大贡献。据统计，如不使用农药，农作物将减产七成。在我国，通过使用农药，每年挽回粮食损失5 400万吨，棉花160万吨，油料150万吨，蔬菜1 600万吨，水果500万吨，减少经济损失300亿元人民币以上。不仅如此，在卫生害虫、白蚁、红火蚁等的防治方面也离不开农药。

（2）正确认识农药的毒性。

农药是具有一定毒性的化合物，特别是高毒农药，其毒性很高，可以致命。但日常生活中，伴随在我们左右的有些化合物和生物物质的毒性比我们所使用的农药的毒性高得多。表 24－5 列举了人们生活中经常面对的几类物质的毒性与农药毒性的比较。虽然如此，由于农药的使用涉及整个人类群体，而医药品、咖啡因等的使用则只会影响到使用者个人，因而人们也就对农药提出了更高的要求。由于农药的使用面广，用量大，因此，对于农药的发展和应用不可掉以轻心。

表 24－5　几类物质的毒性比较

类　别	化学物质	毒性（LD_{50}：mg/kg）	归　类
天然毒素	肉毒杆菌毒素	0.000 000 32	食品致菌产生
	破伤风毒素	0.000 001 7	破伤风毒素
	蝇蕈毒	0.3	登热毒
	银镜蛇毒	0.5	蛇毒
食品	烟碱	24	烟草
	辣椒辣毒	60～75	辣椒中辛辣成分
	咖啡因	174～192	茶、咖啡
	茄啶	450	马铃薯
	食盐	3 000～4 500	调味剂
医药	洋地黄	0.4	强心剂
	秋水仙素	1.7	消炎剂
	消炎痛	1.2	消炎剂
	阿司匹林	400	解热剂
	吗啡	120～250	镇静剂
农药	甲胺磷	30	杀虫剂
	敌百虫	630	杀虫剂
	特丁硫磷	0.9～1.6	杀虫剂
	克百威	8	杀虫剂
	辛硫磷	＞2 000	杀虫剂
	氰戊菊酯	451	杀虫剂

首先，对于那些毒性高而且残留期特长，对人畜安全构成威胁、环境污染大的农药产品和具有致畸、致癌、致突变的“三致”产品，应绝对禁止使用。如目前我国已经禁止的六六六、滴滴涕、甲胺磷、久效磷、特丁硫磷、杀虫脒等就属此列。

其次，对于那些毒性高、残留期较长而在目前生产上又无可替代的农药产品，应严格限制使用并加强用药管理，避免滥用，并在找到替代产品后立即禁用；对于那些毒性不高，无残留问题，也无“三致”等问题，但对儿童具有神经毒性或对人的内分泌有干扰作用的农药，应限制使用，并按计划逐步加以淘汰。

随着人们环保意识的增强，努力开发高效、低毒、环保及经济、使用方便的新型化学药剂，是当前我们每一个从事农药研究、开发及植保人员的首要任务。但作者认为，加强农药使用安全宣传教育，提高农民的环保意识和用药水平，才是农药安全的最关键因素之一。许多农药中毒事故、农药污染事件、防治失控事件等都与农药的滥用、超量使用以及安全防护不到位有关。

（三）未来化学农药发展趋势

21 世纪的人类社会是高速、持续发展的社会，面临人口、粮食、能源、环境等多种挑战。农业与农作物有害生物并存，因而要解决农产品需求问题，人类还必须继续与之战斗，农药是这场战争中不可缺少的武器。环境相容性好是 21 世纪对农药提出的最基本的要求，因此，农药的创制、开发、生产与应用都必须围绕这一主题目标发展。

（1）发展高效、超高效农药是农药发展始终如一的方向。

多数高效、超高效农药的作用机理已完全不同于传统的有机磷、氨基甲酸酯和拟除虫菊酯类农药，这些农药有着全新的作用位点和独特的作用机理。除了与传统农药无交互抗性外，还是有效的消抗剂。由于其用量少（每公顷几克到十几克），使用安全，因而对环境的压力也较传统的农药小得多。

（2）“仿生”环保型农药将是新农药开发的主体。

由于“仿生”农药高度的安全性、选择性，这类农药越来越受到人们的青睐。仿生农药的主攻方向，一是以天然物质为先导化合物，进行仿生合成或结构改造；二是以害虫特有靶标或特有物质为目标，进行全新结构的创制和开发。这里，分子生物学技术和先进的分析手段的应用，使“仿生”农药的研究精彩纷呈。

人们从分子生物学的角度，利用分子生物学原理，深刻剖析害虫的靶标和特有作用酶，从中寻找新的害虫独有靶标或作用位点，从而发现或开发出全新的活性化合物。这不仅有利于高效、安全的新农药的创造和开发，也有利于害虫抗性的治理。

利用先进的分析技术，通过对调控昆虫生活、营养和生殖行为的微量、超微量植物次生物质或挥发性物质以及昆虫化学通信物质的分析鉴定，开发出超微量生物源农药。这类农药的成功开发，不仅使人类从防治害虫走向调控害虫行为，进而达到控制害虫为害的目的，而且对其他非靶标生物全然无害。

（3）先进的合成手段使新农药的创制和开发工作如虎添翼。

近年来，仪器设备、试验手段等方面的迅速发展，大大促进了农药有机合成反应的开发和提高。目前，新技术、新方法层出不穷，如超声波合成、微波化学合成、氟碳相化学合成、水相中有机合成、固相合成、室温离子液体有机合成等。另外，人们通过计算机化学与信息化学手段，进行活性化合物分子设计、预测反应等。所有这些，不但提高了农药合成的可预见性和合成的效率，而且可做到“清洁生产”，确保环境安全，节约资源，保持可持续发展。

（4）生物源农药将越来越显示出它的生命力。

目前，在世界范围内，生物源农药，包括植物源农药、微生物源农药、昆虫信息素、微生物活体及线虫活体农药的开发和应用受到高度重视，但由于目前生产、发酵技术以及剂型加工技术的限制，起效慢、效果不稳定、使用技术难掌握、成本高的问题始终未得到很好的解决，故限制了其发展。随着分子生物技术、工业化发酵技术、专用助剂技术的发展与进步，生物源农药引领潮流的局面已为时不远。

对于地下害虫农药发展的趋势来讲，发展高效、低毒、环保，在土壤中能稳定发挥药效的杀虫剂是眼下地下害虫防治的关键。同时，农药剂型加工技术的突破将有助于农药药效在土壤中的稳定发挥，缓释剂、可控制释放颗粒剂等将是近期主攻的方向。生物源农药，特别是微生物源农药，如专化型 Bt 杀虫剂产品、白僵菌、绿僵菌、日本金龟甲芽孢杆菌制剂等将是今后多年人们努力研究的方向。而地下害虫信息素及植物引诱剂的研究、开发和应用也将会越来越受到人们的重视。

第二节　天敌资源利用与生物防治

一、生物防治的意义

由于化学农药应用过程中出现的诸如抗药性、害虫再猖獗、农药残留、破坏生物多样性、污染环境等问题，自 20 世纪 90 年代以来，针对蛴螬的为害特点，各地分别进行了防治技术体系的建设，加强了综合防治技术的研究和充实，近年来又提出了种群生态控制理论，并在实践中广泛应用，收到了很好的效果。但在地下害虫综合防治技术体系中，化学防治仍是地下害虫综合防治技术的最重要的措施，而化学防治措施中使用的农药又多以高毒、高残留农药为主。我国加入 WTO 后，国外对我国的农产品质量要求越来越高，而由于农药的残留问题，我国农产品在出口时屡屡遭遇贸易堡垒，处于弱势竞争地位。更重要的是，非理性的农药使用，严重污染环境，威胁人类的生存和健康。农业防治在综合防治中亦占有重要地位，但农业防治通常都采取轮换换茬、改变生境、调节播种期，以及人工拾虫等方法，这些方法不但受条件、地域制约，同时浪费劳动力，且见效慢。因此，人们愈来愈多地寄希望于生物防治的发展和突破。

我国从 20 世纪 80 年代开始对生物制剂苏云金杆菌（Bt）与化学农药的防治效果进行比较，并开展了大面积 Bt 防治示范和推广工作。在病原真菌方面，国外远远走在我国的前面，其中巴西和新西兰等国应用病原真菌防治蛴螬的时间比较早，防治面积也大。我国直到 20 世纪中叶才开始着手研究应用病原真菌防治蛴螬，但还远远未成形。在田间，极易发现被各种白僵菌、绿僵菌致死的地下害虫，但如何有效地对病原真菌加以保护和利用仍有待于进一步研究。另外，从 20 世纪 80 年代开始，应用天敌防治蛴螬、天牛等的报道也逐渐增多，其中以土蜂、管氏肿腿蜂和线虫等的研究较多。利用生物手段防治地下害虫的应用研究中以蛴螬的病原微生物报道较多，天牛的报道也有一些。而在已报道的地下害虫病原物中，以真菌中的白僵菌、绿僵菌和细菌中的几种芽孢杆菌的毒力相对较强，开发应用的前景广阔；在环境条件相宜的情况下，病原线虫致病力也较强，随着更深入的研究，其应用前景不可估量。

甘蔗地下害虫的生物防治在很早以前便受到各产糖国的重视，对天敌的调查利用及其引进等都进行了大量的工作。如 Mungomary 等早在 1936 年就对昆士兰地区的金龟甲天敌种类进行了调查，发现的地下害虫天敌包括昆虫类食虫虻科（Asilidae）、叩甲科（Elateridae）、土蜂科（Scoliidae）、长足寄蝇科（Dexiidae）、寄蝇科（Tachinidae）和蝽科（Pentatomidae）等，非昆虫类的还有多种捕食性的哺乳类动物、晰蝎、蛙类、鸟类和真菌及细菌病害。关于甘蔗地下害虫非昆虫类天敌的利用，据 Bell（1940）报道，

20 世纪 40 年代前，很多国家和地区都利用一种个体较大的蟾蜍 *Bufo marinus*，其对捕食虫体较小的甲虫较有效。该种蟾蜍数量在那些地区达到了饱和程度。此外，也有不少学者研究认为，鸟类亦是甘蔗金龟甲的重要天敌，如 Danforth（1935）提出，鸟类也可作为天敌引进并加以利用。我国学者在乳状菌、绿僵菌及线虫防治甘蔗黑色蔗龟、齿缘鳃金龟、红脚绿金龟、二点褐金龟、铜绿金龟及甘蔗锯天牛、甘蔗草蝉等地下害虫方面进行了有益的探讨。

二、天敌资源及分布

地下害虫天敌资源比较丰富、多样，涉及食虫鸟类、食虫螨类、天敌昆虫、病原微生物和病原线虫 5 大类。张继祖、伊世平（1989）报道，我国地下害虫金龟甲天敌有步甲科的黄斑青步甲 *Chlaenius micans* Fabricius、黄边青步甲 *C. circumdatus* Morawitz、双斑青步甲 *C. bioculatus* Motschulsyk、狭边青步甲 *C. inops* Chaudoir、宽额步甲 *Platymetopus* sp.、狭胸步甲 *Stenolophus* sp. 及小蝼甲 *Elivina* sp.、球螋科的球螋 *Forficula* sp.、隐翅甲 1 种（学名待定），土蜂科的土蜂属 Scolia 5 种，长腹土蜂属 Campsoneris 7 种。另外还发现了一种嗜木螨 *Caloglyphus* sp.，此螨为外寄生，可寄生于多种蛴螬，个别成虫也发现被寄生。据不完全统计，金龟甲的捕食性昆虫有步甲、隐翅甲、食虫虻等 14 种，寄生性昆虫有土蜂科（Scolidae）14 种（Scolia 属 7 种、Campsomeris 属 7 种），钩土蜂科（Tiphiidae）钩土蜂属（Tiphia）52 种（远东地区），寄蝇科（Tachniidae）9 种（远东地区）；寄生螨类 1 种；病原微生物如黄曲霉 1 种，白僵菌 2 种（卵孢白僵菌 *Beauveria tenella*、绿僵菌 *Metarrhizium anisopliae*），乳状杆菌 4 种；病原线虫如新线虫科（Neoplectidae）线虫 7 种，共计 100 多种。就钩土蜂而言，我国的钩土蜂资源非常丰富，在远东地区 52 种钩土蜂中，我国有分布的占 40% 以上，新种记录占 1/3。目前，在金龟甲天敌中，研究较深入，最具有应用前景的有钩土蜂、乳状杆菌、白僵菌、线虫等。这类天敌分布广，增殖能力强，是保护和利用的主要对象。天牛的天敌种类对甘蔗地下害虫防治有借鉴意义的主要有管氏肿腿蜂（*Scleroderma guani* Xiao et Wu）、川硬皮肿腿蜂（*S. sichuanensis* Xiao）、天牛卵长尾啮小蜂（*Aprostocetus fukutai* Miwa et Sonan）、两色赤足茧蜂（*Zombrus bicolor* Enderlein）、青杨天牛蛀姬蜂（*Schreineria sp.*）、花绒坚甲（*Dastarcus helop horoide* Sharp）等，还有属佛法僧科、翁鸟科、山雀科的鸟类等。在丰富的地下害虫天敌中，病原微生物及线虫是寄生范围最广的一类天敌，在金龟甲、天牛、金针虫、草蝉、白蚁、象甲、地老虎等多种害虫中均有寄生和应用研究的事例。

三、天敌的基本特性

（一）寄生的专化性

多数土蜂、寄蝇、病原微生物是蛴螬类的专性寄生物。有的寄生物对不同寄主或虫态有不同程度的专性寄生现象。埃氏寄蝇 *Hyperectina alderichi* 只寄生于日本金龟甲成虫，而 *Dexilla veniralis* 则寄生于幼虫，均为内寄生。钩土蜂（*Tiplcia* sp.）则是体外单寄生天敌。不同蜂种多寄生于同属的不同虫种（寡择性）或特定虫种（单择性）。乳状杆菌人工注射寄主范围很广，但摄食或饲喂，感病寄主的范围小得多，田间自然感病寄主则有更强的选择性，并且，在不同寄主之间，其致病力有明显差异，长期在同一寄主上繁殖，其致病力出现衰退。这一特性对于选择保护利用对象，评价自然控制效果有重要的实际意义。

（二）寄生物与寄主之间的物候联系和数量关系

寄生昆虫发生期与寄主虫态（成虫或3龄幼虫）发生期的吻合性是其定居增殖的先决条件。山东花生区大黑钩土蜂（*Tiphia* sp.）生活史存在着1~2年羽化两型现象，正与大黑金龟生活史发生的大、小年相适应，而且成蜂发生产卵期正是寄主3龄幼虫发生期，后代羽化的雌蜂占95.8%，因而保持了土蜂较强的生殖力。美国从日本、朝鲜、中国引进 *Tiphia popilliavora* 3个地理小种，只有朝鲜小种与日本金龟有较好的吻合度，成为引进后定居的主要虫种。同时，寄生物与寄主之间的数量是密度制约关系。据研究，只有大黑钩土蜂与寄主之比为1：10时才有良好的控制效应。乳状杆菌在土壤内含孢量 $10^6 \times 10^9$/kg，寄主的感病速度与菌量和寄主密度正相关，在低菌量、低密度下，一般需3~4年才会出现控制效果。

（三）需要适宜的生态条件

寄生昆虫发生期内需有多样化的植被结构，为成虫提供丰富的食物来源（如蜜露、花蜜和蜜腺等）。乳状杆菌只能依赖活体繁殖，需要一定的寄主密度和适宜的温度（25℃~30℃）才能增殖扩散。较高的土壤湿度和稳定的植被是卵孢白僵菌和格氏线虫（*Neoplectina glaseri* Steiner）能否增殖扩散的关键因素。此外，采取合理施用化学农药等综合措施，避免和减少对天敌昆虫的伤害，为天敌创造适宜的生存和繁衍的生态环境，才能充分发挥其自然控制的作用。

四、病原细菌及其应用

病原细菌属于病原微生物，病原微生物包括病原细菌、病原真菌、原生动物及昆虫病毒等一大类群，也是目前研究最深入、产品制剂最多、全球销量最大、应用技术发展较全面的生物制剂。

（一）主要种类

到目前为止，已发现对地下害虫具有致病能力或致死能力的杀虫细菌有100多种，其中被开发和投入实际应用的主要有：日本金龟甲芽孢杆菌（*Bacillus popilliae*）、缓病芽孢杆菌（*B. lentimorbus*）、球形芽孢杆菌（*B. sphaericus*）和苏云金杆菌（*B. thuringiensis*，简称Bt）等。这些杀虫细菌的研究和应用，丰富了生物防治的内容，也在一定区域内有效地抑制了地下害虫的为害。

1. 乳状菌

1935年，美国人Hawly首次在日本金龟甲（*Popillia japonica*）幼虫感病虫体上发现了一种乳状菌类芽孢杆菌（*Paenibacillus popiliae*）。1940年，Dutky报道从感染了乳状病的日本金龟甲幼虫（蛴螬）体内首次分离到乳状菌甲型和乙型，即日本金龟甲芽孢杆菌（*Bacillus popilliae* Dutky）和缓病芽孢杆菌（*B. lentimorbus* Dutky），该芽孢杆菌是对金龟甲幼虫专性寄生的细菌，主要对日本丽金龟（*Popilia japonica* Newman）和欧洲金龟甲（*Amphinallon majalis* Razoumavsky）有寄主特异性，也会感染其他与之有密切亲缘关系的金龟甲。20世纪40年代后，美国东部13个州和哥伦比亚特区就开始应用该菌防治日本金龟甲。该菌能够有效抑制金龟甲种群数量，因而是最早应用于蛴螬防治的昆虫病原细菌。此后，澳洲、欧洲以及亚洲等国都相继分离到乳状菌的多种变种，并开展了应用乳状菌防治金龟甲幼虫（蛴螬）的研究。我国从1973年中国农科院邱式邦由美国引进乳状菌菌种开始，就开启了我国乳状菌防治蛴螬的研究。1976—1980年，轻工部甘蔗糖业研究所及福建蔗麻所先后开展了乳状菌日本金龟甲芽孢杆菌对黑色蔗龟、齿缘鳃金龟、红脚绿金龟和二点褐金龟幼虫的室内寄生感染试验，证明用注射法均能使这4种金龟甲幼虫感染，寄生率达到80%以上，但未能通过喂食的方法使幼虫感染。山东省植保所于1979—1985年在荣城县进行了缓病芽孢杆菌（*B. lentimorbus* Dutky）防治滨海蒙古丽金龟（*Anomala mongolia*）的试验，结果该菌表现出明显的增殖扩散和长效控制作用。1981年，河北省沧州地区农业科学研究所通过对自然患病蛴螬中乳状菌毒力进行测定，发现该菌对铜绿异丽金龟（*Anomala copulenta*）幼虫的感染率高达80%。乳状菌属于专性寄生菌，难以在人工培养基上培养，其对蛴螬的致死作用缓慢，种群建立较迟，但作为长期控制因子时，其对蛴螬种群数量的控制作用效果明显。

2. 嗜虫沙雷氏菌和变形斑沙雷氏菌

嗜虫沙雷氏菌（*Serratia entomophila*）和变形斑沙雷氏菌（*S. proteamaculans*）可以引起蛴螬的琥珀病。一般应用嗜虫沙雷氏菌或变形斑沙雷氏菌处理蛴螬48h后，蛴螬即停止取食，72h后虫体出现琥珀般的颜色，从而进入慢性发病阶段直至死亡。Jackson等在应用嗜虫沙雷氏菌防治褐新西兰肋翅鳃金龟幼虫的试验中发现，经过细菌处理的草坪，蛴螬的种群数量减少，并且存活的蛴螬感染琥珀病的比例达79%。应用嗜虫沙雷氏菌154株系处理庭院草坪上的蛴螬，感病率达46%，并且该菌可以在蛴螬中建立种群优势，减少蛴螬对草坪的破坏。该类菌具有一定的应用前景，但至今仍少见其更深入的研究报道。

3. 苏云金芽孢杆菌

苏云金芽孢杆菌（*Bacillus thuringiensis*）的研究历史要追溯到20世纪初期。1901年，日本科学家Ishivata在蚕场研究患病的家蚕时，发现一种能够使蚕“sotto”致死的芽孢杆菌病原体。随后，德国科学家Berliner在1915年也发现了一种与之类似的可以杀死“地中海粉蛾”的细菌，并以发现地德国小镇Thuringia为之命名为“*B. thuringiensis*”，这就是后来人们所熟知的苏云金芽孢杆菌。迄今为止，世界各国已经分离鉴定了苏云金芽孢杆菌的6万多个菌株、70个血清型、83个亚种，证明了其对无脊椎动物门的线形动物门、原生动物门、扁形动物门及节肢动物门的直翅目、鳞翅目、双翅目、鞘翅目、膜翅目等10个目共570多种昆虫具有不同程度的致病力。不过，直至1992年Ohba发现苏云菌杆菌日本亚种Buibui菌株，才很好地解决了苏云菌杆菌有效防治地下害虫的问题。

（二）细菌杀虫剂

细菌杀虫剂是指利用对某些害虫具有致病或致死能力的病原细菌的某些活性成分或活的菌体加上相应的助剂等制成的，用于防治其寄主害虫的一类微生物杀虫剂。细菌杀虫剂是世界上应用最早的微生物杀虫剂，也是目前开发最多、应用最广、最有可能代替化学农药的一类微生物杀虫剂。已经成功开发的细菌杀虫剂有很多种，其中可用于防治地下害虫的具有代表性的制剂是苏云金芽孢杆菌和日本金龟甲芽孢杆菌制剂。

1. 苏云金芽孢杆菌制剂

苏云金芽孢杆菌制剂（Bt）是目前研究最多、最深入，应用最广泛，生产量最大的微生物杀虫剂，其制剂产量占生物农药的70%以上。20世纪80年代以前，人们的注意力主要集中在筛选对鳞翅目和双翅目等害虫有毒的菌株上，并对菌株的毒理学、血清学等进行广泛、深入的研究。尽管苏云金芽孢杆菌具有较广的杀虫谱，但在将近一个世纪的时间里，对寄主蛴螬的研究相对较少，也无几则成功用于防治的报道。究其原因，是因为科学家们在具体研究中发现，大多数菌株对金龟甲几乎没有效果。直到20世纪末，随着日本亚种Buibui菌株的发现，这一问题才得到很好的解决。Bt首次用于防治蛴螬始于1992年，Ohba等分离出一种对金龟甲有特异性活性的苏云金芽孢杆菌的新菌株，并根据它所作用的金龟甲的日本名称命名为苏云金芽孢杆菌日本亚种的Buibui菌株（*B. thuringiensis* senrovar japonensis strain Buibui）。Buibui菌株δ~内毒素属于Cyr3F基因组。与其他典型的日本亚种的菌株不同，Buibui菌株对鳞翅目害虫和科罗拉多马铃薯甲虫等均无毒性，而对古铜异丽金龟*Anomala cuprea*、日本丽金龟*P. japonica*、小青铜金龟*A. albopilosa*、艳金龟*M. inelasplendens*等金龟甲的幼虫具有高致死率。Suzuki等应用该菌株防治古铜异丽金龟*A. cuprea*幼虫，发现这种菌株对1、2龄幼虫的作用效果好于3龄幼虫。后来他们的进一步试验也取得了相似的结果。虽说该菌株对1、2龄幼虫的效果好于3龄，但对3龄幼虫的致死率也相当高，达到48%。Alm等在田间应用该菌株防治日本金龟甲*P. japonica*和东方异丽金龟*A. orientalis*的2~3龄幼虫时也取得了令人鼓舞的效果。该菌株在美国和日本已登记专利，并于2002年在日本进行了产品注册。

我国在筛选对金龟甲幼虫具有杀虫活性的Bt特异性新菌株的研究上也取得了突破性的进展。冯书亮等（1998）在河北省的土壤中成功分离获得了一株Bt新分离菌株HBF-1。HBF-1菌株对铜绿丽金龟、黄褐丽金龟（*A. exoleta*）等幼虫具有较高的杀虫活性，尤其对黄褐丽金龟1~2龄幼虫毒杀效果可达到100%。王容燕等（2003）筛选出对铜绿丽金龟幼虫有毒力的菌株HBF-2，感染饲养14d后的幼虫死亡率达到80%。我国目前在利用Bt防治金龟甲的研究领域除了继续分离、开发特异性菌株之外，更着重于基因工程方面的研究。Cry8基因是国际公认的对地下害虫非常有效的基因。中国农科院植保所科技人员与河北农科院合作，在建立金龟甲大规模饲养的基础上，利用生物测定的方法，从搜集到的大量菌株里发现有一些菌株含有Cry8的基因，并运用聚合酶链式反应——限制性片段长度多态分析技术（PCR-RFLP）对Cry8基因进行干预，发现在菌株中有不同的对黄褐丽金龟、铜绿丽金龟、大黑金龟甲和暗黑金龟甲有效的基因：Cry8Ca2、Cry8Eal、Cry8Fal、Cry8Gal，其中后3种已经申请了国际发明专利。此类基因和以往报道的基因同源性差别很大，完全是一个新的基因，结构和功能有新的特点。后来通过转基团技术将这一基因成功地转到烟草的根部得到转基因烟草，结果发现，没有转基因的烟草根系受到地下害虫的严重为害，而转基因的根系未受侵害。由于金龟甲幼虫（蛴螬）多栖息于地下，施用菌剂很难使蛴螬接触到药剂，而采用转基因的手段，将基因转到植物细胞体内，使之在植物体内长期表达，则为我们将来更好地利用Bt防治金龟甲开辟了新的道路。

苏云菌杆菌制剂的杀虫机理：Bt制剂是活体芽孢和类芽孢体上的晶体蛋白（ICPs）的混合体。晶体蛋白（ICPs）被害虫经口摄入体内后，没有生物活性的蛋白酶类前体大分子被碱性肠液活化，形成抗蛋白酶的毒性核心片断，然后结合到中肠上皮细胞表面的纹缘膜特异性受体上（现在已证明受体为氨肽酶N和钙黏着蛋白cadherin类似物），有毒性的α-螺旋穿透细胞膜形成一个离子通道（孔），这个离子通道具有选择性，只允许K^+进入和H^+流出，使膜很快去极性化，同时细胞间值不断升高。这种变化破坏了膜电位，使细胞膨胀并裂解，导致中肠坏死，围食膜和上皮退化变性，肠壁受损后，中肠的碱性高渗内含物进入血腔，血淋巴 pH 升高而导致昆虫麻痹死亡。同时，芽孢经由蛴螬的口器进入虫体，在虫体内大量繁殖，释放大量的晶体蛋白，从而起到双重毒杀作用。

就目前研究情况而言，对 Bt 的研究已深入到了基因水平，但应用 Bt 防治蛴螬的研究仅限于对具有特异性杀虫菌株的筛选，制剂产品的开发和推广相对落后。因此，我们在利用菌株的多样性筛选对蛴螬有特异杀虫活性的新菌株的同时，应该把更多的精力放到 Bt 制剂的开发和实际应用上，利用先进的发酵工艺和基因工程技术，针对蛴螬隐蔽的生存环境的特点，开发药效持久、稳定、对隐蔽性害虫具有特异杀虫活性的 Bt 工程菌剂，或将 Bt 杀虫基因转移到作物中，培育出抗蛴螬等地下害虫的作物品种，实现科学研究与生产实践的齐头并进。

当然，虽说 Bt 菌剂施于土壤中较难使蛴螬触及药剂，但根据 Bt 制剂的杀虫活性特点，应用 Bt 制剂防治地下害虫却又具有另一方面的优势：因为在 Bt 制剂中起主要杀虫活性的伴孢晶体蛋白和芽孢在日光的照射下很容易失活，而蛴螬隐蔽的生存环境避免了 Bt 制剂中伴孢晶体蛋白和芽孢在土壤中受紫外线的照射，从而必定会大大延长杀虫持效期，提高杀虫效果。

2. 日本金龟甲芽孢杆菌制剂

日本金龟甲芽孢杆菌 *Bacillus popiliae* 从 20 世纪 30 年代被发现到 1940 年成为第一个基于日本金龟甲芽孢杆菌的生物源农药在美国上市用于防治日本金龟甲，只经历了短短不到 10 年的时间。该制剂在 20 世纪 40 年代开始在美国东部 13 个州和哥伦比亚特区应用于防治日本金龟甲，并有效控制了金龟甲种群数量，因而成为最早应用于蛴螬防治的昆虫病原细菌制剂。1939—1953 年的 14 年间，美国施用的日本金龟甲芽孢杆菌制剂约 165t，施菌点 518 000 个，累计防治面积达 405 400hm^2，蛴螬密度明显降低，从而长期控制了金龟甲的为害。

虽然乳状菌制剂应用最早，且在很多试验研究中都取得了不错的效果，也在一定程度上得到推广，特别是作为长期控制因子对蛴螬种群数量的控制作用效果明显，但是由于该菌对蛴螬的致死作用缓慢、种群建立较迟，且又属于专性寄生菌，即该菌对生长和孢子形成的条件要求比较苛刻，很难在人工合成的培养基上大量产生孢子，最初的制剂只能通过将患病的幼虫烘干、磨粉获得，因而生产主要以金龟甲幼虫活体接种繁殖，程序烦琐，成本高，难以迅速大量生产，因而严重限制了该制剂的大规模生产和应用。现在乳状菌主要作为多种生防因子中的一种与其他生防因子共同作用来控制蛴螬的为害发生。从 20 世纪 60 年代开始，科研工作者们对该种菌株的生长条件和营养需求等方面进行了大量研究，取得了重大进展。普遍采用的方法是在含有可溶性淀粉、海藻糖、磷酸氢二钾、碳酸钙、酵母膏的液态培养基中进行二次发酵来培养，孢子的生成率可达到 80% 以上。近年来，他们又从基因方面着手，尝试克隆编码杀虫活性蛋白的基因，并将其导入其他受体菌中进行表达，也为进一步开发利用此菌提供了新的途径。目前，美国已经成功开发出新一代的日本金龟甲芽孢杆菌制剂 Doom，并在美国、加拿大、新西兰等日本金龟甲泛滥的国家大面积使用，收到了很好的效果。

我国在该方面研究起步较晚，有报道称已经在晋、冀、鲁、豫等省陆续分离出一些类似于日本金龟甲芽孢杆菌的乳状菌株，并对其寄主范围、离体培养、剂制的研制等方面进行了有益的尝试。在人工培养日本金龟甲芽孢杆菌菌株方面也获得了成功，产孢量提高，注射和拌种饲喂对3种蛴螬均有一定的致病力（冯祥兴等，1982），但要用于生产实践，还需做大量的工作。我国在日本金龟甲芽孢杆菌制剂进行大规模生产并应用于金龟甲大面积防治方面还有很长一段路要走。

日本金龟甲芽孢杆菌制剂的杀虫机理，主要通过芽孢感染和传播。存在于土壤中的芽孢杆菌孢子经幼虫取食由口摄入虫体内，进入消化管萌发成杆状的营养细胞，营养细胞能够侵染中肠细胞，穿透肠壁进入体腔内，在体液中经由芽孢萌发期、营养繁殖期、芽孢形成期和芽孢成熟期四个时期进行增殖，最终导致幼虫感染上A型乳化病（type A milky disease），虫体呈现乳白色而死亡。对于幼虫死亡的原因目前还不是很清楚，一般认为是营养物质消耗殆尽，或存在着稳定毒素，或氧化酶代谢紊乱。

（三）影响昆虫病原细菌防治效果的主要环境因子

1. 温度

在低温环境下，蛴螬栖息的土层较深，取食减少，不利于昆虫病原细菌的作用。而在高温条件下，蛴螬的取食量加大，从而有利于病原细菌的侵染。

2. 土壤湿度

较高的土壤湿度有利于昆虫病原细菌在蛴螬种群中的发生和传染。雨水有利于病原细菌的扩散，从而增强效果，但是如果雨水过多，则会把病原细菌冲走。

3. 土壤pH

蛴螬栖息的土壤酸碱度对病原细菌也有一定的影响，如Bt比较适应碱性条件，如果pH降至5以下则不能形成芽孢。

五、病原真菌及其应用

真菌广泛分布于地球生物圈内，种类极其繁多。昆虫生活在真菌的包围之中，许多真菌能使昆虫感染真菌病。我国早在2 000年前从发现“僵蚕”开始就着手研究两者之间的关系，其中能引起昆虫疾病的内寄生菌是害虫种群自然调节的重要因子和害虫生物防治的重要材料。真菌以其特殊的营养方式、独特的入侵方式和可行的宿存机制在害虫的综合治理中表现出强大的生命力。目前世界上已有50多种真菌产品登记注册，主要集中在美国、巴西、前苏联、荷兰等国家。注册的产品主要为粉虱座壳孢菌（*Aschersonia aleyrodis*）、球孢白僵菌（*Beauveria bassiana*）、布氏白僵菌（*B. brongiartii*）、暗孢耳霉菌（*Cinidiobolus obscurus*）、金龟甲绿僵菌（*Metarhizium anisopliae*）、黄绿绿僵菌（*Metarhizium flavoviride*）、汤普森被毛孢（*Hirsutrillla thompsonii*）、粉拟青霉（*Paecilomyces farinisus*）、玫烟色拟青霉（*P. fumosaroseus*）、淡紫拟青霉（*P. lilacinus*）和蜡蚧轮枝孢等，其中白僵菌和绿僵菌占注册产品的60%以上。我国利用杀虫真菌防治害虫始于20世纪50年代，到目前已有很大发展，特别是白僵菌工业化生产和大规模应用方面成绩显著。与杀虫剂相比，利用真菌防治有害生物风险低，对作物安全；而与细菌杀虫剂相比，真菌杀虫剂的寄主范围广。一直以来，人们热衷于利用真菌来防治有害生物，也越来越重视真菌在有害生物综合治理中的作用，与此相关的各学科也得到迅速发展，该领域涉及真菌学、生态学、遗传学、生理学、大规模生产技术、剂型加工和施用策略等许多重要的学科和领域。而近40年来，利用虫生真菌治虫也受到了更高的关注。昆虫病原真菌（虫生真菌）领域已形成了一门独立学科：昆虫真菌学。真菌杀虫剂的研究、开发以及最终的商品化还存在诸多亟待解决的问题，而微生物学、植物病理学、生理学、分子生物学领域所取得的成就对真菌杀虫剂的开发、生产和使用技术都具有重要的理论意义和实践价值。

（一）主要种类

1. 白僵菌

白僵菌是一类寄生范围广、致病性强、适应性广的昆虫病原真菌。感染金龟甲的白僵菌有布氏白僵菌、球孢白僵菌、*B. amorpha*。目前，国内外研究最多、最有应用价值的为前两种。

在众多的农林害虫中，时常发现布氏白僵菌引起的地下害虫流行病现象，自然寄生率为8.6% ~56%，高的达70%以上，这对控制害虫种群数量起到重要作用。

早在1809年，英国人Link发现了卵孢白僵菌 *Beauveria tenella*，即布氏白僵菌 *Beauveria brongniartii* Petch对金龟甲幼虫的寄生现象，并将此命名为 *Sporotrichum desum*。此后发现此菌广泛分布于欧洲各地。如今，该菌在许多国家都有研究和应用的报道，防治对象达十多种。在20世纪70年代初期，法国人利用布氏白僵菌防治西方五月鳃金龟获得成功。施用孢子量$20\times10^{9}/m^{2}$后，持续观察两年，对当代及第2代幼虫均有作用，第3代虫口降低，4年后土壤中仍有该菌存在。这一结果引起人们的广泛关注，此后有关研究逐渐增多。Choo等（2002）比较了不同培养基培养的布氏白僵菌对红足平爪鳃金龟幼虫和东方异丽金龟幼虫的防治效果，用在米糠上培养的布氏白僵菌处理，蛴螬种群下降84.5%，明显好于在沙氏麦芽糖琼脂加1%的发酵粉上培养（63.6%）和在复合肥料上培养（59.6%）的效果。日本利用白僵菌防治暗黑鳃金龟，达到95%的防治效果。

在我国，发现被布氏白僵菌寄生的蛴螬主要有东北大黑鳃金龟、华北大黑鳃金龟、暗黑鳃金龟、东方五月鳃金龟、铜绿丽金龟等。该菌在土壤中能长期存活且具有一定的传播能力。我国在研究和利用布氏白僵菌防治农田蛴螬方面，一开始效果不太令人满意，但通过防治技术的改进，取得了明显成效。另外，扬弘平报道了从东北黑鳃金龟和暗黑鳃金龟尸体上分离、筛选出对欧洲金龟甲（*Melolontha hippocastani*）幼虫高毒力的菌株。徐庆丰近年利用白僵菌防治土壤害虫，发现其具有残效长的特点，且土壤湿度较稳定时，有利于对害虫的侵染。

在土壤中施用白僵菌，不仅当年对蛴螬有控制作用，而且第二年仍有作用，布氏白僵菌在田间持效期可达2~3年。据Malcolm介绍，在流离尼汪岛，自1989年首次引进布氏白僵菌防治甘蔗和天竺的一种金龟甲（*Hoplochelus manginalis*），2~3年后将蛴螬数量和为害损失压低到经济阈值以下，引起了人们的重视。在实际应用中，徐庆丰、农向群等研究发现，不同时间、不同地点施用布氏白僵菌，其结果有一定差异，不同菌株的寄生专化性很强，对不同种类蛴螬的致病力差异也较大。田间防效往往很不稳定，影响防治效果的因素主要有三点：其一，蛴螬对真菌有较强的抵抗性；其二，施用期多在春天，温度较低，不利于孢子萌发和生长；其三，受到土壤中生物的与非生物的环境因子制约。因此，农向群等指出，在夏播花生上施用布氏白僵菌防治蛴螬不仅能减少虫口数量，降低花生果的被害率，而且有较明显的增产作用。国外对布氏白僵菌的生物学、制剂生产及应用作过较系统的研究。但布氏白僵菌的寄主不如球袍白僵菌广泛，专化性较强，主要寄生于土栖类和钻干类害虫，如蛴螬、象甲、白蚁、天牛等。

球孢白僵菌寄主很广。据记载，可寄生 15 目 700 余种昆虫，常见的寄主有鳞翅目、鞘翅目、同翅目和半翅目昆虫等。在澳大利亚，球孢白僵菌被证明对等翅目的白蚁具有较高的毒力。但由于其侵染害虫时要求有一定的湿度条件，因而可应用其防治的害虫有限。国内近年来常用以防治农、林、果菜类的害虫约有 40 种，年施用面积达 80 万 hm^2，均取得了良好效果。

2. 绿僵菌

1879 年，俄国的梅契尼可夫从奥地利塞丽金龟（*Anisopluz aastruzca*）死虫体上发现并分离得到金龟甲绿僵菌，并以此用于防治澳国金龟甲的经典试验，揭开了虫生真菌防治蛴螬的序幕，此后人们对金龟甲绿僵菌防治蛴螬的效果做了进一步的研究。1883 年，Sorokin 将此菌归入半知菌类，并建立了绿僵菌属，目前绿僵菌有 75 种。其中利用较多的为金龟甲绿僵菌和黄绿绿僵菌。1914 年，日本有人从夏威夷引进绿僵菌至台湾地区，进行防治甘蔗金龟甲的研究。加拿大有报道称绿僵菌可感染暗黑叩头甲。在印度南部，绿僵菌可寄生于 *Oryctes rhinoceross*。Hanula 等调查发现，金龟甲绿僵菌可感染日本金龟甲幼虫，但感染比例很低，只有 1.2%。近年来，德国将绿僵菌用于防治白蚁，取得极佳效果，杀虫率达 92% ~100%。在澳大利亚，用绿僵菌防治白蚁效果明显，是较理想的白蚁诱饵成分。从以上的一些报道可看出，绿僵菌在实验室中对蛴螬的致死能力很强，但在田间应用时，由于受土壤环境和寄主等多种因素的影响，效果往往表现不稳定，这也是人们对绿僵菌感到失望的原因。所以 20 世纪初，对绿僵菌的研究仅限于分类、培养特性、感染机制及其影响因素等方面。近 20 多年来，随着巴西和澳大利亚广泛使用金龟甲绿僵菌防治甘蔗和牧草地下害虫取得较大进展，以及在非洲用黄绿绿僵菌防治蝗虫试验的初步成功，人们对绿僵菌的研究进入了一个高潮。绿僵菌可寄生于直翅目、革翅目、半翅目、鳞翅目、双翅目、膜翅目和鞘翅目共 7 目 200 多种昆虫中，其中至少包括 70 种金龟甲。

我国很早就开始利用金龟甲绿僵菌防治农业害虫，先后用于防治白蚁、棉铃虫、玉米螟以及农作物地下害虫金龟甲、天牛等，都取得了较好的效果。自从 1958 年自马铃薯瓢虫上获得野生菌株后，对其研究逐步展开。在福建省，用绿僵菌防治花生蛴螬获得成功，蛴螬死亡率可达 90% 以上。南开大学生物系将菌粉拌土或拌种后，以不同剂量处理阔胸犀金龟，侵染率为 55% ~100%；田间试验以菌粉拌种，45d 后检查蛴螬最高死亡率可达 70%，而对照区仅 4%。在江苏，用绿僵菌防治暗黑金龟甲幼虫，防治效果达到 50% ~86%。黄基荣等在室内用绿僵菌液喷洒黄闪丽金龟、棕色鳃金龟、直蜉金龟甲，感病率分别为 90.2%、50.0% 和 83.3%。陈祝安等在室内检测了不同来源的 6 株金龟甲绿僵菌菌株对大云鳃金龟幼虫的致病力，致病能力最强的 RAW 菌株，LD_{50} 为 2.2×10^7 孢子/g。

在甘蔗方面，王次男（1975）报道，从台湾本岛分离到的绿僵菌对黑色蔗龟的室内寄生率为 70%，野外寄生率为 25%。轻工业部甘蔗糖业研究所从 1952 年开始有关绿僵菌防治黑色蔗龟的研究，结果显示其对黑色蔗龟的室内寄生率可达 100%；1974 年后又与广东斗门平沙农场等单位合作，经多年田间试验表明，施用绿僵菌可使当年黑色蔗龟幼虫数减少 50% 左右；第二年宿根蔗发株增加 11% ~15%，蔗龟枯心率比对照区相对减少40%左右。施于土壤中的绿僵菌对黑色蔗龟可起到长期而较缓慢的寄生作用，因此，只要每年向土壤中补充一定数量的绿僵菌孢子，便能起到长期抑制黑色蔗龟的作用。曾传芳等（1981）在野外发现蔗根锯天牛幼虫会自然感染绿僵菌，将僵虫磨碎后制成绿僵菌悬浮液，浸蔗种1min，使蔗种带菌后下种，或将悬浮液直接喷洒到土中拌均匀，然后将蔗茎和天牛幼虫置于其中，绿僵菌均表现出很强的致病力，幼虫死亡率分别达到85.8%和100%，且悬浮液浓度愈高效果愈好。这说明绿僵菌对天牛幼虫的感染力较强，具有较高的利用价值。

3. 拟青霉菌

林国宪、刘波等（1995）用拟青霉菌808（*Paecilomyces fumosoresens* var. beijingensis）制成20亿孢子/g的水剂，以1∶10比例进行花生拌种处理，30d后对花生蛴螬的平均防效达82.0%。以拟青霉菌作为花生苗期保护剂，不但可有效地防治地下害虫，亦可促进花生的生长。拟青霉菌在土壤中的自身繁殖能力较强，因而增加了再次侵染的机会，但对该菌的应用前景有待更进一步的研究。

（二）真菌杀虫剂

1. 制剂特点及研制状况

与细菌杀虫剂相比，真菌杀虫剂有两个优点：一是许多分离到的真菌均具有较宽的寄主范围；二是通过表皮接触侵染角质层来感染寄主。虫生真菌是真菌杀虫剂的一个重要来源，目前国内外研究最多的虫生真菌是白僵菌，其次是绿僵菌。生产上应用较多的防治蛴螬的病原真菌是布氏白僵菌和金龟甲绿僵菌。

早在19世纪，人们就陆续发现并分离出某些绿僵菌和白僵菌菌株。经过多年的研究，美国、澳大利亚、巴西、日本等国已经生产出商品性真菌杀虫剂。其中对蛴螬具有较高杀虫毒力的主要是布氏白僵菌和金龟甲绿僵菌制剂。最近20多年来，国外许多国家已经广泛采用白僵菌和绿僵菌来防治蛴螬。法国成功筛选出对西方五月鳃金龟的致病率高达90%以上的高效布氏白僵菌菌株，并将芽生孢子悬浮液在林区大面积喷洒，成功控制了五月鳃金龟虫口密度，取得了良好的防治效果和生态效益。意大利学者也成功地分离出高毒力的布氏白僵菌F菌株，对意大利西北部奥斯塔（Aosta）谷的金龟甲防治效果明显。巴西和澳大利亚则广泛采用金龟甲绿僵菌来控制甘蔗和牧草中的害虫，取得了巨大的成功。

国外20世纪70年代就对真菌杀虫剂生物学、制剂生产及应用做了系统的研究。近年来，国内外研究人员又通过毒力学测定选育出大量有特异杀虫活性的菌株，并对其中的许多菌株进行测定。Choo等（2002）比较了不同培养基培养的布氏白僵菌对红足平爪鳃金龟（*Ectinohoplia rifipes*）幼虫和东方异丽金龟*A.*（*Exomala*）*orierctalis*幼虫的防治效果。陈斌等就绿僵菌不同菌株对马铃薯云斑鳃金龟（*Polyphylla laticollis*）幼虫进行了毒力测定和评价，并测定了从棕色齿爪鳃金龟（*Holotrichia titanic*）幼虫体中分离到的金龟甲绿僵菌KMa 0107菌株对云斑鳃金龟幼虫的毒力，该菌株在$10^6 \sim 10^8$孢子/mL浓度下，接种后第10d累积死亡率达100%。赵文琴等采用5个菌株对铜绿丽金龟幼虫进行了毒力测定，并筛选出对其有良好防效的优良菌株。但是由于虫生真菌的专化性比较强，各菌株之间毒力差别较大，而不同的昆虫寄主之间也存在着较大的差异，所以针对不同昆虫进行优良菌株的选育仍然是利用病原真菌防治蛴螬的基础。

我国从20世纪50年代开始白僵菌和绿僵菌制剂的研究和应用。多年来对优良菌株的选育、生产工艺、应用技术等方面进行了较为详尽的研究，成功利用布氏白僵菌防治花生蛴螬和苗圃地蛴螬等，利用金龟甲绿僵菌控制在我国云南为害严重的小云斑鳃金龟。中国农科院生物防治所等单位已成功研制出防治蛴螬的白僵菌制剂，并在安徽、江苏、辽宁、山东、河南等地进行大田喷洒使用，防治蛴螬的效果达60% ~80%。

病原真菌具有广谱性、易生产、可形成再侵染等特点，但用菌量大，制剂的贮存期短，药效发挥较慢，以及对环境温度、湿度要求较严格等问题阻碍了其大范围的使用。因此，现阶段病原真菌的研究不仅要有工业化生产工艺上的突破，而且要寻找新的加工助剂或充分利用现代生物技术手段提高真菌制剂的稳定性和对害虫的速效性。另外，通过分子生物学技术手段可大大提高菌株的致病毒力。绿僵菌的毒力与其分泌的昆虫表皮降解酶有直接关系。St. Leger 系统地研究了绿僵菌酶系，认为弹性凝乳蛋白酶 Pr1 的活性决定绿僵菌的侵染力，而且已成功地克隆了编码 Pr1 的基因，并从 *Neurospora crassa* Sheare & Dodge 和 *Aspergillus nisulans*（Eidam）Vuillemin 得到了可在绿僵菌中表达的转座子，为遗传工程育种创造了条件。

迄今为止，白僵菌在国际上已有 17 种产品登记注册，金龟甲绿僵菌也有 3 个产品注册上市，即美国生产的 Bio Path、Bio Blast 和澳大利亚生产的 Biogreen。

由于我国的真菌杀虫剂生产尚未真正突破大规模工业化生产的技术瓶颈，实现商品化、产业化的目标尚需时日，国内现今虽有几种登记在册的白僵菌和绿僵菌产品，但真正要使这类产品在地下害虫防治上广泛使用，可能还要做大量的推广工作。

2. 制剂的防治效果

真菌制剂对蛴螬的防治效果是毋庸置疑的。应用布氏白僵菌防治暗黑金龟甲、大黑金龟甲等地下害虫，用2.5 ~3.5kg/667m^2 菌粉或菌药混用，对花生等作物田有显著效果，不仅使受害率减少 80% 以上，且使花生增产 24% 以上，有广阔的应用前景。在花生播种期，用布氏白僵菌菌量（7.5 ~15）$\times 10^{13}$孢子/hm^2，随种施入地下或在中耕期培土时施入土中，对花生蛴螬的防效大于70%，降低虫量 82.5%，减少花生果受害率最高达 85.9%。

使用绿僵菌防治地下害虫通常是将孢子粉连同培养基一起撒在地面上然后翻入土中。绿僵菌现在已经工业化生产，用于防治地下害虫、天牛、飞蝗等多种害虫。在美国、巴西等国有多种商品制剂生产。巴西是应用绿僵菌防治面积最大的国家。在新西兰，用绿僵菌防治金龟甲幼虫（*Wiseana* sp.），其死亡率达 90% 以上。在福建省，利用绿僵菌防治花生蛴螬，施用绿僵菌 50 亿孢子/g 的菌粉 3kg/667m^2，蛴螬死亡率可达 90% 以上。南开大学生物系将菌粉拌土或拌种后，以不同剂量处理阔胸犀金龟，侵染率为 55% ~100%；田间试验以菌粉拌种，45d 后检查蛴螬最高死亡率可达 70%，而对照区仅 4%。绿僵菌防治甘蔗地下害虫，可结合甘蔗培土，施用 14 亿孢子/g 的菌粉 7.5 ~10kg/667m^2，可使当年黑色蔗龟幼虫数减少 50% 左右；第二年宿根蔗发株增加 11% ~15%，蔗龟枯心率比对照区相对减少 40% 左右。这些绿僵菌在土壤中对黑色蔗龟可起到长期而较缓慢的寄生作用。因此，只要每年向土壤中补充一定数量的绿僵菌孢子便能起到长期抑制黑色蔗龟的作用。

3. 真菌与其他药剂混用

为了增强白僵菌的有效性，人们常常将它与其他药剂混合使用。在新泽西，将白僵菌与有机氯或有机磷杀虫剂及其他病原微生物（昆虫病毒、立克次氏体、日本金龟甲芽孢杆菌）混用可成功地防治五月鳃金龟的危害。邓春生等发现，在花生中耕期用布氏白僵菌150万亿孢子/hm^2 或75万孢子+40%甲基异硫磷乳油1.2kg防治大黑、暗黑金龟甲可获得80%的防治效果。郭志红等在用白僵菌防治苗圃地的蛴螬时发现，白僵菌与化学农药3911分层使用，防治效果达98.7%，虫口减退率较单一使用3911防治区降低了26.2%，同时结合苗圃不同的耕作方式，提出了床基施菌、苗木沟施菌、垄式床基施菌、垄式中耕施菌、苗木生长期施菌等5种施菌方法，除垄式床基施菌外，其他4种施菌方法的防治效果达76.1%～83.1%，虫量和苗木被害率都较对照区有明显降低，并且通过生产示范，验证了其防治效果。王素英等在白僵菌中加入硼酸（H_3BO_4）作为增效剂可使光肩天牛提早发病，提高死亡率。农向群提出布氏白僵菌对Bt有一定的拮抗性，但Bt的加入使其对幼虫侵染有增效作用。用白僵菌与吡虫啉混用诱杀白蚁的效果也特别显著，但单独用白僵菌处理诱饵对白蚁的种群密度降低效果缓慢。

将绿僵菌同化学农药混合使用同样能起到增效作用。Samueles & Pinnock报道，绿僵菌可与常用杀虫剂混用防治甘蔗蛴螬。近20多年来，巴西和澳大利亚广泛使用金龟甲绿僵菌防治甘蔗地下害虫亦取得较大进展。贾春生等（2003）用绿僵菌与倍硫磷进行混用研究发现，在室内条件下，绿僵菌对东北大黑鳃金龟1龄幼虫的毒杀效果达到85%，而绿僵菌和倍硫磷单用时的效果分别仅为45%和40%；在野外条件下，绿僵菌与倍硫磷混用的防治效果为60%，而绿僵菌和倍硫磷单用时分别为25%和30%，效果明显提高。将白僵菌与低于致死剂量的化学药剂（如乐果、呋喃丹等）混用，可使害虫更易感染白僵菌，提高防治效果。白僵菌与细菌制剂、病毒制剂以及其他真菌制剂混合使用，可取长补短，扩大杀虫谱。

4. 杀虫机理

白僵菌和绿僵菌侵染并致死的害虫体表分别呈现白色和绿色，虫体僵直，故此得名。关于两者的侵染过程和杀虫机理，经过近几年的研究已建立了完善的理论体系。普遍认为，是通过粘附、孢子萌发、虫体穿透、体内发育致死四个步骤完成整个侵染过程的。虫生真菌的侵染以分生孢子通过静电引力吸附到寄主表面，通过孢子表面的识别抗原利用特异性的联结键识别寄主，粘附于寄主表皮，在适宜的条件下萌发成芽管或进一步发展成菌丝，芽管或菌丝体经特异的外界信号诱导后去极化形成附着孢，附着孢分泌黏液和大量可降解寄主体壁的胞外酶，同时形成穿透钉或穿透菌丝刺穿体壁进入血淋巴，侵入的真菌通过消耗寄主营养、分泌毒素、干扰代谢、破坏寄主组织结构等，最终导致寄主死亡，起到杀虫的作用。

（三）主要产品介绍

1. 白僵菌

英文通用名：*Beauveria bassiana*，*B. tenella*。

中文通用名：球孢白僵菌。

来源：广泛存在于环境中。

生物活性：分生孢子接触虫体后，在适宜条件下萌发，生出芽管，侵入虫体后大量繁殖，分泌毒素（白僵菌素），影响血液循环，干扰新陈代谢，2～3d后害虫死亡。虫体变白、僵硬，体表长满白色孢子，可随风扩散或接触其他虫体传播，继续感染其他害虫个体。

剂型：粉剂，5×10^9 活孢子/g，可湿性粉剂、颗粒剂、油悬浮剂等。

使用技术：防治地下害虫，按 55kg/hm^2 菌粉，拌细土 450kg，混拌均匀后即成菌土，活孢含量为（$10^7\sim10^8$）$\times10^8$/m^3。于播种期或中耕培土时施用，施药后覆土，但注意覆土不要太厚，一般 10cm 即可。

产品特点：白僵菌产品外观为白色或灰白色粉状物，有效成分为活孢子，使用后害虫不易产生抗性。

毒性：对人、畜、鱼和环境等安全。

注意事项：本品对人、畜安全，但对蚕感染力强，在养蚕区禁止使用。本品贮存在阴凉、干燥处。

2. 布氏白僵菌

英文通用名：*Beauveria brongniartii*（Saccardo）Petch Bba strain Betel。

来源：从金龟甲幼虫的真菌病中分离得到，致病力强。

生物活性：真菌的分生孢子首先附着在昆虫的表皮，然后萌发，菌丝穿过昆虫表皮进入虫体进行繁殖。在 24～48h 内，高湿度和足够的水分对分生孢子萌发和成活非常重要，同时还需要适宜的温度。菌丝侵入虫体后，受感染的昆虫在 3～5h 内死亡，死亡的虫体表面可产生分生孢子。此真菌对鞘翅目害虫有特效。

使用范围：可分别用于甘蔗金龟甲 *Hoplochell marginalis* 和大麦金龟甲 *Melolontha melolontha* 的幼虫。

剂型：微粒剂，大麦拌种剂。

使用技术：在甘蔗上可以将 Betel 微粒剂施于蔗沟中或甘蔗根部。大麦可将 Betel 接种剂拌麦种后再播种。

产品特点：Betel 的纯度可根据孢子数（最少 0.2×10^8 孢子/g）及对金龟甲的毒力而定；Engerlingspiz 制剂的活性以对金龟甲的毒力为标准。

毒性：

急性经口 LD_{50}：大鼠 >5 000mg/kg。1.1×10^9 菌落数（cfu）/kg 剂量下对大鼠无感染或致病作用。

急性经皮 LD_{50}：大鼠 >2 000mg/kg。

皮肤刺激：对兔子有轻微的刺激作用。

环境毒理学：

急性经口：鹌鹑和野鸭 LD_{50}（5d）：>4 000mg/kg。

虹鳟鱼 LC_{50}（30d）：7 200mg/L。

水蚤 LC_{50}（21d）：500mg/L。

注意事项：本品不能与杀菌剂混用。但可与其他化学农药混用，并应随混随用。本品在干燥条件下，在温度 2℃条件下，保存期为 1 年。

3. 绿僵菌

英文通用名：*Metarhizium anisiphiae*。

来源：从死亡的虫体上得到。

生物活性：绿僵菌分生孢子接触虫体后，首先附着于寄主体表，一旦能正常萌发，则产生菌丝入侵，导致寄主死亡。

剂型：粉剂（含 5×10^9 以上活孢子/g），10% 颗粒剂、油剂。

毒性：对人、畜、作物和环境无毒害，使用安全。

制剂特点及杀虫谱：绿僵菌属于虫生真菌，寄主范围广，杀虫谱包括鳞翅目、鞘翅目等 8 目 30 科的共计 200 余种害虫和螨类。绿僵菌具有较好的耐高温性和耐旱性。

使用技术：绿僵菌在 25℃～32℃有较好的杀虫效果，28℃时杀虫效果最好。当温度高于 28℃时，其杀虫活性高于白僵菌。防治地上部害虫可将孢子粉稀释成水悬浮液；防治地下害虫可将孢子粉连同培养基撒在地面上然后犁翻入土中，颗粒剂可沟施或撒施，施药后薄覆土。

注意事项：本品应随配随用，药液存放时间不宜过长，早晚施药最佳。本品不宜与杀菌剂混用。本品可与化学杀虫剂混用，但要选择适当的混配浓度和稀释比例，化学农药的浓度不宜过高，否则会对分生孢子萌发产生抑制作用，影响杀虫剂，浓度适当时，则有增效作用。菌粉应保存在阴凉、干燥处，过期菌粉不能使用。

六、病原原生动物及其应用

原生动物可以致蛴螬发病甚至死亡。在 Hanula 等对康涅狄格州寄生金龟甲的病原微生物的调查中，发现原生动物感染蛴螬的比例很大。在原生动物中，微孢子虫亚门（Microspora）的微孢子虫是最重要的昆虫病原，现已描述了 250 多种。在国外，已报道的感染金龟甲的微孢子有 *Nosema costelytrae*（新西兰）、*Nosema melolonthae*（德国、法国、捷克）、*Nosema takapauensis*（新西兰）、*Ovavesicula popilliae*（美国）、*Pleistophora tanzaniae*（坦桑尼亚），其中 *O. popilliae* 对日本金龟甲幼虫的感染率较高，感染率为 25%，但没有发现该微孢子虫感染其他种类的蛴螬。另外，感染蛴螬最多的原生动物是有头簇虫。在 10 月份，簇孢虫对蛴螬的感染率为 54%～100%。匿球虫属 *Adelina* sp. 对栗玛绢金龟 *Maladera castanea* 幼虫的感染率也比较高。Hanula 曾专门研究了微孢子虫对日本金龟甲的作用效果，随着田间微孢子虫的发生率从 40% 提高到 80%，日本金龟甲幼虫的密度也从 8.0 头/0.1m^2 下降到 1.0～3.0 头/0.1 m^2。目前，关于微孢子虫感染地下害虫的研究报道逐年增多。微孢子虫是细胞内寄生，依赖寄主细胞获得能量。单细胞的孢子，通过口部唯一的途径侵入寄主细胞，在内繁殖，伸出极丝，感染物质通过极丝进入中肠上皮细胞内，经多次分裂形成孢子。

七、病原病毒及其应用

在自然环境下，许多蛴螬会感染昆虫病毒病。Vago（1963）第一次报道了西方五月鳃金龟幼虫 *Melolontha melolontha* 的痘病毒后，国外不少科学家相继报道了一些可以引起金龟甲死亡的病毒。表 24－6 列举了一些感染蛴螬的昆虫病毒。

表 24－6　感染蛴螬的昆虫病毒（引自 T. R. Glare 等，1992）

寄主种类	病毒类群
Allomyring dichotomous	Iridovirdae
Amphimallor solslitialis	Poxviridae
Amomala cupren	Poxviridae
Annpluyuachus porosus	Poxviridae
Annrriu villosu	Poxviridae
Anlitrogur morbillosus	Poxviridae
(= *Rhopoeu morbilloso*)	
Aphodius lasmanine	Poxviridae，Nodnviridae
Custelgtra zealandica	Lridoviridae ，Nodaviridac
	Group C Baculoviridae ，unclassified
Dasyynachus sp.	Poxviridae
Demodent boranersis	Poxviridae
Detmolepida albu－hirlem	Poxviridae
Geotrupes silvatioms	Poxviridae
G. stercorosus	Poxviridae
LLeteronychus arator	Iridovridae，Nodaviridac
	Grioup C Baculoviridae
Hoplia sp.	Poxviridae
Melolontho melolontho	Parvoviridae，Poxviridae，Iridovirida
Odontris sp.	Iridovirida
Opogonia sp.	Iridovirida
Orgctes boas	Group C Baculoviridae
O. monocctos	Group C Baculoviridae
O. nasicornis	Group C Baculo viridae
O. rhinoceros	Group B. and C Baculoviridae
Othnonius batasi	Poxviridae
Pupuana uninodis	Group C Baculoviridae
Pcticoptus truncatns	Nodaviridae
Phyllopertha horticola	Poxviridae
Phyllophaga anxia	Iridoviridae
P. pleei	Poxviridae
Proagoportha lucidula	Poxviridae
Popillia japonica	Iridoviridae
Rhopaca oerrausi	Poxviridae
Seapanes australis	Group C Baculoviridae
Sericerthis pruinosa	Iridoviridae
S. nigrolineata	Poxviridae
Strateyus aloeus	Group C Baculoviridae

Popravski 等发现的虹彩病毒 *Phyllophaga anxia* 可以引起悲食叶鳃金龟甲 *Pyllophaga anxia* 幼虫病毒病，在实验室中给悲食叶鳃金龟甲幼虫注射 2～3μL 虹彩病毒后，死亡率很高。Lacey 等也发现了一种可以感染日本金龟甲幼虫的蓝色虹彩病毒，并对发生症状进行了描述，但该病毒在金龟甲幼虫中的发生率很低，仅 0.01%。丁翠、蔡秀玉（1985）发现，苹毛丽金龟幼虫病原性痘病毒，被感染的幼虫呈明显的白垩色，经饲养后白垩色加重，活动性减弱，光学显微镜检查在血淋巴中看到折光性极强的大小不等的纺锤形晶体、球状体和椭球体。电镜观察可见到球状体内的病毒粒子。谢明荣等（1998）通过白蚁病毒 DNV 毒力、生物测定，筛选出了对白蚁具有高致病力的病毒毒株，将其与虫生真菌复合后的复合制剂比单纯病毒感染速度快，即使在林间蚁巢内也同样能加快巢内白蚁的感染死亡。

然而，由于病毒易失活等多方面原因，对于昆虫病毒的研究进展缓慢，至今未有实际应用方面的报道。

八、病原线虫及其应用

（一）病原线虫的研究概况

昆虫病原线虫（*Entornopathogenic nematodes*）是属线形动物门、线虫纲的一类小型多细胞生物，其形态简单，种类繁多。它可寄生于昆虫体内，所以又称嗜虫线虫。嗜虫线虫以侵染期线虫（*infective juveniles*，IJs）侵入健康幼虫、蛹、成虫体腔内，并杀死其昆虫个体。有些线虫侵染的性状类似寄生蜂的寄生；有些线虫则能携带细菌并释放于昆虫体内使昆虫患败血症死亡。近年的研究认为线虫也可携带病毒至昆虫体内。总之，它们能以多种方式导致昆虫不育或死亡，在自然界起着调节昆虫种群数量和抑制害虫发展的作用。

早在 12 世纪，人们就已经知道昆虫病原线虫的存在，而发现昆虫病原线虫可以侵染金龟甲的第一人是 Glaser，他于 1929 年在美国新泽西州发现了一种能够寄生于日本丽金龟的线虫——格氏斯氏线虫 *Steinernema glaseri*。同年，Steiner 对这种线虫进行了描述，并将其命名为 Neoapet。Ohhan 于 1933 年提出了将线虫用于害虫防治的设想，从此拉开了昆虫病原线虫应用研究的序幕。迄今为止，全世界众多实验室从分类学、生态学、分子生物学、遗传学、生物化学、生产模式和应用技术等多方面对线虫进行广泛的研究，并取得了令人瞩目的成就。线虫用于防治地下害虫的研究报道主要集中在金龟甲，也有少数针对其他地下害虫（如白蚁、天牛等）的报道。目前在高致病性线虫筛选和使用线虫防治蛴螬的方法上取得了令人瞩目的成就。Koppenhofer 等发现金龟斯氏线虫 *Steinerreerruz scarabaei* 对几种蛴螬均表现出较高的毒力和田间防效。钱秀娟等测定了嗜菌异小杆线虫（*Heterorhabditis bacteriophora*）Hb－1 品系对东北大黑鳃金龟幼虫的致病力，以沙子为介质测定 56h 时，累计死亡率达 95.83%。周新胜等对淡翅勃鳃金龟幼虫致病力试验的结果表明芜菁夜蛾斯氏线虫（*Steinerreerruz feltiae*）致病力最高，在室内死亡率达 97%，田间防治效果达 85%。在田间使用病原线虫防治蛴螬时，温度不同，应选用不同种类的线虫，春、秋低温时用格氏线虫较好，夏季高温时选用嗜菌线虫，格氏线虫施用量为 25 万～50 万头/m^2，死亡率为 60%～70%。

我国于 20 世纪 80 年代从澳大利亚引进病原线虫及离体培养技术，并开始在国内大量生产昆虫病原线虫。近 30 年来，已经利用病原线虫对多种地下害虫进行了田间防治实验。广东昆虫研究所利用1980年从澳大利亚引进的病原线虫（*Neoaplectana glaseri*）在广东红旗华侨农场等地进行防治黑色蔗龟的研究。结果表明，该线虫可寄生在黑色蔗龟的成虫、幼虫和蛹内，但以幼虫和蛹寄生率较高。田间小区试验：在3～4月间，每丛甘蔗施放10万条线虫的密度下，15d后，3龄幼虫死亡率达71%。芫菁夜蛾线虫 *S. teinnernen* a Carpocapsae beijing 87 品系对淡翅丽金龟甲幼虫室内致死率达97%，田间防治效果达85%；异小杆线虫品系在沙子为介质的条件下对东北大黑鳃金龟幼虫的累计校正死亡率达95.83%；小卷蛾 Agriotos 品系以4 000条/mL的剂量喷洒时对东北大黑鳃金龟和白星花金龟的平均防治效果可分别达80.6%和75.3%。应用格氏线虫防治突背犀金龟，在宿根蔗头喷雾、淋施和施放已吸附线虫的海绵碎片，均有一定的效果，其中淋施的效果较好，试验区的蛴螬死亡率达52.5%～71.3%（李素春，1983；王进贤，1986）。李素春等（1990）用异小杆线虫泰山一号防治大黑鳃金龟和暗黑鳃金龟，采用表土喷雾的方法，施线虫区花生产量达4 175～4 178kg/hm^2，比施用辛硫磷区增产1 125kg/hm^2；在蛴螬残留量方面，线虫处理区为2 505头/hm^2，清水对照区为121 245头/hm^2，效果十分显著。崔景岳等（1990）报道格氏线虫对暗黑鳃金龟老龄幼虫有较高的侵染力，线虫剂量在2 000～4 000条/头，48h内害虫死亡率在90%以上，而对大黑鳃金龟、铜绿丽金龟则低于50%。沈阳林业生防站应用格氏线虫防治危害杨树苗的鳃金龟幼虫，田间效果在60%以上（杨怀文，1999）。采用昆虫病原线虫 *S. carpocapsae* A24品系与化学农药氧化乐果和灭杀毙分别混用毒杀东北大黑鳃金龟幼虫均有明显的增效作用（张丽坤，1999）。线虫作为一种防治白蚁的生物杀虫剂已有多家公司生产。新线虫属（Neoaplect ama）线虫防治黑翅土白蚁死亡率达80%～100%，但对家白蚁防效仅为8%～34%，差异很大。在加州北部和南部，研究人员将线虫放入蚁道，线虫通过接触白蚁再进入白蚁体内，该方法非常成功，但在白蚁数量太大时则效果不理想。不过也有专家认为，线虫在不超过两年的时间内死亡，寿命显得较短，因此线虫用于防治白蚁实际上是不可行的。虽然新线虫 *N. carpocapsae* 在美国已注册为一种生物杀白蚁剂，但由美国农业部林业试验站进行的野外试验认为，该制剂对白蚁野外群体几乎无效。国内外利用昆虫病原线虫防治天牛等的研究也取得了较大的进展。

1996年，美国农业部发布了可以用转基因线虫 *H. bacteriophora* 进行田间试验的许可证，试验的目的是评定转基因线虫在可控的条件下对环境的风险性。试验结果显示，转基因线虫与野生种类在土壤中的生存能力、对寄主的搜索能力、对目标害虫的侵染力以及对寄主致死率等方面没有差异，唯一的差异是其对突然的升温有很好的适应能力，但这种特性在土壤中似乎没有多大的生态意义，这一特性是否意味着转基因线虫能延长暴露在高温中的时间还有待进一步的研究。我国科技工作者在昆虫病原线虫的菌株筛选、基因克隆、剂型开发等方面也进行了大量的研究，为线虫的广泛应用提供了重要的理论依据和技术支持。除利用格氏线虫和异小杆线虫防治蛴螬外，人们也很重视挖掘其他昆虫寄生线虫的资源，如已调查出寄生于昆虫的索科线虫有10属29种，但目前在我国尚未有寄生于蛴螬的索科线虫的报道。

总之，随着科技日新月异的发展和人们环保意识的加强，线虫制剂商品化的步伐正在加快，线虫作为地下害虫生物防治的重要手段，将愈来愈受到人们的重视和用户的青睐。

（二）病原线虫种类及特性

昆虫病原线虫分属在5个总科，即尖尾总科（Oxyuroida）、滑刃总科（Aphelenchoidae）、垫刃总科（Tylenchidae）、小杆总科（Rhabditoidae）和索总科（Mermithoidea）。虽然能对昆虫致病的线虫有很多，但目前只有小杆总科的3个科：小杆科（Rhabditidae）、斯氏线虫科（Steinernematids）和异小杆科（Heterohabditis）中的8个种进行了商品化注册。

1. 斯氏线虫科

斯氏线虫科的许多线虫是地下害虫的重要病原物，可有效地防治地下害虫。斯氏线虫携带有共生菌嗜线虫杆菌 *Xenoorhabdus* spp.，为二源家系。其线虫通过蛴螬的口器、肛门和气孔侵入到寄主的血腔，释放共生菌，共生菌在寄主血腔内大量繁殖，寄主被侵后在48h内死亡。线虫取食共生菌和寄主组织，并在寄主尸体上交配、繁殖，在耗尽寄主营养后，幼虫形成侵染期线虫，离开寄主尸体，开始搜索新的寄主。格氏线虫（*S.* glaser）是第一个作为生物防治因子用于防治日本金龟甲的线虫（Poinar，1990）。受斯氏线虫寄生的金龟甲有 *Anomala dubia* Sop.、*Melolontha hippocastani* Fab. 和 *M. afflicta* Ball 等。

2. 异小杆线虫科

异小杆线虫科幼虫与斯氏线虫科线虫一样能够有效控制地下害虫。它们亦携带有共生菌发光杆菌 *Xenorhaudus* spp.，为二源家系（Poinar，1990），生活周期和行为特性亦与斯氏线虫很相似，它们和土壤昆虫协同进化。两者的差异主要在于侵染期线虫的繁殖方式上：斯氏线虫是两性杂交；异小杆线虫是雌雄同体，只要有一条幼虫就可以在寄主体内产生一个种群。土壤金龟甲幼虫种群经常由异小杆线虫引起流行病，在被侵染的蛴螬体腔内可发现许多第2代雌成虫，异小杆线虫的第2代成虫分雌雄两性，体形较小的雄虫通常能存活1或3d。侵染期异小杆线虫携带和释放共生菌在寄主体腔，除极少数外，这些共生菌都发光。侵染期线虫通常在头部尖端具有用来进入寄主血腔的一个或多个小钩。接触线虫48h后，被侵染的金龟甲幼虫死亡，死亡昆虫呈红色。一个星期后寄主颜色逐渐变黑，寄主尸体呈黑色。

（三）病原线虫制剂

1. 制剂及特点

由于不同昆虫病原线虫对不同种类的蛴螬的作用效果存在较大差异，因此，为了获得高致病性的病原线虫，就必须对病原线虫进行大量筛选。通过科学家们的不懈努力，目前已筛选出一些表现突出的线虫种或品系，并成功应用于蛴螬的防治（表24－7）。其中斯氏科和异小杆科的一些线虫种或品系对蛴螬具有很好的防治效果。如Steinernana glaseri NJ21、NJ29、NJ42和NJ65等种系对多毛犀金龟的致死率高达100%，同样，Herorhabditis bacteriophora.HP88种系也可使日本丽金龟的种群下降率达到100%。

表 24-7 有效控制地下害虫的昆虫病原线虫及制剂（引自张中润等，2004）

昆虫病原线虫种系及制剂	防治对象	作用效果
Steinernema glaseri NC	日本金龟甲 *Popillia japonica*	种群下降 50.4%
S. glaseri NJ43	日本金龟甲	种群下降 70.1%
S. glaseri NJ43	日本金龟甲	种群下降 66%
S. glaseri SI12	日本金龟甲	种群下降 65%
S. glaseri NJ32、NJ40 和 NJ41	多毛犀金龟 *Cyclocephala hirta*	致死率高于 80%
S. glaseri NJ21、NJ29、NJ42 和 NJ65	多毛犀金龟	致死率 100%
S. kushidai	古铜异丽金龟 *Anomala cuprea*	致死率 85% ~93%
S. scarabaei	粟玛绢金龟 *Maladera castanea*	防治效果 71% ~80%
	欧洲切根鳃金龟 *Rhizotrogus majalis*	防治效果 75% ~88%
S. carpocapsae（小卷虫斯氏线虫）	白蚁，根象甲（黑藤象甲 *Otiorhynchus sulcatus*）	
S. riobravis	蝼蛄 *Scapteriscu* sp.	
	甘蔗根螟 *Diaprepes abbreviatus*	
	柑橘根象甲 *Pschnaeus litus*	
S. scapteerisci	美洲蝼蛄	
Heterorhabditis bacteriophora（嗜虫异小杆线虫）	蜉金龟 *Aphodius sp.* 庭园发丽金龟 *Phyllopertha horticola*	种群密度明显下降
H. bacteriophora NC	日本金龟甲	种群下降 60% ~96%
H. bacteriophora HP88	日本金龟甲	种群下降 100%
H. bacteriophora NJ-2	日本金龟甲	种群下降 71.6%
H. bacteriophora C1	日本金龟甲	
	圆头犀金龟 *C. borealis*	防治效果大于 80%
H. marelatus	日本金龟甲	致死率 100%，低温下（平均土温 11.2℃）防效效果仍达 49% ~66%
H. megidis（大异小杆线虫）	地下害虫	

由于昆虫病原线虫寄主广泛，杀虫速度较快，对寄主有较强的主动搜索能力和专一性，特别是对土栖性和钻蛀性害虫以及其他隐蔽性害虫有特殊的防效。线虫还具有培养成本低，易大量繁殖、生产，对环境安全，不产生抗性等优点，故被广泛应用。在美国还受环境保护局（EPA）免除登记。目前已有 30 多种斯氏线虫和异小杆线虫被鉴定种类，其中 *S. carpocasae*、*S. fetiae*、*S. glaseri*、*S. riobravis*、*S. scapteerisci*、*H. bacteriophora*、*H. megidis* 等已成为商品（Dunn. RA，1997；Hunter. CD，1994），其销售额占国际生物农药市场的 13%，仅次于苏云金杆菌产品。

昆虫病原线虫制剂的生产经历了从活体培养到离体培养的过程，而贮存稳定性问题仍然是目前亟待解决的问题，延长线虫制剂的贮存期对生产和推广应用意义颇深。

2. 影响制剂使用效果的因素

（1）蛴螬的防御机制。一些种类的蛴螬具有特定的防御机制，以抵御病原线虫的入侵，其中包括：通过频繁地排粪以减少线虫从肛口侵染；间隙性而不是经常性地排放 CO_2，以避免线虫根据蛴螬释放 CO_2 因子对蛴螬进行定位；实行行为和形态防御，对侵入的线虫采用反攻击和逃避等行为防御机制，某些蛴螬还可以在线虫经常侵入的入口——气门上应用难以渗透的筛板进行保护，把线虫拒于体外；还有生理防御机制，其体液可以使侵入的线虫包囊化，从而杀死线虫或使侵入体内的线虫失去致病力。

（2）昆虫病原线虫的感染力及致病力。线虫种类不同，对金龟甲的感染力不同，同一种线虫对不同种类金龟甲的感染和致病力亦不尽相同。格氏线虫和异小杆线虫能在环境中来回移动主动搜索寄主，对于迁移性小的地下害虫（如日本金龟甲等）有很好的防治效果；而小卷蛾斯氏线虫埋伏等待寄主经过，然后黏附在寄主体上，用这种被动搜索方式防治地下害虫就无效（Selvan S，1993）。采用异小杆线虫、格氏线虫和小卷蛾线虫等 3 种线虫防治危害草坪、盆栽紫杉木、牧场和甘蔗的日本金龟甲、*Cyclocephala borealis*、*C. hirta*、*Rhizotrogus majalis*、新西兰肋翅鳃金龟和突背犀金龟等的试验表明，异小杆线虫和格氏线虫对这 6 种金龟甲的防治效果最好，小卷蛾斯氏线虫的防治效果最差（Klein，1990）。美国新泽西州的田间试验效果表明，有两个不同品系的异小杆线虫和两个不同品系的格氏线虫控制蛴螬能达到 77%，这种效果与采用最佳的化学农药防治效果一样。而 *S. anomali*、*Steinernema* sp. 和格氏线虫的另一个品系，效果则只有 44%（Slelvan S，1994）。日本也分离出一种对日本金龟甲和东方丽金龟具有很高防效的昆虫病原线虫 *S. ushidai*，但目前大量生产的问题还没有彻底解决。

（3）环境因子。

① 温、湿度条件：环境的温、湿度条件是影响病原线虫制剂使用效果的主要因素。Smites（1992）用从被感染的 *Phylloperthah articola* 幼虫中分离到的异小杆线虫 HE－87.3 进行田间的防治试验。控制效果：1988 年为 30%～50%，但在 1989 夏天极端高温的情况下没有控制效果；而温室条件适宜时，控制效果提高到 80%。低温也影响线虫的防治效果，土温 21℃～30℃时，线虫对蛴螬的防效为 80% 左右；而土温为 12℃～16℃时，防效则低于 40%（Klein，1990）。所以多数线虫致病力较佳的土壤温度为 12℃～28℃，土温太低将会降低线虫的活动性和侵染能力，土温太高则会导致线虫的死亡。线虫对金龟甲的防效除受温度影响外，很大程度上也受到土壤湿度的影响。Jackson（1983）发现下雨天或使用前灌水能提高线虫对蛴螬的防效。间隔 2d 到 10d 的灌溉可提高异小杆线虫的防效，同样，草皮上灌溉也可以提高斯氏线虫对蛴螬的防治效果，当灌溉水达到约 3mm 时，线虫的防效与化学农药相当（Yeh T，1995）。Berg（1987）报道，在澳大利亚采用地下注射线虫的方法防治牧草线虫，不仅有很高的防效，还能节省水分，避免线虫暴露在土壤表面受到干燥和紫外线的威胁。

② 土壤性质：一般来说，线虫用于沙土或沙壤土中对蛴螬的防治效果较好，而在黏土中，由于线虫的活动性和存活率都比在沙土或沙壤土中低，故防治效果较差。

③ 紫外光：线虫畏紫外光，在紫外光的照射下很快失活死亡。

④ 使用技术：病原线虫的使用时间、剂量和使用前后的洒水量等都会影响其对蛴螬的作用效果。一般情况下，为避免高温和太阳紫外光的辐射，线虫最佳的施用时间为傍晚 18 时后。阴天小雨的天气条件也是最佳施用时机。线虫田间使用剂量一般为 10^9～

10^{10} IJs/hm^2。线虫剂量太低难以取得良好的效果，而剂量过高又会增加防治成本。线虫使用前后适当保持土壤湿润度（如浇水），主要是为了给线虫提供一个良好的土壤湿度环境。

3. 杀虫机理

有关病原线虫感染寄主昆虫的病理学研究报道，国外主要集中于侵入途径、组织病变、血淋巴免疫反应等。国内对此方面的研究报道不多，主要涉及不同昆虫病原线虫和不同寄主。研究的内容包括昆虫病原线虫对寄主血淋巴及其能源物质含量的影响，线虫和共生菌产生的毒素，共生菌次级代谢物的杀虫作用等。所以开展昆虫病原线虫感染蛴螬的病理学研究，深入了解病原线虫对蛴螬的致病机理很有必要。昆虫病原线虫是昆虫的专性寄生性天敌，是斯氏线虫与嗜线虫致病杆菌（*Xenorhabdus* sp.）共生，异小杆线虫与发光杆菌（*Photorhabdus* sp.）共生，是线虫与共生细菌的复合体。作为一种昆虫病原体，通常与其共生菌共同作用于寄主，其作用机理十分复杂，目前可以了解到的过程为：以侵染期线虫（IJs）主动或被动方式通过自然孔口，如口器、肛门、气孔等，直接刺破寄主的体壁进入到寄主昆虫的体内，其中通过口器和肛门侵入的线虫刺破肠壁进入血腔，通过气孔进入的线虫则直接进入血腔，异小杆线虫还可以通过昆虫的节间膜进入血腔；进入血腔后的线虫开始释放其自身体内的共生菌，线虫和共生菌均产生毒素，且都对寄主的血淋巴有破坏作用；共生菌在血淋巴中迅速繁殖；在两者共同作用下，在线虫侵染 24 ~72h 后，最终导致寄主昆虫患坏血病死亡。新近的研究还发现，病原线虫侵入寄主后不仅影响寄主血细胞数，而且寄主血淋巴的生理生化指标也表现出明显的病理学变化，如蛋白质含量和血糖含量改变、酯酶活性改变等，这些都导致了寄主组织功能障碍或被直接破坏，过度消耗寄主营养，导致寄主的快速死亡。

斯氏线虫和异小杆线虫仅 3 龄侵染期线虫（耐受态线虫）能营寄主体外生活，具有在寄主间转移的能力。斯氏线虫雌雄异体，在寄主体内交配繁殖一至几代，当线虫发育到 3 龄时，便从寄主体内钻出去寻找新的寄主；而异小杆线虫的 3 龄侵染期线虫，进入寄主体内发育成雌雄同体的线虫，然后进行繁殖发育。线虫生长的最适温度为18℃ ~28℃。其生育期依据线虫及寄主昆虫的种类不同而不同，一般为 6 ~18d 不等。

4. 主要品种介绍

（1）小卷蛾斯氏线虫。

通用名称：*Steinernema carpocapsae*。

来源：从世界各地土壤中采集。

生物活性：3 龄侵染期线虫不取食，能在体外生存，可通过自然孔口（如口、肛门或气门）侵入寄主体内。线虫在寄主血腔内释放共生菌，48h 内杀死寄主。共生菌可为线虫发育提供营养，促进 4 龄幼虫的发育。4 龄线虫发育成雌雄异体的成虫后即交配并繁殖后代。线虫视寄主营养可连续繁殖 1 ~2 代。当线虫发育至 3 龄时，便从寄主体内钻出，找寻新的寄主。线虫的发育速度和生活周期与温度密切相关，在适宜生境中，一般 14 ~20d 完成一个世代。小卷蛾斯氏线虫在土中的活动力不强，采用“守株待兔”的策略，对在土中活动力比较强的昆虫，如切根虫、葡萄黑象甲、黑光天牛等，具有较好的防治效果，但对于在土壤中不太活动的蛴螬，则防效较差。

剂型：颗粒剂，颗粒包囊有 3 龄侵染期线虫。

使用技术：与水混合后均匀喷洒于地表，每 20m^2 喷洒约 100 万条侵染期线虫。

产品特点：产品的有效成分以3龄侵染期线虫为指标，其活性可用葡萄黑象甲或其他鞘翅目虫检测。货价寿命为6℃～8℃贮存条件下2星期。颗粒剂可延长线虫寿命，室温下可存活60d，5℃条件下可存活125～180d。高温（15℃以上）或高湿条件下，防治效果良好。

毒性：无毒性，无副作用。

环境毒理学：对非靶标生物及环境安全。

注意事项：线虫需低温贮存，但忌冷冻及高温（>35℃），忌阳光直射。不能与肥料拌和使用。施药后，田间保持较湿润的土壤环境有利于效果的发挥。

（2）格氏斯氏线虫。

通用名称：*Steinernema glaseri*（Steiner），strain B－326。

来源：从美国新泽西州的土壤中分离得到。

生物活性：3龄侵染期线虫不取食，能在体外生存，可通过自然孔口（如口、肛门）或气门侵入寄主体内。线虫在寄主血腔内释放共生菌，48h内杀死寄主。共生菌可为线虫发育提供营养，促成4龄幼虫的发育。4龄线虫发育成雌雄异体的成虫后，两者开始交配并繁殖后代。线虫视寄主营养可连续繁殖1～2代。当线虫发育至3龄时，便从寄主体内钻出，找寻新的寄主。在温度22℃～28℃条件下，线虫6d完成一个世代。本品对为害草坪的金龟甲幼虫特别有效。

剂型：胶状聚合体，包含不活泼的3龄侵染期线虫。

使用技术：当温度处于15℃～35℃时，喷洒2.5亿条侵染期线虫/hm^2；当温度为25℃～35℃时，线虫的防治潜能发挥最好。喷洒时可使用标准的灌溉系统或普通的灌溉系统。

产品特性：产品的有效成分为3龄侵染期线虫。线虫极易干燥，可室温短期贮存（3个月）或低温长期贮存（1年）。

毒性：在大鼠、小鼠、兔及猪的口腔、皮内、皮下及股膜内注射，线虫及其共生菌对供试动物无任何不良影响。线虫或细菌的共生体在37℃下不能存活，可被动物的免疫系统破坏。线虫不能穿透哺乳动物的肠道。

环境毒理学：对鸟类安全，不能在鸟体内生存。在水环境中，含氧量低，线虫也不易存活。

注意事项：制剂宜在低温下贮存，但不能在冷冻或高温（>37℃）下贮存，室温条件下贮存时间比较短。配制好的药液不宜长期存放，应随配随用。过期的制剂不宜使用。制剂可与其他生物制剂或化学农药混合使用。

（3）蝼蛄斯氏线虫。

通用名称：*Steinernema scapterisci* strain B－319。

来源：美国佛罗里达大学从蝼蛄体内分离。

生物活性：3龄侵染期线虫不取食，能在体外生存，可通过自然孔口（如口、肛门或气门）侵入寄主体内。线虫在寄主血腔内释放共生菌，在36～48h内杀死寄主。共生菌可为线虫发育提供营养，促使4龄幼虫的发育。4龄线虫发育成雌雄异体的成虫后，两者开始交配并繁殖后代。依靠寄主营养可连续繁殖1～2代。当线虫发育至3龄时，便从寄主体内钻出，找寻新的寄主。线虫生活史取决于土壤温度和湿度，在适宜的寄主体内，当温度在15℃～35℃之间时，线虫15～20d完成一个世代。蝼蛄斯氏线虫的最适宜温度为25℃～35℃。本线虫能主动寻找寄主并杀之，对为害草坪的蝼蛄特别有效。

剂型：黏土制剂，内含600万条侵染期线虫。

使用技术：线虫施于湿地地面，施用量为2.2亿条侵染期线虫/hm^2。喷施后，除雨天外，应每3～4d灌水1次，以保持土壤的湿度。

产品特点：产品的有效成分为3龄侵染期线虫。其活性可以靶标昆虫检测，其数量可显微计数。在10℃条件下可贮存60d。

毒性：线虫及其共生菌对哺乳动物安全无毒。

环境毒理学：线虫及共生菌对非靶标生物及环境无任何副作用。

注意事项：本品在贮存期间应避免阳光直射和干燥。本品不能与杀菌剂、土壤杀虫剂以及杀线虫剂混用，但可与除此之外的其他制剂混用，可与IPM中的其他措施协调应用。

（4）*Steinernema riobrave*。

通用名称：*Steinernema riobrave* Cabarilla Poinar and Raulston。

来源：从土壤中分离得到。

生物活性：3龄侵染期线虫不取食，能在体外生存，可通过自然孔口（如口、肛门或气门）侵入寄主体内。线虫在寄主血腔内释放共生菌，在24～72h内杀死寄主。共生菌可为线虫发育提供营养，促使4龄幼虫的发育。4龄线虫发育成雌雄异体的成虫后开始交配并繁殖后代。依靠寄主营养可连续繁殖1～2代。当线虫发育至3龄时，便从寄主体内钻出，找寻新的寄主。线虫生活史长短取决于土壤温度和湿度，当温度在22℃～28℃时，线虫6～10d完成一个世代。线虫对干燥很敏感。该制剂能有效防治甘蔗作物以及柑橘、草皮等上蝼蛄的成虫和幼虫以及蔗根象甲、桔根象甲等害虫的为害。

剂型：水分散性剂。

使用技术：温度15℃～35℃，施用量为2.5亿条侵染期线虫/hm^2。温度22℃～28℃时，线虫的防治潜能发挥最佳。

产品特点：产品有效成分为3龄侵染期线虫，其纯度可用显微镜检测，活性可用敏感昆虫检测。制剂能在低温下贮存1年或在室温、干燥条件下短期贮存2～3个月。

毒性：在大鼠、小鼠、兔及猪的口腔、皮内、皮下及股膜内注射，线虫及其共生菌对供试动物无任何不良影响。线虫或细菌的共生体在37℃下不能存活，可被动物的免疫系统破坏。线虫不能穿透哺乳动物的肠道。

环境毒理学：对鸟类安全，但不能在鸟体内生存。在水环境中，含氧量低，线虫也不易存活。

注意事项：本品对干燥及紫外线敏感，因此，贮存时应避免阳光直射。本品在低含氧量的水环境中也不易存活。本品不能与含铜制剂、杀菌剂以及土壤杀虫剂混合使用，可与各种生物制剂或部分化学药剂混用。

（5）嗜菌异小杆线虫。

通用名称：*Heterorhabditis bacteriophora* Poinar。

来源：从土栖线虫中分离得到。

生物活性：3龄侵染期线虫不取食，能在体外生存，可通过自然孔口（如口、肛门、气门）及体壁侵入寄主体内。线虫在寄主血腔内释放共生菌，在48h内杀死寄主。

共生菌可为线虫发育提供营养，促使4龄幼虫的发育。4龄线虫发育成雌雄同体的成虫后开始产卵，每条线虫可产卵1 500粒。卵孵化为幼虫并发育成雌雄异体的成虫后再交配繁殖下一代。线虫依靠寄主营养可连续繁殖1～2代。当线虫发育至3龄时，便从寄主体内钻出，找寻新的寄主。线虫发育周期长短取决于温度和营养。嗜菌异小杆线虫可主动搜寻寄主。本线虫可用于防治多种作物、观赏植物和草坪上的多种害虫（特别是日本金龟甲）。

剂型：水分散黏土剂。

使用技术：防治靶标昆虫，施用量不少于5万条侵染期线虫/m^2。施用后2周内，应保证土壤温度持续在12℃以上，气温持续在12℃～30℃。

产品特性：本品有效成分为3龄侵染期线虫。其活性可用日本金龟甲或其他敏感昆虫检测。可在3℃～5℃温度下贮存。

毒性：对高等动物无毒。

环境毒理学：本品纯正无污染。本品存在于自然界，对非靶标生物及环境安全。

注意事项：本品贮存时避免冷冻或阳光直射，以免失效。并应尽可能在运输后立即使用。本品在土温或气温低于12℃时，不宜使用。

九、天敌昆虫及其应用

（一）天敌昆虫研究与应用的历史

我国古代人民很早就知道利用天敌昆虫防治农作物虫害。早在公元304年间的晋代，嵇含所著《南方草木状》一书中就已记载了我国南方利用蚁科的黄猄蚁（*Oecophylla smaragdina* Fabricius）来防治柑橘上的鳞翅目和鞘翅目害虫，而且还在树枝间绑上竹枝以便蚂蚁能方便地在不同的树之间穿梭捕食。书中写道："交趾人以席囊贮蚁鬻于市者，其巢如薄絮，囊皆连枝叶，蚁在其中；并巢同卖。蚁赤黄色，大于常蚁。南方柑橘若无此蚁，则其实为群蠹所伤，无复一完者矣。"但真正探索用天敌昆虫来防治害虫，则是在18世纪。1772年，欧洲人Carl Linneraeus最先提出了利用捕食性天敌进行害虫防治的建议。他认为，每种昆虫都有其捕食者捕食之，应将这些捕食者捕捉来用以保护作物免受害虫为害。到19世纪，人们已开始有意识地通过人工饲养方法繁殖天敌并在田间定期释放以控制害虫。1826年，Hartig提出大量饲养天敌昆虫并进行释放的概念。而最早从事这方面工作的要数Boisgiraud（1840），他在实验室饲养步甲和捕食性隐翅虫并将其应用于田间害虫防治。到了1916年，北美Santa Paula已建立起一座昆虫饲养所，大量饲养孟氏隐唇瓢虫（*Cryptolaemus montrouzieri* Mulsant）并定期释放，用于控制多种作物上的各种粉蚧。从20世纪70年代开始，由于世界人口的急剧增加，人类对农产品的需求压力加大，而此时大量使用农药的弊端已经逐渐为人们所认识，人们的环保意识日益增强，从而加深了人们对天敌昆虫重要性的认识。人们开始重视天敌资料的保护和利用，开始大量人工繁殖和释放天敌，天敌昆虫的规模化生产和应用得到迅速发展，天敌昆虫在害虫防治中的地位和优势也越来越明显。特别是最近30年来，天敌昆虫的扩大繁殖和工厂化、商品化生产成就卓越，生产天敌的公司急剧增加，而且这些公司的经济效益亦非常显著。据Hunter（1997）统计，各种商品化的捕食性天敌和寄生天敌有128种之多。英国Biological Crop Protection（BCP）天敌公司年创汇超过100万英锈；荷兰的 K. ppert 公司生产的天敌昆虫商品占据了欧洲的大部分市场。全球天敌的年销售额超过 6 000 万美元。目前，大量商品化的天敌昆虫主要以赤眼蜂（如松毛虫赤眼蜂和玉米螟赤眼蜂）为主，年使用面积达 100 万公顷；其次为平腹小蜂，防治面积为 2 万公顷；另外还有侧沟茧蜂、草蛉等。

地下害虫天敌昆虫的研究和应用工作显然滞后得多。在地下害虫的天敌昆虫中，研究最深入、应用最普遍的是土蜂科的昆虫。自 1917 年开始，毛里求斯学者就开始搜集和引进天敌防治该国的两种甘蔗地下害虫。至 1962 年，在引进的天敌中，共有 6 种土蜂科和 1 种臀钩土蜂科（Tiphiidae）的土蜂在当地建立了种群。夏威夷从菲律宾引进一种土蜂（*Campsomeris marginella* Cklug）和臀钩土蜂科的 *Tiphia segregotd* Crawford 用于防治 *C. smithi* 和 *A. orientalis*，直到后来仍能起作用。美国自 20 世纪二三十年代开始从日本、朝鲜、中国山东引进寄蝇 8 种，春黑钩土蜂（T. vernalis）和弧丽钩土蜂（T. popillivora）等共 28 种，总计 1 700 多万头，用于防治日本金龟甲，引进后有 5 种建立了种群，并在美国的 14 个州成功定居扩展、繁殖后代。到了 20 世纪 90 年代，美国又从我国的山东及日本采集和引入上述两种钩土蜂，并就其生活史与寄主世代发生的吻合程度等方面开展了细致的研究。我国在研究和利用钩土蜂方面取得了骄人的成就。我国科研人员对多种钩土蜂的生物学特性及寄生特性进行了大量研究。孙秀珍等研究了普通钩土蜂 *Tiphia communis* 寄生习性、成虫口器形态及取食功能等。陈红印等对钩土蜂对寄主龄期的选择、补充营养、接蜂数量、更换寄主频次、种间干扰及不同地理种群对寄主的搜寻能力等方面进行了较详尽的研究。山东莱阳保护、利用钩土蜂防治花生蛴螬面积达 1. 8 万多公顷。王卫国等利用蜜源植物诱集、采茧助迁措施，利用日本丽金龟钩土蜂有效控制了大黑金龟甲幼虫对花生的危害。陈红印等以相似保护措施建立土蜂保护区，结果保护区内蛴螬的虫口密度明显下降。魏新田等（1998）连续 10 年对应用食虫虻幼虫防治蛴螬进行了研究。

不过，根据国内有关地下害虫天敌昆虫报道的内容来看，目前地下害虫天敌昆虫的应用仍只是小规模的试验，与大量繁殖及定期释放仍相距甚远，更谈不上大规模的工厂化和商品化运作，在这方面我们要走的路可能还很长。

（二）天敌昆虫种类

1. 蚂蚁

Lopez 等和 Zenger 等分别研究了草坪蚁和窃蚁，这两种蚂蚁可以捕食金龟甲的卵和幼虫，它们对减少蛴螬的种群数量作用明显，在蚂蚁种群被毒饵和化学农药控制的地区蛴螬种群数量明显较高。所以虽然蚂蚁也有一定的危害性，但是危害程度一般很小，因此在有蛴螬为害的地区，应权衡利弊，实行对蚂蚁的适当保护措施，可以有效地控制蛴螬的为害。红蚂蚁是我国华南蔗区应用最早、也是应用最广的一种很有效的昆虫天敌，主要用来防治甘蔗的各种螟虫，红蚂蚁也能捕食甘蔗地下害虫的卵、幼虫和蛹。保护和利用好红蚂蚁，对控制地下害虫的为害具有一定的作用。

2. 食虫虻

（1）食虫虻的特性。

食虫虻分布十分广泛，但应用食虫虻防治金龟甲幼虫的研究报道不多。魏新田等（1998）根据连续 10 年研究的结果，首次提出应用食虫虻幼虫对蛴螬进行生物防治的观点。食虫虻成虫生性凶猛，起飞快，飞行也快，攻击目标的速度可达 8 ~ 12m/s，且准确无误。成虫主要捕食中小型蛾蝶类及叶蝉、盲蝽等。食虫虻幼虫5个龄期，幼虫在土壤中的有效活动范围是1.7～2.2m^2。食虫虻3龄幼虫能在2～3h内对距离20cm远处的蛴螬准确无误地定位并接近目标。接近后先用头部刺针试探性地在蛴螬腹胸交接处刺2～3次，起初被刺蛴螬剧烈扭动身体，此时食虫虻幼虫即龟缩不动，这样反复两三次后便大胆进攻。当刺针刺入蛴螬腹胸交接处后，蛴螬即卷曲呈“C”形，把食虫虻幼虫头部3～4节紧紧包裹住不动，食虫虻幼虫则借机蠕动体躯，吸取蛴螬体内汁液。而蛴螬已被食虫虻幼虫注入的麻醉剂麻醉，不再抖动。约6h后，蛴螬体液被吸空，虫体瘫软，2～3d后体色变褐死亡。一头食虫虻幼虫一生可取食12～16头蛴螬。食虫虻幼虫有较强的耐饥性，在食料缺乏时，可连续饥饿60d以上也不至于死亡。

（2）食虫虻对蛴螬的控制作用。

根据魏新田等连续7年的田间调查：食虫虻幼虫的田间虫口密度，1.5头/m^2以上的样方占2.6%，1～1.5头/m^2的样方占12.8%，0.8～1头/m^2的占10.2%，0.6～0.8头/m^2的占6.2%，0.2～0.4头/m^2的占10.9%，0.2头/m^2左右的占16.2%，无虫口的样方占4.1%。当田间食虫虻幼虫密度达7 500头/hm^2以上时，可控制密度为60 000头/hm^2左右的麦田蛴螬为害。

（3）影响食虫虻田间分布的因素。

地形因素：河流两岸，土壤湿润，树木、杂草茂密，金龟甲成虫的食料丰富，适宜产卵繁殖，因此河流沙壤区食虫虻的分布最密，其次是山区，平原区再次之，而丘陵区分布最少。

土壤质地：沙壤土最适宜食虫虻的生存和活动，而黄黏土、黄壤土、黑壤土、黑黏土等对食虫虻的分布影响差异不大。沙壤土土质松软，适宜食虫虻幼虫活动取食，且多临河滩，树木水草密，可招引金龟甲取食，其土中蛴螬密度高，食料丰富。

3. 钩土蜂

钩土蜂是钩土蜂科的一种体外寄生蜂，对寄主有一定的专性寄生性，是蛴螬的重要天敌。雌蜂可搜寻到寄主在土中的位置，然后挖洞进入土中找到寄主，在找到寄主后，先行蜇刺使寄主暂时麻痹，然后产卵在其体表。卵孵化后的幼虫将口器插入寄主体壁吸食其体液，经15～20d，寄主死亡。据调查，其对莱阳花生区大黑鳃金龟幼虫的自然寄生率为30%～50%，高者达70%。

我国科研人员对多种钩土蜂的生物学特性及寄生特性进行了大量研究，而寄生机理和化学生态方面研究较少。孙秀珍等报道了普通钩土蜂在北京郊区对毛黄鳃金龟 *Holotrichia*（*Pledina*）*trichophora* 的寄生习性，并对该蜂成虫口器形态与取食功能等做了研究，初步明确了为咀嚼式口器，可以寄主体液为食。陈红印等就钩土蜂对寄主龄期的选择性，补充营养对成蜂繁殖力的影响，接蜂数量、更换寄主的频次及种间干扰对钩土蜂繁殖效率的影响等技术进行了探讨。最近，他们又对两种钩土蜂的不同地理种群对日本金龟甲的搜寻能力作了比较，结果表明，蛴螬虫粪及虫体气味对钩土蜂有较强的引诱力。

利用钩土蜂防治蛴螬始于20世纪二三十年代，当时美国为防治日本金龟甲（*Popillia japonica*），从日本、朝鲜、中国山东引进寄蝇8种，春黑钩土蜂（*T. vernalis*）和弧丽钩土蜂（*T. popillivora*）等共28种，总计达1 700多万头。引进后成功建立种群的有5种，3种寄蝇（*Hyperectina alderichi* Mesuil、*Dexilla ventralis* Alderich、*Prosena siberita*

Fab）；2 种钩土蜂（*Tiphia popilliavora* Rohwer、*T. ventralis* Rohwer），并在美国的 14 个州成功定居扩展。到了 20 世纪 90 年代美国又从我国的山东及日本采集并引入上述两种钩蜂，并就其生活史与寄主世代发生的吻合程度等方面开展了细致的研究。毛里求斯和夏威夷在很早以前分别从巴巴多斯和日本引入了 2 种为害甘蔗的金龟甲 *C. smithi* 和 *A. orientalis* 而成为严重问题。1917—1962 年期间，毛里求斯的多位学者不断搜集和引进天敌防治这两种甘蔗地下害虫，最后记述了 6 种土蜂科和 1 种臀钩土蜂科（Tiphiidae）的土蜂能在当地建立种群，而有 37 种寄生性和捕食性的天敌不能建立种群。夏威夷从菲律宾引进一种土蜂 *Campsomeris marginella* Cklug 和臀钩土蜂科的 *Tiphia segregotd* Crawford 用于防治 *C. smithi* 和 *A. orientalis*，直到后来仍能起作用。在菲律宾，据 Lopez（1931）报道，有 5 种土蜂可以寄生在当地的甘蔗金龟甲 *L. irrorata* 上。

在我国，利用钩土蜂防治花生蛴螬也获得较好效果。山东莱阳保护利用钩土蜂防治花生蛴螬面积达 20 多万亩，取得显著效益。王卫国等采取插种红麻等蜜源植物诱集蜂源，采茧助迁，正确运用化防技术建立土蜂安全环境等措施，利用日本丽金龟钩土蜂有效控制了大黑金龟甲幼虫对花生的为害。陈红印等以相似的土蜂保护措施建立土蜂保护区，1997—2001 年，保护区内的农田土蜂成虫数量由平均 0. 23 头/100 网升至 3. 62 头/100 网；土蜂茧数量由 0. 35 粒/m^2 升至 1. 46 粒/m^2；蛴螬的虫口密度也由原来的 3. 74 头/m^2 降至 0. 62 头/m^2。

（三）昆虫天敌的应用

在地下害虫天敌昆虫的利用研究中，以钩土蜂的应用研究以及管氏肿腿蜂应用于天牛的研究较为深入，并有一定的使用面积。

国内外研究表明，钩土蜂对蛴螬的抑制作用效果明显。但钩土蜂种群数量对寄生率有较大影响。而钩土蜂的迁移、定居受植物种类，尤其是受蜜源植物的影响较大。据 1999 年的调查，若花生田种植一行红麻和菜豆或甘薯，比花生单一种植的蛴螬被寄生率提高 3 ~8 倍，虫口密度平均降低 82% 以上。钩土蜂相对于其他防治手段来说，能够主动、积极地控制蛴螬的种群数量，具有较大的优势。深入研究钩土蜂的生活习性、生存条件，最终实现人工饲养及工厂化的批量生产，对蛴螬的防治起到一定的推动作用。另外，某些农区的害虫经常混合发生，使用化学农药是在所难免的，因此，协调化学防治措施，为钩土蜂建立安全的生存环境，避免在成蜂发生期施药，对保护天敌有一定意义。

应用管氏肿腿蜂防治天牛的工作在林业害虫天牛防治中研究较多，且有些种类并不属于地下害虫范畴。不过，作者认为，这些研究对于目前猖獗为害的甘蔗根天牛的防治工作具有很好的启发和一定的借鉴作用。谢振东等在管氏肿腿蜂应用研究中，采用混合接蜂法，用栗山天牛幼虫做寄主人工繁殖管氏肿腿蜂，并在此基础上继续对如何利用管氏肿腿蜂防治栗山天牛的林间放蜂技术进行了研究。结果表明，利用管氏肿腿蜂进行生物防治效果好，在人力和蜂源充足的情况下，采用隔株放蜂法效果最理想。这一实践性成果为正确使用昆虫天敌进行天牛的综合防治提供了科学、有效的生物防治方法，其研究不但为工厂化繁殖管氏肿腿蜂种类和途径提供了可靠的实践经验，也为其应用提供了可行的方法。目前，此项研究成果已经在天牛大发生的地区得到推广。蒋妮应用管氏硬皮肿腿蜂防治罗汉果愈斑瓜天牛的研究表明，愈斑瓜天牛是合适的管氏硬皮肿腿蜂寄主。肿腿蜂喜欢在老熟的天牛幼虫上产卵、羽化成蜂，按照蜂虫比为 2 ∶ 1 在田间放蜂防治天牛，10 月防效好于 9 月，防治效果可达到 65.3%；肿腿蜂在桂南、桂北田间均可寄生该天牛幼虫。杨希等发现管氏肿腿蜂对松墨天牛幼虫的寄生死亡率随着接蜂量的增加而提高。王小军等应用管氏肿腿蜂防治双条杉天牛，发现管氏肿腿蜂 5 年平均寄生率达 69.68%，寄生率随着放蜂密度的增加而增加，基本达到有虫不成灾的效果。翟鸣等利用管氏肿腿蜂进行了防治危害柏木的双条杉天牛幼虫的试验，发现每 0.67 hm^2 柏木林分别施放 1 500 头和 2 000 头管氏肿腿蜂，1 个月后寄生率分别为 62.11% 和 67.17%。虽然林地生境与蔗田生境有所不同，且甘蔗根天牛的低龄幼虫、老熟幼虫及蛹均生活于土中，但从上述研究表明，管氏肿腿蜂对寄主及环境的适应性较宽，寄生率也较高，对天牛种群控制能力强，因此，在甘蔗根天牛仍未找到理想防治方法之前，不妨引进管氏肿腿蜂进行甘蔗根天牛生物防治的探索性研究。

十、生物防治的优点与不足

（一）生物防治的优势

与化学防治相比，生物防治具有如下优势：

（1）生物防治因子极易受到环境条件的影响，周围的温度、湿度、光照等条件的改变都会改变防治效果，而土壤环境的温度、湿度较高，没有紫外线的影响，因而更加适合利用线虫、细菌、真菌等微生物进行地下害虫的防治。

（2）寄主特异性强，对天敌、脊椎动物和人类无害。地下害虫天敌及制剂产品对寄主有很强的选择性，因此，能有区别地作用于害虫与害虫的天敌，有效杀虫的同时保持了天敌对害虫的制约作用，而且对人畜安全无害，使生态平衡向着对人类和天敌有利的方向发展。

（3）不易产生抗药性。化学杀虫剂的一大缺点就是容易使害虫产生抗药性。随着用药剂量的不断加大，昆虫的抗药性也直线上升，使化学杀虫剂的使用形成恶性循环。生物防治则可避免这一状况的发生。人们在对大量有关害虫对各类病原微生物抗性的研究中发现，虽然害虫对微生物长期反复的侵染会产生一定的抗性，但是这一过程极其缓慢。如苏云金杆菌使用至今已有 20 多年历史，但仍未产生显著的抗性。

（4）残毒低，对环境污染小。化学杀虫剂由于在土壤中的淋溶、降解缓慢和生物富集作用等特点，其药剂会对土壤、水、大气及食品等造成严重的污染。而生物防治及使用的制剂产品所含的有效成分对动、植物没有毒性和致病性，不受生物富集作用的影响，又极易分解，对环境不会产生任何不良的副作用，可以说是一种真正环保型的生物农药。

（5）致死率高，传染性强。生物防治特别是目前盛行的微生物杀虫剂对其寄主害虫具有很强的杀灭能力。如苏云金芽孢杆菌对蛴螬的致死率可达到 76.6%，绿僵菌的大孢变种对蛴螬的杀伤能力可达到 88.23%。此外，昆虫病原体一经感染可在虫体内增殖，产生具有感染力的芽孢、分生孢子等繁殖体，进一步侵染其他健康的虫体而造成流行病，从而起到长期抑制害虫种群的作用。

（6）生物防治不仅对环境好，且捕食性昆虫种类多，猎食寄主广，活动性强，如昆虫病原线虫、钩土蜂等寄生性天敌能够主动地搜索寄主，对土栖的地下害虫具有主动攻击力，寿命长。如能在田间建立起稳定的种群，则对害虫的控制时间更长，这较化学防治又多了一定的主动性，大大加强了对地下害虫的防治效果。

（二）生物防治的不足

（1）寄生昆虫、病原微生物及病原线虫等都存在着不同程度的专化性，在多种蛴螬混发区释放土蜂或施用微生物杀虫剂后，蛴螬不同虫种互有消长，这就需要根据当地不同金龟甲的生理及生活规律，在查明当地土蜂区系及生物学的基础上，引入和保护多种天敌，以发挥综合控制效应。同时，土蜂本身还被蜂虻科（Bombyliictae）幼虫重新寄生，土蜂数量也明显下降，需要监测金龟甲种群数量的变化，采取适宜措施，以调节和维持土壤的生态平衡状态。

（2）乳状杆菌是防治蛴螬获得成功的范例之一，但是由于菌体的专化性强，不能采用人工培养基进行大规模发酵，而要采用活体接种繁殖，其杀虫菌剂的成本高，见效慢，不能进行工厂化生产。即使是一些已获成功生产的制剂，其发酵工艺复杂，投资规模大，生产成本相对仍较高。

（3）生物制剂是以生物发酵为基础的。就目前来说，生物制剂产品的工业化程度相对较低，使用成本较高，使用技术复杂，不易掌握，再加上生物制剂的作用要经过侵入、致病到死亡的过程，与化学农药相比，防效明显滞后，不能令使用者满意。因此，如何缩短生物制剂的药效发挥周期，提高作用效果也是我们面临的一个难题。制剂的贮藏问题也有待解决，延长生物制剂的贮存期，使防效在贮存期间保持稳定，对生物防治的推广、应用具有重要意义。另外由于菌体极易产生变异，导致致病率的下降，从而引起产品质量和效果的不稳定，因此必须经常性地进行待复壮和不断筛选高致病性菌株。

（4）长期施用生物制剂虽有不易产生抗性的事例，但也有长期施用同一种生物制剂导致致病力及防效下降的报道，如使用乳状杆菌历史最长的美国康涅狄格州，经过20多年后，乳状杆菌的致病力与施用初期（1940年）相比，明显衰退或消失，导致日本金龟出现再猖獗，并认为寄主对病原已产生抗性（Duubar & Beard，1975）。这就需要进一步比较研究不同菌种的致病力，重新引进致病力强的菌种。

（5）土栖捕食性昆虫种类虽多，优点也明确，但对其分类学（特别是幼虫分类）、生物学和生态学仍知之甚微，亟须加强其研究，以更好地对这类天敌加以保护和利用。

十一、地下害虫生物防治的前景

（一）新型助剂的开发和应用

可以使用多种助剂，如抗蒸发剂、粘合剂、紫外线保护剂等，提高昆虫病原线虫对不良环境的抵抗能力。微胶囊技术能够防止环境因素对有效因子的伤害，对于Bt等易受紫外线和酸性环境损伤的生物制剂能够起到保护作用，显著提高防治效果。目前，微胶囊技术在杀虫剂中应用的相关报道较少，将其与生防因子结合到一起很有发展前景。因此，新型助剂的开发和应用对生物防治将起到积极的推动作用。

（二）生物制剂与化学农药混用

在施用技术上，可由生物制剂单一使用防治方法改变为与其他制剂或方法混合防治方法，将两种或两种以上的防治措施结合起来，优势互补，充分发挥综合防治效果。比如线虫和Bt混用就具有增效作用，与高效低毒杀虫剂混用，发挥化学农药作用速度快速和生物制剂杀虫效果好而残效期较长的特点，不过，其混用的原则是化学农药不得降低生物制剂的药效和对活体制剂产生毒害和干扰。比如上面提到的，微生物农药应避免与杀菌剂或含铜的制剂混用，在与化学药剂混用时还应控制稀释浓度，浓度过大恐伤及活体制剂；线虫则不宜与杀线虫剂及土壤杀虫剂混用等。

（三）基因工程技术应用

利用分子生物学技术和基因工程技术改变植物抗性的例子在现代农业生产中已屡见不鲜，可以将 Bt 晶体毒蛋白、线虫毒素晶体蛋白等微生物的衍生物合成基因转移、融合到植物体内培育出抗虫品种；也可以提高寄生性天敌对不良环境的抗逆性，以及提高病原物的毒力和致病性等。

（四）科学合理地使用化学农药

应该看到，由于地下害虫是目前公认的难以防治的一类害虫，目前化学农药的防治仍处于主导地位，因此，对寄生性天敌和捕食性天敌的保护利用应根据当时当地的虫害情况，制定具体的防治措施，通过不用化学农药或减少化学农药的用量、选用选择性农药代替广谱性化学农药或错开天敌繁殖高峰期用药等措施来实现。同时，要保持良好的生态环境，为天敌昆虫提供生存和繁殖的场所。而在天敌的引种、利用方面更需慎重，不能盲目引进，要考虑到引种天敌在本地的适应性，防止天敌变害虫。

第三节　信息化学物质与化学生态控制技术

通过研究和利用昆虫以及寄主植物的信息化学物质的互作关系治理害虫已成为当今害虫防治研究的热门课题。这一新途径的意义在于：它是一种对环境安全、对人类健康无影响、使用方便的化学生态方法。地下害虫信息化学物质的研究起步较晚，基础工作较薄弱，影响了地下害虫化学生态的深入发展及实际应用的步伐。目前，鳞翅目昆虫信息化学物质（特别是性信息素）的研究比较详尽，所以有关性信息素的生物合成及嗅觉机制等的研究多集中于鳞翅目昆虫。不过值得注意的是，与鳞翅目化学信息有所不同的是，无论是已鉴定出来的金龟甲、天牛等的性信激素，还是聚集信息素或植物引诱剂，其组分和结构都是比较简单的天然化合物，并且在一些植物中也存在类似的化学物质。因此，植物释放的信息化学物质也对地下害虫的取食、交配、产卵、栖息等行为起诱导作用。研究这些信息化学物质对地下害虫的各种行为的影响对地下害虫防治有着特殊的意义。好在随着新的科学技术和手段的广泛应用，存在于化学生态中的许多信息化学物质在不久的将来将得到鉴定，进而不仅能够活跃信息素的生物合成及其神经调控的研究，而且还将有助于探索嗅觉感受机制和其他的生理因素，这预示着地下害虫化学通信的研究和应用前景广阔。同时随着基础研究的深入和应用实验的进展，信息化学物质必将在害虫综合生态治理中发挥更大的作用。

地下害虫化学生态防治的研究和应用多集中于金龟甲，其他地下害虫的报道不多。

植食性金龟甲的丽金龟科（Rutelidae）、鳃金龟科（Melolonthidae）、花金龟科（Cetoniidae）和犀金龟科（Dynastidae）中的许多种类，包含了农业、园艺和林业上的多种主要经济害虫。对这些害虫的防治，人们一直在力图寻找一种高效、无毒、无污染的有效防治途径，金龟甲化学生态（昆虫信息素、引诱剂等）的研究与应用成为化学生态控制关注的焦点之一，其研究日益受到国内外的重视。

20世纪70年代初，Henzell & Lowe就已鉴定了新西兰肋翅鳃金龟的性信息素为其化合物苯酚。但在随后的20年间，人们只在日本丽金龟和红铜丽金龟的性信息素研究上较深入，对性信息素进行了分离、鉴定和合成研究（Tumlinson et al.，1977；Tamaki et al.，1985）。进入20世纪90年代后，金龟甲信息素的研究进程明显加快，特别是随着气相色谱（gas chromatography，GC）、触角电位（electroantennography，EAG）及其联用技术（gas chromatography electroantennographic detection，GC－EAD）在昆虫研究领域的广泛应用，金龟甲化学生态研究取得了飞速的发展，迄今已报道了20余种金龟甲的信息化学物质（表24－8）。这些信息化学物质包括性信息素、聚集信息素及植物源引诱剂，利用这些信息化合物对目标害虫进行监测和诱杀，在害虫综合治理中发挥了重要作用。

一、金龟甲性信息素化学物质

金龟甲在求偶、觅食、聚集等活动中常常通过在活动层空间释放化学气味物质作为化学通信相互联络，传递信息。目前，金龟甲化学通信研究多数集中在丽金龟科、鳃金龟科、花金龟科和犀金龟科中（Leal，1998），性信息素研究多集中于鳃金龟科和犀金龟科；而有关植物源引诱剂的研究，多集中于丽金龟科和花金龟科（表24－8）。

表24－8　金龟甲信息化学物质（引自王广利等，2005）

昆虫种类 Insect species	化学结构 Chemical struchure	信息新种类 Phenomone
鳃金龟科（Melolonthidae）		
新西兰肋翅鳃金龟 *Costelytra：ealandica*	苯酚　Phenol	S
暗黑鳃金龟 *Holoteichia parallda*	L－异亮氨酸甲酯　L－isoleucine methyl ester	S
	(R)－(－)－芳樟醇　(R)－(－)－linalool	
甘蔗大褐齿爪鳃金龟 *H. consanguinea*	苯甲醚　Anisole	S/A
H. reynaudi	苯甲醚　Anisole	S
H. loochooana	（邻）氨基苯甲酸　Anthranilic acid	S/A
Heplia epuina	十四烯酮－2　2－tetradecanone	S
黑七鳃金龟 Heptophylla picea	(R，Z)－7，15－十六碳二烯－4－交酯	S
	(R，Z)－7，15－hexadecadieir　4－olida	
忧食叶鳃金龟 *Phyllephage anxia*	L－辛氨酸甲酯　L－valine methyl esters	S
	L－异亮氨酸甲酯　L－isoleucine methyl esters	
P. lancedata	L－亮氨酸甲酯　L－leucine methyl esters	S
P. elenans	L－异亮氨酸甲酯　L－isoleucine methyl esters	S
P. crinita	2－甲基（聚硫甲基）－安息香酸盐	S
	Methyl 2－(mehtylthio) benzoate	

（续上表）

昆虫种类 Insect species	化学结构 Chemical struchure	信息新种类 Phenomone
Maladera matrida	(Z，E) – α – 法尼烯　(Z，E) – α – famesene	S
丽金龟科（Rutelidae）		
日本丽金龟 *Popilloa japonica*	(R,Z) – 5 – (–) – (1 – 癸烯基）二氢呋喃酮 – 2 (R – japonilure)	S
	(R，Z) – 5 – (–) – (dec – 1 – enhy) oxyancyclo-pentam2 – one	
红铜丽金龟 *Anomala nfoctprea*	(Z) – 5 – 十四碳烯酸甲酯　Methyl 5 – (Z) – tetra-decenoate	S
铜色丽金龟 *A. cupren*	(R,Z) – 5 – (–) – (1 – 辛烯基）二氢呋喃酮 – 2R – japonilure	S
	(R,Z) – 5 – (–) – (ocl – 1 – enyl) axacyelopentarr 2 – one	
	(R,Z) – 5 – (–) – (1 – 癸烯基）二氢呋喃酮 – 2R – Japonilure	
宣氏丽金龟 *A. schorfeldti*	(E) – 2 – 辛烯醇 – 1　2 – (*E*) – nonenol	S
樱桃绿丽金龟 *A. daimiana*	(R,Z) – 5 – (–) – (1 – 辛烯基）二氢呋喃酮 – 2 R – buibuilactone	S
	(E) – 2 – 辛烯醇 – 1　2 – (E) – nonenol	
扁绿丽金龟 *A. octiescostata*	(R,Z) – 5 – (–) – (1 – 癸烯基）二氢呋喃酮 – 2 (R – japonilure)	S
	(R,Z) – 5 – (–) – (1 – 癸烯基）二氢呋喃酮 – 2 (R – japonilure)	
白毛绿丽金龟奇岛亚种 *A. albopilosa sakishimana*	(R,Z) – 5 – (–) – (1 – 辛烯基）二氢呋喃酮 – 2 R – buibuilactone	S
	(R,Z) – 5 – (–) – (1 – 癸烯基）二氢呋喃酮 – 2 (R – japonilure)	
东方异丽金龟 *A. orientalis*	(Z) – 7 和 (E) – 7 – 十三烯酮 – 2　7 – (Z) – and 7 – (E) – 2 – tetradecanone	S
白毛绿丽金龟指名亚种 *A. albopilosa albopilosn*	(R,Z) – 5 – (–) – (1 – 辛烯基）二氢呋喃酮 – 2 R – buibuilactone	S
	(E) – 2 – 壬烯醇 – 1　2 – (E) – nonenol	
	(E) – 2 – 壬烯醛　2 – (E) – nonenal	
	苯甲酸甲醛 Methyl benzoaate	
大阪异丽金龟 *A. osakana*	(S，Z) – 5 – (+) – (1 – 癸烯基）二氢呋喃酮 – 2 S – japonilure	S
A. solida	(R，Z) – 5 – (–) – (1 – 辛烯基）二氢呋喃酮 – 2 R – buibuilactone	S

（续上表）

昆虫种类 Insect species	化学结构 Chemical struchure	信息新种类 Phenomone
异色丽金龟 *Phyllopertha dirersa*	1，3－二甲基－2，4－（1H，3H）－间二氮杂萘	S
	1，3－dimethyl－2，4－（1H，3H）－quinazolinedione	
犀金龟科（Dynastidae）		
非洲犀金龟 *Orydes monoceros*	4－甲基辛酸乙酯 Ethyl 4－methyloctanoate	A
椰柱犀金龟 *O. rhinoceros*	4－甲基辛酸乙酯 Ethyl 4－methyloctanoate	A
	4－甲基辛酸 Ethy l4－methyloctanoic acid	
	4－甲基庚酸乙酯 Ethyl 4－methylheptanouate	

S 为性信息素，A 为聚集信息素；S represents sex pheromone, while A represents aggregation pheromone。

（一）性信息素化学结构

性信息素（sex pheromone）或称性激素是昆虫交配过程中起通信联络作用的化学物质。金龟甲一般由雌性释放性信息素引诱雄性前来交配，这与鳞翅目蛾类一样。从目前已知的性信息素组分看，丽金龟科通常使用类似蛾类性信息素生物合成途径中的脂肪酸衍生物作为性信息素（Leal，1991；Leal et al.，1992，1993，1994，1996），不过异色丽金龟（*Phyllopertha diversa*）是个例外，其性信息素是一种具有药效活性的生物碱 1，3－二甲基－2，4－(1H，3H)－间二氮杂萘，且该物质与其他金龟甲性信息素成分相比，挥发性低，扩散范围较小，但在田间对雄虫却具有很强的引诱作用，因此这种不能远距离扩散的信息化学物质在该种金龟甲的化学通信中起着非常重要的作用（Leal et al.，1997）。与丽金龟科不同，鳃金龟科的性信息素成分比较复杂多样化：新西兰肋翅鳃金龟和甘蔗大褐齿爪鳃金龟 *Holotrichia consanguinea* 以及 *Holotrichia reynaudi* 分别使用苯酚和苯甲醚作为性信息素（Henzell & Lowe，1970；Leal et al.，1996；Ward et al.，2002），这些物质结构比较简单；黑七鳃金龟 *Heptophylla picea* 以及 *Hoplia equines* 分别使用（R，Z）－7，15－十六碳二烯－4－交酯和十四烯酮－2 这些脂肪酸衍生物作为性引诱剂（Leal et al.，1996；Zhang et al.，2003）。但鳃金龟中也有使用诸如 L－缬氨酸甲酯、L－异亮氨酸甲酯、L－亮氨酸甲酯、法尼烯等氨基酸衍生物或萜类化合物作为性信息素的（Yarden et al.，1996；Zhang et al.，1997；Falach et al.，2003；Leal et al.，2003；Nojuna et al.，2003；Bobbins et al.，2003），还首次发现一种特别的含硫结构的昆虫性信息素：甲基（聚硫甲基）－安息香酸盐，作为 Phyllophaga crinita 的性信息素。

我国从 20 世纪 70 年代开始，已经重视昆虫性信息素的研究工作，但主要集中在鳞翅目昆虫性信息素的生产和应用方面。对金龟甲性信息素的研究报道较少，且多为粗提物研究。1983 年，赵利敏等用苯提取小云斑鳃金龟的性信息素获得成功。王惠等（1988）发现，华北大黑鳃金龟性信息素粗提物中的苯乙酮是白星花潜金龟 *Potosia brevitarsis* 的一种聚集信号物质。李仲秀等（1989）从毛黄鳃金龟 *H. trichophora* 中提取出雌性激素粗提物，田间应用具有很强的活性。谭六谦等（1993）的研究证明，铜绿丽金龟雌虫能释放性信息素并引起雄虫激烈反应，并通过皂化反应证明所分泌的性信息素主要组分为不饱和酯类化合物。李仲秀等（1995）采用美国农业部 M. G. Klein 博士提供的日本金龟甲诱剂活性物及诱测装置诱捕金龟甲成虫，发现其对丽金龟 Popillia 属及花金龟成虫的诱捕能力较强，但对鳃金龟和铜绿绿金龟无诱捕效果。崔景岳等用乙醚提取毛黄鳃金龟雌虫腹部的活性物质，田间应用防效显著。河北新乐、河间各县用榆叶诱捕暗黑鳃金龟成虫，效果优于灯光诱集（罗益镇，1995）。采用植物源提取物质混成的食诱剂 F2 在室内诱捕小青花金龟（*Oxycetonia jucunda* Faldermann），效果较好（陈松笔，2000）。王惠等（2002）对华北大黑鳃金龟进行的研究认为，甘氨酸甲酯是华北大黑鳃金龟性信息素的组分，但也还存在其他成分的可能。

（二）性信息素腺体

1. 腺体的部位

鳃金龟科与丽金龟科不仅在性信息素成分的化学结构上差异很大，而且在性信息素腺体的位置上也表现出明显的差别。鳃金龟科的性信息素腺体一般位于腹部末端，雌虫求偶时将其球形囊状腺体外翻；而丽金龟科的性信息素腺体一般位于臀板和尾端两腹板内，由其上皮细胞产生性信息素（Tata & Leal，1997）。但也有例外，如鳃金龟中的新西兰肋翅鳃金龟的性信息素是由位于腹部第七腹板上黏腺内的共生细菌产生的（Hoyt & Osborne，1971）。谭六谦等（1993）发现，丽金龟科中铜绿丽金龟的信息素分泌部位在直肠。同时，黑七鳃金龟的性信息素仅在雌虫臀板和尾端两腹板上可探测到，在腹部末端则不存在，这与丽金龟科的一些种类相同。小云斑鳃金龟的性信息素分泌腺体位于雌虫前翅腔（赵利敏等，1983）。华北大黑鳃金龟的性信息素腺体位于雌虫伸出的产卵器上。

2. 腺体的形态学和组织学

Tada & Leal（1997）对白毛绿丽金龟指名亚种 *Anomala albopilosa albopilosa* 的性信息素腺体进行了电镜扫描研究，发现雌虫臀板和尾端两腹板的内表面上有一层特有的分泌腺型上皮细胞，同时，在这些腺细胞附近分布着许多气孔，雌性的挥发性物质可能通过这些气孔向外界释放；雄虫的表皮上虽覆盖着与雌虫相同的褐色蜡层，但不存在类似的形态和组织。

（三）性信息素的分离、鉴定

1. 提取

采用整体淋洗、浸泡，或切取腺体浸泡，单独将昆虫，或将昆虫与饲料植物放在一起，在玻璃瓶内通过空气流将信息物质带出，用 Tenax 或 Super Q 吸附剂吸附，再用正己烷洗脱，供分离、分析。

2. 分离、鉴定

将粗提物采用柱层析进行初步分离，活性部分再用气相色谱进行分析。一般采用气相色谱—质谱法鉴定结构。气相色谱（GC）—触角电位仪（EAD）联用是测定活性组分的较先进的设备。将气相色谱分离到的馏分分流成两部分，一部分进气相色谱检测器，一部分进触角电位测定仪，同时可观察到物质的 GC 峰，如有活性的化学物质也可观察到 EAG 的峰。EAG 的灵敏度比气相色谱灵敏度高。这一技术在金龟甲类性信息素的化学结构鉴定中起着重要的作用。对具有手性（旋光活性）金龟甲类性信息素的化学结构鉴定可使用手性毛细管柱色谱将对映体分离开来，并鉴定其活性。

3. 行为反应测定及田间诱捕试验

行为反应测定可用行为反应法进行活性测定。行为反应法可用 $20 \times 30 \times 5$（cm）的透明塑料盒，放入 10 头雄虫，将浸有被试药物或溶剂（空白）的滤纸片 2×2（cm）放入，持续 30min 内观察被测昆虫的行为反应，以趋向诱源或试图交配作为活性的指标。

行为反应测定也可在大型风洞内进行。风洞大小为 4×1.5（m），测定条件设定风速为 40cm/s，照明度为 0.91lx，相对湿度为 78%，温度为 26℃，将 2×2（cm）浸有被测物的滤纸片悬于进风口端，高 75cm，距释放点 2.6m，被测试的单个雄虫置于下风口处高 75cm 的网状平台上，行为观察持续 20min，记录其起飞、着陆、降落、欲交尾的情况作为活性的指标。

（四）性信息素的生物合成

1. 金龟甲性信息素与鳞翅目昆虫性信息在合成路线上的差异

鳞翅目昆虫性信息素生物合成一般的起始材料是乙酰辅酶 A，然后通过脂肪酸合成酶系合成棕榈酸，棕榈酸再根据不同种类昆虫性信息素的要求在链的长短、不饱和程度及某些功能团上发生一些变化，脂肪酸被还原酶还原为相应的醇，再被脂肪醇乙酰转移酶乙酰化。由于蛾类性信息素组分中，双键位置大多出现在奇数位（11、9、7 和 5 位），所以△11－去饱和成为合成△ 11、△9、△7、△5 性信息素组分的关键步骤，△9－去饱和较少被采用，这在以往众多的研究中已被证实（Jurenka et al.，1991）。

而在金龟甲性信息素合成中虽亦以乙酰辅酶 A 为起始材料，但双键产生采用△9－去饱和，这在鳞翅目昆虫中较少应用。立体异构化方面，在金龟甲中脂肪酸的羟基化作用似乎是唯一产生立体特异化的反应，其余步骤均不辨别对映异构体，而鳞翅目则在几个步骤中产生立体异构化反应。

2. 金龟甲性信息素的合成路线

（1）丽金龟科性信息素。对于金龟甲类，信息素腺体的发现为丽金龟科性信息素生物合成的深入研究奠定了基础。Leal 等（1996）以含氘的前体来简要说明铜色丽金龟性信息素组分（R，Z）－5－（－）－（1－辛烯基）二氢呋喃酮－2（R－buibuilactone）和（R，Z）－5－（－）－（1－癸烯基）二氢呋喃酮－2（R－japonilure）的生物合成途径：生物合成从饱和脂肪酸开始，接着是△9－去饱和、羟基化作用、链缩短和环化作用。△9－去饱和形成双键。立体特异化反应与脂肪酸的羟基化作用同时产生。

（2）鳃金龟科性信息素。目前，有关鳃金龟科性信息素生物合成的报道不多。苯酚被鉴定为新西兰肋翅鳃金龟的性信息素，最终发现其产生于腹板黏腺的内共生细菌（Hoytand Osborne，1971）。鳃金龟科中其他种类的金龟甲是否也使用共生细菌来产生信息化学物质有待未来的研究探明。

（五）手性信息素的相互拮抗活性

1. 化学通信中的抗干扰

在富于潜在化学信号的环境中，昆虫要保证化学信息传递的准确无误从而实现化学通信，就必须滤去大量的杂音和伴音，从而克服噪音信号的干扰。在蛾类中，排除这些信号主要是通过应用不同的次级组分及相同组分的不同比例来实现。而鞘翅目昆虫中的一些种类与之截然不同，它们采用的是由单一化合物组成的性信息素体系，因此，性信息化合物手性结构显得特别重要，因为这些性信息素的手性结构不仅对克服噪音信号重要，而且在不同金龟甲性信息素的特异性上也起着关键性作用（Zeal，1996）。

2. 金龟甲化学通信中的手性性信息素体系

金龟甲化学通信中存在着不同的手性性信息素体系。

（1）γ－内脂体系。多数丽金龟科种类的性信息素通信都应用一个共同的类型γ－内脂，这些化合物主要在烯烃的长度和手性中心的立体构象上有所不同而实现金龟甲成虫之间的化学通信。但大多数情况下，人工合成的性信息素异构体对这类金龟甲行为没有影响（Zeal，1998）。

（2）日本龟诱（japonilure）R/S 拮抗体系。日本丽金龟和大阪异丽金龟在日本具有共同的栖息地，它们应用日本龟诱的相反对映异构体且各自只产生一个单个对映体作为其自身的性信息素。日本丽金龟只产生 R 对映体，其雄虫对性信息素的反应受到微量 S 异构体的抑制（Tumlinson et al.，1977）；而大阪异丽金龟只产生 S 对映体，但其活性受到微量 R 对映体的抑制（Ledl，1996）。手性性信息素的这种相互拮抗机制可避免生态分布区重叠的种间产生交叉引诱。由此可见，性信息素 R/S 结构的相互拮抗机制是多么重要。由手性毛细柱 GC－EAD 证明，日本丽金龟和大阪异丽金龟都具有与其性信息素手性结构相一致的嗅觉神经细胞。其他丽金龟科的种类，非天然的异构体对雄虫行为没有作用，这似乎是因为缺少对性信息素异构体有特异反应的嗅感器细胞。除上述机制外，时间隔离也是分离日本丽金龟和大阪异丽金龟性通信的重要途径，前者主要在白天活动，而后者主要在日落后飞行活跃（Leal，1996）。同时，这些具有拮抗活性的对映体也可对周围其他种的性信息素活性产生拮抗作用。如与日本丽金龟同时发生的红铜丽金龟，在田间其性信息素的活性受到了日本丽金龟性信息素的抑制，但没有发现它们之间的相互拮抗作用，即红铜丽金龟的性信息素对日本丽金龟的性信息素活性没有影响。

（3）R－buibuilactone 和 R－japonilure 体系。铜色丽金龟在日本也是一种重要的农业害虫。该种金龟甲的性信息素由 R－buibuilactone 和 R－japonilure 两个组分构成（Leal，1991；Leal et al.，1993），其性信息素对雄虫的引诱受到非天然相反异构体（S－buibuilactone）的抑制，同时，在 EAG 实验中，铜色丽金龟的触角也能够对 S 异构体产生反应。这些迹象表明，铜色丽金龟的触角中可能存在对这种抑制剂反应的感受器（Leal & Mochizuki，1993）。但后来的单细胞记录（single sensilillum recording，SSR）研究发现，在其触角上只存在专一对其性信息素组分 R－异构体反应的感受细胞，没有发现对 S－异构体反应的感受细胞。因此推测 S－ buibuilactone 对该种金龟甲行为的拮抗作用可能是在中枢神经系统的嗅觉细胞对信息进行加工的过程中产生的。对此现象的另一种解释是，铜色丽金龟可能对这些对映异构体无嗅觉，两种信息素组分的结合无须额外的行为拮抗剂就足以引起一个特异信号。那么对所观察到的 EAG 反应则解释为，这些反应是来自信息素感受器神经细胞的非特异性反应，是由过多的刺激负载引起的（Larsson et al.，1999）。虽然目前还不能清楚阐明 S－异构体为什么能够抑制铜色丽金龟性信息素的活性，但可认为 S－异构体的拮抗作用通常有助于隔离其他使用 S－异构体或 R/S 混合物作为性信息素的通信系统。

另外，手性性信息素的这种拮抗现象在鳞翅目中也可能发生，但在多组分的性信息素体系中，相反异构体并不能完全抑制雄性对雌性释放的性信息素的反应。如在白点焦尺蛾 *Colotois pennaria* 和暗点松尺蛾 *Erannis defoliaria* 中，向其多组分的性信息素体系加入一种与其自然产生性信息素同比例的相反异构体时，雄性对雌性释放的性信息素的反应没有被完全抑制（Szocs et al.，1993）。因此，异构体的这种拮抗作用在多组分的性信息素体系中比单一化合物组成的性信息素体系具有更好的容忍性。

二、聚集信息素

（一）聚集信息素的分泌

聚集信息素（aggregation pheromone）是一种能同时引诱两性成虫聚集的信息化学物质，视金龟甲种类不同，可由雄性或雌性个体单独释放，也可由两性个体共同释放，如非洲犀金龟和椰柱犀金龟的聚集信息素由雄虫释放，甘蔗大褐齿爪鳃金龟则由雌虫释放。还有一些金龟甲雌虫释放的挥发性物质兼有性信息素和聚集信息素的双重作用。

（二）聚集信息素的结构及作用类型

1. 单一作用的聚集信息素

4－甲基辛酸乙酯对非洲犀金龟和椰柱犀金龟仅起聚集信息素的作用（Gries et al.，1994；Halletet al.，1995）。

2. 双重作用的聚集信息素

挥发物苯甲醚是甘蔗大褐齿爪鳃金龟的雌、雄两性成虫的聚集信息素，但亦可引诱雌、雄两性表现出性行为，所以苯甲醚既是该虫的聚集信息素，又是性信息素（Leal et al.，1996）。（邻）氨基苯甲酸为黑金龟甲 *Holotrichia loochooana* Sdwacla 的聚集信息素，亦具有性信息素功能（Arakaki et al.，2003；Yasui et al.，2003）。椰柱犀金龟在化学通信中除4－甲基辛酸乙酯作为聚集信息素外，雌虫分泌的性信息素亦可能作为聚集信息素（Hallet et al.，1995）。

三、植物源引诱剂

（一）引诱剂的作用

许多植食性金龟甲的化学感受器对绿叶的挥发性物质及花的气味很敏感，可引诱其聚集取食、求偶或产卵，这类对金龟甲具有引诱作用的挥发性物质称为植物源引诱剂（attractant）。特别是丽金龟科和花金龟科的许多种金龟甲，它们取食和求偶都在花上进行，花的挥发物为其营养和繁殖提供了必要的资源信息。且一些金龟甲对气味（或称引诱剂）的敏感性会受环境因素的影响，如 *Phyllopertha horticola* 对气味的趋向性反应可由黄色的诱捕器得以增强；诱捕位置不同对 *P. horticola* 诱捕量不同，在地面上 50cm 和 125cm 处捕获的数量要明显多于在地面上 200 cm 处的诱捕量（Ruther，2004）。还有一种有趣的现象：*Maladera rnatrila* 是分布于以色列的一种鳃金龟，其成虫于黄昏时出土取食、聚集，在植物上交尾，并且雄虫总是先出土，几分钟后雌虫才出来与雄虫聚集，使两者性比达到1∶1（Harari et al.，1994；Yarden & Sham，1994）。该种金龟甲雌虫释放的性信息素（Z，E）－α－法尼烯，能够引起雌雄两性触角的 EAG 反应（Yarden et al.，1996），但在田间并不能引起雌虫的聚集，也没有发现虫体释放其他聚集信息素。而行为生测表明，雌、雄两性都能被受伤寄主植物释放的挥发物所引诱。因此，Falach 等（2003）提出，该种金龟甲在聚集行为和性引诱机制上存在两个分开的（也可能是平行的）阶段：首先雄虫先出土取食寄主植物，雌虫被取食过的寄主植物释放的挥发物引诱，之后雄虫又受到雌虫释放的短距离性信息素的引诱。

利用植物的这些具有挥发性的物质来诱集金龟甲，可进行金龟甲的预测预报和防治工作。

（二）引诱剂的化学结构

引诱剂的种类及化学结构与各种金龟甲所喜食的植物种类密切相关。扁绿丽金龟 *Anomala octiescostata* Burmueister 对蒲公英中的顺-3-己烯醇乙酸酯、苯甲醛、苯乙醛、苯乙醇、苯甲酸苯酯具有强烈趋向行为（Leal et al.，1994）。从玫瑰花中提取的诱集物对我国北方花金龟中白星花潜金龟 *Potosia brevitarsis* Lowis 和小青花金龟 *Oxycetonia jucunda* Faldemann 诱集力最强，尤以后者为甚（李仲秀等，1995）。花的挥发物（Z）-3-己烯醇-1 对分布在欧洲大部分区域的植食性金龟甲 *Phyllopertha horticola* 有诱集作用，其中雄虫对（Z）-3-己烯醇-1 的反应尤为强烈。

（三）引诱剂的开发与利用

一种高效的引诱剂的成功开发和利用，需要在田间反复诱测、筛选试验的基础上，经过对配方、配比的不断调整，最后得出引诱力强又方便使用的制剂。引诱剂不但可用于地下害虫的预测预报，还可直接用于诱杀防治。日本丽金龟的两性引诱剂的开发过程就是一个很好的例证。最初 Richmond（1927）报道丁香酚和香叶醇对日本丽金龟均具有引诱作用，并且前者能增加后者的引诱活性，于是用 10∶1 比例的混合剂做引诱剂；随后，Fleming 和 Chisholm 又证明茴香脑与丁香酚以 9∶1 比例混合对日本丽金龟也有较强活性，并以茴香脑与丁香酚 9∶1 混合剂作成标准诱饵；到了 1966 年又对引诱剂加以改进，改由丁酸苯乙酯 phenethyl butyrate（PEB）+丁香酚 9∶1 混合物代替早前的配方；到了 1970 年，发现丙酸苯乙酯 phenylethyl propionate（PEP）和丁香酚（7∶3）的混合物，具有更强烈引诱作用。随后，Ladd 证明，PEB+丁香酚+香叶醇以 3.5∶3∶3 比例配制的引诱剂诱捕量明显多于 PEP+丁香酚 7∶3 的引诱剂。不过，第二年 Ladd 又提出 PEP+丁香酚 3∶7 的配方，其引诱活性优于 7∶3 的比例。最后发现 PEP、丁香酚和香叶醇（3∶7∶3）的混合物对日本丽金龟的引诱最为有效，比丙酸苯乙酯（PEP）和丁香酚（7∶3）混合物的引诱效果提高 57%。目前，该混合物已被广泛应用于对该虫的诱杀与监测（Leal，1998），并作为日本丽金龟引诱剂已商品化。由此可见，一种成功的引诱剂需经过不断创新，使其引诱功能不断提高和完善。日本丽金龟引诱剂的成功研制大大激发了其他金龟甲引诱剂的研究工作。印度的一种鳃金龟 *Holotrichia consanguine* 是北美东南部地区葡萄园的主要害虫之一，由雌性释放的信息素苯甲醚引诱雄雌两性成虫，对雌雄两性引诱比例接近 1∶1。Williams 通过田间试验，从众多备选诱饵包括日本丽金龟引诱剂的基本成分中筛选出蔷薇刺鳃金龟 *Macrodac tylus subspinosus* 引诱物质戊酸和己酸。这两种物质的引诱活性比其他化合物高 56%～67%，而在己酸中加入丁香酚，其引诱活性并未提高。1990 年，Williams 通过田间试验比较了 60 多种化合物与标准化合物戊酸或己酸对蔷薇刺鳃金龟成虫的引诱作用，筛选出许多新的有效引诱物配方组合，包括丁酸辛酯、丁酸壬酯、乙壬醇、戊酸与己酸 1∶1 混合物以及戊酸、己酸和丁酸辛酯1∶1∶1混合物。Tamaki 等（1985）报道，1－甲基4－丙烯基苯、香叶醇和丙酸苯乙酯（90∶5∶5）混合物对扁绿丽金龟有引诱作用以及蒲公英 Taraxacum officinale 中的顺－3－丙烯醇乙酸酯、苯甲醛、苯乙醛、苄醇、苯乙醇、苯基乙腈、苯甲酸苯酯对扁绿丽金龟具有明显引诱作用。上述几种物质以4∶8∶14∶3∶5∶19∶11的比例可提高诱捕量。Maekawa 等（1999）报道，（邻）氨基苯甲酸甲酯能够引诱红铜丽金龟雌雄两性，诱捕量是合成性信息素的5倍，对雌虫的捕获量是性信息素的2.5倍，但在田间，（邻）氨基苯甲酸甲酯对其他种类的金龟甲，如铜色丽金龟、日本丽金龟、暗黑鳃金龟没有引诱作用。Ruther（2004）发现香叶醇、丁香酚和2－乙基苯丙酸（3∶7∶3）的混合物对 *Phyllopertha hoticola* 的雌雄两性具有引诱作用。

Pemberton（1959）观察到先前被中华喙丽金龟取食的植株比未被取食的更易受害。这种现象很可能是由于为害植株中的某种物质的浓度增加所致。Abeles（1973）证实被中华喙丽金龟取食后植物的乙烯含量增加，Aruta（1988）以中华喙丽金龟的寄主植物生姜为研究材料，发现嗜食不是因为乙烯利或乙烯气体本身，而是因为乙烯利处理后的生姜可继续释放高浓度的乙烯气体，形成植株的挥发性物质，从而充当了引诱剂和取食刺激剂。这些研究为进一步探索有效的引诱剂奠定了基础。

上述这些筛选出来的两性引诱剂，都是结构比较简单的天然化合物，并且这些物质在一些植物中也存在。因此，这些物质可以看作是植物释放的利他素（kairomones），对金龟甲取食、交配、产卵栖息等行为起诱导作用。

国内金龟甲引诱剂研究虽然还未见有使用性信息素和引诱剂进行金龟甲监测和诱杀的报道，但在生产实践上却有利用一些植物对金龟甲的引诱作用而对这类害虫加以防治的经验。如在果园、桑园或苗圃的周围种植白香草木樨 *Melilotus alb* 等植物，大量诱集黑绒鳃金龟 *Serica orientali*，并集中施药消灭。陈松笔等（2001）分别针对小青花金龟 *Oxycetonia jucunda* 和苹毛丽金龟成虫进行了诱捕试验。其中用植物源提取物组成的食诱剂 F2 在室内诱捕小青花金龟效果较好，诱捕苹毛丽金龟的性诱剂诱芯 S1 和食诱剂 F2 效果最好。王惠等发现华北大黑鳃金龟性信息素粗提物中的苯乙酮是白星花潜金龟的一种聚集信号物质。这些研究为人工合成性诱剂和应用食诱剂诱捕金龟甲提供了科学依据。

（四）引诱剂与其他化学信息物质的合用

1. 引诱剂与寄主挥发物质的合用

利用植物诱集或诱杀金龟甲实际上是利用寄主植物释放的信息化学物质——利他素防治害虫，若与性信息素相结合，防治效果可能会更好。

早期的食物型引诱剂（food-type lure）是经田间反复试验、筛选出来的，并未考虑到诱饵组分在金龟甲嗜好的寄主植物中是否存在，或在寄主定位中是否有作用。Loughrin 等（1995，1997）研究发现，日本丽金龟非常嗜好的一些寄主植物在叶片未损伤之前，对其仅有微弱的引诱作用，而当叶片被其取食后，金龟甲数量才明显增多，但在这些寄主中并未检测到商业化引诱剂中的基本成分。Loughrin 在1998年测试了由被取食叶片和未被取食叶片释放的17种典型化合物对日本丽金龟的引诱作用，用其中8种化合物作为引诱剂成分，其诱捕效果高于没有引诱剂的诱捕器。苯乙醛和顺紫茉莉酮这两种活性较高的单一组分对其引诱效果仅相当于香叶醇（目前已商业化的日本丽金龟引诱剂成分之一）的10%，而如果苯乙醛或顺紫茉莉酮中加入任一低引诱活性剂，其诱捕效果就会提高。

2. 引诱剂与性信息素合用

金龟甲类性信息素的应用比较成功的事例是日本龟诱。在发现性信息素以前，已经发现一种引诱剂，即由丙酸苯乙酯和丁香酚（eugenol）以3：7比例组成的混合物，并有商品出售。在性信息素研究成功后，立即投入田间诱捕试验，以研究单独使用性信息素和与引诱剂混合使用的效果。日本龟诱单独使用时只能引诱雄虫，而与引诱剂混合使用（复合诱引）时，可以同时引诱雄雌两性成虫，并比单独使用性信息素诱捕的成虫多几倍。将扁绿丽金龟引诱剂（1－甲基－4－丙烯基苯，香叶醇，苯乙基丙酸酯，比例为9：0.5：0.5）与其性信息素合用，可明显增强对雌虫的引诱作用。

四、天牛的化学生态控制

（一）天牛化学信息素与感受

江望锦等对天牛成虫信息素及嗅觉感受机制的研究进行了总结：天牛雌、雄成虫均可释放性信息素，迄今已对31种天牛的性信息素进行了研究，其中完成组分鉴定的有13种。天牛性信息素包括长距离、短距离和接触性信息素3种类型。天牛性信息素存在变异现象，同种天牛分布在不同地区，其性信息素组分之间存在差异。触角是天牛感受性信息素的主要器官，也是判别成虫通信方式的形态指标，性信息素发达的种类，其触角常具显著的性二型现象。天牛利用寄主信息素（如萜烯类、醇类和酯类）寻找寄主。性信息素和寄主信息素在林间复合使用可提高诱捕率。天牛信息素还包括异种信息素、忌避信息素和产卵干扰素，能够提高天牛寄主定位效率。天牛触角嗅觉感受神经细胞（RNs）有3类，气味信息经神经细胞群传输至中枢神经系统，神经信号按标记路线或交叉纤维样式输导。天牛气味结合蛋白（OBP）方面的研究尚未见报道。

（二）寄主挥发性物质在天牛化学信息通信中的重要性

李继泉等选用复叶槭 *Acer negundo* 和光肩星天牛 *Anoplophora glabripennis*（Motsch.）为试验材料，利用气相色谱和质谱联用（GC－MS）检测挥发物，对光肩星天牛取食后复叶槭挥发物的释放机制进行了研究。李建光等采用动态顶空采集吸附、热脱附及GC－MS分析的方法，对活体复叶槭释放的挥发性物质的组成及日释放节律进行了研究，在田间采用诱捕器研究了光肩星天牛对上述挥发性物质的行为反应。张风娟等用动态顶空采集法、TCT－GC－MS分析鉴定了复叶槭、五角枫、华北五角枫、挪威槭4种槭树科植物挥发物的种类和相对含量，对光肩星天牛对4种不同槭树科寄主植物的选择机制进行了研究。在对光肩星天牛咬食复叶槭后植物体内诱导的信号传导进行研究时发现，光肩星天牛咬食复叶槭后，植物体内茉莉酸（JA）含量和脱落酸（ABA）含量在短时间内增加，而水杨酸含量则减少，JA和ABA是抵抗伤害反应的信号传递物质，因此，JA和ABA的增加表明该植物存在防御信号传导。

金幼菊等测定了复叶槭11种挥发性单体的5种浓度溶剂对光肩星天牛的触角电位活性的影响，以及不同触角部位的化学感受差异。2004年对光肩星天牛在干旱胁迫下复叶槭挥发物的嗅觉反应进行研究时发现，当复叶槭受到干旱胁迫时，9种化合物释放量升高（包括丁醇、戊醇、反－2－己烯－1－醛、顺－3－己烯－1－醇、戊醛、戊酸、己醛、己酸、苯乙酮），而长叶烯释放量降低，丁醇、戊醇和顺－3－己烯－1－醇能引起光肩星天牛的触角反应，这一结果在田间试验中得到了证实。这表明干旱胁迫在光肩星天牛选择寄主植物方面起着重要作用。

李丰等以生物之间存在相生相克的理论为依据，采用调查研究和对比试验方法，总结出了树种抗虫性新概念，选出了以沙枣（*Elaeagxus angusti－folic L.*）为主的4种诱杀树种，进行了诱杀树种和诱饵树种防治天牛危害效果试验，效益显著。从而探索出了一条用诱杀树种有效防治天牛危害的新途径，并为多树种合理交造林防治天牛危害提供了理论依据和方法。宁眺对不同危害状态下寄主萜烯挥发物含量的变化及松墨天牛对其组分的触角电位反应进行了研究。

第四节　物理防治

化学药物防治害虫虽然应用广泛，但是对环境、生态和生物的负面影响也令人忧心忡忡。于是，人们的眼光更多地转到了寻找其他的防治方法上，物理防治法也是人们关注的热点之一。实际上，人类最早采用防治害虫的方法就是物理方法。随着科学技术的发展和各学科的相互渗透，物理方法的内容不断得到充实。

一、辐射法

Y射线照射羊皮螺旋蝇可致雄虫失去繁殖能力，20世纪50年代的这一发现引起了科技工作者的高度重视。后来的研究发现用钴60 Y射线16万伦琴照射档案、图书，一个月后，书中的书虱、衣鱼、白蚁、蟑螂和烟草蛱等害虫全部死亡，而对装订线和字迹颜色均无影响；用4万伦琴的Y射线照射竹器、木雕工艺品、兽皮等可杀死其中的蛀虫、白腹皮蠹；用2～3万伦琴的钴60Y射线照射处理马尾松毛虫的蛹，在林间释放不育成虫后有强烈的不育效应，用钴60射线处理基本可杀灭蔬菜上所有的病虫害。用3～5万伦琴可杀死稻谷、小麦和豆类内99%～100%的害虫；用10万伦琴可完全杀死板栗实蛾；用6万伦琴以上，可以阻止芒果核象的成虫羽化。远红外辐射器将一般的热能转变为远红外辐射能，直接辐照到害虫虫体上，引起分子共振而升温，达到害虫致死高温，使其生理变化，体内酶系统被破坏，蛋白质凝固，致虫体组织和细胞受损死亡。

二、不育剂法

目前，国内外用不育剂防治地下害虫的报道不多。1980年，美国人T. L. Ladd JR、A. B . Borkovec、C. R. Buriff 和 M. G. Klein 用蒸馏法，使用的化学不育剂是涕巴（$C_6H_{12}-N_2OP$，Tepa）和硫涕巴（$C_6H_{12}N_3OPS$，Thiotepa），熏蒸日本丽金龟，引起雌性或雄性不育。用涕巴、硫涕巴分别施103和2 726滴，熏雌或雄性日本丽金龟引起90%不育，间断性熏蒸比单一相等的时间熏蒸对雄性不育效果更好。在35℃条件下，熏蒸雄性并与未处理的雌性交配后，可引起97%不育，而在18℃条件下熏蒸，则有65%不育。

三、声控法

科学家在昆虫声学这一交叉学科的研究也取得了许多可喜的成就，如声诱捕蚊、声测森林中白蚁以及水果和谷物中的害虫等。在掌握了多数量、复合种类害虫声信息的提取、分离、辨别技术之后，成功研制了一种粮仓害虫连续自动监测系统，能监测到粮仓中的谷蠹、赤拟谷盗、米象等不同种类害虫。害虫声测报技术始终是昆虫声学领域研究的热点，美国处于领先地位，已建立水果害虫和储粮害虫声信号微机监测研究系统，应用于农产品的出口检验及存储检验。利用蝼蛄、蟋蟀发出的声音诱杀蝼蛄、蟋蟀亦有相关的报道。

四、微波法

微波杀虫是一门新兴的技术，它特别适合邮检、旅检的除害处理工作，主要是利用介质加热原理。由于被加热的介质（害虫）是由极性分子和无极性分子组成，无极性分子在电场中会产生极化现象，成为极性分子，这些分子的数目是巨大的。在没有电场作用时，极性分子的排列处于无序化排列状态，极性的取向也是各向均等的，当施加外源电场后，各种极性分子在电场的作用下形成有序排列，若电场的方向改变，极性分子的排列方向也随着改变。由于微波是一种每秒钟振动上亿次的电磁场，昆虫介质处于这样的电磁场中，介质中的各种极性分子的排列方向就要每秒钟随之改变上亿次，大量的极性分子吸收了微波的能量而高频地剧烈转动，在反复转动的过程中又相互摩擦，便产生了大量的内能，使介质的温度升高。当温度达到致死害虫的程度时，则害虫的组织被破坏而死亡。例如用微波炉处理种子，方法是对随机抽取的种子样品置于微波炉载物盘上摊开，然后开机进行不同处理温度和时间的杀虫处理，在达到预定的处理温度后停机。停机 24h 后，检查灭虫效果。有报道称用微波炉处理洋槐种子，经 1 ~ 1.5min 温度可达 60℃ ~ 70℃，对洋槐树种中的小蜂幼虫、紫穗槐豆象幼虫杀伤率达 100%。王建伟（2007）探讨了利用电场防治地下害虫的技术和应用的可能性。

微波灭虫速度快、效果好、无残毒、操作简便，也不会使害虫产生抗药性。但不足之处在于处理种子时，一次处理种子有限（100 ~ 200g）、种子受热不均匀、被处理种子是否会出现遗传变异等问题，都需要进一步研究。

五、激光法

激光照射能使害虫产生遗传性的生理缺陷，使雄虫不育或使之发生遗传性变异，破坏其繁殖能力，达到预防害虫的目的。利用红宝石和二氧化碳激光器输出的激光，对一些农业害虫进行照射时，害虫纷纷死亡。科学家们发现，不同种类的昆虫，对不同波长的激光有着不同的敏感性。摸清了各类害虫对激光的敏感波长，在用激光杀虫时便可以选择那些使害虫致死的激光波长，有目标地、有选择地杀死害虫，而不用担心在激光杀虫时，同时杀死有益的昆虫。如功率较小（在千瓦范围内）的红宝石激光器发出的波长为 450 ~ 560nm 的激光，可在几小时内消灭温室白粉虱、红蜘蛛等主要蔬菜害虫；波长为 6 943 埃的红宝石激光能杀死颜色较深的皮蠹虫、棉红蛛、红叶螨等虫害；波长为 488nm 的氩离子激光可以有效地杀死水中孑孓及螨类和蚁类等害虫；而飞行中的蝗虫群或蚊子群若被二氧化碳激光照射，就像飞机被高射炮打中一样难以逃命。激光杀虫在地下害虫雄性不育的应用中有一定的前景，它比用同位素照射致不育安全，这方面的工作有待进一步的研究。

六、遥感技术

现代遥感起步于20世纪50年代。遥感技术的兴起可以追溯到1839年。但此项技术用于检测病虫害是从20世纪70年代开始的。由于不同植物受虫害后光谱特性不同，人们把不同植物受虫害后光谱特性的变化作为检测不同虫害的主要依据。若农作物发生了虫害，用多频段遥感技术可以在人察觉之前一个多星期就能发现，用红外遥感技术可以监视刚刚发生14d的松毛虫害的蔓延。这样有助于提早采取防治措施。1972年，美国利用航天遥感技术（用人造地球卫星或宇宙飞船等作携带遥感仪器的运载工具，当时美国利用的是地球资源卫星携带遥感仪器），成功地对舞毒蛾危害阔叶树的面积和危害程度进行了预报。1984年，日本遥感中心利用美国资源卫星掌握了松毛虫动态变化规律、受害现状及蔓延情况。1978年，林业部森林资源调查规划设计院参加了中国科学院组织的云南腾冲遥感试验（中法联合航空遥感试验）。该试验的内容之一是应用遥感图像进行森林灾害研究。在试验中，他们采用彩色红外片（1：35 000）和全色片（1：10 000）对危害云南松的松叶蜂进行目视判读和现场对照分析。结果表明，在可见光波段内，云南松健康木光谱反射略低于虫害木，而在红外波段，虫害木光谱反射率明显低于健康木。1982年五六月，他们又在辽宁阜新、彰武两县人工油松林区，应用1981年拍摄的1：35 000比例尺的彩色红外片对松毛虫危害面积、程度和蔓延趋势做了研究。结果证明，彩色红外片对被害林极易识别，并可测定面积。马尾松毛虫成虫在距离雷达143m处，高4m的低空中，能被雷达跟踪到，并显现在荧光屏上。我国已于1984年组建了遥感服务中心。地下害虫生活于土壤之中，其发生规律及为害情况很难觉察，而受害症状一经表露，实际的为害已经形成。利用遥感技术对地下害虫的分布、为害进行遥测，可以未卜先知，将害虫消灭在萌芽状态。

参考文献

1. 安玉兴，管楚雄，杨俊贤，龚恒亮. 甘蔗病虫及防治图谱. 广州：暨南大学出版社，2009

2. 安玉兴，龚恒亮，管楚雄. 地下害虫信息素研究与甘蔗害虫防治. 全国甘蔗植保技术研讨会（资料汇集），2010

3. 毕拥国，王志刚，黄大庄. 植物次生性物质对植食性昆虫的抗虫作用及其分析方法. 河南林果研究，2006，21（4）

4. 常儒，李元. 山西省危害甜菜的金龟子种类及防治方法. 中国糖料，2000（3）

5. 常儒，尹亮，王玖新等. 中国甜菜象虫种类及其分布. 中国甜菜糖业，2000（4）

6. 陈爱，韩伟明，任大方. 两点褐鳃金龟发生及其防治的研究. 甘蔗糖业，1984，3（3）

7. 陈爱，杨彩，邝乐生，梁惠琼. 甲基异柳磷防治蔗田金龟子的研究. 甘蔗糖业，1986（8）

8. 陈笔松，杨怀文，崔景岳. 北京郊区果园食花金龟的初步研究. 植物保护，2000，26（4）

9. 陈建明，俞晓平，陈列忠，吕仲贤，郑许松，除红星，张珏锋. 我国地下害虫的发生为害和治理策略. 浙江农业学报，2004，16（6）

10. 陈万义. 新农药的研究——方法・进展. 北京：化学工业出版社，2007

11. 丁翠，蔡秀玉. 苹毛丽金龟痘病毒的显微镜研究. 昆虫学报，1985，28（1）

12. 丁蕙涉. 陆稻根蚜发生与为害情况调查. 昆虫知识，1985，22（6）

13. 丁莹，唐文兴，王若菡，马佩. 微生物法防治金龟子研究进展. 辽宁农业科学，2007，（6）

14. 杜家伟. 昆虫信息素及其应用. 北京：中国林业出版社，1991

15. 樊三龙，姜莉莉，方红，姜世成，刘大军，张治良. 金龟子蛹分类研究Ⅳ. 沈阳农业大学学报，2008，39（4）

16. 范锦胜，张李香，王贵强. 国内甜菜产区主要害虫种类及防治技术研究动态. 中国糖料，2009（3）

17. 方红，张治良，王宇. 金龟子幼虫种类研究Ⅳ. 沈阳农业大学学报，2000，31（5）

18. 冯玉波，刘长仲，郑健安，刘斌基，陈向东，崔群. 甘肃河西走廊甜菜象虫种类分布及防治研究. 甘肃农业大学学报，1991（1）

19. 戈峰. 昆虫生态调控的原理与方法. 生态学杂志，1998，17（2）

20. 龚和. 我国昆虫分子生物学研究的回顾和展望. 昆虫知识，2000，37（1）

21. 龚恒亮，安玉兴. 我国甘蔗地下害虫发生趋势与防治对策. 全国甘蔗植保技术研讨会（资料汇集），2010

22. 龚恒亮，安玉兴，孙东磊，刘玉彩. 甘蔗地下害虫防治中的农药的地位及前景. 全国甘蔗植保技术研讨会（资料汇集），2010

23. 龚恒亮，安玉兴，管楚雄，孙东磊，杨俊贤，刘玉彩，许汉亮，林明江，黄志武，梁瑞波，李继虎，陈立君. 高效、低毒杀虫剂 SP003 防治甘蔗害虫的研究. 全国甘蔗植保技术研讨会（资料汇集），2010

24. 龚恒亮，安玉兴，孙东磊，刘玉彩，管楚雄，林明江，许汉亮，黄志武，梁瑞波. 扑杀威乐防治甘蔗地下害虫的试验研究. 全国甘蔗植保技术研讨会（资料汇集），2010

25. 龚恒亮，安玉兴，管楚雄. 我国蔗根锯天牛的为害及防治对策. 甘蔗糖业，2008（5）

26. 龚恒亮，安玉兴，孙东磊，刘玉彩. 杀虫剂的室内毒力测定研究. 全国甘蔗植保技术研讨会（资料汇集），2010

27. 龚恒亮，管楚雄，安玉兴，孙东磊. 甘蔗地下害虫生物防治技术（上）. 甘蔗糖业，2009（5）

28. 龚恒亮，管楚雄，安玉兴，孙东磊. 甘蔗地下害虫生物防治技术（下）. 甘蔗糖业，2009（6）

29. 龚恒亮，管楚雄，林明江. 呋喃丹 3G 防治甘蔗主要害虫研究报告. 甘蔗糖业，2005（2）

30. 龚恒亮，李金玉. 甘蔗黑色蔗龟 *Alissonotum impressicolle* Arrow 抗药性研究初报. 甘蔗糖业，1992（2）

31. 龚恒亮，李金玉，陈爱. 3% 丰保磷颗粒剂防治甘蔗主要害虫研究. 甘蔗糖业，1994（3）

32. 龚恒亮，刘玉彩，李金玉，何荣. 5% 特古磷颗粒剂（地虫灵）防治甘蔗地下害虫试验研究. 甘蔗糖业，1998（6）

33. 古德祥，张古妨，张润杰，庞义. 中国南方害虫生物防治 50 周年回顾. 昆虫学报，2000，43（3）

34. 广东甘蔗食品研究所. 绿僵菌防治黑色蔗龟研究初报（油印资料）

35. 郭郛，忻介六. 昆虫学实验技术. 北京：科学出版社，1988

36. 郝德军，张海林，孙家宝. 几种昆虫病原线虫对苗圃地下害虫的毒力测定. 林业科技，2001，26（2）

37. 华南农业大学. 植物化学保护. 北京：中国农业出版社，1983

38. 黄琼，周祖基，杨伟. 分子生物学在害虫生物防治中的应用研究进展. 四川林业科技，2000，21（3）

39. 胡少波，周锡槐. 广西近年发现的两种蔗龟及其生活习性的初步调查研究. 昆虫知识，1965，14（2）

40. 黄森泰，吴银明，尹春兰. 戴云鳃金龟发生与防治研究. 昆虫知识，1990，27（2）

41. 黄应昆，李文凤. 甘蔗主要病虫草害原色图谱. 昆明：云南科技出版社，2002

42. 黄应昆，李文凤，杨琼英，罗志明等. 甘蔗赭色鸟喙象生物学及防治研究. 昆虫知识，2000，37（6）

43. 蒋海霖，殷济书，朱绍义，汤东兵. 暗黑鳃金龟发生规律与卵孢白僵菌防治技术研究. 第二届全国青年植物保护科技工作者学术研讨会，1998

44. 康宁，张天富，聂大俊，夏银果，郭兆建，杨世常，许三绵，陈寿宏. 盈江县甘蔗蛀茎害虫赭色鸟喙象发生为害研究及防治. 甘蔗糖业，2008（5）

45. 邝乐生. 蔗田金龟甲研究概况. 甘蔗糖业（甘蔗分册），1984（2）

46. 邝乐生，蔡棉生，陈志强，李敏奇. 黄褐色蔗龟生物学特性及防治的研究. 甘蔗糖业，1987（2）

47. 李北齐，张发，卢华等. 甜菜蛴螬的灌根防治试验. 现代化农业，1994（6）

48. 李栋，石锦祥，陆丽美，陈业华，张鉴发. 海南土白蚁的生物学特性. 昆虫学报，1988，31（1）

49. 刘广瑞，章有为，王瑞. 中国北方常见金龟子彩色图鉴. 北京：中国林业出版社，1997

50. 李奇伟. 现代甘蔗改良技术. 广州：华南理工大学出版社，2000

51. 李文强，洪波，贺达汉，谢成君，李培贵，柴忠良. 黑绒鳃金龟种群发生及测报技术的研究. 宁夏农学院学报，2001，22（2）

52. 李文凤，黄应昆，卢文洁，罗志明. 云南甘蔗地下害虫猖獗原因及防治对策. 植物保护，2008，34（2）

53. 李仲秀，刘春欣，黄庆雷等. 诱集物对金龟子诱集作用. 华北农学报，1995，10（增刊）

54. 林华峰，王萍莉，张磊，杨新军，李世广，周义文. 布氏白僵菌和金龟五绿僵菌两变种的生长改善及其对蛴螬的毒力测定. 中国生物防治，2006，22（2）

55. 刘长兵. 我国甜菜害虫防治研究进展及前景. 中国糖料，2010（2）

56. 林明江，管楚雄，许汉亮，黄志武，安玉兴. 利用黑光灯进行甘蔗金龟子的测报和诱杀. 全国甘蔗植保技术研讨会（资料汇集），2010

57. 林平. 中喙丽金龟和斑喙丽金龟的区别. 昆虫知识，1976（5）

58. 林善祥. 农林白蚁. 北京：中国农业出版社，1988

59. 刘培斌，许国庆，蔡忠杰. 辽宁省地下害虫发生与防治的历史回顾. 杂粮作物，2005（3）

60. 刘树森，李克斌，尹蛟，曹雅忠. 蛴螬生物防治研究进展. 中国生物防治，2008，24（2）

61. 刘晓燕，钟国华. 白蚁防治剂的现状和未来. 农药学学报，2002（2）

62. 廖贻昌，田静. 蔗头象虫——细平象甲的研究初报. 渝州大学学报（自然科学报），1994，11（3）

63. 罗益镇. 土壤生态系统与农田蛴螬发生的关系及其综合防治的途径. 生态学杂志，1987，6（4）

64. 吕茂民. 生物质谱技术及其应用. 生物学通报，2001（4）

65. 庞统，顾茂彬. 痣鳞鳃金龟的生物学特性与防治. 广东林业科技，2000，16（1）

66. 蒲蛰龙．害虫生物防治的原理和方法．北京：科学出版社，1984
67. 齐德嵘．内蒙古甜菜病虫害防治研究现状和前景．中国甜菜，1995（1）
68. 钱庭玉．长牙土天牛的研究．昆虫学报，1982（2）
69. 轻工业部甘蔗糖业研究所，广东省农业科学院．中国甘蔗栽培学．北京：中国农业出版社，1985
70. ［日］青木淳一．土壤动物学．东京：日本北隆馆，1973.
71. 任大方．台湾省甘蔗害虫的研究概况．甘蔗糖业，1979（9）
72. 乔志文．金龟子研究概况及进展．中国甜菜糖业，1993（2）
73. 裘晖，吴振强，梁世中．金龟子绿僵菌及其杀虫机理．农药，2008，43（8）
74. 任国栋，李哲．中国大陆土壤昆虫的研究成就及主要害虫发生态势．走向21世纪的中国昆虫学（中国昆虫学会2000年学术学会论文集），2000
75. 孙德旭，张治良．金龟子蛹分类研究．沈阳农业大学学报，1989（20）
76. 孙德旭，张治良．金龟子蛹分类研究Ⅱ．沈阳农业大学学报，1989（21）
77. 孙德旭，程浩，张治良．丽金龟蛹分类研究Ⅲ．沈阳农业大学学报，1995，26（[illegible]）
78. 孙昌学，范仁俊．东北地区1986年甜菜害虫发生的预测及防治．中国甜菜糖业，1986（2）
79. 孙昌学，徐长福．黑龙江省甜菜象虫发生及防治研究．植物保护学报，1983，10（2）
80. 孙昌学，周艳丽．甜菜象虫生物学特性及防治研究．中国甜菜，1994（3）
81. 孙昌学．黑龙江省甜菜害虫防治研究进展．中国甜菜糖业，1985（2）
82. 唐光辉，戴建昌，江志利等．6种引诱剂对几种针叶树蛀干害虫的诱捕效果研究．西北林学院学报，2007，22（1）
83. 谭亮魁，王文凯，李传仁．中国天牛综合防治研究进展．2008，47（2）
84. 谭六谦，郭延李，马俊莹．铜绿金龟甲性信息素分泌部位和提取的研究．山东农业大学学报，1993，24（2）
85. 谭仕东．大头霉鳃金龟生物学特性观察．广西农业科学，1992（4）
86. 魏鸿钧，张治良，王荫长．中国地下害虫．上海：上海科学技术出版社，1989
87. 魏新田，门子团，马洪茹．食虫虻幼虫不同放养量对蛴螬的控制初探．昆虫天敌，1990，12（3）
88. 王长政，罗进仓，朵向阳．甘肃甜菜象虫名录．甘肃农业科技，1990（10）
89. 王广利，孙凡．植食性金龟子信息素化学物质的研究．昆虫学报，2005，48（5）
90. 王国鼎．小云斑鳃金龟生物学特性研究．甘肃林业科技，2004，29（1）
91. 王浩杰，刘立伟，舒金平，张祺，徐天森．金针虫控制技术及其研究进展．中国森林病虫，2008，27（1）
92. 王惠，郝双红，王正明等．一种植物源金龟甲聚集素的分离与鉴定．全国第一届植物杀虫剂全国研讨会论文集，1988
93. 汪世泽．昆虫研究法．北京：中国农业出版社，1993
94. 王树尧．大栗鳃金龟发生与环境因子相关性调查研究．甘肃林业科技，2002，29（1）
95. 文才艺，吴元华，田秀玲．微生物源生物化学农药的研究与开发进展．农药，2004，43（10）

96. 吴文君，高希武. 生物农药及其应用. 北京：化学工业出版社，2004

97. 吴银明，黄森泰，陈道德. 四川蔗田蛴螬主要种群的生活史及其发生规律. 甘蔗糖业，1989（5）

98. 吴永英，史淑芝，张丽辉. 黑龙江省甜菜主要病虫害发生概况及其防治. 中国甜菜糖业，2001（4）

99. 夏世钧. 农药毒理学. 北京：化学工业出版社，2005

100. 徐汉虹，田永清. 光活化农药. 北京：化学工业出版社，2008

101. 徐建国，范惠，张明考，杨恩华，郭琳. 暗黑鳃金龟生活习性观察及防治技术研究. 植保技术与推广，2002，22（11）

102. 许艳丽，钱秀娟，李春杰，Yi Wang，刘长仲. 昆虫病原线虫对东北大黑鳃金龟防治效果研究. 农业系统科学与综合研究，2008，24（1）

103. 严方明. 突背蔗龟的发生为害及防治方法. 广西植保，2006，19（2）

104. 杨彩，陈汉英，黄祖权，杨祥业. 前进农场蔗根锯天牛的为害及其药剂防治试验. 甘蔗糖业，1992（1）

105. 杨雰，李文凤，黄应昆. 甘蔗斑点象生物学及防治研究. 昆虫知识，1996，33（6）

106. 姚庆学，张勇，丁岩. 金龟子防治研究的回顾与展望. 东北林业大学学报，2003，31（3）

107. 姚志伟，谢惠琴，陈宝安等. 国内甜菜生产概况及相关研究新进展Ⅲ. 中国糖料，1999（2）

108. 易代勇，李向勇. 贵州蔗区金龟子虫害盛发原因分析及防治. 贵州农业科学，2006，34（6）

109. 殷海生，刘宪伟. 中国蟋蟀总科和蝼蛄总科分类概要. 上海：上海科学技术出版社，1995

110. 殷梅生，蔡晓东，岳桂芳. 甘肃陇东地区黑绒金龟子（*Serica orientalis* Molsech）生活习性、发生规律及其防治. 甘肃农业大学学报，1977（3）

111. 袁莹华. 金龟甲对不同植物叶片的趋向性反应和引诱剂的筛选. 河南农业大学博士学位论文，2006

112. 闰贵欣，宋福平，张杰. 地下害虫——蛴螬的生物防治. 中国植物保护学会2007年学术年会，2007

113. 游兰韶. 天敌昆虫应用原理和方法. 长沙：湖南科学技术出版社，2003

114. 于桂华，闻宝莲，刘钊，程政军，范文甫，张爱禄. 东北大黑鳃金龟生物学习性及防治技术. 林业科技，2000，25（3）

115. 张长兵. 我国甜菜害虫防治研究进展及前景. 中国糖料，2010（2）

116. 张继祖，徐金汉. 中国南方地下害虫及其天敌. 北京：中国农业出版社，1996

117. 张洪喜. 蒙古沙潜（蒙古拟地甲 *Gonocephalum riticulatum* Motsh）生活习性及防治的研究. 河北农业大学学报，1989，12（2）

118. 张祺，王浩杰. 中国叩甲科昆虫的研究现状和展望. 河北林果研究，2005，20（2）

119. 张新虎，沈慧敏，黄高宝. 植物与昆虫化学生态学研究现状与展望. 甘肃农业大学学报，2006，41（1）

120. 张一宾，张怿. 世界农药新进展. 北京：化学工业出版社，2007

121. 张中润，韩日畴，许再福. 草坪地下害虫蛴螬的生物防治研究进展. 昆虫知识，2004，41（5）

122. 张芝利. 中国经济昆虫志（第二十八册）·鞘翅金龟总科幼虫. 北京：科学出版社，1984

123. 张治良. 金龟子幼虫种类研究Ⅲ. 沈阳农学院学报，1982（1）

124. 曾传芳，黄琼荪. 蔗根锯天牛发生和防治研究初报. 昆虫知识，1981（1）

125. 赵桂芝. 百种新农药使用方法（第二版）. 北京：中国农业出版社，2002

126. 赵利敏，李美信，李青. 小云斑鳃金龟性外激素简报. 昆虫知识，1983，20（4）

127. 赵养昌，陈元清. 中国经济昆虫志（第二十册）·鞘翅目象虫科（一）. 北京：科学版社，1980

128. 中国农作物病虫害编辑委员会. 中国农作物病虫害（下册）. 北京：中国农业出版社，1981

129. 周琳，马志卿，冯岗，张兴. 天牛性信息素、引诱植物和植物性引诱剂的研究与应用. 昆虫知识，2006，43（4）

130. 周荣艳，陈松笔，于兴国. 昆虫寄生线虫防治金龟子的研究进展. 中国植物保护学会第八届全国会员代表大会暨21世纪植物保护发展战略学术研讨会（第8卷），2001

131. 周艳丽，王贵强. 我国甜菜害虫防治研究进展及前景. 中国甜菜糖业，2004（3）

132. 周志芳，张洪喜，张桂银. 沙潜的形态特征. 沈阳农业大学学报，1996，27（4）

133. 周至宏，王助引，陈可才. 甘蔗病虫鼠草防治彩色图志. 南宁：广西科技出版社，1999

134. 周至宏，陈可才，王助引，贤小勇，朱桂徽. 广西蔗根象初报. 广西植保，1992（2）

135. Akira Oyafuso，Norio Arakaki，Yasutsune Sadoyama，Mitsunobu Kishita，Futoshi Kawamura，Masato Ishimine，Masayo Kinyo，Yoshio Hirai. Life History of the White Grub *Dasylepida* sp.（COLEOPTERA：Scarabaeidae），a New and Severe Pest on Sugarcane on the Miyako Islands，Okinawa. *Appl. Emtomol. Zool*，2002，37（4）

136. Allsapp P. G.，K. J. Chandler. 1970年以来澳大利亚对甘蔗蛴螬的研究和防治. Proc. of 20th ISSCT.

137. Arakaki N，Wakamura S，Yasui H，et al. Sexually Differentiated Functions of Female-produced Pheromone of the Black Chafer Holotrichia Loochooana（Sawada）（Coleoptera：scarabaeidae）. *Chemoecology*，13.

138. Behary N.，Paray，Rajavlee A. Preliminary Studies on Entomopathogens Associated With Sagarcane pests in Mauritius. AMAS. Food and Agricuktural Researth Council，Réduit，Mauritius. 2003.

139. Chinappen M.，Seewooruthun S. I.，Ganeshan S. *Preventive Measures Against the Entry of the Sugarcane White Grub Hoplochelus marginalis*（*COLEOPTERA*：*Melolonthidae*）*Into Mauritius*. AMAS Proceedings. Food and Agricuktural Researth Council，Réduit，Mauritius. 1997.

140. Cherry R. H.，Klein M. G.. Mortality Induced by *Bacilus Popiliae in Cyclocephala*

Parallei (COLEOPTERA: Scarabaeidae) Held Under Simulated Field temperatures. *Florida Entomologist*, 1997, 80 (2).

141. Falach L., Cojocaru M., Shani A. Evidence for a Short-range Sex Pheromone in Female Maladera Motrida Beetle. *J. Chem. Ecol.*, 2003, 29 (3)

142. Hallet R. H., Perez A. L., Gries G., et al. Aggregation Pheromone of the Coconut Rhinoceros Beetle Oryctes Rhinoceros (L.) (Coleoptera: Scarabaeidae). *J. Chem. Ecol.*, 1995 (21)

143. Harari A. R., Ben-Yakir D., Rosen D. Mechanism of Aggregation Behavior in Maladera Matrida Argaman (Coleoptera: Scarabaeidae). *J. Chem. Erol.*, 1994, 20 (2)

144. Hoyt C. P., Osborne G. Q. Production of an Insect Sex Attractant by Symbiotic Bacteria. *Nature*, 1971, 230: 472-473.

145. Jones, F. G. W. & Dunning, R. A. Sugar Beet Pests, Bulletin, London Her Majesty's Stationery Office, 1972.

146. Jurenka R. A., Jacquin E., Roelofs W. L. Stimulation of Sex Pheromone Biosynthesis in the Moth Heliooueapa Zea: Action of a Brain Hormone on Pheromone Glands Involves Ca^{2+} and cAMP as second messengers. *Proc. Natl. Acad. Sci.*, USA, 1991, 88.

147. Ladd, Jr. T. L., Klein, Beroza, Zweig, G. M. G. In: Kydonieus, eds. *Insect Suppression Controlled Release Pheromone Systems*, Vol. II. Boca Baton, Florida: CRC Press, 1982.

148. Leal W. S. Chemical Communicateon in Scarab Beetles: Reciprocal Behaveioral Agonist-antagonist Activeities of Chiral Pheromones. *Proc. Natl. Acad. Sci.*, USA, 1996 (93).

149. Leal W. S. Chemical Ecology of Phytophagous Scarab Beetles. *Annu. Rev. Entomol.*, 43: 39-61.

150. Leal W. S., Hasegawa M, Sawada M. et al. Scarab beetle Anomala albopilosa utilizes a more complex sex pheromone system than a similar species *A. cuprea*. *J. Chem. Ecol.*, 1996a, 22 (11): 2001-2010.

151. Leal W. S., Kuwahara S, One M, Kulota S. (R, Z) -7, 15-Hexadecadien-4-olide, sex pheromone of the yellowish elongate chafer, *Heptophylla pecea*. *Bioarg. Med. Chem.*, 1996b, 4: 315-321.

152. Leal W. S., Mochizuki F. Sex pheromone reception in the scarab beetle Anomala cuprea: Enantiomeric discriminateion by sensilla placodea. *Naturwissenschaften*, 80: 278-281.

153. Leal, W. S., Hasegawa, M., Sawada, M., Ono, M. and Y. Ueda. Identification and Field Evaluation of Anomala Octiescostata (Coleoptera: Scarabaeidae) Sex Pheromone. *J. Chem. Ecol.*, 1994 (20): 1543-1555.

154. Leal WS, Oehlschlager AC, Zarbin PHG, et al. Sex pheromone of the scarab beetle Phyllophaga Elenans and some intrigueing minor components. *J. Chem. Ecol.*, 29 (1): 15-25.

155. Loughrin J H, DA Potter, TR Hailton-Kemp, et. al. Diurnal emission of volatile compounds by Japanese beetle-damaged grape leaves. *Phytochemistry*, 1997, 45 (5): 919-923.

156. Loughrin J H, Potter D A, Hamilton – kemp T R, et al. Volatile compounds induced by herbivore act as aggregation kairomones for the Japanese beetle (Popillia japonica Newmen). *J Chem Ecol.* 1995. 21 (10).

157. Maekawa M, Imai T, Tsuchiva S, et al. Behavioral and electrophysiological responses of the soybean beetle, *Anomala rufocuprea* Motschulsky (Coleoptera: Scarabaeidae) to methyl anthraxnilate and its related comounds. Appl. Entomol. Zool., 34 (1): 99 – 103.

158. Masami hAYASHI. On the Species of the Genus Mogannia AMYOT et SERVILLE, 1843 (Homoptera Cicadidae), of the Ryukyus and Taiwan Konty, Tokyo, 1967, 44 (1).

159. Nojima S, Robbon PS, Salsbury GA, et al. L – leucine methyl ester: the female produced sex pheromone of the scarab beetle, *Phyllophaga lanceolata. J. Chem. Ecol.*, 2003, 29 (11).

160. Ohba M. H, Iwahana S, Asano et al. A unique isolate of Bacillus thuringiensis seriovar japonensis with a high larvicidal activity specific for Scarabael. Lett. Appl. Microrbiol. 1992, 14.

161. Parker WE, Howard J J, The biology and management of wireworms (Agriotes spp.) on potato with particular reference to U. K. *Agricultural and Forest Entomology*, 2001 (3).

162. Robbins PS, Crocker RL, Nojima S, et al. Methyl 2 – (methylthio) benzoate: the unique sulfur containing sex pheromone of *Phyllophaga lanceolata. J. Chem. Ecol.*, 2003, 29 (11).

163. Ruther J. Male-baissed Response of Garden Chafer *Phyllopertha horticola* L., to Leaf Alcohol and Attraction of Both Sexes to Floral Plant Volatiles. *Chemoecology*, 2004, 14.

164. Tada S., Leal W. S. Localization and Morphology of Sex Pheromone Glands in Scarab Beetles. *J. Chem. Ecol.*, 1997, 23 (4).

165. Tamaki Y. et al. Methy (2) 5 – Te tradecenate: Sex Attractant Pheromone of the Soybean Beetle, *tnonmlu rufucuprea* Motschulsky. *Appl. Ent. Zool.*, 1985, 20 (3).

166. Tumlinson, J. H., Klein, M. G., Doolittle R. E., et al. Identification of the Female Japanese Beetle Sex Pheromome: Inhibition of Male Response by an Enantioner. *Science*, 1977 (197).

167. Ward A., Moore C., lnitha V., Wightman J., Rogers DJ. Identification of the Sex Pheromone of *Holotrichia Reynaudi. J. Chem. Ecol.*, 2002 (28).

168. Yarden G., Shani A. Evidence for Volatile Chemical Attractants in the Beetle *Maladera Matrida* Argaman (COLEOPTERA: Scarabaeidae). *J. Chem. Ecol.*, 1994, 20 (10).

169. Zhang A., Robbins P. S., Averill A., et al. Identification of the Female Produced Sex Pheromone of the Scarab Beetle, *Hoplia epina. J. Chem. Ecol.*, 2003, 29 (7).

170. Zhang A., Robbins P. S., Leal W. S., et al. Essential Amina Acid Methyl Esters: Major Sex Pheromone Component of the Cranberry White Grub *Phyllophaga Anxia* (COLEOPTERA: Scarabaeidae). *J. Chem. Ecol.*, 1997, 23 (1).

后 记

由于糖料作物甘蔗和甜菜种植区分别处于一南一北的广袤地域，地势地貌迥异，气候复杂多变，土壤贫沃不均，为地下害虫的生长、繁殖提供了复杂多样的食料条件和环境条件。因而其地下害虫种类多、为害重、防治难。特别是近年来，由于种植区域的变迁，耕作制度的变更，气候条件的变化以及高贵化品种的种植，致使地下害虫在云南、广西蔗区以及甘肃、新疆、黑龙江甜菜区呈现猖獗为害之势，给当地的农民和制糖企业造成巨大损失。地下害虫已成为制约糖料生产和制糖企业稳定、可持续发展的重要因素之一。但是，由于地下害虫生活习性的复杂性、多样性，对糖料作物地下害虫深入细致的研究还很不够，因而其研究与目前生产发展的需要相比明显滞后；同时由于广大基层技术人员以及农民对地下害虫生活习性、发生规律认识不多，防治知识明显欠缺，在防治时机和方法上选择不当，延误防治最佳时期，最终导致防治失败。因此，急需相关系统知识的介绍，为此我们萌生了编写《中国糖料作物地下害虫》一书的想法。

《中国糖料作物地下害虫》一书的书稿早在 2009 年 7 月就已完成。当时，正值南京农业大学昆虫生理毒理学的尤子平教授诞辰 90 周年，并举行了纪念活动。龚恒亮是尤子平先生的弟子，应邀参加了这次在南京举行的纪念活动和学术报告会。当然，龚恒亮这次去南京的另一个重要任务就是受本书全体作者的委托，拜访中国昆虫界地下害虫老前辈王荫长教授，恳请他对《中国糖料作物地下害虫》一书提出斧正意见并给该书写个序。说实话，当时龚恒亮拿着书稿去见王荫长先生时还有些担心，生怕王老先生拒绝。没想到，王老先生在接过书稿并浏览之后，就爽快地接受了恳请。

很快，王荫长教授就来信对书的结构、文字以及插图等方面均提出了许多宝贵的意见和建议，信中特别强调，书中插图应再丰富一些，尽量做到使读者见图识虫、方便实用，使这本书既可作为专业参考书，也能成为一本科普书。

一年多来，作者遵照王老先生指点，在对书的结构、内容不断加以调整、充实的同时，还从各方面进一步收集、整理了大量的图片资料。时间是漫长的，工作是艰辛的，但每每想起前辈的支持和鼓励，看到因努力而取得的成绩，心里就充满了喜悦。

本书系统总结了前人在糖料作物乃至其他作物地下害虫方面的研究成果和经验，并在此基础上，结合作者多年来从事地下害虫研究的工作体会，力求有所创新。本书可作为广大基层管理人员、农务人员、农技人员以及农民朋友的科普指导书，也可作为科研、技术工作者的参考书。作者希望以此抛砖引玉，促进我国糖料作物地下害虫的研究工作。

在文字、图片的收集过程中，得到了各科研单位、生产及制糖企业同行的大力支持和帮助。在大量图片的拍摄、整理及编辑过程中得到广州市航天影视广告有限公司的大力协助和支持。同时，本书也采纳了不少作者的文字和图片资料，正因为有了这些资料的参考和充实，本书内容才更加丰富多彩！

值本书出版之机：

衷心感谢王荫长先生对本书的关心、支持和鼓励！

衷心感谢各研究单位、生产及制糖企业同行在本书编撰过程中给予的关怀、鼓励和支持！

衷心感谢广州市航天影视广告有限公司给予的大力协助和支持！

衷心感谢被本书引用过文字、图片资料的作者的支持和谅解！

由于作者水平有限，书中难免有不少错漏和不完善之处，敬请读者批评指正。

作　者

2010 年 10 月于广州